精通 PHP+MySQL 动态网站开发

刘增杰 姬远鹏 编著

清华大学出版社
北京

内 容 简 介

本书循序渐进地介绍了 PHP+MySQL 开发动态网站的主要知识和技能，提供了大量具体的 PHP+MySQL 的实例供读者实践，使读者能在最短的时间内，有效地掌握 PHP+MySQL 开发技能。

全书共 20 章，主要介绍了 PHP 概况、HTML 和 JavaScript 的相关知识、PHP 服务器环境配置、PHP5 的基本语法、PHP 的函数和程序结构、字符串和正则表达式、PHP 的数组、时间和日期、面向对象和会话管理、PHP 与 Web 页面交互、PHP5 文件与目录操作、图形图像处理、MySQL 的安装与配置、数据库的基本操作、数据表的基本操作、数据的基本操作、数据库的备份和还原、PHP 操作 MySQL 数据库、PHP+MySQL 开发论坛实例、流行的网站开发模式。随书源代码可以在网上下载。

本书适合 PHP+MySQL 架构开发的初学者、广大网站开发人员阅读，也适合高等院校相关专业的师生教学使用。

本书封面贴有清华大学出版社防伪标记，无标记者不得销售。
版权所有，侵权必究。侵权举报电话：010-62782989　13701121933

图书在版编目（CIP）数据

精通 PHP+MySQL 动态网站开发/刘增杰，姬远鹏编著.—北京：清华大学出版社，2013.5
ISBN 978-7-302-31515-5

Ⅰ.①精… Ⅱ.①刘… ②姬… Ⅲ.①PHP 语言－程序设计 ②关系数据库系统 Ⅳ.①TP312 ②TP311.138

中国版本图书馆 CIP 数据核字（2013）第 028724 号

责任编辑：夏非彼
封面设计：王　翔
责任校对：闫秀华
责任印制：王静怡

出版发行：清华大学出版社
　　　网　　　址：http://www.tup.com.cn, http://www.wqbook.com
　　　地　　　址：北京清华大学学研大厦 A 座　　　邮　　编：100084
　　　社　总　机：010-62770175　　　邮　　购：010-62786544
　　　投稿与读者服务：010-62776969, c-service@tup.tsinghua.edu.cn
　　　质　量　反　馈：010-62772015, zhiliang@tup.tsinghua.edu.cn
印　刷　者：清华大学印刷厂
装　订　者：三河市新茂装订有限公司
经　　　销：全国新华书店
开　　　本：190mm×260mm　　　印　张：31.75　　　字　数：813 千字
版　　　次：2013 年 5 月第 1 版　　　印　次：2013 年 5 月第 1 次印刷
印　　　数：1～4 000 册
定　　　价：69.00 元

产品编号：046566-01

前　言

PHP+MySQL 的组合是目前世界上最为流行的 Web 开发工具。由于大型互联网站广泛使用这种开发技术，目前学习和关注 PHP+MySQL 的人越来越多，而很多 PHP+MySQL 的初学者都苦于找不到一本通俗易懂、容易入门和案例实用的参考书。为此，作者组织有丰富经验的开发人员，编写了这本 PHP+MySQL 动态网站开发的教材。

本书内容

全书共 20 章，主要介绍了 PHP 概况、HTML 和 JavaScript 的相关知识、PHP 服务器环境配置、PHP5 的基本语法、PHP 的函数和程序结构、字符串和正则表达式、PHP 的数组、时间和日期、面向对象和会话管理、PHP 与 Web 页面交互、PHP5 文件与目录操作、图形图像处理、MySQL 的安装与配置、数据库的基本操作、数据表的基本操作、数据的基本操作、数据库的备份和还原、PHP 操作 MySQL 数据库、PHP+MySQL 开发论坛实例、流行的网站开发模式等。

本书特色

- 知识全面：涵盖了所有 PHP+MySQL 开发的知识点，读者可以按本书由浅入深地掌握 PHP+MySQL 动态网站开发技术。
- 图文并茂：注重操作，图文并茂，在介绍案例的过程中，每一个操作均有对应的插图。这种图文结合的方式使读者在学习过程中能够直观、清晰地看到操作的过程以及效果，便于更快地理解和掌握。
- 易学易用：颠覆传统"看"书的观念，变成一本能"操作"的图书。
- 案例丰富：把知识点融汇于系统的案例实训当中，并且结合经典案例进行讲解和拓展。进而达到"知其然，并知其所以然"的效果。
- 提示技巧：本书对读者在学习过程中可能会遇到的疑难问题以"提示"和"技巧"的形式进行了说明，以免读者在学习的过程中走弯路。
- 技术实用：本书所有案例都是模仿现实网站开发而设计，在综合案例中采用目前最流行的 Yii 框架设计，让读者快速创建动态的 PHP+MySQL 企业网站。

读者对象

本书是一本完整介绍 PHP+MySQL 动态网页开发技术的教程，内容丰富，条理清晰，实用性强，适合如下读者学习使用：

- 对 PHP+MySQL 动态网页制作有兴趣的初学者，可以快速入门。

- 对 PHP 语言感兴趣的初学者，可以快速掌握 PHP 语言开发基本技巧。
- 对 MySQL 数据库的初学者，可以快速掌握 MySQL 的基本操作方法。
- PHP+MySQL 架构的 Web 系统开发人员。

鸣谢

本书作者长期从事网站开发实训的培训工作。参与本书编写人员除了封面署名人员以外，还有吴志才、刘玉萍、张少军、苏士辉、肖品、孙若淞、宋冰冰、王攀登、张工厂、王婷婷、王维维、梁云亮、陈伟光、臧顺娟、程铖、卢健良、李亚飞、李清海、王鹏程、王雪涛、邴万强、陈彭涛、冯玲、郭丽娟、钱东省、王飞、原杨、李坤、武炜、史艳艳、包惠利等人。虽然倾注了编者的努力，但由于水平有限、时间仓促，书中难免有错漏之处，请读者谅解，如果遇到问题或有意见和建议，敬请与我们联系，我们将全力提供帮助。

本书源代码可以从下面网址下载：http://pan.baidu.com/share/link?shareid=236466&uk=3056331768。如果代码不能下载，请邮件联系 booksaga@163.com，邮件主题为"求代码，精通 php+mysql"。

编　者
2013 年 3 月

目　　录

第1章　初识 PHP 1
　1.1　PHP 的发展 1
　　　1.1.1　PHP 的概念 1
　　　1.1.2　PHP 的发展历程 1
　1.2　PHP 的应用领域 2
　1.3　PHP 的特点 3
　1.4　PHP 常用开发工具 3
　　　1.4.1　PHP 代码开发工具 3
　　　1.4.2　网页设计工具 5
　　　1.4.3　文本编辑工具 7
　1.5　高手私房菜 8
第2章　HTML 与 JavaScript 语言速成 9
　2.1　HTML 概述 9
　　　2.1.1　什么是 HTML 9
　　　2.1.2　HTML 文件的基本结构 9
　　　2.1.3　HTML 基本标记 10
　2.2　HTML 设置段落和图片 15
　　　2.2.1　HTML 常用段落和图片标记 16
　　　2.2.2　文字和图片排版 17
　2.3　HTML 设置表格 19
　2.4　HTML 设置表单 21
　2.5　JavaScript 简介 25
　2.6　在 HTML 文件中使用 JavaScript 代码 26
　　　2.6.1　JavaScript 嵌入 HTML 文件 26
　　　2.6.2　外部 JavaScript 文件 27
　2.7　数据类型与变量 28
　　　2.7.1　数据类型 28
　　　2.7.2　变量 30
　2.8　运算符与表达式 32
　　　2.8.1　赋值运算符 32

2.8.2	算术运算符及其表达式	33
2.8.3	关系运算符及其表达式	33
2.8.4	位运算符及其表达式	34
2.8.5	逻辑运算符及其表达式	35
2.8.6	条件运算符及其表达式	36
2.8.7	运算符的优先级	37
2.9	流程控制语句	37
2.9.1	注释语句和语句块	37
2.9.2	选择语句	38
2.9.3	循环语句	46
2.10	综合实战——制作用户注册页面	49
2.11	高手私房菜	50

第3章 PHP 服务器环境配置 ... 52

3.1	PHP 服务器概述	52
3.2	安装 PHP 前的准备工作	53
3.2.1	软硬件环境	53
3.2.2	获取 PHP 安装资源包	53
3.3	PHP 5+IIS 服务器安装配置	55
3.3.1	IIS 简介及其安装	55
3.3.2	PHP 的安装	59
3.3.3	配置 IIS 使其支持 PHP	62
3.3.4	设置主目录和虚拟目录	63
3.4	PHP 5+Apache 服务器的环境搭建	65
3.4.1	Apache 简介	65
3.4.2	安装 Apache	66
3.4.3	将 PHP 与 Apache 建立关联	67
3.5	实战演练——我的第一个 PHP 程序	69
3.6	高手私房菜	70

第4章 PHP 5 的基本语法 ... 72

4.1	PHP 标识	72
4.1.1	短风格	72
4.1.2	script 风格	72
4.1.3	ASP 风格	72
4.2	编程规范	73
4.2.1	什么是编程规范	73
4.2.2	PHP 的一些编程规范	73
4.3	常量	74
4.3.1	声明和使用常量	74

	4.3.2 内置常量	75
4.4	变量	76
	4.4.1 PHP 中的变量声明	77
	4.4.2 可变变量与变量的引用	77
	4.4.3 变量作用域	78
4.5	变量的类型	83
	4.5.1 整型	83
	4.5.2 浮点型	84
	4.5.3 布尔值	84
	4.5.4 字符串型	84
	4.5.5 数组型	85
	4.5.6 对象型	88
	4.5.7 NULL 型	88
	4.5.8 资源类型	88
	4.5.9 数据类型之间相互转换	89
4.6	运算符	90
	4.6.1 算术运算符	90
	4.6.2 字符串运算符	92
	4.6.3 赋值运算符	92
	4.6.4 比较运算符	93
	4.6.5 逻辑运算符	93
	4.6.6 按位运算符	94
	4.6.7 否定控制运算符	94
	4.6.8 错误控制运算符	94
	4.6.9 三元运算符	94
	4.6.10 运算符的优先级和结合规则	94
4.7	PHP 的表达式	94
4.8	实战演练——创建多维数组	95
4.9	高手私房菜	96
第 5 章	**PHP 的函数和程序结构**	**97**
5.1	函数	97
	5.1.1 PHP 函数	97
	5.1.2 定义和调用函数	97
	5.1.3 向函数传递参数数值	98
	5.1.4 向函数传递参数引用	99
	5.1.5 从函数中返回值	100
	5.1.6 对函数的引用	101
5.2	流程控制概述	101

5.3 条件控制结构 102
　　5.3.1 单一条件分支结构（if 语句）... 102
　　5.3.2 双向条件分支结构（if...else 语句）.. 102
　　5.3.3 多向条件分支结构（elseif 语句）... 102
　　5.3.4 嵌套条件分支结构... 102
　　5.3.5 多向条件分支结构（switch 语句）... 103
5.4 循环控制结构 103
　　5.4.1 while 循环语句... 103
　　5.4.2 do...while 循环语句... 103
　　5.4.3 for 循环语句... 104
　　5.4.4 foreach 循环语句.. 105
　　5.4.5 流程控制的另一种书写格式... 105
　　5.4.6 使用 break/continue 语句跳出循环... 106
5.5 实战演练 1——条件分支结构综合应用... 108
5.6 实战演练 2——循环控制结构应用实例综合应用... 110
5.7 高手私房菜 111

第 6 章 字符串和正则表达式 112

6.1 字符串的单引号和双引号 112
6.2 字符串的连接符 113
6.3 字符串操作 115
　　6.3.1 手动和自动转义字符串中的字符... 115
　　6.3.2 计算字符串的长度... 115
　　6.3.3 字符串单词统计... 116
　　6.3.4 清理字符串中的空格... 117
　　6.3.5 字符串切分与组合... 118
　　6.3.6 字符串子串截取... 119
　　6.3.7 字符串子串替换... 120
　　6.3.8 字符串查找... 121
6.4 什么是正则表达式 122
6.5 正则表达式的语法规则 122
　　6.5.1 方括号（[ ]）... 123
　　6.5.2 连字符（-）... 123
　　6.5.3 点号字符（.）... 123
　　6.5.4 限定符（+*? {n,m}）... 123
　　6.5.5 行定位符（^和$）.. 123
　　6.5.6 排除字符（[^]）.. 124
　　6.5.7 括号字符（( )）... 124
　　6.5.8 选择字符（|）... 124

6.5.9 转义字符与反斜杠（\） ... 124
  6.5.10 认证 email 的正则表达 ... 124
  6.5.11 使用正则表达式对字符串进行匹配 ... 124
  6.5.12 使用正则表达式替换字符串子串 ... 126
  6.5.13 使用正则表达式切分字符串 ... 127
 6.6 实战演练——创建酒店系统在线订房表 ... 128
 6.7 高手私房菜 ... 131

第 7 章 PHP 数组 ... 133
 7.1 什么是数组 ... 133
 7.2 数组类型 ... 133
  7.2.1 数字索引数组 ... 133
  7.2.2 联合索引数组 ... 134
 7.3 数组构造 ... 135
  7.3.1 一维数组 ... 135
  7.3.2 多维数组 ... 136
 7.4 遍历数组 ... 138
  7.4.1 遍历一维数字索引数组 ... 138
  7.4.2 遍历一维联合索引数组 ... 139
  7.4.3 遍历多维数组 ... 140
 7.5 数组排序 ... 142
  7.5.1 一维数组排序 ... 142
  7.5.2 多维数组排序 ... 144
 7.6 字符串与数组的转换 ... 145
 7.7 向数组中添加和删除元素 ... 146
  7.7.1 向数组中添加元素 ... 147
  7.7.2 从数组中删除元素 ... 148
 7.8 查询数组中指定元素 ... 150
 7.9 统计数组元素个数 ... 152
 7.10 删除数组中重复元素 ... 155
 7.11 调换数组中的键值和元素值 ... 156
 7.12 实战演练——数组的序列化 ... 157
 7.13 高手私房菜 ... 158

第 8 章 时间和日期 ... 159
 8.1 系统时区设置 ... 159
  8.1.1 时区划分 ... 159
  8.1.2 时区设置 ... 159
 8.2 PHP 日期和时间函数 ... 159
  8.2.1 关于 UNIX 时间戳 ... 159

8.2.2	获取当前时间戳	160
8.2.3	获取当前日期和时间	161
8.2.4	使用时间戳获取日期信息	162
8.2.5	检验日期的有效性	164
8.2.6	输出格式化时间戳的日期和时间	165
8.2.7	显示本地化的日期和时间	167
8.2.8	将日期和时间解析为 UNIX 时间戳	168
8.2.9	日期时间在 PHP 和 MySQL 数据格式之间转换	169

8.3 实战演练 1——比较两个时间的大小 ... 170
8.4 实战演练 2——实现倒计时功能 ... 170
8.5 高手私房菜 ... 171

第 9 章 面向对象和会话管理 ... 173

9.1 类和对象的介绍 ... 173
9.2 类的声明和实例生成 ... 174
9.3 访问修饰符 ... 175
9.4 构造函数 ... 176
9.5 访问函数 ... 177
9.6 类的继承与接口 ... 179
9.7 错误处理 ... 182
9.8 认识 Session ... 184

9.8.1	什么是 session 控制	184
9.8.2	session 基本功能	184

9.9 了解 cookie ... 184

9.9.1	什么是 cookie	184
9.9.2	用 PHP 设置 cookie	185
9.9.3	cookie 与 session	185
9.9.4	在 cookie 或 URL 中存储 session ID	185

9.10 会话管理 ... 185

9.10.1	创建会话	185
9.10.2	注册会话变量	186
9.10.3	使用会话变量	186
9.10.4	注销会话变量和销毁 session	186

9.11 实战演练——会话管理的综合应用 ... 186
9.12 高手私房菜 ... 188

第 10 章 PHP 与 Web 页面交互 ... 189

10.1 使用动态内容 ... 189
10.2 表单与 PHP ... 191
10.3 表单设计 ... 191

10.3.1 表单的基本结构	191
10.3.2 文本框	191
10.3.3 复选框	193
10.3.4 单选按钮	195
10.3.5 下拉列表框	196
10.3.6 重置按钮	198
10.3.7 提交按钮	200
10.4 传递数据的两种方法	203
10.4.1 用 post 方式传递数据	203
10.4.2 用 get 方式传递数据	203
10.5 PHP 获取表单传递数据的方法	205
10.6 PHP 对 URL 传递的参数进行编程	205
10.7 实战演练——PHP 与 Web 表单的综合应用	206
10.8 高手私房菜	208

第 11 章 PHP 5 文件与目录操作 210

11.1 文件操作	210
11.1.1 文件数据写入	210
11.1.2 文件数据读取	214
11.2 目录操作	216
11.3 文件的上传	222
11.4 实战演练——编写文本类型的访客计数器	224
11.5 高手私房菜	225

第 12 章 图形图像处理 227

12.1 在 PHP 中加载 GD 库	227
12.2 图形图像的典型应用	230
12.2.1 创建一个简单的图像	230
12.2.2 使用 GD2 函数在照片上添加文字	233
12.2.3 使用 TrueType 字体处理中文生成图片	234
12.3 JpGraph 库的使用	237
12.3.1 JpGraph 的安装	237
12.3.2 JpGraph 的配置	237
12.3.3 制作柱形图与折线图统计图	237
12.3.4 制作圆形统计图	240
12.4 实战演练——制作 3D 饼形统计图	242
12.5 高手私房菜	244

第 13 章 MySQL 的安装与配置 245

| 13.1 什么是 MySQL | 245 |
| 13.1.1 客户端/服务器软件 | 245 |

- 13.1.2 MySQL 版本 246
- 13.1.3 MySQL 的优势 246
- 13.2 安装与配置 MySQL 5.5 246
  - 13.2.1 安装 MySQL 5.5 246
  - 13.2.2 配置 MySQL 5.5 254
- 13.3 启动服务并登录 MySQL 数据库 261
  - 13.3.1 启动 MySQL 服务 261
  - 13.3.2 登录 MySQL 数据库 263
  - 13.3.3 配置 Path 变量 265
- 13.4 更改 MySQL 的配置 266
  - 13.4.1 通过配置向导来更改配置 266
  - 13.4.2 手工更改配置 268
- 13.5 高手私房菜 271

第 14 章 数据库的基本操作 273
- 14.1 创建数据库 273
- 14.2 删除数据库 274
- 14.3 数据库存储引擎 275
  - 14.3.1 MySQL 存储引擎简介 275
  - 14.3.2 InnoDB 存储引擎 277
  - 14.3.3 MyISAM 存储引擎 277
  - 14.3.4 MEMORY 存储引擎 278
  - 14.3.5 存储引擎的选择 278
- 14.4 实战演练——数据库的创建和删除 279
- 14.5 高手私房菜 281

第 15 章 数据表的基本操作 282
- 15.1 创建数据表 282
  - 15.1.1 创建数据表的语法形式 282
  - 15.1.2 使用主键约束 283
  - 15.1.3 使用外键约束 285
  - 15.1.4 使用非空约束 286
  - 15.1.5 使用唯一性约束 286
  - 15.1.6 使用默认约束 287
  - 15.1.7 设置表的属性值自动增加 288
- 15.2 查看数据表结构 289
  - 15.2.1 查看表的基本结构 289
  - 15.2.2 查看表的详细结构 290
- 15.3 修改数据表 291
  - 15.3.1 修改表名 291

15.3.2　修改字段的数据类型 292
15.3.3　修改字段名 293
15.3.4　添加字段 294
15.3.5　删除字段 297
15.3.6　修改字段的排列位置 298
15.3.7　更改表的存储引擎 299
15.3.8　删除表的外键约束 300
15.4　删除数据表 302
15.4.1　删除没有被关联的表 302
15.4.2　删除被其他表关联的主表 302
15.5　实战演练——数据表的基本操作 304
15.6　高手私房菜 312

第 16 章　数据的基本操作 314
16.1　插入数据 314
16.1.1　为表的所有字段插入数据 314
16.1.2　为表的指定字段插入数据 316
16.1.3　同时插入多条记录 317
16.2　更新数据 320
16.3　删除数据 322
16.4　查询数据 324
16.4.1　查询所有字段 326
16.4.2　查询指定字段 327
16.4.3　查询指定记录 329
16.4.4　带 IN 关键字的查询 331
16.4.5　带 BETWEEN AND 的范围查询 332
16.4.6　带 LIKE 的字符匹配查询 333
16.4.7　查询空值 335
16.4.8　带 AND 的多条件查询 336
16.4.9　带 OR 的多条件查询 337
16.4.10　查询结果不重复 338
16.4.11　对查询结果排序 340
16.5　实战演练 1——记录的插入、更新和删除 344
16.6　实战演练 2——数据表综合查询案例 348
16.7　高手私房菜 357

第 17 章　数据库的备份和还原 358
17.1　数据备份 358
17.1.1　使用 mysqldump 命令备份 358
17.1.2　直接复制整个数据库目录 365

17.1.3	使用 mysqlhotcopy 工具快速备份	365
17.2	数据还原	366
17.2.1	使用 mysql 命令还原	366
17.2.2	直接复制到数据库目录	367
17.2.3	mysqlhotcopy 快速恢复	367
17.3	数据库迁移	368
17.3.1	相同版本的 MySQL 数据库之间的迁移	368
17.3.2	不同版本的 MySQL 数据库之间的迁移	368
17.3.3	不同类型的数据库之间的迁移	369
17.4	表的导出和导入	369
17.4.1	用 SELECT…INTO OUTFILE 导出文本文件	369
17.4.2	用 mysqldump 命令导出文本文件	372
17.4.3	用 mysql 命令导出文本文件	375
17.4.4	用 LOAD DATA INFILE 方式导入文本文件	378
17.4.5	用 mysqlimport 命令导入文本文件	381
17.5	实战演练——数据的备份与恢复	382
17.6	高手私房菜	387
第 18 章	**PHP 操作 MySQL 数据库**	**388**
18.1	PHP 访问 MySQL 数据库的一般步骤	388
18.2	连接数据库前的准备工作	388
18.3	PHP 操作 MySQL 数据库的函数	389
18.3.1	通过 mysqli 类库访问 MySQL 数据库	389
18.3.2	使用 mysqli_connect()函数连接 MySQL 服务器	392
18.3.3	使用 mysqli_select_db()函数选择数据库文件	392
18.3.4	使用 mysqli_query()函数执行 SQL 语句	393
18.3.5	使用 mysqli_fetch_assoc ()函数从数组结果集中获取信息	393
18.3.6	使用 mysqli_fetch_object()函数从结果中获取一行作为对象	394
18.3.7	使用 mysqli_num_rows()函数获取查询结果集中的记录数	394
18.3.8	使用 mysqli_free_result()函数释放资源	394
18.3.9	使用 mysqli_close()函数关闭连接	395
18.4	实战演练 1——使用 INSERT 语句动态添加用户信息	395
18.5	实战演练 2——使用 select 语句查询数据信息	398
18.6	高手私房菜	400
第 19 章	**PHP+MySQL 开发论坛实战**	**401**
19.1	网站的需求和功能模块分析	401
19.1.1	需求分析	401
19.1.2	网站功能模块分析	401
19.2	数据库分析	402

	19.2.1	分析数据库	402
	19.2.2	创建数据表	402

19.3 论坛的代码实现 ... 403
19.3.1 数据库连接相关文件 ... 403
19.3.2 论坛主页面 ... 410
19.3.3 新用户注册页面 ... 415
19.3.4 论坛帖子的相关页面 ... 419
19.3.5 后台管理系统的相关页面 ... 430

第20章 流行的网站开发模式——使用 Yii 框架快速开发企业网站 ... 462
20.1 网站的需求分析 ... 462
20.2 数据库分析 ... 463
20.3 企业网站的实现 ... 465
20.3.1 使用 Yii 框架的沙箱模式建立项目 ... 466
20.3.2 开始 goodone 项目编程 ... 467
20.3.3 构建 message 系统 ... 471
20.3.4 构建 product 系统 ... 479
20.3.5 构建 order 系统 ... 483
20.3.6 构建 customer 系统和 order 系统建立订单 ... 484

第 1 章　初识 PHP

在学习 PHP 之前,读者需要了解 PHP 的基本概念、PHP 的特点、PHP 常用的开发工具等知识。通过本章的学习,读者能够对 PHP 有一个初步的了解。

1.1　PHP 的发展

PHP 语言和其他语言有什么不同?读者首先需要理解 PHP 的概念和发展历程。

1.1.1　PHP 的概念

PHP 原先的全名为 Personal Home Page(个人主页),现在是指 Hypertext Preprocessor(超级文本预处理语言)。PHP 是一种 HTML 内嵌式的语言,在服务器端执行的嵌入 HTML 文档的脚本语言,语言的风格类似于 C 语言,被广泛运用于动态网站的制作中。PHP 语言借鉴了 C、Java 和 Perl 等语言的部分语法,并有自己独特的特性,使 Web 开发者能够快速地编写动态生成页面的脚本。对于初学者而言,PHP 的优势是可以快速入门。

与其他的编程语言相比,PHP 是将程序嵌入到 HTML 文档中去执行,执行效率比完全生成 HTML 标记的方式要高许多。PHP 还可以执行编译后的代码,编译可以达到加密和优化代码运行的作用,使代码运行得更快。另外,PHP 具有非常强大的功能,能够实现所有的 CGI 的功能,而且支持几乎所有流行的数据库和操作系统。最重要的是 PHP 还可以用 C、C++进行程序的扩展。

1.1.2　PHP 的发展历程

目前,有很多 Web 开发语言,其中 PHP 是比较出众的一种 Web 开发语言。与其他脚本语言不同,PHP 是通过全世界免费代码开发者共同的努力才发展到今天的规模。要想了解 PHP,首先从它的发展历程开始。

在 1994 年,Rasmus Lerdorf 首次设计出了 PHP 程序设计语言。1995 年 6 月,Rasmus Lerdorf 在 Usenet 新闻组 comp.infosystems.www.authoring.cgi 上发布了 PHP 1.0 声明。在这个早期版本中,提供了访客留言本、访客计数器等简单的功能。

1995 年,第二版的 PHP 问世,定名为 PHP/FI(Form Interpreter)。在这一版本中加入了可以处理更复杂的嵌入式标记语言的解析程序,同时加入了对数据库 MySQL 的支持。自此奠定了 PHP 在动态网页开发上的影响力。自从 PHP 加入了这些强大的功能,它的使用量猛增。据初步统计,在 1996 年底,有 15 000 个 Web 网站使用了 PHP/FI;而在 1997 年中期,这一数字超过了 50 000。

前两个版本的成功，让 PHP 的设计者和使用者对 PHP 的未来充满了信心。在 1997 年，PHP 开发小组又加入了 Zeev Suraski 及 Andi Gutmans，他们自愿重新编写了底层的解析引擎，其他很多人也自愿加入了 PHP 的其他部分工作，从此 PHP 成为了真正意义上的开源项目。

在 1998 年 6 月，发布了 PHP 3.0 声明。在这一版本中 PHP 可以跟 Apache 服务器紧密地结合，再加上它不断地更新及加入新的功能，并且它几乎支持所有主流与非主流数据库，而且拥有非常高的执行效率，这些优势使 1999 年采用 PHP 的网站超过了 150 000。

PHP 经过 3 个版本的演化，已经变成了一个非常强大的 Web 开发语言。这种语言非常易用，它拥有一个强大的类库，而且类库的命名规则也十分规范，就算对一些函数的功能不了解，也可以通过函数名猜测出来。这使得 PHP 十分容易学习，而且 PHP 程序可以直接使用 HTML 编辑器来处理，因此，PHP 变得非常流行，有很多大的门户网站都使用了 PHP 作为自己的 Web 开发语言，例如新浪网等。

在 2000 年 5 月推出了划时代的版本 PHP4，它使用了一种"编译—执行"模式，核心引擎更加优越，提供了更高的性能，而且还包含了其他一些关键功能，如支持更多的 Web 服务器、HTTP Sessions 支持、输出缓存、更安全的处理用户输入的方法以及一些新的语言结构。

PHP 目前的最新版本是 PHP5，在 PHP4 的基础上作了进一步的改进，功能更强大，执行效率更高。本书将以 PHP5 版本讲解 PHP 的实用技能。

1.2　PHP 的应用领域

初学者也许会有疑问，PHP 到底能干什么？下面将来介绍 PHP 的应用领域。

PHP 在 Web 开发方面的功能非常强大，可以完成一款服务器所能完成的一切工作。有了 PHP，用户可以轻松地进行 Web 开发。下面来具体学习一下 PHP 的应用领域，如生成动态网页、收集表单数据和发送或接收 Cookies 等。

PHP 主要应用于以下 3 个领域。

1. 服务器端脚本

PHP 最主要的应用领域是服务器端脚本。服务器脚本运行需要具备 3 项配置：PHP 解析器、Web 浏览器和 Web 服务器。在 Web 服务器运行时，安装并配置 PHP，然后用 Web 浏览器访问 PHP 程序输出。在学习的过程中，读者主要在本机上配置 Web 服务器，即可浏览制作的 PHP 页面。

2. 命令行脚本

命令行脚本和服务器端脚本不同，编写的命令行脚本并不需要任何服务器或浏览器运行，在命令行脚本模式下，只需要 PHP 解析器执行即可。这些脚本被用在 Windows 和 Linux 平台下做日常运行脚本，也可以用来处理简单的文本。

3. 编写桌面应用程序

PHP 在桌面应用程序的开发中并不常用,但是如果用户希望在客户端应用程序中使用 PHP 编写图形界面应用程序,可以通过 PHP-GTK 来编写这些程序。PHP-GTK 是 PHP 的扩展,并不包含在标准的开发包中,开发用户需要单独编译它。

1.3 PHP 的特点

PHP 能够迅速发展,并得到广大使用者的喜爱,主要原因是 PHP 不仅有一般脚本所具有的功能,而且有它自身的优势。它的具体特点如下。

(1)源代码完全开放。所有的 PHP 源代码事实上都可以得到。读者可以通过 Internet 获得需要的源代码,快速修改利用。

(2)完全免费。和其他技术相比,PHP 本身是免费的。读者使用 PHP 进行 Web 开发无须支付任何费用。

(3)语法结构简单。因为 PHP 体现了 C、Java 和 Perl 语言的特色,编写简单,方便易懂;可以被嵌入于 HTML 语言,它相对于其他语言,编辑简单,实用性强,更适合初学者。

(4)跨平台性强。由于 PHP 是运行在服务器端的脚本,可以运行在 UNIX、Linux、Windows 下。

(5)效率高。PHP 消耗相当少的系统资源,并且程序开发快、运行快。

(6)强大的数据库支持。支持目前所有的主流和非主流数据库,使 PHP 的应用对象非常广泛。

(7)面向对象。PHP5 在面向对象方面都有了很大的改进,现在 PHP 完全可以用来开发大型商业程序。

1.4 PHP 常用开发工具

可以编写 PHP 代码的工具很多,目前常见的有 Dreamweaver、PHPEdit、GPHPedit 和 Frontpage 等,甚至用 Word 和记事本等常用工具也可以书写源代码。

1.4.1 PHP 代码开发工具

常见的 PHP 代码开发工具如下。

1. PHPEdit

PHPEdit 是一款 Windows 下优秀的 PHP 脚本 IDE(集成开发环境)。该软件为快速、便捷地开发 PHP 脚本提供了多种工具,其功能包括:语法关键词高亮,代码提示、浏览,集成 PHP 调试工具,帮助生成器,自定义快捷方式,150 多个脚本命令,键盘模板,报告生成器,快速标记和插件等。PHPEdit 主界面如图 1-1 所示。

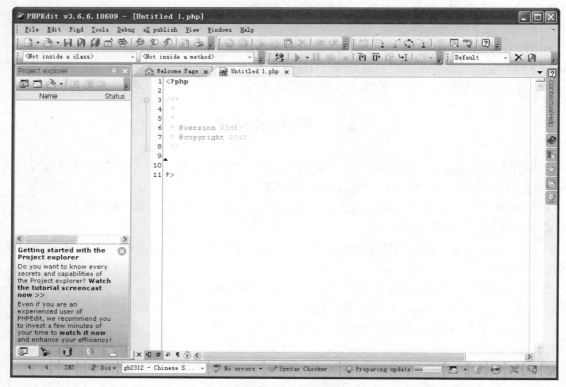

图 1-1　PHPEdit 主界面

2. GPHPedit

GPHPedit 是在 Linux 下十分流行的免费的 PHP 编辑器，小巧而功能强大。它是以 Linux 下的 Gedit 文本编辑器为基础，专门设计用于编辑 PHP 和 HTML 的编辑器。它可以表示 PHP、HTML、CSS 和 SQL 语句。在编写过程中提供函数列表参考、函数参数参考，搜索和检测编程语法等。总之，它是一款完全免费的优秀的 PHP 编辑器。

3. phpDesigner

phpDesigner 是一款功能强大、运行高效的 PHP 编辑平台。它是集合了 PHP、XHTML、JavaScript、CSS 等基于 Web 开发的综合 Web 应用开发平台。它能够自动捕获代码文件中的 class、function、varibles 等编程元素，并加以整理，在编程过成中给予提示。除此以外它还兼容了流行的各种类库和框架的协同工作，如 JavaScript 的 jquery 库、YUI 库、prototype 库等，又如 PHP 流行的 zend framework 框架、symfony 框架、cakephp 框架、yii 框架等。此外，它还拥有 xdebug 工具、svn 版本管理等工具。可以说它是独立于 eclipse 之外的，集合了 PHP 开发需求之大成的又一款优秀的平台。phpDesigner 7 主界面如图 1-2 所示。

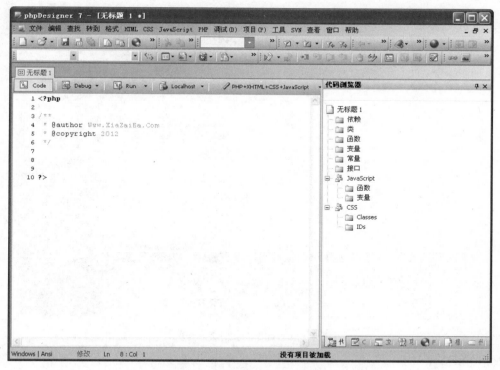

图 1-2　phpDesigner 7 主界面

4. Zend Studio

Zend Studio 是由 Zend 科技公司开发的一个针对 PHP 的全面的开发平台。这个 IDE 融合了 Zend Server 和 Zend Framework，并且融合了 Eclipse 开发环境。Eclipse 是最早适用于 Java 的 IDE 环境，由于其优良的特性和对 PHP 的支持，成为很有影响力的 PHP 开发工具。现在最新的 Eclipse PHP 开发环境为 Eclipse PDT2.2.0 版本。它拥有支持 Windows、Linux 和 Mac 系统的软件包，可以说是比较完备的一个体系。它是一个收费的工具。

1.4.2　网页设计工具

下面介绍几种常见的网页设计工具。

1. Dreamweaver

Dreamweaver 是网页制作的三剑客之一。随着 Web 语言的发展，Dreamweaver 早已不再仅仅限制于网页设计的方面，它支持各种 Web 应用流行的前后台技术的综合运用。Dreamweaver 对 PHP 的支持十分到位。不但对 PHP 的不同方面进行清晰的表示，并且给予足够的编程提示，使编程过程相当流畅。目前 Dreamweaver CS5 为最新版本，主界面视图如图 1-3 所示。

图 1-3 Dreamweaver CS5 主界面

2. FrontPage

FrontPage 是微软公司出品的一款网页制作入门级软件。FrontPage 使用方便简单，会用 Word 就能做网页，所见即所得是其特点，该软件结合了设计、拆分、代码和预览 4 种模式。FrontPage 2003 主界面如图 1-4 所示。

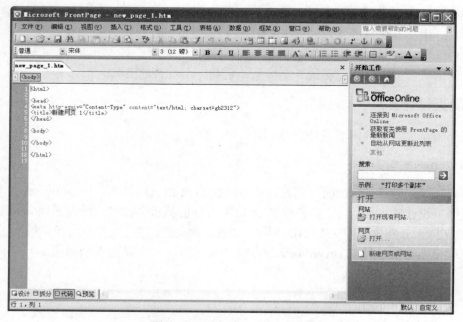

图 1-4 FrontPage 2003 主界面

1.4.3 文本编辑工具

常见的文本编辑工具很多，包括 UltraEdit 和记事本等。

1. UltraEdit

UltraEdit 是一套功能强大的文本编辑器，可以编辑文本、十六进制、ASCII 码，完全可以取代记事本（如果电脑配置足够强大），内建英文单词检查、C++ 及 VB 指令突显，可同时编辑多个文件，而且即使开启很大的文件速度也不会慢。此软件附有 HTML 标记颜色显示、搜寻替换以及无限制的还原功能，一般用其来修改 EXE 或 DLL 文件，能够满足一切编辑需要的编辑器。

2. 记事本

记事本是 Windows 系统自带的文本编辑工具，具备基本的文本编辑功能，体积小巧，启动快，占用内存低，容易使用。记事本主窗口如图 1-5 所示。

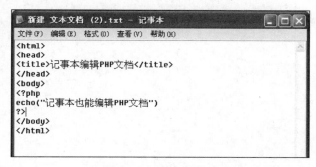

图 1-5　记事本主窗口

在使用记事本编辑 PHP 文档的过程中，需要注意保存方法和技巧。在【另存为】对话框中输入文件名称，后缀名为.php，【保存类型】设置为【所有文件】即可，如图 1-6 所示。

图 1-6　【另存为】对话框

1.5 高手私房菜

技巧 1：如何快速了解 PHP 的应用技术？

在学习的过程中，用户可以随时查阅 PHP 的应用情况。启动 IE 浏览器，在地址栏中输入"http://www.baidu.com"，打开搜索引擎，输入需要搜索的内容即可了解相关技术。

技巧 2：如何选择 PHP 开发软件？

不管是哪个开发工具，在 PHP 开发的过程中，都要有对 PHP 的语法和数据进行分色表示的能力，以方便开发者编写程序。进一步的功能是要有对代码编写拥有提示的能力。对于 PHP 的数据类型、运算符、标识、名称等都有提示能力。

那么多的开发工具，选择一款比较适合自己的即可。对于初学者，使用 phpDesigner 比较好，它集合了 PHP、XHTML、JavaScript、CSS 等基于 Web 开发的综合 Web 应用开发技术。

第 2 章 HTML 与 JavaScript 语言速成

PHP 是一种嵌入式语言，需要嵌入到 HTML 代码中来执行。所以在学习之前，需要了解 HTML 基础知识。另外，在制作动态网页的过程中，经常需要使用 JavaScript 控制交互程序，所以本章也学习下这些基础知识。

2.1 HTML 概述

HTML 用标记来表示文本文档中的文本及图像等元素，并规定浏览器如何显示这些元素，以及如何响应用户的行为。它是标准通用语言（Standard Generalized Markup Language，SGML）的一种应用。

2.1.1 什么是 HTML

HTML 是 Hyper Text Markup Language（超文本标记语言）的缩写，是一种描述性语言，而不是一种编程语言，主要用于描述超文本中内容的显示方式。

HTML 最基本的语法是<标记符></标记符>。标记符通常都是成对使用，有一个开头标记和一个结束标记。结束标记只是在开头标记的前面加一个斜杠"/"。当浏览器收到 HTML 文件后，就会解释里面的标记符，然后把标记符相对应的功能表达出来。

例如，在 HTML 中用<p></p>标记符来定义一个段落，用
标记符来定义一个换行符。当浏览器遇到<p></p>标记符时，会把该标记中的内容自动形成一个段落。当遇到
标记符时，会自动换行，并且该标记符后的内容会从一个新行开始。这里的
标记符是单标记，没有结束标记，标记后的"/"符号可以省略，为了规范代码，一般建议加上。

2.1.2 HTML 文件的基本结构

在一个 HTML 文档中，必须包含<HTML></HTML>标记，并且放在一个 HTML 文档中开始和结束位置。即每个文档以<HTML>开始，以</HTML>结束。<HTML></HTML>之间通常包含两个部分，分别是<HEAD></HEAD>和<BODY></BODY>。HEAD 标记包含 HTML 头部信息，例如文档标题、样式定义等；BODY 包含文档主体部分，即网页内容。需要注意的是，HTML 标记不区分大小写。

为了便于读者从整体把握 HTML 文档结构，通过一个 HTML 页面来介绍 HTML 页面的整体结构，示例代码如下所示。

```
<HTML>
```

```
<HEAD>
    <TITLE>网页标题</TITLE>
</HEAD>
<BODY>
    网页内容
</BODY>
</HTML>
```

从上面代码可以看出，一个基本的 HTML 页由以下几部分构成。

- <HTML></HTML>：说明本页面使用 HTML 语言编写，使浏览器软件能够准确无误地解释、显示。
- <HEAD></HEAD>：HTML 的头部标记，头部信息不显示在网页中。此标记内可以保护其他标记，用于说明文件标题和整个文件的一些公用属性。可以通过<style>标记定义 CSS 样式表，通过<script>标记定义 JavaScript 脚本文件。
- <TITLE></TITLE>：TITLE 是 HEAD 中的重要组成部分，它包含的内容显示在浏览器的窗口标题栏中。如果没有 TITLE，浏览器标题栏显示本页的文件名。
- <BODY></BODY>：BODY 包含 HTML 页面的实际内容，显示在浏览器窗口的客户区中。例如，页面中文字、图像、动画、超链接以及其他 HTML 相关的内容都是定义在 body 标记里面。

2.1.3　HTML 基本标记

大家知道，<html><head><body>三种标记构成 HTML 文档主体，除了这三个基本标记之外，还有其他的一些常用标记，例如字符标记、超级链接标记和列表标记。

1．字符标记

在 HTML 文档中，不管其内容如何变化，文字始终是最小的单位。每个网页都在显示和布局这些文字，文本字符标记通常用来指定文字显示方式和布局方式。常用文本字符标记，如表 2-1 所示。

表 2-1　常用文本字符标记

标记	标记名称	功能描述
br	换行标记	另起一行开始
hr	标尺标记	形成一个水平标尺
center	居中对齐标记	文本在网页中间显示。HTML 标准已抛弃此标记，但相当长时间段内仍然可以用
blockquote	引用标记	引用名言
pre	预定义标记	使源代码的格式呈现在浏览器上
hn	标题标记	网页标题，有 6 个，分别为 h1 到 h6

（续表）

标记	标记名称	功能描述
font	字体标记	修饰字体大小、颜色、字体名称。HTML 标准已抛弃此标记，但相当长时间段内仍然可以用
b	字体加粗标记	文字样式加粗显示
i	斜体标记	文字样式斜体显示
sub	下标标记	文字以下标形式出现
u	底线标记	文字以带底线形式出现
sup	上标标记	文字以上标形式出现
address	地址标记	文字以斜体形式表示地址

【例 2.1】（实例文件：ch02\2.1.html）

```
<HTML>
    <HEAD>
        <TITLE>HTML 学习</TITLE>
    </HEAD> <BODY>
        <h1 align=center>质能方程</h1>
        <hr color=black align=center width=100%>
        <p>以 E=mc^2 谈论越光速</p>
        <p><font align=center size=6>质能等价理论</font>是爱因斯坦 狭义相对论的最重要的推论,即著名的方程式:E=mc^2;(能量=质量×光速的平方),式中 E 为能量,m 为质子加中子减原子核的质量（由于质量亏损,原子核的质量总小于组成该原子核的质子和中子的质量的和）,C 为光速；也就是说,一切物质都潜藏着质子加中子减原子核的质量乘以光速平方的能量。由此可以解释为什么物体的运动速度不可能超过光速。
        </p>
        <p>
        <pre>
要避免这样的佯谬,B 吸收能量 E 后比 A 多具有质量 m,使在调位置时,m 向左移动 d 距离时,<br>
全管 M 向右移动 x 距离。质心不动,即要求 Mx = md,这移动 x 恰好抵消上述发射吸收间移动 vt,
所以(md)/M = x = vt = (Ed)/Mc,
整理得:
        E=mc^2
        </pre>
        </p>
        <p>2<sup>2</sup>结果。</p>
        <hr color=orange align=center width=100%>
        详细信息请查询<address><b>http://baidu.com</b></address>。
    </BODY>
</HTML>
```

在 IE 8.0 中浏览效果如图 2-1 所示，可以看到字体以标题、预定义文本显示，标尺 hr 以不同颜色显示。

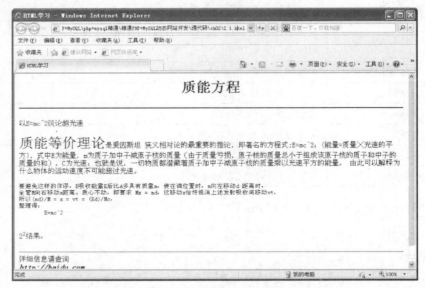

图 2-1　字符标记显示窗口

从上面代码可以看出，标尺标记 hr，该标记有描述标记。其中 align 表示该标尺对齐方式（居中、居左、居右）。size 表示标记宽度，color 表示标记颜色，noshade 表示标记是否带有阴影。

 同样 font 标记也具有相应的描述标记，size 表示字体大小，color 表示字体颜色，face 表示字体名称。p 为段落标记，会在后面章节介绍。

2．超级链接标记

链接是指从一个网页指向一个目标的链接关系。这个目标可以是一个网页，也可以是本网页的不同位置，还可以是一个图片、一个电子邮件地址、一个文件，甚至是一个应用程序。而在一个网页中作为超链接的对象，可以是一段文本或者是一个图片。

一个链接的基本格式如下。

<a href="资源地址">热点（链接文字或图片）</a>

标记<a>表示链接的开始，</a>表示链接的结束；描述标记"href（属性）"定义了这个链接所指的地方；通过单击热点，就可以到达指定的网页，如<a href="http://www.sohu.com">搜狐</a>。

按照链接路径的不同，网页中超链接一般分为以下 3 种类型：内部链接、锚点链接和外部链接。外部链接表示不同网站网页之间的链接，内部链接表示同一个网站之间的网页链接。内部链接的链接资源的地址分为绝对路径和相对路径。锚点链接通常指同一文档内链接。

如果按照使用对象的不同，网页中的链接又可以分为文本链接、图像链接、E-mail 链接、多媒体文件链接和空链接等。

【例 2.2】（实例文件：ch02\2.2_1.html）

```html
<HTML>
<HEAD>
<title>HTML 超级链接</title>
</HEAD>
<BODY>
<h1 align=center>主页</h1>
进入<a href="2.2_2.html">新闻中心</a>
</BODY>
</HTML>
```

【例 2.2】（实例文件：ch02\2.2_2.html）

```html
<HTML>
<HEAD>
<title>HTML 学习</title>
</HEAD>
<BODY>
  <h1 align=center>新闻中心</h1>
  <a href=2.2_1.html>返回首页</a>
</BODY>
</HTML>
```

在 IE 8.0 中浏览效果如图 2-2 所示，可以看到"主页"和"新闻中心"两个超级链接，通过它们可以在页面之间跳转。

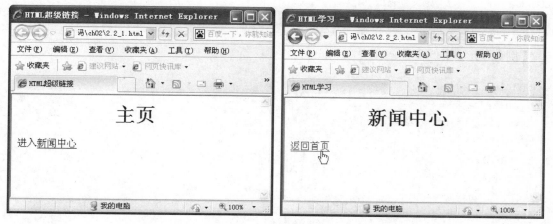

图 2-2　页面跳转显示

通过网页外部链接可以链接到外面去，可以扩充网站的实用性及充实性，也正因这个功能，才造就了网页五彩缤纷的世界。

这里需要注意的是，HTML 中对<a></a>标记进行了重新定义，并增加了一些新的属性，例如 type、ping 和 media，减少了 charset、coords、rev 和 shape。

- type：规定目标 URL 的 MIME（MIME=Multipurpose Internet Mail Extensions）类型，仅在 href 属性存在时使用。
- ping：由空格分隔的 URL 列表，仅在 href 属性存在时使用。当用户单击该链接时，这些 URL 会获得通知。
- media：规定目标 URL 的媒介类型，默认值为 all，仅在 href 属性存在时使用。

 在 HTML4 中，<a>标记既可以是超链接，也可以是锚。这取决于是否描述了 href 属性。而在 HTML5 中，<a>是超链接，但是假如没有 href 属性，它仅仅是超链接的一个占位符。

3．列表标记

列表标记可以在网页中以列表形式排列文本元素。它有三种：有序列表、无序列表、自定义列表。

列表标记如表 2-2 所示。

表 2-2　列表标记

标记	描述
<ul>	无序列表
<ol>	有序列表
<dl>	定义列表
<dt><dd>	定义列表的标记
<li>	列表项目的标记

【例 2.3】（实例文件：ch02\2.3.html）

```
<HTML>
   <HEAD>
      <title>HTML 列表标记</title>
   </HEAD>
   <BODY>
      水果
         <ul type=a>
            <li>苹果</li>
            <li>梨</li>
            <li>香蕉</li>
            <li>桃</li>
```

```
            </ul>
        蔬菜
        <ol>
            <li>西红柿</li>
            <li>茄子</li>
            <li>黄瓜</li>
            <li>冬瓜</li>
        </ol> <dl>
        <dt>色相</dt>
            <dd>色彩的相貌、名称</dd>
            <dd>赤橙黄绿青蓝紫</dd>
            <dd>色相是一个环</dd>
        <dt>饱和度</dt>
            <dd>颜色的纯度</dd>
</dl> </BODY>
</HTML>
```

在 IE 8.0 中浏览效果如图 2-3 所示，可以看到显示了三种不同的列表。

图 2-3　列表显示窗口

2.2　HTML 设置段落和图片

　　一个网页就是一个整体，其各部分需要摆放整齐，其中可以将大量文字作为一个段落，其标记为<p>；图像是网页制作不可或缺的一个元素，HTML 专门提供了一个用来处理图像的标记<img>。

2.2.1 HTML 常用段落和图片标记

段（paragraph）标记把文本格式化成普通段落。段落<p>标记的一个基本属性是 align（对齐），可以有 left（左）、center（中间）、right（右）几个值，默认值是 left。

【例 2.4】（实例文件：ch02\2.4.html）

```
<html>
  <head>
    <title>段落标记</title>
  </head>
  <body>
  <p align="left">左对齐段落。
  <p align="center">居中段落。
  <p align="right">右对齐段落。
  </body>
</html>
```

在 IE 8.0 中浏览效果如图 2-4 所示，可以看到段落以不同的对齐方式显示，例如左对齐、右对齐和居中对齐。

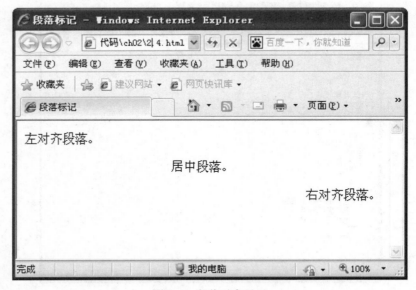

图 2-4　段落对齐显示

在网页中显示的一张图片或看到的一个 GIF 动画，是通过 img 标记来实现的。img 标记是单个出现标记，表示在当前文档内引入一个图片，有两个常用的描述标记 src 和 alt，src 表示该图片所在位置，alt 表示显示该图片时的提示信息。

其常用格式如下所示。

```
<img src= "index.gif" alt= "这是一个图片">
```

【例2.5】（实例文件：ch02\2.5.html）

```
<HTML>
  <HEAD>
    <title>图像标记</title>
  </HEAD>
  <BODY>
    <h3>请欣赏下面图像</h3>
      <img src="2.gif" alt="请登录该网站"  border="2">
  </BODY>
</HTML>
```

在 IE 8.0 中浏览效果如图 2-5 所示，可以看到图像在网页中显示，并且带有边框。

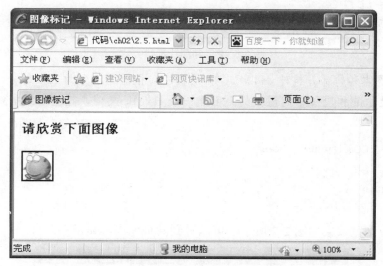

图 2-5　图片显示窗口

2.2.2　文字和图片排版

网页采用图文并茂的方式来介绍事物，使读者能够快速掌握网页所表达的意思。本节将结合上一节介绍的知识，全面介绍一下文字和图片的排版，即对齐方式，具体操作步骤如下。

【例2.6】（实例文件：ch02\2.6.html）

01　分析需求。在一个网页中，文字结合图片显示时，图片可以作为背景图片，可以在段落开始显示，可以在段落结束显示，可以在段落中间显示。段落使用 p 标记，图片使用 img 标记。实例完成后，效果如图 2-6 所示。

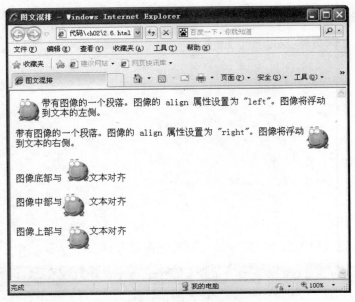

图 2-6 文字和图片混排方式

02 分析整体和局部并构建 HTML。在网页中，根据需求分为三个部分：段落开始显示的、段落结束显示的和段落中间显示的。创建一个 HTML 文档，其基本结构如下所示。

```
<html>
<head><title>图文混排</title></head>
<body>
</body>
</html>
```

在 IE 8.0 中浏览效果如图 2-7 所示，可以看到网页无内容显示。

图 2-7 空文档显示

03 设置各个对齐方式。下面就可以在网页中，设置图像和文字的对齐方式，其代码如下所示。

```
<p>
<img src ="2.gif" align ="left">
带有图像的一个段落。图像的 align 属性设置为 "left"。图像将浮动到文本的左侧。
</p>
<p>
<img src ="2.gif" align ="right">
带有图像的一个段落。图像的 align 属性设置为 "right"。图像将浮动到文本的右侧。
</p>
<p>图像底部与<img src="2.gif" align="bottom">文本对齐</p>
<p>图像中部与<img src ="2.gif" align="middle">文本对齐</p>
<p>图像上部与<img src ="2.gif" align="top">文本对齐</p>
```

在 IE 8.0 中浏览效果如图 2-8 所示，可以看到文档中显示图片，并以底部、中部和顶部对齐。

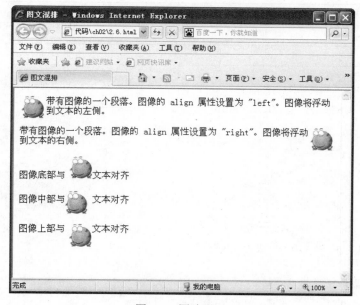

图 2-8　图片显示

2.3　HTML 设置表格

　　HTML 表格是一个二维表格，由行和列组成，其中单元格用来显示数据。这是网页设计者通常采用的方法之一。同时还可以使用表格进行网页布局，尤其是在 CSS 样式表和 DIV 布局流行之前。使用表格排版网页，可以使网页更美观、条理更清晰、更易于维护和更新。但是表格布局下载速度较慢。

　　在 HTML 文档里，通常使用<table>标记实现表格，table 标记还包括了一些其他常用标记，如表 2-3 所示。

表2-3　table 常用标记

标记名	说明
<table>	表格标记，成对出现，标记内必须有 tr 行和 td 单元格标记
<tr>	表格行标记
<td>	表格单元格
<caption>	表格标题，默认黑体居中效果
<th>	表格列标题
<border>	边框宽度，边框值必须大于 1 像素才有效
<bgcolor>	表格背景色
align	设置对齐方式，默认是左对齐
cellpadding	设置单元格边框和内部内容之间的间隔大小
cellspacing	设置单元格之间的间隔大小
width	表格宽度
height	表格高度
colspan	列合并标记
rowspan	行合并标记

【例 2.7】（实例文件：ch02\2.7.html）

```
<HTML>
<HEAD>
<title>表格标记</title>
</HEAD>
<BODY>
<table border=2 align=center width=80%>
  <caption align=top>员工信息表</caption>
  <tr>
    <th>姓名</th>
    <th align="center">性别</th>
    <th align="right">职位</th>
  </tr>
  <tr>
    <td>刘天翼</td>
    <td align="center" >男</td>
    <td align="right">部门经理</td>
  </tr>
  <tr>
    <td>王依然</td>
    <td align="center" bgcolor=red>女</td>
    <td align="right">普通职员</td>
```

```
        </tr>
    </table>
</BODY>
</HTML>
```

在 IE 8.0 中浏览效果如图 2-9 所示,可以看到网页中,信息在表格中显示,若性别是"女",则背景色显示红色。

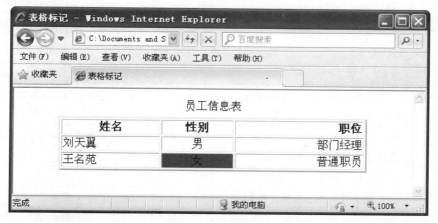

图 2-9 表格显示

2.4 HTML 设置表单

表单可以在客户机和服务器之间传递信息,是收集客户信息的最好方式,例如用户注册、登录和用户调查等。表单是 HTML 中比较重要的标记之一。

表单用来给访问者输入信息,从而采集客户信息。将表单设计在一个 HTML 文档中,当用户填完信息后做提交(submit)操作,服务器端接收信息处理。

表单用<form></form>标记来创建,即定义表单开始和结束位置,在开始和结束标记之间的标记都属于表单的内容。

<form>标记具有 action、method 和 target 属性。

- action:表示处理程序(包括网络路径,即网址或相对路径),即网页提交后,服务器接收程序。
- method:定义表单传送信息方式,可取值为 GET 和 POST。GET 方式以字符串传递数据,一般限制在 1KB(255 个字节)以下,安全性较低。POST 方式以数据块传递信息,数据量比较大,安全性较高。
- target:指定目标窗口或目标帧。可选当前窗口_self,父级窗口_parent,顶层窗口_top,空白窗口_blank。

表单标记常用格式为:

```
<form action= "http://www.sohu.com" method= "post" target= "_top"> </form>
```

一个表单一般应该包含文本框、密码框、按钮等。表单很像容器，它能够容纳各种各样的控件。一个完整的 HTML 表单，通常包括两个部分，即表单标记和表单控件标记。

1. 常用表单控件

表单中控件的命令格式为：

`<input type="">`

不同类型的表单控件具有不同的描述标记，如表 2-4 所示。

表 2-4 表单控件标记

名称	说明
type	指定表单元素类型。可用选项有 text、password、checkbox、radio、submit、reset、file、hidden 和 button。默认值为 text
name	指定表单元素名称。如果表单上有几个文本框，可以按照名称来标识它们，如 text1、text2 或用户选择的任何名称
value	可选属性，指定表单元素初始值
Size	指定表单元素显示长度。可用于文本输入的表单元素，即 text 或 password
maxlength	指定在 text 或 password 表单元素中，可以输入的最大字符数。默认值为无限的
checked	是一个 boolean 属性，指定按钮是否是被选中的。当输入类型为 radio 或 checkbox 时，使用此属性
src	src="url"。当使用 image 作为输入类型时使用此属性，它用于标识图像的位置

【例 2.8】（实例文件：ch02\2.8.html）

```
<HTML>
<HEAD>
<title>表单标记</title>
</HEAD>
<BODY bgcolor="#ccccff" text="#000099">
    <center>
      <form action="" method="post">
          <h2 align="center">计算机优秀图书评选</h2>
           <P>
          <input type="radio" name="ts" value="1">java 实践教程
          <input type="radio" name="ts" value="2">jsp 大全
          <input type="radio" name="ts" value="3">十天精通 java
          </p>
          <p><b>优秀出版社名称：</b><input type="text"name="name1"  size="30" maxlength="30"></p>
          <p>
          <input type="submit" name="submit" value="评选">
```

```
                <input type="reset" name="reset" value="重置"></p>
            </form>
        </center>
</BODY>
</HTML>
```

在IE 8.0中浏览效果如图2-10所示，可以表单居中显示，并显示单选按钮、输入框和提交按钮等。

2．多行文本标记和下拉列表

<textarea></textarea>标记可以创建多行文本框，此标记用于<form></form>标记之间。<textarea>具有 name、cols 和 rows 属性。

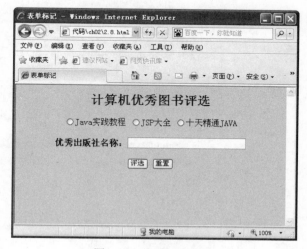

图2-10 表单显示窗口

- name：表示多行文本框名称。
- cols 和 rows：用来设置多行文本框列数和行数。需要注意的是，列与行是以字符数为单位的。

<select></select>：创建一个下拉列表框或可以复选的列表框。此标记也用于<form></form> 标记之间。<select>具有 multiple、name 和 size 属性。

- multiple：不用赋值，直接加入标记中即可使用，表示列表框是多选的。
- name：表示列表框名字，它与上边介绍的name作用是一样的。
- size：设置列表宽度，默认值为1，若没有设置（加入）multiple 属性，显示的是一个弹出式列表框。

<option>：指定列表框中的一个选项，它放在<select></select>标记之间。此标记具有 selected 和 value 属性。

- selected：用来指定默认选项，表示该选项被选中。
- value：给<option>指定选项赋值，此值要传送到服务器上的。

【例2.9】（实例文件：ch02\2.9.html）

```
<html>
<head>
<title>表单标记</title>
</head>
<body>
```

```html
            <center>
                <h2>个人兴趣调查</h2>
              <form method="post" align="center">
                <p>
                    选择喜欢的运功项目：
                    <select size="1" name="yd">
                        <option value=0>请选择</option>
                        <option value=1>篮球</option>
                        <option value=2>足球</option>
                        <option value=3>游泳</option>
                        <option value=4>乒乓球</option>
                    </select><br>
                    备注： <textarea rows="4" cols="25"></textarea>
                </p>
                <p>
                    <input type="submit" value="确认">
                    <input type="reset" value="取消">
                </p>
            </form>
            </center>
</body>
</html>
```

在 IE 8.0 中浏览效果如图 2-11 所示，可以看到网页中下拉列表框和多行文本框的显示。

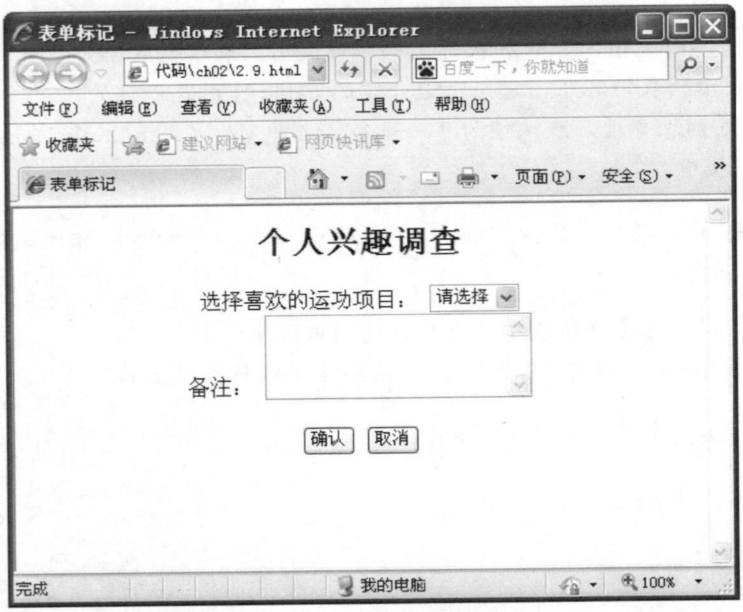

图 2-11 多行文本框和列表显示

2.5 JavaScript 简介

JavaScript 作为一种可以给网页增加交互性的脚本语言，拥有近二十年的发展历史。它的简单、易学易用特性，使其立于不败之地。

JavaScript 最初由网景公司的 Brendan Eich 设计，是一种动态、弱类型、基于原型的语言，内置支持类。经过近二十年的发展，它已经成为健壮的基于对象和事件驱动并具有相对安全性的客户端脚本语言。同时也是一种广泛用于客户端 Web 开发的脚本语言，常用来给 HTML 网页添加动态功能，如响应用户的各种操作。

1. JavaScript 的特点

（1）语法简单，易学易用。

JavaScript 语法简单、结构松散。可以使用任何一种文本编辑器来进行编写。JavaScript 程序运行时不需要编辑译成二进制代码，只需要支持 JavaScript 的浏览器进行解释。

（2）解释性语言。

非脚本语言编写的程序通常需要经过编写→编译→链接→运行 4 个步骤，而脚本语言 JavaScript 只需要经过编写和运行两个步骤。

（3）跨平台。

由于 JavaScript 程序的运行依赖于浏览器，只要操作系统中安装有支持 JavaScript 的浏览器即可，因此 JavaScript 与平台（操作系统）无关。例如，无论 Windows 操作系统、UNIX 操作系统、Linux 操作系统等，还是用于手机的 Android 操作系统、iPhone 操作系统等。

（4）基于对象和事件驱动。

JavaScript 把 HTML 页面中的每个元素都当作一个对象来处理，并且这些对象都具有层次关系，像一棵倒立的树，这种关系称为"文档对象模型（DOM）"。在编写 JavaScript 代码时会接触到大量对象及对象的方法和属性。可以说学习 JavaScript 的过程，就是了解 JavaScript 对象及其方法和属性的过程。因为基于事件驱动，所以 JavaScript 可以捕捉到用户在浏览器中的操作，可以将原来静态的 HTML 页面变成可以和用户交互的动态页面。

（5）用于客户端。

尽管 JavaScript 分为服务器端和客户端两种，但目前应用最多的还是客户。

2. JavaScript 作用

JavaScript 可以弥补 HTML 语言的缺陷，实现 Web 页面客户端动态效果，其主要作用如下。

（1）动态改变网页内容。

HTML 语言是静态的，一旦编写，内容是无法改变的。JavaScript 可以弥补这种不足，可以将内容动态地显示在网页中。

（2）动态改变网页的外观。

JavaScript 通过修改网页元素的 CSS 样式，达到动态地改变网页的外观。例如，修改文本的颜色、大小等属性，图片的位置动态的改变等。

（3）验证表单数据。

为了提高网页的效率，用户在填写表单时，可以在客户端对数据进行合法性验证，验证成功之后才能提交到服务器上，进而减少服务器的负担和网络带宽的压力。

（4）响应事件。

JavaScript 是基于事件的语言，因此可以影响用户或浏览器产生的事件。只有事件产生时才会执行某段 JavaScript 代码，如当用户单击计算按钮时，程序才显示运行结果。

几乎所有浏览器都支持 JavaScript，如 Internet Explorer(IE 8.0)、Firefox、Netscape、Mozilla、Opera 等。

2.6 在 HTML 文件中使用 JavaScript 代码

在 HTML 文件中使用 JavaScript 代码主要有两种方法，一种是将 JavaScript 代码书写在 HTML 文件，称为内嵌式；另一种是将 JavaScript 代码书写在扩展名为.js 的文件中，然后在 HTML 文件中引用，称为外部引用。

2.6.1 JavaScript 嵌入 HTML 文件

将 JavaScript 代码直接嵌入到 HTML 文件中时，需要使用一对标记<script></script>，告诉浏览器这个位置是脚本语言。<script>标记的使用方法，如下加粗部分代码所示。

```
<html>
<head>
<title> JavaScript 嵌入 HTML 文件</title>
<script type="text/javascript">
//向页面输入问候语
document.write("hello");
</script>
</head>
<body>
</body>
</html>
```

在上述代码中，使用了 type 属性用来指明脚本的语言类型。还可以使用属性 language 来表示脚本的语言类型。使用 language 时可以指明 JavaScript 的版本。新的 HTML 标准不建议使用 language 属性，type 属性在早期旧版本的浏览器中不能识别，因此有些开发者会同时使用这两个属性，但是在 HTML 标准中，建议使用 type 属性，或者都省略，如下加粗部分代码所示。

【例 2.10】（实例文件：ch02\2.10.html）

```
<html>
```

```
<head>
<title> JavaScript 嵌入 HTML 文件</title>
  <script>
  //向页面输入问候语
  document.write("hello");
  </script>
</head>
<body>
</body>
</html>
```

在 IE 8.0 中浏览效果如图 2-12 所示。

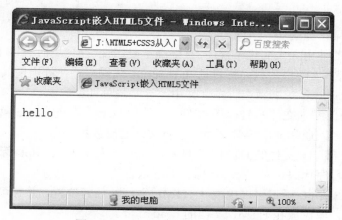

图 2-12　JavaScript 嵌入 HTML 文件

2.6.2　外部 JavaScript 文件

通过前面的学习，读者会发现，在 HTML 文件中可以包含 CSS 代码、JavaScript 代码。把这些代码书写在同一个 HTML 文件中，虽然简捷，但是却使 HTML 代码变得繁杂，并且无法反复使用。为了解决这种问题，可以将 JavaScript 独立成一个脚本文件（扩展名为.js），在 HTML 文件中调用该脚本文件，其调用方法如下所示。

```
<script src=外部脚本文件路径>
</script>
```

将上述程序修改为调用外部 JavaScript 文件，操作步骤如下。

01 新建 JavaScript 文件，保存文件为 hello.js，代码如下。

```
// JavaScript Document
//向页面输入问候语
document.write("hello");
```

02 新建 HTML 文件。按照以前的方法创建 HTML 文件，并保存。注意，为了能够保证示例的正常运行，请将该文件与 hello.js 保存于同一位置处。在 HTML 文件中，输入加粗部分所示代码。

```
<html>
<head>
<meta charset="utf-8" />
<title> JavaScript 嵌入 HTML 文件</title>
    <script src= "hello.js">
    </script>
</head>
<body>
</body>
</html>
```

程序的运行结果，如图 2-12 所示。

外部脚本文件的使用大大简化了程序，且提高了复用性，在使用时有以下几点必须要注意。

（1）在外部脚本文件中，只允许包括 JavaScript 代码，不允许出现其他代码，初次接触的读者很容易将<script>标记书写在脚本文件中，这是最忌讳的。

（2）在引用外部脚本文件的 HTML 文件中，使用<script>标记的 src 属性指定外部脚本文件，一定要加上路径，通常使用相对路径，并且文件名要带扩展名。

（3）在引用外部脚本文件的 HTML 文件中，<script>标记和</script>标记之间不可以有任何代码，包括脚本程序代码，且</script>标记不可以省略。

（4）<script></script>标记可以出现在 HTML 文档的任何位置，并且可以有多对，在没有特殊要求的情况下，建议放在 HTML 文档的 head 部分。

2.7　数据类型与变量

数据类型是对一种数据的描述，任何一种程序语言都可以处理多种数据。有些数据的值是不确定的，在不同的时刻有不同的取值，在 JavaScript 语言中用变量来处理这些数据。

2.7.1　数据类型

JavaScript 中的数据类型主要包括以下 3 类。

- 简单数据类型：JavaScript 中常用的 3 种基本数据类型分别是数值数据类型（number）、文本数据类型（string）和布尔数据类型（boolean）。
- 复合数据类型：主要包括用来保存一组相同或不同数据类型数据的数组；用来保存一段程序，这段程序可以在 JavaScript 中反复被调用；用来保存一组不同类型的数据和函数等的对象。
- 特殊数据类型：主要包括没有值存在的空数据类型 null 和没有进行定义的无定义数据类型 undefined。

1．基本数据类型

1）数值数据类型

数值数据类型的值就是数字，例如，3、6.9、-7 等都是数值类型数据。在 JavaScript 中没有整数和浮点数之分，无论什么样的数字，都属于数字型，其有效范围在 $10^{-308} \sim 10^{308}$ 之间。大于 10^{308} 的数值，超出了数值类型的上限，即无穷大，用 Infinity 表示；小于 10^{-308} 的数值，超出了数值类型的下限，即无穷小，用 -Infinity 表示。如果 JavaScript 在进行数学运算时产生了错误或不可预知的结果，就会返回 NaN（Not a Number）。NaN 是一个特殊的数字，属于数值型。

2）字符串数据类型

字符串数据类型是由双引号（" "）或单引号（' '）括起来的 0 个或多个字符组成的序列，它可以包括大小写字母、数字、标点符号或其他可显示字符以及特殊字体，也可以包含汉字、一些字符串示例及其解释，如表 2-5 所示。

表 2-5　字符串示例

字符串	解释
"Hello Howin！"	字符串为：Hello Howin！
"英达，你好！"	字符串为：英达，你好！
"z"	含单个字符 z 的字符串
's'	含单个字符 s 的字符串
""	不含任何字符的空字符串
" "	由空格构成的字符串
" 'Hello!' I said"	字符串为：'Hello!'I said
' "Hello"! I said'	字符串为："Hello"! I said

在使用字符串时，应注意以下几点。

（1）作为字符串定界符的引号必须匹配。即字符串前面使用的引号是成对的。在用双引号做定界符的字符串中可以直接含有单引号，而在用单引号做定界符的字符串中也可以直接含有双引号。

（2）空字符串中不包含任何字符，用一对引号表示，引号之间不包含任何空格。

（3）引号必须是在英文输入法状态下输入的。

通过转义字符"\"可以在字符串中添加不可显示的特殊字符，或者防止引号匹配混乱问题。常用转义字符如表 2-6 所示。

表 2-6　常用转义字符及含义

转义字符	含义
\b	退格
\f	换页
\n	换行

(续表)

转义字符	含义
\t	TAB 符号
\'	单引号
\"	双引号
\\	反斜杠

3）布尔型

布尔（boolean）型也就是逻辑型，主要进行逻辑判断，它只有两个值 true 和 false，分别表示真和假。在 JavaScript 中可以用 0 表示 flase，非 0 整数表示 true。

2. 复合数据类型

1）数组

在 JavaScript 中数组主要用来保存一组相同或不同数据类型的数据。

2）函数

在 JavaScript 中函数用来保存一段程序，这段程序可以在 JavaScript 中反复被调用。

3）对象

在 JavaScript 中对象用来保存一组不同类型的数据和函数等。

3. 特殊数据类型

1）无定义数据类型 undefined

undefined 的意思是"未定义的"，表示没有进行定义，通常只有执行 JavaScript 代码时才会返回该值。在以下几种情况下通常都会返回 undefined。

（1）在引用一个定义过但没有赋值的变量时，会返回 undefined。

（2）在引用一个不存在的数组元素时，会返回 undefined。

（3）在引用一个不存在的对象属性时，会返回 undefined。

提示：由于 undefined 是一个返回值，因此，可以对该值进行操作，如输出该值或将该值与其他值作比较。

2）空数据类型 null

null 的中文意思是"空"，表示没有值存在，与字符串、数值、布尔、数组、对象、函数和 undefined 都不同。在作比较时，null 也不会与以上任何数据类型相等。

2.7.2 变量

变量，顾名思义，在程序运行过程中，其值可以改变。变量是存储信息的单元，它对应于某个内存空间。变量用于存储特定数据类型的数据。用变量名代表其存储空间。程序能在变量中存储值和取出值。可以把变量比作超市的货架（内存），货架上摆放着商品（变量），可以把商品从货架上取出来（读取），也可以把商品放入货架（赋值）。

1．标识符

用 JavaScript 编写程序时，很多地方都要求用户给定名称。例如，JavaScript 中的变量、函数等要素定义时都要求给定名称。可以将定义要素时使用的字符序列称为标识符。这些标识符必须遵循如下命名规则。

（1）标识符只能由字母、数字、下划线和中文组成，而不能包含空格、标点符号、运算符等其他符号。

（2）标识符的第一个字符必须是字母、下划线或者中文。

（3）标识符不能与 JavaScript 中的关键字名称相同，例如 if、else 等。

例如，下面为合法的标识符：

```
UserName
Int2
_File_Open
Sex
```

例如，下面为不合法的标识符：

```
99BottlesofBeer
Namespace
It's-All-Over
```

2．变量的声明

JavaScript 是一种弱类型的程序设计语言，变量可以不声明直接使用。所谓声明变量是指为变量指定一个名称。声明变量后，就可以把它们用做存储单元。

1）声明变量

JavaScript 中使用关键字"var"声明变量，在这个关键字之后的字符串将代表一个变量名。其格式为：

```
var 标识符;
```

例如，声明变量 username，用来表示用户名，代码如下。

```
var username;
```

另外，一个关键字 var 也可以同时声明多个变量名，多个变量名之间必须用逗号","分隔，例如，同时声明变量 username、pwd、age，分别表示用户名、密码和年龄，代码如下。

```
var username,pwd,age;
```

2）变量赋值

要给变量赋值，可以使用 JavaScript 中的赋值运算符，即等于号（=）。

声明变量名并赋值，例如，声明变量 username，并赋值为"张三"，代码如下。

```
var username= "张三";
```

声明变量之后,对变量赋值,或者对未声明的变量直接赋值。例如,声明变量 age,然后再为它赋值,直接对变量 count 赋值。

```
var age;        //声明变量
age=18;         //对已声明的变量赋值
count=4;        //对未声明的变量直接赋值
```

提 示

JavaScript 中的变量如果未初始化(赋值),则默认值为 undefined。

2.8 运算符与表达式

运算符又叫操作符,是程序处理的基本元素之一,其主要作用是操作 JavaScript 中的各种数据,包括变量、数组、对象、函数等。运算符是可以用来操作数据的符号,操作数是被运算符操作的数据,表达式则是 JavaScript 中一个有意义的语句。

依照运算符使用的操作数的个数来划分,JavaScript 中有三种类型的运算符:一元运算符、二元运算符和三元运算符。

按照运算符的功能可以分为下面几种运算符:赋值运算符、算术运算符、关系运算符、位操作运算符、逻辑运算符、条件运算符、特殊运算符。

2.8.1 赋值运算符

赋值运算符是将其右边的操作数的值赋给左边的操作数。

下面通过表 2-7 来介绍常见的赋值运算符及其含义(设 a=4,b=2)。

表 2-7 常见的赋值运算符及其含义

赋值运算符	例子	含义	结果
=	a=b	将 b 的值赋给 a	a=2
+=	a+=b	a=a+b	a=6
-=	a-=b	a=a-b	a=2
*=	a*=b	a=a*b	a=8
/=	a/=b	a=a/b	a=2
%=	a%=b	a=a%b	a=0

例如:"$a-=$b" 等价于 "$a=$a-$b"。赋值运算符的使用可以让程序更精简,执行效率也明显提高。

2.8.2 算术运算符及其表达式

算术运算符用来处理四则运算的符号，是最简单、最常用的符号。

1. 算术运算符

JavaScript 提供的算术运算符有+、-、*、/、%、++、-- 7 种，分别表示加、减、乘、除、求余数、自增和自减。其中+、-、*、/、% 5 种为二元运算符，表示对运算符左右两边的操作数作算术，其运算规则与数学中的运算规则相同，即先乘除后加减；++、--两种运算符都是一元运算符，其结合性为自右向左，在默认的情况下表示对运算符右边变量的值增 1 或减 1，而且它们的优先级比其他算术运算符高。

2. 算术表达式

由算术运算符和操作数组成的表达式称为算术表达式，其结合性为自左向右。常用的算术运算符和表达式使用说明如表 2-8 所示。

表 2-8 算术运算符和表达式

运算符	功能	表达式	示例（假设 i=1）
+	执行加法运算（如果两个操作数是字符串，则该运算符用做字符串连接运算符，将一个字符串添加到另一个字符串的末尾）	操作数 1 + 操作数 2	3+2（结果：5） 'a'+14（结果：111） 'a'+ 'b'（结果为 195） 'a'+"bcd"（结果：abcd） 12+"bcd"（结果:12bcd）
-	执行减法运算	操作数 1 - 操作数 2	3-2（结果:1）
*	执行乘法运算	操作数 1 * 操作数 2	3*2（结果:6）
/	执行除法运算	操作数 1 / 操作数 2	3/2（结果:1）
%	获得进行除法运算后的余数	操作数 1 % 操作数 2	3%2（结果:1）
++	将操作数加 1	操作数++ 或++操作数	i++/++i（结果:1/2）
--	将操作数减 1	操作数-- 或--操作数	i--/--i（结果:1/0）

2.8.3 关系运算符及其表达式

关系运算实际上是逻辑运算的一种，可以把它理解为一种"判断"，判断的结果要么是"真"，要么是"假"，也就是说关系表达式的返回值总是布尔值。JavaScript 中定义关系运算符的优先级低于算术运算符，高于赋值运算符。

1. 关系运算符

JavaScript 语言中定义的关系运算符有==（等于）、!=（不等于）、<（小于）、>（大于）、<=（小于或等于）、>=（大于或等于）6 种。

关系运算符中的等于号（==）很容易与赋值号（=）混淆，一定要记住，=是赋值运算符，而==是关系运算符。

2. 关系表达式

由关系运算符和操作数构成的表达式称为关系表达式。关系表达式中的操作数可以是整型数、实型数、布尔型、枚举型、字符型、引用型等。对于整数类型、实数类型和字符类型，上述6种比较运算符都可以适用；对于布尔类型和字符串的比较运算符实际上只能使用==和!=。例如：

3>2 结果为 true
4.5==4 结果为 false
'a'>'b'结果为 false
true==false 结果为 false
"abc"=="asf"结果为 false

两个字符串值都为 null 或两个字符串长度相同、对应的字符序列也相同的非空字符串时比较的结果才能为 true。

2.8.4 位运算符及其表达式

1. 位运算符

任何信息在计算机中都是以二进制的形式保存的。位运算符就是对数据按二进制位进行运算的运算符。JavaScript 中的位运算符有：&与、|或、^异或、~取补、<<左移、>>右移。其中，取补运算符为一元运算符，而其他的位运算符都是二元运算符。这些运算都不会产生溢出。位运算符的操作数为整型或者是可以转换为整型的任何其他类型。

2. 位运算表达式

由位运算符和操作数构成的表达式为位运算表达式。在位运算表达式中，系统首先将操作数转换为二进制数，然后再进行位运算，计算完毕后，再将其转换为十进制整数。各种位运算符及其表达式如表2-9所示。

表 2-9 位运算符及其表达式

运算符	描述	表达式	结果
&	与运算。若操作数中的两个位都为1，则结果为1；若两个位中有一个为0，则结果为0	8&3	结果为8。8转换成二进制为1000，3转换成二进制为0011，与运算结果为1000，转换成十进制为8

（续表）

运算符	描述	表达式	结果
|	或运算。操作数中的两个位都为0，结果为0，否则结果为0	8 | 3	结果为11。8转换成二进制为1000，3转换成二进制为0011，与运算结果为1011，转换成十进制为11
^	异或运算。两个操作位相同时，结果为0，不相同时结果为1	8^3	结果为11。8转换成二进制为1000，3转换成二进制为0011，与运算结果为1011，转换成十进制为11
~	取补运算，操作数的各个位取反，即1变为0，0变为1	~8	结果为-9。8转换成二进制为1000，取补运算后为0111，对符号位取补后为负，转换成十进制为-9
<<	左移位。操作数按位左移，高位被丢弃，低位顺序补0	8<<2	结果为32。8转换成二进制为1000，左移两位后100000，转换成十进制为32
>>	右移位。操作数按位右移，低位被丢弃，其他各位顺序一次右移	8>>2	结果为2。8转换成二进制为1000，右移两位后10，转换成十进制为2

2.8.5 逻辑运算符及其表达式

在实际生活中，有很多条件判断语句的例子。例如，"当我放假了，并且有足够的费用，我一定去西双版纳旅游去"，这句话表明，只有同时满足放假和足够费用这两个条件，这个想法才能实现。类似这样的条件判断，在JavaScript语言中，可以采用逻辑运算符来完成。

1．逻辑运算符

JavaScript提供了&&、||、!，分别是逻辑与、逻辑或、逻辑非三种逻辑运算符。逻辑运算符要求操作数只能是布尔型。逻辑与和逻辑非都是二元运算符，要求有两个操作数，而逻辑非为一元运算符，只有一个操作数。

逻辑非运算符表示对某个布尔型操作数的值求反，即当操作数为 false 时运算结果返回 true，当操作数为 true 时运算结果返回 false。

逻辑与运算符表示对两个布尔型操作数进行与运算，并且仅当两个操作数均为 true 时，结果才为 true。

逻辑或运算符表示对两个布尔型操作数进行或运算，当两个操作数中只要有一个操作数为为 true 时，结果就是 true。

为了方便掌握逻辑运算符的使用，其运算结果可以用逻辑运算的"真值表"来表示，如表2-10所示。

表2-10 真值表

a	b	!a	a&&b	a||b
true	true	false	true	true
true	false	false	false	true

(续表)

a	b	!a	a&&b	a||b
false	true	true	false	true
false	false	true	false	false

2. 逻辑表达式

由逻辑运算符和操作数组成的表达式称为逻辑表达式。逻辑表达式的结果只能是布尔型，要么是 true 要么是 false。在逻辑表达式的求值过程中，不是所有的逻辑运算符都被执行。有时候，不需要执行所有的运算符，就可以确定逻辑表达式的结果。只有在必须执行下一个逻辑运算符后才能求出逻辑表达式的值时，才继续执行该运算符。这种情况称为逻辑表达式的"短路"。

例如，表达式 a&b，其中 a 和 b 均为布尔值，系统在计算该逻辑表达式时，首先判断 a 的值，如果 a 为 true，再判断 b 的值；如果 a 为 false，系统不需要继续判断 b 的值，直接确定表达式的结果为 false。

逻辑运算符通常和关系运算符配合使用，以实现判断语句。例如，要判断一个年份是否为闰年。闰年的条件是：能被 4 整除，但是不能被 100 整除，或者是能被 400 整除。设年份为 year，闰年与否就可以用一个逻辑表达式来表示：

```
(year % 400)==0 || ((year % 400)==0 && (year % 100)!=0)
```

逻辑表达式在实际应用中非常广泛，在后续学习的流程控制语句中的条件，都会涉及逻辑表达式的使用。

2.8.6 条件运算符及其表达式

在 JavaScript 中唯一的一个三元运算符"?:"，有时也称为条件运算符。由条件运算符组成的表达式称为条件表达式。一般表示形式如下：

```
条件表达式?表达式 1:表达式 2
```

先计算条件，然后进行判断。如果条件表达式的结果为 true，计算表达式 1 的值，表达式 1 的结果为整个条件表达式的值；否则，计算表达式 2，表达式 2 的结果为整个条件表达式的值。

第一个操作数必须是一个可以隐式转换成 bool 型的常量、变量或表达式。

第二和第三个操作数控制了条件表达式的类型。它们可以是 JavaScript 中任意类型的表达式。

例如，实现求出 a 和 b 中最大数的表达式。

```
a>b?a:b    //取 a 和 b 中的最大数
```

条件运算符相当于后续学习的 if…else 语句。

其他运算符还有很多，例如，逗号运算符、void 运算符、new 运算符等，在此不赘述。

2.8.7 运算符的优先级

运算符的种类非常多，通常不同的运算符又构成了不同的表达式，甚至一个表达式中又包含有多种运算符，因此它们的运算方法应该有一定的规律性。JavaScript 语言规定了各类运算符的运算级别及结合性等，如表 2-11 所示。

表 2-11 运算符的优先级

优先级(1 最高)	运算符	结合性	说明
1	( )	从左到右	括号
2	++/--	从右到左	自加/自减运算符
3	* / %	从左到右	乘法运算符、除法运算符、取模运算符
4	+ -	从左到右	加法运算符、减法运算符
5	< <= > >=	从左到右	小于、小于等于、大于、大于等于
6	== !=	从左到右	等于、不等于
7	&&	从左到右	逻辑与
8	||	从左到右	逻辑或
9	= += *= /= %= -=	从右到左	赋值运算符和快捷运算符

建议在写表达式的时候，如果无法确定运算符的有效顺序，则尽量采用括号来保证运算的顺序，这样也使得程序一目了然，而且自己在编程时能够保持思路清晰。

2.9 流程控制语句

无论传统的编程语言，还是脚本语言，构成程序的基本结构无外乎顺序结构、选择结构和循环结构三种。

顺序结构是最基本也是最简单的程序，一般由定义常量和变量语句、赋值语句、输入/输出语句、注释语句等构成。顺序结构在程序执行过程中，按照语句的书写顺序从上至下依次执行。但大量实际问题需要根据条件判断，以改变程序执行顺序或重复执行某段程序，前者称为选择结构，后者称为循环结构。本章将对选择结构和循环结构进行详细的阐述。

2.9.1 注释语句和语句块

1．注释

注释通常用来解释程序代码的功能（增加代码的可读性）或阻止代码的执行（调试程序），不参与程序的执行。在 JavaScript 中注释分为单行注释和多行注释两种。

1）单行注释

在 JavaScript 中，单行注释以双斜杠"//"开始，直到这一行结束。单行注释"//"可以放在一行的开始或末尾，无论放在哪里，从"//"符号开始到本行结束之间的所有内容都不会被执行。在一般情况下，如果"//"位于一行的开始，则用来解释下一行或一段代码的功能；如果"//"位于一行的末尾，则用来解释当前行代码的功能。如果用来阻止一行代码的执行，也常将"//"放在一行的开始，如下加粗代码所示。

```
<html>
<head>
<title>date 对象</title>
<script>
function disptime( )
{
  //创建日期对象 now，并实现当前日期的输出
  var now= new Date( );
  //document.write("<h1>河南旅游网</h1>");
  document.write("<h2>今天日期:"+now.getYear()+"年"+(now.getMonth(  )+1)+"月"+now.getDate()+"日</h2>");     //在页面上显示当前年月日
}
</script>
<body onload="disptime( )">
</body>
</html>
```

以上代码中，共使用三个注释语句。第一个注释语句将"//"符号放在了行首，通常用来解释下面代码的功能与作用。第二个注释语句放在了代码的行首，阻止了该行代码的执行。第三个注释语句放在了行的末尾，主要是对该行的代码进行解释说明。

2）多行注释

单行注释语句只能注释一行的代码，假设在调试程序时，希望有一段代码都不被浏览器执行或者对代码的功能说明一行书写不完，那么就需要使用多行注释语句。多行注释语句以"/*"开始，以"/*"结束，可以注释一段代码。

2．语句块

语句块是一些语句的组合，通常语句块都会被一对大括号（{}）括起来。在调用语句块时，JavaScript 会按书写次序执行语句块中的语句。JavaScript 会把语句块中的语句看成是一个整体全部执行，语句块通常用在函数或流程控制语句中。

2.9.2 选择语句

在现实生活中，经常需要根据不同的情况做出不同的选择。例如，如果今天下雨，则体育课在室内进行；如果不下雨，则体育课在室外进行。在程序中，要实现这些功能就需要使用选择结构语句。JavaScript 语言提供的选择结构语句有 if 语句、if…else 语句和 switch 语句。

1．if 语句

单 if 语句用来判断所给定的条件是否满足，根据判定结果（真或假）决定所要执行的操作。if 语句的一般表示形式为：

```
if(条件表达式)
{
    语句块;
}
```

关于 if 语句语法格式的几点说明。

(1) if 关键字后的一对圆括号不能省略。圆括号内的表达式要求结果为布尔型或可以隐式转换为布尔型的表达式、变量或常量,即表达式返回的一定是布尔值 true 或 false。

(2) if 表达式后的一对大括号是语句块的语法。程序中的多个语句放在一对大括号内可构成语句块。如果 if 语句中的语句块是一个语句,大括号可以省略,一个以上的语句,大括号一定不能省略。

(3) if 语句表达式后一定不要加分号,如果加上分号则表示条件成立后执行空语句,在 VS2008 中调试程序不会报错,只会警告。

(4) 当 if 语句的条件表达式返回 true 值时,程序执行大括号里的语句块,当条件表达式返回 false 值时,将跳过语句块,执行大括号后面的语句,如图 2-13 所示。

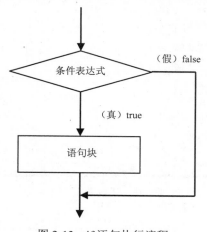

图 2-13 if 语句执行流程

(1) 在 JavaScript 语言中,一对大括号{}可以将多个语句放入大括号内,构成语句块。
(2) 在 JavaScript 语言中,一个分号代表一个空语句。

【例 2.11】设计程序,实现银行汇款手续费金额的收取。假设银行汇款手续费为汇款金额的 1%,手续费最低为 2 元。预览页面后,显示如图 2-14 所示效果。在第一个文本框中输入汇款金额,单击【确定】按钮在第二个文本框中显示汇款手续费,分别如图 2-15 和图 2-16 所示。

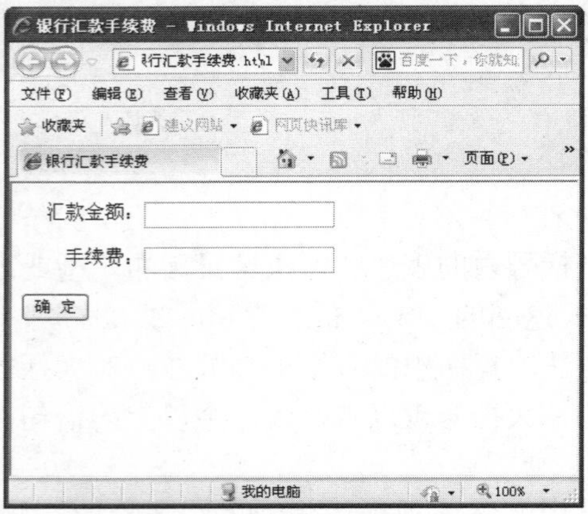

图 2-14　银行汇款系统　　　　　图 2-15　显示手续费

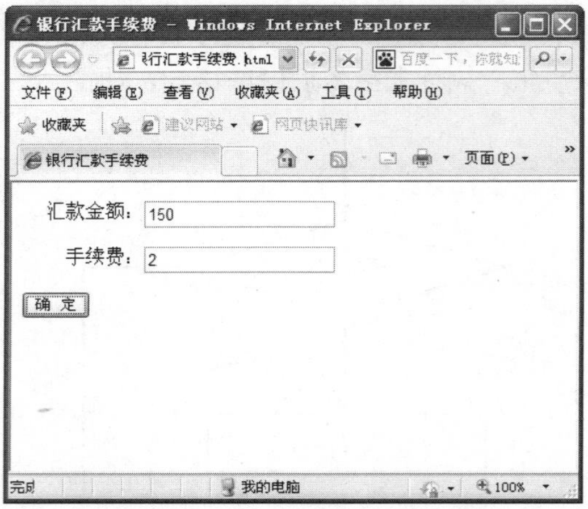

图 2-16　手续费至少 2 元

具体操作步骤如下。

01 创建 HTML 文件，代码如下。

```
<html>
<head>
<title>银行汇款手续费</title>
<style>
label{
    width:100px;
    text-align:right;
    display:block;
    float:left;
}
section{
```

```
            width:260px;
            text-align:center;
        }
    </style>
</head>
<body>
<section>
    <form name="myForm" action="" method="get">
        <P><label>汇款金额：</label><input type="text" name="txtRemittance" /></P>
        <p><label>手续费：</label><input type="text" name="txtFee" readonly/></p>
        <p><input type="button" value="确    定"></p>
    </form>
</scetion>
</body>
</html>
```

HTML 文件中包含两个对 section 标记和 label 标记修饰的样式表。为了保证下面代码的正确执行，请务必注意 form 标记、input 标记的 name 属性值，一定要同本例一致。

02 在 HTML 文件的 head 部分，输入 JavaScript 代码，如下所示。

```
<script>
function calc(){
var Remittance = document.myForm.txtRemittance.value;//将输入的汇款金额赋值给变量
    var Fee = Remittance * 0.01;          //计算汇款手续费
    if (Fee < 2)
    {
        Fee = 2;      //小于 2 元时，手续费为 2 元
    }
    document.myForm.txtFee.value = Fee;
}
</script>
```

03 为确定按钮添加单击（onclick）事件，调用计算（calc）函数。将 HTML 文件中，<p><input type="button" value="确   定"></p>这一行代码修改成如下所示代码：

```
<p><input type="button" value="确    定" onClick="calc()"></p>
```

在本例中用到了读取和设置文本框的值，以及对象事件知识，读者先按示例制作，后续章节会介绍。

2. if…else 语句

单 if 语句只能对满足条件的情况进行处理，但是在实际应用中，需要对两种可能都做处理，即满足条件时，执行一种操作，不满足条件时，执行另外一种操作。可以利用 JavaScript

语言提供的 if…else 语句来完成上述要求。if…else 语句的一般表示形式为：

```
if(条件表达式)
{
    语句块 1;
}
    else
{
    语句块 2;
}
```

if…else 语句可以把它理解为中文的"如果……就……，否则……"。上述语句可以表示为假设 if 后的条件表达式为 true，就执行语句块 1，否则执行 else 后面的语句块 2，执行流程如图 2-17 所示。

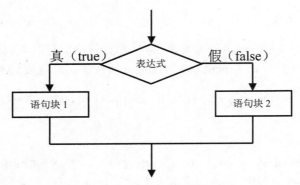

图 2-17　if…else 语句执行流程

例如，给定一个分数，判断是否及格，并将结果显示在弹出窗口中，可以使用如下代码。

```
var double score =60;
if (score < 60)
{
    alert("不及格");
}
else
{
    alert("及格");
}
```

3．选择嵌套语句

在实际应用中，一个判断语句存在多种可能的结果时，可以在 if…else 语句中再包含一个或多个 if 语句。这种表示形式称为 if 语句嵌套。常用的嵌套语句为 if…else 语句，一般表示形式为：

```
if(表达式 1)
{
    if(表达式 2)
    {
        语句块 1;      // 表达式 2 为真时执行
    }
    else
    {
        语句块 2;      // 表达式 2 为假时执行
    }
}
else
{
    if(表达式 3)
    {
        语句块 3;      // 表达式 3 为真时执行
    }
    else
    {
        语句块 4;      // 表达式 3 为假时执行
    }
}
```

首先执行表达式 1，如果返回值为 true，再判断表达式 2，如果表达式 2 返回 true，则执行语句块 1，否则执行语句块 2；如果表达式 1 返回值为 false，再判断表达式 3，如果表达式 3 返回值为 true，则执行语句块 3，否则执行语句块 4。

【例 2.12】利用 if…else 嵌套语句实现按分数划分等级。90 分以上为优秀，80～89 分为良好，70～79 分为中等，60～69 分为及格，60 分以下为不及格。预览网页，如图 2-18 所示。在文本框中输入分数，单击【判断】按钮，在弹出窗口中显示等级，如图 2-19 所示。

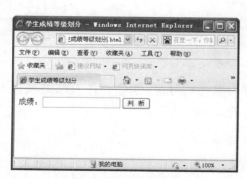

图 2-18 根据分数判断等级

图 2-19 显示判断结果

具体操作步骤如下。

01 创建 HTML 文件，代码结构如下。

```html
<html>
<head>
<title>学生成绩等级划分</title>
</head>
<body>
  <form name="myForm" action="" method="get">
  <p>
    <label>成绩：</label><input type="text" name="txtScore" />
    <input type="button" value="判　断">
  </p>
  </form>
</body>
</html>
```

02 在 HTML 文件的 head 部分，输入如下代码。

```
<script>
function Verdict(){
    var Score = document.myForm.txtScore.value;
    if (Score < 60)
    {
        alert("不及格");
    }
    else
        if (Score <= 69) { alert("及格"); }
        else
            if (Score <= 79) { alert("中等"); }
            else
                if (Score <= 89) { alert("良好"); }
                else { alert("优秀"); }
}
</script>
```

03 为判断按钮添加单击（onclick）事件，调用计算（Verdict）函数。将 HTML 文件中 <input type="button" value="判　断">这一行代码修改成如下所示代码：

```
<input type="button" value="判　断" onClick="Verdict()">
```

4. switch 分支结构语句

switch 语句与 if 语句类似，也是选择结构的一种形式，一个 switch 语句可以处理多个判断条件。一个 switch 语句相当于一个 if...else 嵌套语句，因此它们相似度很高，几乎所有的 switch 语句都能用 if...else 嵌套语句表示。它们之间最大的区别在于：if...else 嵌套语句中的条件表达式是一个逻辑表达的值，即结果为 true 或 false，而 switch 语句后的表达式值为整型、字符型或字符串型并与 case 标记里的值进行比较。switch 语句的表示形式如下：

```
switch(表达式)
{
    case 常量表达式 1:语句块 1;break;
    case 常量表达式 2:语句块 2;break;
    ...
    case 常量表达式 n:语句块 n;break;
    [default:语句块 n+1;break;]
}
```

首先计算表达式的值，当表达式的值等于常量表达式 1 的值时，执行语句块 1；当表达式的值等于常量表达式 2 的值时，执行语句块 2；…；当表达式的值等于常量表达式 n 的值时，执行语句块 n，否则执行 default 后面的语句块 n+1，当执行到 break 语句时跳出 switch 结构。

提示

（1）switch 关键字后的表达式结果只能为整型、字符型或字符串类型。
（2）case 标记后的值必须为常量表达式，不能使用变量。
（3）case 和 default 标记后以冒号而非分号结束。
（4）case 标记后的语句块，无论是一句还是多句，大括号{}都可以省略。
（5）default 标记可以省略，甚至可以把 default 子句放在最前面。
（6）break 语句为必选项，如果没有 break 语句，程序会执行满足条件 case 后的所有语句，将会达不到多选一的效果，因此，建议不要省略 break。

【例 2.13】修改例 2.12，使用 switch 语句实现。
操作步骤请参阅例 2.12，将判断函数修改为如下代码。

```
<script>
function Verdict(){
    //将输入的成绩除以 10 取整，以缩小判断范围
    var Score = parseInt(document.myForm.txtScore.value/10);
    switch(Score){
        case 10:
        case 9:alert("优秀");break;
        case 8:alert("良好");break;
        case 7:alert("中等"); break;
        case 6:alert("及格");break;
        default:alert("不及格");break;
    }
```

```
}
</script>
```

例 2.13 比例 2.12 的代码清晰明了，但是 switch 比较适合做枚举值，不能直接表示某个范围，如果希望表示范围则使用 if 语句比较方便。

2.9.3 循环语句

在实际应用中，往往会遇到一行或几行代码需要执行多次的情况。例如，判断一个数是否为素数，就需要从 2 到比它本身小 1 的数反复求余。几乎所有的程序都包含循环，循环是一组重复执行的指令，重复次数由条件决定。其中给定的条件称为循环条件，反复执行的程序段称为循环体。要保证一个正常的循环，必须有以下 4 个基本要素：循环变量初始化、循环条件、循环体和改变循环变量的值。JavaScript 语言提供了以下语句实现循环：while 语句、do…while 语句、for 语句、foreach 语句等。

1. while 语句

while 循环语句根据循环条件的返回值来判断执行零次或多次循环体。当逻辑条件成立时，重复执行循环体，直到条件不成立时终止。因此在循环次数不固定时，while 语句相当有用。while 循环语句表示形式如下：

```
while(布尔表达式)
{
    语句块;
}
```

当遇到 while 语句时，首先计算布尔表达式，当布尔表达式的值为 true 时，执行一次循环体中的语句块，循环体中的语句块执行完毕时，将重新查看是否符合条件，若表达式的值还返回 true 将再次执行相同的代码，否则跳出循环。while 循环语句的特点：先判断条件，后执行语句。

对于while语句循环变量初始化应放在while语句之上，循环条件即 while 关键字后的布尔表达式，循环体是大括号内的语句块，其中改变循环变量的值也是循环体中的一部分。

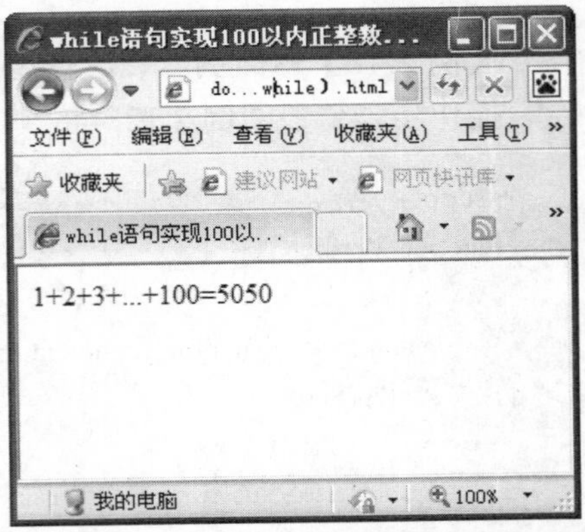

图 2-20 程序运行结果

【例 2.14】设计程序，实现 100 以内自然数求和，即 1+2+3+…+100。网页预览效果，如图 2-20 所示。

新建 HTML 文件，并输入 JavaScript 代码，文档结构如下。

```
<html>
<head>
<meta charset="utf-8" />
```

```
<title>while 语句实现 100 以内正整数之和</title>
<script>
    var i = 1, sum = 0;    //声明变量 i 和 sum
    while (i <= 100)
    {
        sum += i;
        i++;
    }
    document.write("1+2+3+...+100=" + sum);    //向页面输入运算结果
</script>
</head>
<body>
</body>
</html>
```

2．do…while 语句

do…while 语句和 while 语句的相似度很高，只是考虑问题的角度不同。while 语句是先判断循环条件，然后执行循环体。do…while 语句则是先执行循环体，然后再判断循环条件。do…while 语句的语法格式如下：

```
do
{
    语句块;
}
while(布尔表达式);
```

程序遇到关键字 do，执行大括号内的语句块，语句块执行完毕，执行 while 关键字后的布尔表达式，如果表达式的返回值为 true，则向上执行语句块，否则结束循环，执行 while 关键字后的程序代码。

do…while 语句和 while 语句的最主要区别有以下两点。

（1）do…while 语句是先执行循环体后判断循环条件，while 语句是先判断循环条件后执行循环体。

（2）语句的最小执行次数为 1 次，while 语句的最小执行次数为 0 次。

【例 2.15】利用 do…while 循环语句，实现例 2.14 程序。
HTML 文档部分不再显示代码，下述代码为 JavaScript 部分代码。

```
<script>
    var i = 1, sum = 0;    //声明变量 i 和 sum
    do
    {
        sum += i;
        i++;
```

```
    }
    while (i <= 100);
     document.write("1+2+3+...+100=" + sum);   //向页面输入运算结果
</script>
```

3. for 语句

for 语句和 while 语句、do...while 语句一样，可以重复执行一个语句块，直到指定的循环条件返回值为假。for 语句的语法格式为：

```
for(表达式 1;表达式 2;表达式 3)
{
    语句块;
}
```

表达式 1 为赋值语句，如果有多个赋值语句可以用逗号隔开，形成逗号表达式。
表达式 2 为布尔型表达式，用于检测循环条件是否成立。
表达式 3 为赋值表达式，用来更新循环控制变量，以保证循环能正常终止。
for 语句的执行过程如下。

（1）首先计算表达式 1，为循环变量赋初值。
（2）然后计算表达式 2，检查循环控制条件，若表达式 2 的值为 true，则执行一次循环体语句；若为 false，终止循环。
（3）执行完一次循环体语句后，计算表达式 3，对循环变量进行增量或减量操作，再重复第 2 步操作，进行判断是否要继续循环，执行流程如图 2-21 所示。

JavaScript 语言允许省略 for 语句中的 3 个表达式，但两个分号不能省略，并保证在程序中有起同样作用的语句。

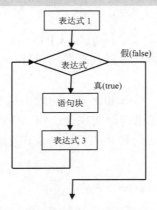

图 2-21 for 语句流程图

【例 2.16】利用 for 循环语句，实现例 2.14 程序。
HTML 文档部分不再显示代码，下述代码为 JavaScript 部分代码。

```
<script>
    var sum = 0;
    for (var i = 1; i <= 100; i++)
    {
        sum += i;
    }
    document.write("1+2+3+...+100=" + sum);    //向页面输入运算结果
</script>
```

通过上述实例可以发现，while、do…while 语句和 for 语句有很多相似之处，几乎所有的循环语句，都可以用这三种语句互换。

2.10 综合实战——制作用户注册页面

在每个大型网站中，通常都有会员注册页面，用来收集客户相应信息。例如淘宝网会员注册页面、搜狐博客注册页面等。不同网站，其注册页面也不一样，但其实质都是使用 HTML 表单完成。本实例将结合本节所介绍的知识点，创建一个简单的注册页面。

具体操作步骤如下。

01 分析需求。创建一个注册页面，主要用来收集客户信息，例如客户名称、性别、密码、住址、联系方式、兴趣爱好等，其注册选项种类很多，这里只使用最简单的选项注册。完成之后，该实例效果如图 2-22 所示。

02 分析整体和局部并创建 HTML 页面。一个注册页面，包含两个部分，一部分是表单及名称，一部分是表单控件。创建 HTML 页面，其基本代码如下所示。

```
<html>
<head>
<title>注册页面</title>
</head><body></body>
</html>
```

在 IE 8.0 中浏览效果如图 2-23 所示，可以看到网页中无任何内容显示。

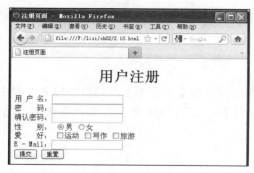

图 2-22　注册页面显示

图 2-23　空文档显示

03 创建表单及名称。在正文部分，创建表单名称，其代码如下所示。

```
<form name="form1" method="post" action="">
<h1 align=center>用户注册</h1>
</form>
```

在 IE 8.0 中浏览效果如图 2-24 所示，可以看到标题居中显示。

图 2-24 表单显示

04 创建表单控件。下面就可以在表单中创建各个表单控件其代码如下所示。

```
用 户 名： <input type="text" name="name"><br>
密    码： <input type="password" name="psd"><br>
确认密码： <input type="password" name="psd1"><br>
性    别：
    <input type="radio" name="rb" value="1" checked>男
    <input type="radio" name="rb" value="0">女<br>
爱    好：
    <input type="checkbox" name="cb" value="1">运动
    <input type="checkbox" name="cb2" value="2">写作
    <input type="checkbox" name="cb3" value="3">旅游<br>
E - Mail： <input type="text" name="email"><br>
    <input type="submit" value="提交">
    <input type="reset" value="重置">
```

在 IE 8.0 中浏览效果如图 2-22 所示，可以看到表单中显示表单元素，包括文本输入框、单选按钮、复选框和按钮等。

2.11 高手私房菜

技巧 1：如何使用记事本编写 HTML 文档？

打开记事本文件，输入 HTML 代码，然后保存文件，在【另存为】对话框中输入文件名，后缀为.html 或.htm，【保存类型】设置为【所有文件】，如图 2-25 所示。保存完成后，即可打开预览效果。

图 2-25 保存 HTML 文档

技巧 2：JavaScript 代码的执行方式顺序如何？

JavaScript 代码的执行次序与书写次序相同，先写的 JavaScript 代码先执行，后写的 JavaScript 代码后执行。执行 JavaScript 代码的方式有以下几种。

（1）直接调用函数。

（2）在对象事件中使用"javascript:"调用 JavaScript 程序。例如：

```
<input type="button" name="submit" value="显示 HelloWorld" onClick="javascript:alert('1233')">
```

（3）通过事件激发 JavaScript 程序。

技巧 3：如果浏览器不支持 JavaScript，怎样才能不影响网页的美观？

现在浏览器种类、版本繁多，不同浏览器对 JavaScript 代码的支持度均不一样。为了保证浏览器不支持部分的代码不影响网页的美观，可以使用 HTML 注释语句将其注释，这样便不会在网页中输出这些代码。HTML 注释语句使用 "<!--" 符号和 "-->" 标记 JavaScript 代码。

技巧 4：函数 number 和 parseInt 都可以将字符串转换成整数，有何区别？

函数 number 不但可以将数字字符串转换成整数，还可以转换成浮点数。它的作用是将数字字符串直接转换成数值。而 parseInt 函数只能将数字字符串转换成整数。

第 3 章 PHP 服务器环境配置

在编写 PHP 文件之前，读者需要配置 PHP 服务器，包括软硬件环境的检查，如何获得 PHP 安装资源包等，详细讲解了目前常见的主流 PHP 服务器搭配方案 PHP5+IIS 和 PHP5+Apache。另外，还讲述了在 Windows 下如何使用 WAMP 组合包，最后通过一个实战演练，读者可以检查 Web 服务器建构是否成功。

3.1 PHP 服务器概述

在学习 PHP 服务器之前，读者需要了解 HTML 网页的运行原理。网页浏览者在客户端通过浏览器向服务器发出页面请求，服务器接收到请求后将页面返回到客户端的浏览器，这样网页浏览者即可看到页面显示效果。

PHP 在 Web 开发中作为嵌入式语言，需要潜入到 HTML 代码中执行。要想运行 PHP 网站，需要搭建 PHP 服务器。PHP 网站的运行原理如图 3-1 所示。

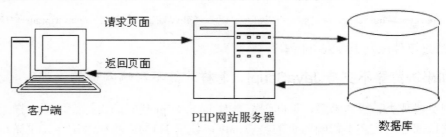

图 3-1 PHP 网站运行流程图

从图 3-1 可以看出，PHP 程序运行的基本流程如下。

（1）网页浏览者首先是在浏览器的地址栏中输入要访问的主页地址，按回车键触发这个申请。

（2）浏览器将申请发送到 PHP 网站服务器。网站服务器根据申请读取数据库中的页面。

（3）通过 Web 服务器向客户端发送处理结果，客户端的浏览器显示最终页面。

 由于在客户端显示的只是服务器端处理过的 HTML 代码页面，所以网页浏览者看不到 PHP 代码，这样可以提高代码的安全性。同时在客户端不需要配置 PHP 环境，只要安装浏览器即可。

3.2 安装 PHP 前的准备工作

在安装 PHP 之前，读者要了解安装所需要的软硬件环境和如何获取 PHP 安装资源包。

3.2.1 软硬件环境

大部分软件在安装的过程中都需要软硬件环境的支持，当然 PHP 也不例外。在硬件方面，如果只是为了学习上的需求，PHP 只需要一台普通的电脑即可。在软件方面需要根据实际工作的需求选择不同的 Web 服务软件。

PHP 具有跨平台特性，所以 PHP 开发用什么样的系统不太重要，开发出来的程序很轻松地被移植到其他操作系统中。另外，PHP 开发平台支持目前主流的操作系统，包括 Windows 系列、Linux、UNIX 和 Mac OS X 等。本书以 Windows 平台为例进行讲解。

另外，用户还需要安装 Web 服务器软件。目前，PHP 支持大多数 Web 服务器软件，常见的有 IIS、Apache、PWS 和 Netscape 等。比较流行的是 IIS 和 Apache，下面将详细讲述这两种 Web 服务器的安装和配置方法。

3.2.2 获取 PHP 安装资源包

PHP 安装资源包中包括了安装和配置 PHP 服务器的所需文件和 PHP 扩展函数库。获取 PHP 安装资源包的方法比较多，很多网站都提供 PHP 安装包，但是建议读者从官方网站下载，具体操作步骤如下。

01 打开 IE 浏览器，在地址栏中输入"http://www.php.net/"，按【Enter】键确认，登录到 PHP 的官方网站，如图 3-2 所示。

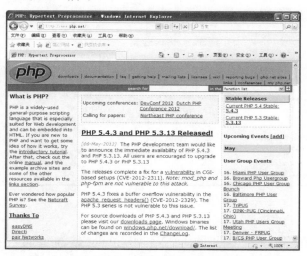

图 3-2　PHP 官方网站

02 单击【download】链接，进入下载页面，选择需要的版本，建议选择 Windows Binaries 下的版本，单击【http://windows.php.net/download】链接，如图 3-3 所示。

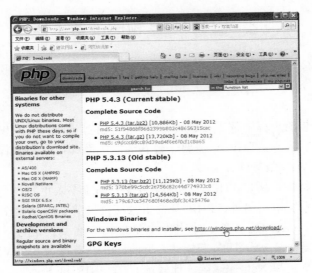

图 3-3　PHP 网站下载页面

03 进入下载页面,单击【Select an option to direct access】右侧下三角按钮,在弹出的下拉列表中选择合适的版本,这里选择最新的 PHP 5.4 的版本,如图 3-4 所示。

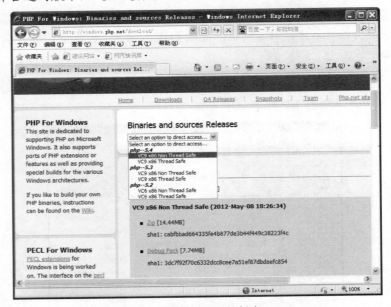

图 3-4　选择需要的版本

下拉列表中 VC6 表示使用 legacy Visual Studio 6 compiler 编译器编译,通常使用在 Apache+PHP 服务器下;VC9 表示 the Visual Studio 2008 compiler 编译器编译,通常使用在 IIS+PHP 服务器下。

04 显示所选版本号中 PHP 安装包的各种格式,这里选择 Zip 的压缩格式,单击【Zip】

链接，如图 3-5 所示。

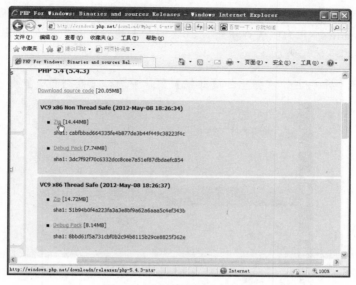

图 3-5　选择需要版本的格式

05　打开【文件下载】对话框，单击【保存】按钮，选择保存路径，然后保存文件即可，如图 3-6 所示。

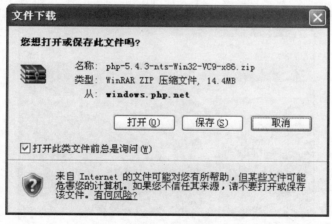

图 3-6　【文件下载】对话框

3.3　PHP 5+IIS 服务器安装配置

下面介绍 PHP 5+IIS 服务器架构的配置方法和技巧。

3.3.1　IIS 简介及其安装

IIS 是 Internet Information Services（互联网信息服务）的缩写，由微软公司提供的基于运行 Microsoft Windows 的互联网基本服务。由于它功能强大，操作简单和使用方便，所以成为目前较流行的 Web 服务器之一。

目前 IIS 只能运行在 Windows 系列的操作系统上，针对不同的操作系统，IIS 也有不同的版本。下面以 Windows XP 为例进行讲解，默认情况下此操作系统没有安装 IIS。

安装 IIS 组件的具体步骤如下。

01 单击【开始】按钮，在弹出的【开始】菜单中选择【控制面板】选项，如图 3-7 所示。

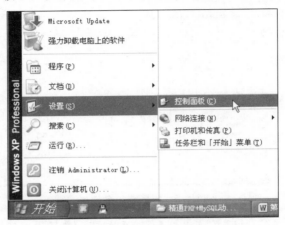

图 3-7　选择【控制面板】选项

02 打开【控制面板】窗口，双击【添加/删除程序】选项，如图 3-8 所示。

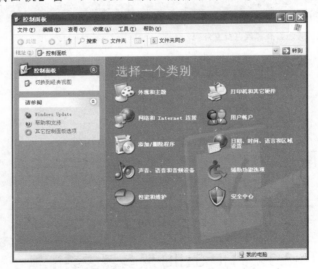

图 3-8　【控制面板】窗口

03 打开【添加或删除程序】对话框，从中选择【添加/删除 Windows 组件】选项卡，如图 3-9 所示。

04 打开【Windows 组件向导】对话框，选中【应用程序服务器】复选框，单击【详细信息】按钮，如图 3-10 所示。

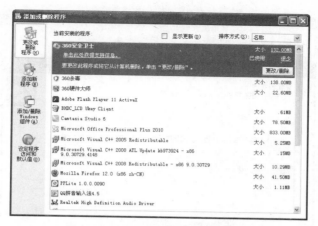

图 3-9　【添加或删除程序】对话框

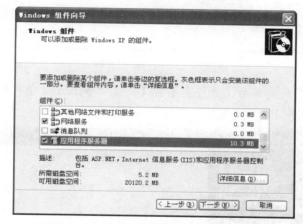

图 3-10　【Windows 组件向导】对话框

05 打开【应用程序服务器】对话框，从中选中所需的组件复选框，然后单击【下一步】按钮，如图 3-11 所示。

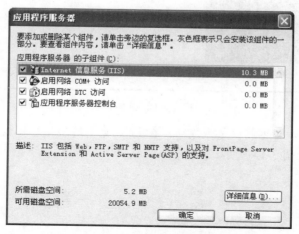

图 3-11　【应用程序服务器】对话框

06 系统提示插入 Windows XP 安装光盘。插入光盘后，便可开始安装 Internet 信息服务（IIS）了，如图 3-12 所示。

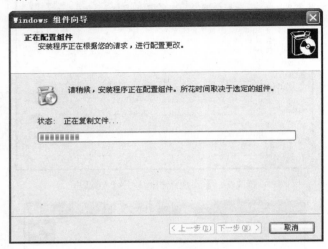

图 3-12　正在配置组件

07 完成 IIS 组件的安装后，系统会出现【完成"Windows 组件向导"】的提示，然后单击【完成】按钮，完成 IIS 的安装，如图 3-13 所示。

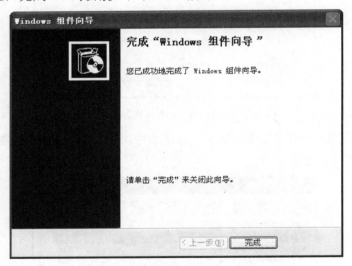

图 3-13　完成 IIS 组件安装

08 安装完成后，即可测试是否成功。在 IE 浏览器的地址栏中输入 "http://localhost/"，打开 IIS 的欢迎页面如图 3-14 所示。

图 3-14　IIS 的欢迎页面

3.3.2　PHP 的安装

IIS 安装完成后，即可开始安装 PHP。PHP 的安装过程大致分成以下 3 个步骤。

1. 解压和设置安装路径

将 3.2.2 节中获取到的安装资源包解压缩，解压缩后得到的文件夹中放着 PHP 所需要的文件。将文件夹复制到 PHP 的安装目录中。PHP 的安装路径可以根据需要进行设置，例如本书设置为"D:\PHP5\"，文件夹复制后的效果如图 3-15 所示。

图 3-15　PHP 的安装目录

2. 配置 PHP

在安装目录中，找到 php.ini-development 的文件，此文件正是 PHP 5.4 的配置文件。将这个文件的扩展名.ini-development 修改为.ini，然后用记事本打开。文件中参数很多，所以建议读者使用记事本的查找功能，快速查找需要的参数。

查找并修改相应的参数值：extension_dir= "D:\PHP5\ext"。此参数是为了 PHP 扩展函数的查找路径，其中 "D:\PHP5\" 为 PHP 的安装路径，读者可以根据自己的安装路径进行修改。采用同样的方法，修改参数 cgi.force_redirect =0。

另外去除下面的参数值 extension 前的分号，如图 3-16 所示。

```
extension=php_curl.dll
extension=php_gd2.dll
extension=php_mbstring.dll
extension=php_mysql.dll
extension=php_pdo_mysql.dll
extension=php_pdo_odbc.dll
extension=php_xmlrpc.dll
extension=php_xsl.dll
extension=php_zip.dll
```

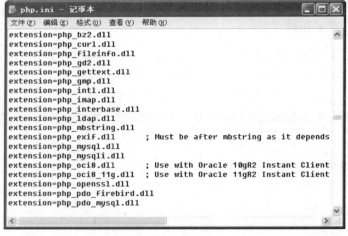

图 3-16　去除分号

3. 添加系统变量

要想让系统运行 PHP 时找到上面的安装路径，就需要将 PHP 的安装目录添加到系统变量中，具体操作步骤如下。

01 单击【开始】按钮，在弹出的【开始】菜单中选择【控制面板】选项。打开【控制面板】窗口，双击【系统】选项，打开【系统属性】对话框，如图 3-17 所示。

02 单击【环境变量】按钮，打开【环境变量】对话框。在【系统变量】列表框中选择变量【Path】，单击【编辑】按钮，如图 3-18 所示。

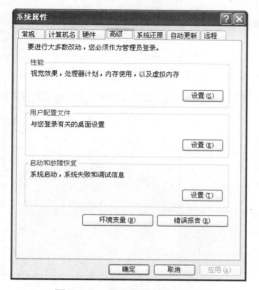

图 3-17 【系统属性】对话框　　　　　图 3-18 【环境变量】对话框

03 打开【编辑系统变量】对话框，在【变量值】文本框的末尾输入";d:\PHP5"，如图 3-19 所示。

04 单击【确定】按钮，返回到【环境变量】对话框，依次单击【确定】按钮即可关闭窗口，然后重新启动计算机，可以使设置环境变量有效，如图 3-20 所示。

图 3-19 【编辑系统变量】对话框　　　　图 3-20 设置环境变量有效

3.3.3 配置IIS使其支持PHP

PHP安装完成后，还不能测试安装的效果，需要配置IIS使其支持PHP，具体操作步骤如下。

01 利用上面的方法打开【控制面板】窗口，双击【管理工具】选项，如图3-21所示。
02 打开【管理工具】窗口，双击【Internet 信息服务】选项，如图3-22所示。

图3-21 【控制面板】窗口　　　　　　　　图3-22 【管理工具】窗口

03 打开【Internet 信息服务】窗口，右击【默认网站】，在弹出的快捷菜单中选择【属性】菜单命令，如图3-23所示。
04 打开【默认网站 属性】对话框，选择【主目录】选项卡，单击【配置】按钮，如图3-24所示。

 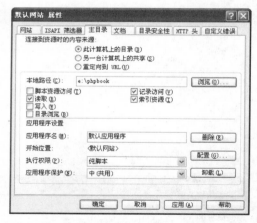

图3-23 【Internet 信息服务】窗口　　　　图3-24 【默认网站 属性】对话框

05 打开【应用程序配置】对话框，选择【映射】选项卡，单击【添加】按钮，如图3-25所示。
06 打开【添加/编辑应用程序扩展名映射】对话框，在【可执行文件】文本框中输入如图3-26所示的可执行文件地址，或者单击【浏览】按钮，在打开的对话框中选择安装的PHP可执行文件，完成后单击【确定】按钮即可。

图 3-25 【应用程序配置】对话框

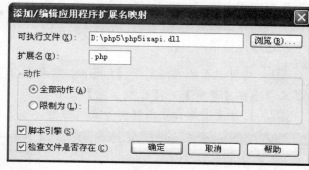
图 3-26 【添加/编辑应用程序扩展名映射】对话框

提示 如果单击【浏览】按钮，在弹出的对话框中没有 php5isapi.dll 文件，可以选择文件类型为【所有文件】，即可看到此文件。

3.3.4 设置主目录和虚拟目录

1. 设置主目录

默认情况下，网站服务器的根目录为"C:\Inetpub\wwwroot"，此目录路径比较长，而且使用起来也不方便。下面将讲述如何修改网站的根目录，也就是常说的主目录。

利用上一节的方法，打开【默认网站 属性】对话框，选择【主目录】选项卡，在【本地路径】文本框中输入网站服务器的根目录，或者单击【浏览】按钮，选择网站服务器的根目录即可，如图 3-27 所示。

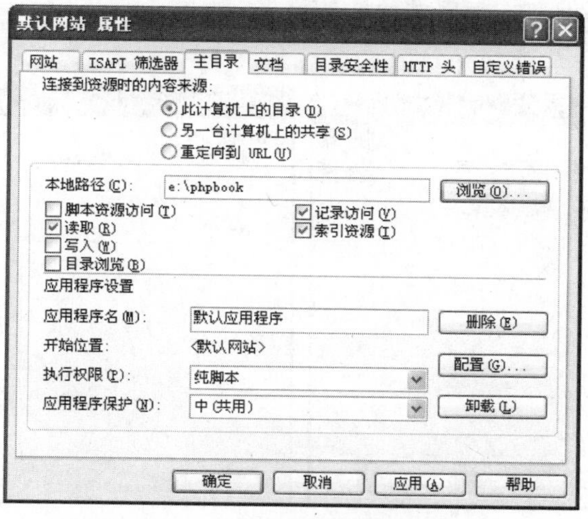

图 3-27 【默认网站 属性】对话框

2. 配置虚拟目录

所谓虚拟目录,是指在地址栏中看到的地址并不是真实的网页路径,而是设置的虚拟路径。虽然一台服务器只能有一个主目录,但是可以有多个虚拟目录。虚拟目录访问的方式是在服务器地址后面加上虚拟目录名,例如"http://localhost/虚拟目录名"。由此可见,虚拟目录不但增加了网页存放路径的灵活性,而且增加了网站的安全性。

创建虚拟目录的具体操作步骤如下。

01 利用上面的方法打开【Internet 信息服务】窗口,右击【默认网站】,在弹出的快捷菜单中选择【新建】➤【虚拟目录】菜单命令,如图 3-28 所示。

02 打开【虚拟目录创建向导】对话框,单击【下一步】按钮,如图 3-29 所示。

图 3-28 【Internet 信息服务】窗口

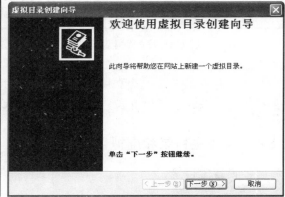
图 3-29 【虚拟目录创建向导】对话框

03 打开【虚拟目录别名】对话框,在【别名】文本框中输入虚拟目录的别名,本实例输入"myphp",单击【下一步】按钮,如图 3-30 所示。

04 打开【网站内容目录】对话框,在【目录】文本框中输入网站内容的目录,或者单击【浏览】按钮,在弹出的对话框中选择网站目录,设置完目录后,单击【下一步】按钮,如图 3-31 所示。

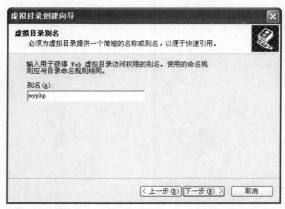
图 3-30 【虚拟目录别名】对话框

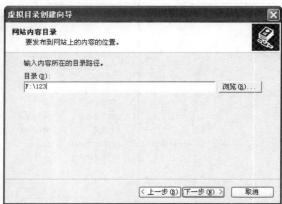
图 3-31 【网站内容目录】对话框

05 打开【访问权限】对话框，选择虚拟目录允许进行的操作，一般情况下，选择【读取】、【运行脚本（如 ASP）】和【执行（如 ISAPI 应用程序或 CGI）】前三项即可，如图 3-32 所示。

06 成功创建完虚拟目录后，单击【完成】按钮，如图 3-33 所示。

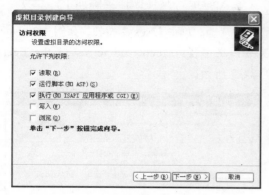

图 3-32 【访问权限】对话框

图 3-33 成功创建虚拟目录

3.4 PHP 5+Apache 服务器的环境搭建

Apache 支持大部分操作系统，搭配 PHP 程序的应用，就可以开发出功能强大的互动网站。本节主要讲述 PHP 5+Apache 服务器的搭建方法。

3.4.1 Apache 简介

Apache 是世界使用量排名第一的 Web 服务器软件，由于其跨平台和安全性而被广泛使用。和一般的 Web 服务器相比，Apache 主要特点如下。

（1）跨平台应用。几乎可以在所有的计算机平台上运行。

（2）开发源代码。Apache 服务程序由全世界的众多开发者共同维护，并且任何人都可以自由使用，充分体现了开源软件的精神。

（3）支持 HTTP/1.1 协议。Apache 是最先使用 HTTP/1.1 协议的 Web 服务器之一，它完全兼容 HTTP/1.1 协议并与 HTTP/1.0 协议向后兼容。Apache 已为新协议所提供的全部内容做好了必要的准备。

（4）支持通用网关接口（CGI）。Apache 遵守 CGI/1.1 标准，并且提供了扩充的特征，如定制环境变量和很难在其他 Web 服务器中找到的调试支持功能。

（5）支持常见的网页编程语言。可支持的网页编程语言包括 Perl、PHP、Python 和 Java 等，支持各种常用的 Web 编程语言使 Apache 具有更广泛的应用领域。

（6）模块化设计。通过标准的模块实现专有的功能，提高了项目完成的效率。

（7）运行非常稳定，同时具备效率高、成本低的特点，而且具有良好的安全性。

3.4.2 安装 Apache

Apache 是免费软件，用户可以从官方网站直接下载。Apache 的官方网站为 http：//www.apache.org。

下面以下载好的 Apache 2.2 为例，讲解如何安装 Apache，具体操作步骤如下。

01 双击 Apache 安装程序，打开软件安装的欢迎界面，单击【Next】按钮，如图 3-34 所示。

02 弹出 Apache 许可协议对话框，阅读完后，选中【I accept the terms in the license agreement】单选按钮，单击【Next】按钮，如图 3-35 所示。

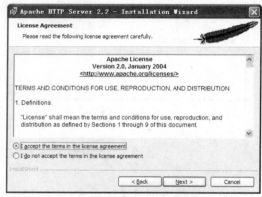

图 3-34　软件安装的欢迎界面　　　　　图 3-35　Apache 许可协议对话框

03 弹出 Apache 服务器注意事项对话框，阅读完成后，单击【Next】按钮，如图 3-36 所示。

04 弹出服务器信息设置对话框，输入服务器的一些基本信息，分别为 Network Domain（网络域名）、Server Name（服务器名）、Administrator's Email Address（管理员信箱）和 Apache 的工作方式，如图 3-37 所示。如果只是在本地计算机上使用 Apache，前两项可以输入 "localhost"。工作方式建议选择第一项——针对所有用户，工作端口为 80，当机器启动时自动启动 Apache。单击【Next】按钮。

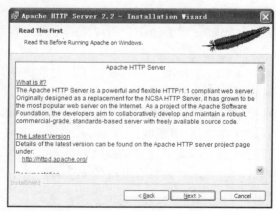
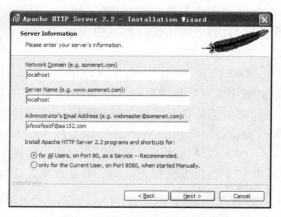

图 3-36　Apache 服务器注意事项对话框　　图 3-37　服务器信息设置对话框

05 弹出安装类型对话框，其中 Typical 为典型安装，Custom 为自定义安装。默认情况下，选择典型安装即可，单击【Next】按钮，如图 3-38 所示。

06 弹出安装路径选择对话框，单击【Change】按钮，可以重新设置安装路径，本实例采用默认的安装路径，单击【Next】按钮，如图 3-39 所示。

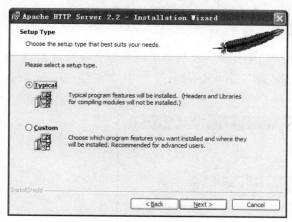
图 3-38　安装类型对话框

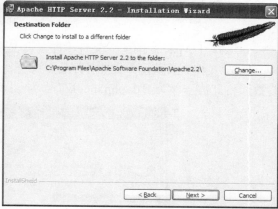
图 3-39　安装路径选择对话框

07 弹出安装准备就绪对话框，单击【Install】按钮，如图 3-40 所示。

08 系统开始自动安装 Apache 主程序，安装完成后，弹出提示信息对话框，单击【Finish】按钮，如图 3-41 所示。

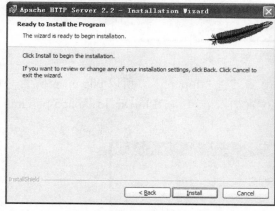
图 3-40　安装准备就绪对话框

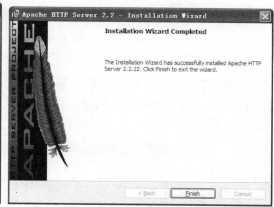
图 3-41　Apache 安装完成

3.4.3　将 PHP 与 Apache 建立关联

Apache 安装完成后，还不能运行 PHP 网页，需要将 PHP 与 Apache 建立关联。

Apache 的配置文件名称为 httpd.conf，此为纯文本文件，用记事本即可打开编辑。此文件存放在 Apache 安装目录的 Apache2\config\目录下。另外，也可以通过单击【开始】按钮，在弹出的快捷菜单中选择【所有程序】➤【Apache HTTP Server 2.2】➤【Configure Apache Server】➤【Edit the Apache httpd conf Configuration File】菜单命令，如图 3-42 所示。

图 3-42　选择 Apache 配置文件

即可打开 Apache 的配置文件，首先设置网站的主目录。本书将案例的源文件放在 D 盘的 php5book 文件夹下，所以设置主目录为"d:/php5book/"。在 http.conf 文件中找到 DocumentRoot 参数，将其值修改为"d:/php5book/"，如图 3-43 所示。

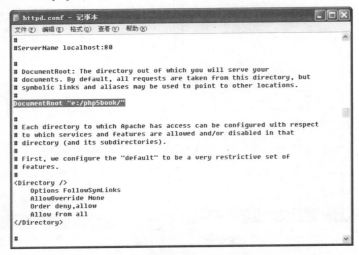

图 3-43　设置网站的主目录

下面指定 php.ini 文件的存放位置。由于 PHP 安装在"d:\php5"，所以 php.ini 位置为"d:\php5\php.ini"。在 httpd.conf 配置文件中的任意位置加入语句：PHPIniDir "d：\php5\php.ini"，如图 3-44 所示。

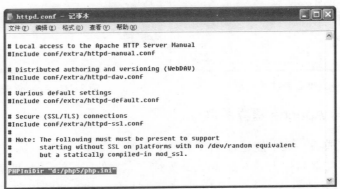

图 3-44　指定 php.ini 文件的存放位置

最后向 Apache 中加入 PHP 模块。在 httpd.conf 配置文件中的任意位置加入 3 行语句：

```
LoadModule php5_module "d:/php5/php5apache2_2.dll"
AddType application/x-httpd-php .php
AddType application/x-httpd-php .html
```

输入效果如图 3-45 所示。完成上述操作后，保存 httpd.conf 文件即可。然后重启 Apache，即可使设置生效。

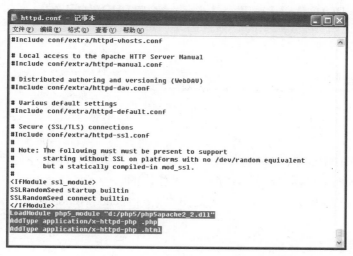

图 3-45　向 Apache 中加入 PHP 模板

3.5　实战演练——我的第一个 PHP 程序

上面讲述了两种服务器环境的搭建方法，读者可以根据自己的需求进行选择即可。

下面以在 IIS 服务器环境为例通过一个实例讲解如何编写 PHP 程序并运行查看效果。读者可以使用任意的文本编辑软件，如记事本，新建名称为 helloworld 的文件，输入以下代码。

```
<HTML>
<HEAD><h2>PHP Hello World - 来自 PHP 的问候。</h2></HEAD>
<BODY>
<?php
 echo "Hello, World.";
 echo "你好世界。";
?>
</BODY>
</HTML>
```

将文件保存在主目录或虚拟目录下，保存格式为 .php。在浏览器的地址栏中输入"http://localhost/helloworld.php"，并按 Enter 键确认，运行结果如图 3-46 所示。

图 3-46　去除引号

【案例分析】

（1）其中"PHP Hello World - 来自 PHP 的问候。"是由 HTML 中的"<HEAD><h2>PHP Hello World - 来自 PHP 的问候。</h2></HEAD>"所生成的。

（2）"Hello, World.你好世界。"则是由"<?php echo "Hello, World."; echo "你好世界。"; ?>"所生成的。

【讲解知识点】

（1）在 HTML 中嵌入 PHP 代码的方法，即在<?php 和?>标识符之间填入 PHP 语句，语句要以"；"结束。

（2）<?php 和?>标识符的作用，就是告诉 Web 服务器，PHP 代码从什么地方开始，到什么地方结束。<?php 和?>标识符内的所有文本都要按照 PHP 语言进行解释，以区别于 HTML 代码。

3.6　高手私房菜

技巧 1：如何解决 IIS 和 Apache 服务器冲突？

在安装 Apache 网站服务器之前，如果所使用的操作系统已经安装了 IIS 网站服务器，必须先停止这些服务器的服务才能正确安装 Apache 网站服务器。

利用本章介绍的方法打开【Internet 信息服务】窗口，右击【默认网站】选项，在弹出的快捷菜单中选择【停止】菜单命令，如图 3-47 所示。

图 3-47　【Internet 信息服务】窗口

如此一来，IIS 服务器软件即失效不再工作，也不会与 Apache 网站服务器产生冲突。

技巧 2：如何卸载 IIS？

读者经常会遇到 IIS 不能正常使用的情况，所以需要先卸载 IIS，然后再次安装即可。

利用本章介绍的方法打开【Windows 组件向导】对话框，取消选中【Internet 信息服务（IIS）】复选框，单击【下一步】按钮，系统将自动完成 IIS 的卸载，如图 3-48 所示。

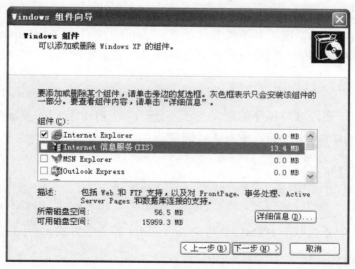

图 3-48　【Windows 组件向导】对话框

第 4 章 PHP 5 的基本语法

上一章讲述了 PHP 的环境搭建方法，本章将开始学习 PHP 的基本语法，主要包括 PHP 的标识符、编程规范、常量、变量、数据类型、运算符和表达式等。

4.1 PHP 标识

默认情况下 PHP 是以<?php 和?>标识符为开始和结束标记的。但是，PHP 代码有不同的表示风格。最为常用的风格就是这种默认方法。也有人把这种默认风格称为 PHP 的 XML 风格。下面将来学习其他类型的标识风格。

4.1.1 短风格

有的时候，读者会看到一些代码中出现用<?和?>标识符表示 PHP 代码的情况。这个就是所谓的"短风格"表示法。例如：

```
<? echo "这是 PHP 短风格的表示方式。"?>
```

这种表示方法在正常情况下并不推荐，并且在 php.ini 文件中 short_open_tags 设置是默认关闭的。另外，以后提到的一些功能设置会与这种表示方法相冲突，如 XML 的默认标识符。

4.1.2 script 风格

有的编辑器由于要跟以前程序的定义表示区分开，对 PHP 代码的表示完全采用另外一种表示方式——<script></script>的表示方式。例如：

```
<script language="php">
    echo "这是 php 的 script 表示方式。";
</script>
```

这种表示方式十分类似于 HTML 页面中 JavaScript 的表示方式。

4.1.3 ASP 风格

由于 ASP 的影响，为了照顾 ASP 使用者对 PHP 的使用，PHP 提供了 ASP 的标志风格。例如：

```
<%
    echo "这是 PHP 的 ASP 的表示方式。";
```

%>

这种表示风格是在特殊情况下使用的,并不推荐正常使用。

4.2 编程规范

4.2.1 什么是编程规范

编程规范是一套某种编程语言的导引手册。这种导引手册规定了一系列这种语言的默认编程风格,以用来增强这种语言的可读性、规范性和可维护性。往往一个语言的编程规范主要包括此语言下的文件组织、缩进、注释、声明、空格处理、命名规则等。

4.2.2 PHP 的一些编程规范

PHP 作为高级语言的一种,十分强调编程规范。以下是此规范在 3 个方面的体现。

1. 表述

比如在 PHP 的正常表述中,每一条 PHP 语句都是以";"结尾,这个规范就告诉 PHP 要执行此语句。例如:

```
<?php
    echo "PHP 以分号表示语句的结束和执行。";
?>
```

2. 空白

PHP 对空格、回车造成的新行、TAB 等留下的空白的处理也遵循编程规范。PHP 对它们都进行忽略。这跟浏览器对 HTML 语言中空白的处理是一样的。

3. 注释

为了增强可读性,在很多情况下,程序员都需要在程序语句的后面添加文字说明。而 PHP 要把它们与程序语句区分开就需要让这些文字注释符合编程规范。

这些注释的风格有几种,分别是 C 语言风格、C++风格和 Shell 风格。

C 语言风格,例如:

```
/*这是 C 语言风格的注释内容*/
```

这种方法还可以多行使用:

```
/*这是
    C 语言风格
    的注释内容
*/
```

C++风格,例如:

```
//这是C++风格的注释内容行一
//这是C++风格的注释内容行二
```

这种方法只能注释一行，使用时可单独一行，也可以使用在 PHP 语句之后的同一行。
Shell 风格如下：

```
#这是 Shell 风格的注释内容
```

这种方法只能注释一行，使用时可单独一行，也可以使用在 PHP 语句之后的同一行。

4.3 常　量

在 PHP 中，常量是一旦声明就无法改变的值。本节来讲述如何声明和使用常量。

4.3.1 声明和使用常量

PHP 通过 define 命令来声明常量。格式如下：

```
define（"常量名",常量值）；
```

常量名是一个字符串，往往在 PHP 的编程规范的指导下使用大写的英文字符表示，如 CLASS_NAME、MYAGE 等。

常量值可以是很多种 PHP 的数据类型，也可以是数组、对象。

常量就像变量一样存储数值，但是与变量不同的是，常量的值只能设定一次，并且无论在代码的任何位置，它都不能被改动。常量声明后具有全局性，函数内外都可以访问。

【例 4.1】（实例文件：ch04\4.1.php）

```
<HTML>
<HEAD>
    <title>自定义变量</title>
</HEAD>
<BODY>
<?php
  define("HUANY","欢迎学习 PHP 基本语法知识");
    echo HUANY;
?>
</BODY>
</HTML>
```

本程序运行结果如图 4-1 所示。

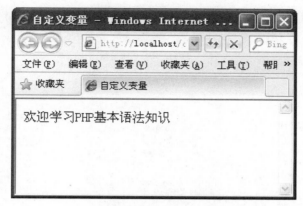

图 4-1　程序运行结果

【案例分析】

（1）用 define 函数声明一个常量。而常量的全局性体现在，可在函数内外进行访问。

（2）常量只能存储布尔值、整型、浮点型和字符串数据。

4.3.2　内置常量

PHP 的内置常量是指 PHP 在系统建立之初就定义好的一些量。PHP 中预订了很多系统内置常量，这些常量可以被随时调用。例如下面一些常见的内置常量。

- __FILE__：这个默认常量是 PHP 程序文件名。若引用文件（include 或 require）则在引用文件内的该常量为引用文件名，而不是引用它的文件名。
- __LINE__：这个默认常量是 PHP 程序行数。若引用文件（include 或 require）则在引用文件内的该常量为引用文件的行，而不是引用它的文件行。
- PHP_VERSION：这个内建常量是 PHP 程序的版本，如 3.0.8-dev。
- PHP_OS：这个内建常量指执行 PHP 解析器的操作系统名称，如 Linux。
- TRUE：这个常量就是真值（true）。
- FALSE：这个常量就是伪值（false）。
- E_ERROR：这个常量指到最近的错误处。
- E_WARNING：这个常量指到最近的警告处。
- E_PARSE：本常量为解析语法有潜在问题处。
- E_NOTICE：这个常量为发生不寻常但不一定是错误处。例如存取一个不存在的变量。

下面举例说明系统常量的使用方法。

【例 4.2】（实例文件：ch04\4.2.php）

```
<HTML>
<HEAD>
    <title>系统变量</title>
</HEAD>
```

```
<BODY>
<?php
    echo(__FILE__);
    echo"<p>";
    echo(__LINE__);
    echo"<p>";
    echo(PHP_VERSION);
    echo"<p>";
    echo(PHP_OS);
?>
</BODY>
</HTML>
```

本程序运行结果如图 4-2 所示。

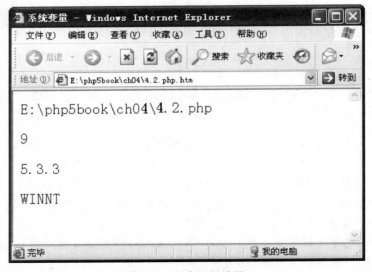

图 4-2　程序运行结果

【案例分析】

（1）echo"<p>"语句表示为输出换行。

（2）echo(__FILE__)语句输出文件的文件名，包括详细的文件路径。echo(__LINE__)语句输出该语句所在的行数。echo(PHP_VERSION)语句输出 PHP 程序的版本。echo(PHP_OS)语句输出执行 PHP 解析器的操作系统名称。

4.4　变　量

变量像是一个贴有名字标记的空盒子。不同的变量类型对应不同种类的数据，就像不同种类的东西要放入不同种类的盒子。

4.4.1 PHP 中的变量声明

PHP 中的变量不同于 C 或 Java，因为它是弱类型的。在 C 或 Java 中，需要对每一个变量声明类型，但是在 PHP 中不需要这样做，这是极其方便的。

PHP 中的变量一般以"$"作为前缀，然后以字母 a~z 的大小写或者'_'下划线开头。这是变量的一般表示。

合法的变量名可以是：

```
$hello
$Aform1
$_formhandler (类似我们见过的$_POST 等)
```

非法的变量名如：

```
$168
$!like
```

4.4.2 可变变量与变量的引用

一般的变量表示很容易理解，但是有两个变量表示概念比较容易混淆，这就是可变变量和变量的引用。通过以下例子对它们进行学习。

【例 4.3】（实例文件：ch04\4.3.php）

```
<HTML>
<HEAD>
    <title>系统变量</title>
</HEAD>
<BODY>
<?php
    $value0 = "guest";
    $$value0 = "customer";
    echo $guest."<br />";
    $guest = "feifei";
    echo $guest."\t".$$value0."<br />";

    $value1 = "xiaoming";
    $value2 = &$value1;
    echo $value1."\t".$value2."<br />";
    $value2 = "lili";
    echo $value1."\t".$value2;
?>
</BODY>
</HTML>
```

本程序运行结果如图 4-3 所示。

图 4-3　程序运行结果

【案例分析】

（1）在代码的第一部分，$value0 被赋值为 guest。而$value0 相当于 guest，则$$value0 相当于$guest。所以当$$value0 被复制为 customer 时，打印$guest 就得 customer。反之，当$guest 变量被赋值为 feifei 时，打印$$value0 同样得到 feifei。这就是可变变量。

（2）在代码的第二部分，$value1 被赋值为 xiaoming，然后通过 "&" 引用变量$value1 并赋值给$value2。而这一步的实质是，给变量$value1 添加了一个别名$value2。所以打印时，大家都得出原始赋值 xiaoming。由于$value2 是别名，和$value1 指的是同一个变量，所以当$value2 被赋值为 lili 后，$value1 和$value2 都得到新值 lili。

【讲解知识点】

（1）可变变量，其实是允许改变一个变量的变量名。允许使用一个变量的值作为另外一个变量的名。

（2）变量引用，相当于给变量添加了一个别名。用 "&" 来引用变量。其实两个变量名指的都是同一个变量。就像是给同一个盒子贴了两个名字标记，两个名字标记指的都是同一个盒子。

4.4.3　变量作用域

所谓变量作用域，是指特定变量在代码中可以被访问到的位置。在 PHP 中有 6 种基本的变量作用域法则。

（1）内置超全局变量（built-in superglobal variables），在代码中的任意位置都可以访问到。

（2）常数（constants），一旦声明，它就是全局性的，可以在函数内外使用。

（3）全局变量（global variables），在代码间声明，可在代码间访问，但是不能在函数内访问。

（4）在函数中声明为全局变量的变量，就是同名的全局变量。

（5）在函数中创建和声明为静态变量的变量，在函数外是无法访问的。但是这个静态变量的值得以保留。

（6）在函数中创建和声明的局部变量，在函数外是无法访问的，并且在本函数终止时终止退出。

1. 超全局变量

superglobal 或者 autoglobal 可以称为"超全局变量"或者"自动全局变量"。这种变量的特性就是，不管在程序的任何地方都可以访问到，也不管是函数内或是函数外都可以访问到。而这些"超全局变量"就是由 PHP 预先定义好以方便使用的。

那么这些"超全局变量"或"自动全局变量"又都有哪些呢？

- $GLOBALS：包含全局变量的数组。
- $_GET：包含所有通过 GET 方法传递给代码的变量的数组。
- $_POST：包含所有通过 POST 方法传递给代码的变量的数组。
- $_FILES：包含文件上传变量的数组。
- $_COOKIE：包含 cookie 变量的数组。
- $_SERVER：包含服务器环境变量的数组。
- $_ENV：包含环境变量的数组。
- $_REQUEST：包含用户所有输入内容的数组（包括$_GET、$_POST 和$_COOKIE）。
- $_SESSION：包含会话变量的数组。

2. 全局变量

全局变量，其实就是在函数外声明的变量，在代码间都可以访问。但是在函数内是不能访问的。这是因为函数默认就不能访问在其外部的全局变量。

以下案例介绍全局变量的使用方法和技巧。

【例 4.4】（实例文件：ch04\4.4.php）

```
<HTML>
<HEAD>
    <title> </title>
</HEAD>
<BODY>
<?php
  $room = 20;
  function showrooms(){
      echo $room;
  }
  showrooms();
  echo $room.'间房间。';
```

```
?>
</BODY>
</HTML>
```

本程序运行结果如图 4-4 所示。

图 4-4　程序运行结果

【案例分析】

出现上述结果，是因为函数无法访问到外部全局变量，但是在代码间都可以访问全局变量。如果想让函数访问某个全局变量，可以在函数中通过 global 关键字来声明。就是说要告诉函数，它要调用的变量是一个已经存在或者即将创建的同名全局变量，而不是默认的本地变量。以下实例介绍 global 关键字的方法和技巧。

【例 4.5】（实例文件：ch04\4.5.php）

```
<HTML>
<HEAD>
    <title> </title>
</HEAD>
<BODY>
<?php
  $room = 20;
  function showrooms(){
      global $room;
      echo $room.'间新房间。<br />';
  }
  showrooms();
  echo $room.'间房间。';
?>
</BODY>
</HTML>
```

本程序运行结果如图 4-5 所示。

图 4-5　程序运行结果

另外，读者还可以通过"超全局变量"中的$GLOBALS 数组进行访问。

以下实例介绍$GLOBALS 数组，具体步骤如下。

【例 4.6】（实例文件：ch04\4.6.php）

```
<HTML>
<HEAD>
    <TITLE> </TITLE>
</HEAD>
<BODY>
<?php
  $room = 20;
  function showrooms(){
        $room = $GLOBALS['room'];
        echo $room.'间新房间。<br />';
  }
  showrooms();
  echo $room.'间房间。';
?>
</BODY>
</HTML>
```

本程序运行结果如图 4-6 所示。

图 4-6　程序运行结果

结果与上面的例子完全相同,可见这两种方法都可以实现同一个效果。

3. 静态变量

静态变量只是在函数内存在,函数外无法访问,但是执行后其值保留。也就是说这一次执行完毕后,这个静态变量的值保留,下一次再执行此函数,这个值还可以调用。

通过下面的实例介绍静态变量的使用方法和技巧。

【例 4.7】 (实例文件:ch04\4.7.php)

```
<HTML>
<HEAD>
    <title>静态变量</title>
</HEAD>
<BODY>
<?php
    $person = 20;
    function showpeople(){
        static $person = 5;
    $person++;
        echo '再增加一位,将会有 '.$person.' 为 static 人员。<br />';
    }
    showpeople();
    echo $person.' 人员。<br />';
    showpeople();
?>
</BODY>
</HTML>
```

本程序运行结果如图 4-7 所示。

图 4-7 程序运行结果

【案例分析】

(1) 其中函数外 echo 语句无法调用函数内 static $person,它调用的是$person = 20。

（2）另外，showpeople（）函数被执行两次，这个过程中 static $person 的运算值得以保留，并且通过$person++进行了累加。

4.5 变量的类型

从 PHP4 开始，PHP 中的变量不需要事先声明，赋值即声明。声明和使用这些数据类型前，读者需要了解它们的含义和特性。下面介绍整型、浮点型、布尔值和两个较特殊的类型。

数据类型其实就是所存储数据的种类。PHP 的数据类型主要包括以下几种。

- 整型（integer）：用来存储整数。
- 浮点型（float）：用来存储实数。
- 字符串（string）：用来存储字符串。
- 布尔值（boolean）：用来存储真（true）或假（false）。
- 数组（array）：用来存储一组数据。
- 对象（object）：用来存储一个类的实例。

作为弱类型语言，PHP 也称为动态类型语言。在强类型语言中，例如 C 语言，一个变量只能存储一种类型的数据，并且这个变量在使用前必须声明变量类型。而在 PHP 中，给变量赋什么类型的值，那么这个变量就是什么类型。例如以下几个变量：

```
$hello = 'hello world';
```

由于 'hello world' 是字符串，则变量$hello 的数据类型就为字符串类型。

```
$hello = 100;
```

同样，由于 100 为整型，$hello 也就为整型。

```
$wholeprice = 100.0;
```

由于 100.0 为浮点型，则$wholeprice 就是浮点型。

由此可见，对于变量而言，如果没有定义变量的类型，则它的类型由所赋值的类型决定。

4.5.1 整型

整型是数据类型中最为基本的类型。在 32 位运算器中，整型的取值是从-2147483648 到+2147483647 之间。整型可以表示为十进制、十六进制和八进制。

例如：

```
3560      //十进制整数
01223     //八进制整数
0x1223    //十六进制整数
```

4.5.2 浮点型

浮点型表示实数。在大多数运行平台下,这个数据类型的大小为 8 个字节。它的近似取值范围是 2.2E-308 到 1.8E+308。

例如:

```
–1.432
1E+07
0.0
```

4.5.3 布尔值

布尔值只有两个值,就是 true 和 false。布尔值是十分有用的数据类型,通过它,程序实现了逻辑判断的功能。

而对于其他的数据类型,基本都有布尔属性。

(1)整型,为 0 时,其布尔属性为 false;为非零值时,其布尔属性为 true。

(2)浮点型,为 0.0 时,其布尔属性为 false;为非零值时,其布尔属性为 true。

(3)字符串型,为空字符串""或者零字符串"0"时,为 false;为除此以外的字符串时为 true。

(4)数组型,若不含任何元素,为 false;只要包含元素,则为 true。

(5)对象型,资源型,永远为 true。

(6)空型,永远为 false。

4.5.4 字符串型

字符串型的数据是表示在引号之间的。引号分为" "双引号和' '单引号。这两种引号的表示方式都可以表示字符串。

但是这两种表示也有一定区别。

双引号几乎可以包含所有的字符。但是在其中的变量显示的是变量的值,而不是变量的变量名。而有些特殊字符加上"\"这一转义符号就可以了。

单引号内的字符是被直接表示出来的。

下面通过一个案例来讲述上面几种数据类型的使用方法和技巧。

【例 4.8】(实例文件:ch04\4.8.php)

```
<HTML>
<HEAD>
    <title>变量的类型</title>
</HEAD>
<BODY>
<?php
    $int1= 2012;
    $int2= 01223;       //八进制整数
```

```
    $int3=0x1223;     //十六进制整数
    echo "输出整数类型的值：";
    echo $int1;
    echo "\t";    //输出一个制表符
    echo $int2;   //输出 659
    echo "\t";
    echo $int3;   //输出 4643
    echo "<br>";
    $float1=54.66;
    echo $float1;   //输出 54.66
    echo "<br>";
    echo "输出布尔型变量：";
    echo (Boolean)( $int1);      //将 int1 整型转化为布尔变量
    echo "<br>";
    $string1="字符串类型的变量";
    echo $string1;
?>
</BODY>
</HTML>
```

本程序运行结果如图 4-8 所示。

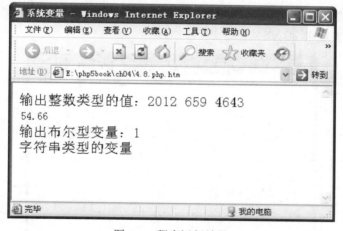

图 4-8　程序运行结果

4.5.5　数组型

数组是 PHP 变量的集合，它是按照"键值"与"值"对应的关系组织数据的。数组的键值可以是整数也可以是字符串。另外，数组不特意表明键值的默认情况下，数组元素的键值为从零开始的整数。

在 PHP 中，使用 list()函数或 array()函数来创建数组，也可以直接进行赋值。

下面使用 array()函数创造数组。

【例 4.9】（实例文件：ch04\4.9.php）

```php
<HTML>
<HEAD>
    <TITLE>数组变量</TITLE>
</HEAD>
<BODY>
<?php
$arr=array
(
    0=>15,
    2=>1E+05,
    1=>"开始学习 PHP 基本语法了",
);
for ($i=0;$i<count($arr);$i++)
{
  $arr1=each($arr);
  echo "$arr1[value]<br>";
}
?>
</BODY>
</HTML>
```

本程序运行结果如图 4-9 所示。

图 4-9　程序运行结果

【案例分析】

（1）程序中用"=>"为数组赋值，数组的下标只是存储的标识，数组元素的排列是以加入的先后顺序为准。

（2）本程序采用 for 循环语句输出整个数组，其中 count 函数返回数组的个数，echo 函数返回当前数组指针的索引/值对，后面章节将详细讲述函数的使用方法。

上面实例的语句可以简化如下。

【例 4.10】（实例文件：ch04\4.10.php）

```
<HTML>
<HEAD>
    <title>数组变量</title>
</HEAD>
<BODY>
<?php
  $arr=array(15,1E+05,"开始学习 PHP 基本语法了");
  for ($i=0;$i<3;$i++)
  {
    echo $arr[$i]<br>";
  }
?>
</BODY>
</HTML>
```

本程序运行结果如图 4-10 所示。从结果可以看出，两种写法的运行结果一样。

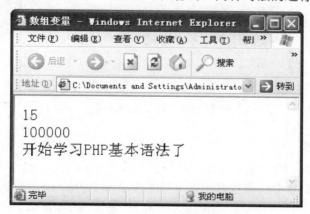

图 4-10　程序运行结果

另外，读者还可以对数组的元素一个一个地进行赋值，下面举例说明。上面的语句可以简化如下。

【例 4.11】（实例文件：ch04\4.11.php）

```
<HTML>
<HEAD>
    <title>数组变量</title>
</HEAD>
<BODY>
  <?php
    $arr[0]=15;
```

```
        $arr[2]= 1E+05;
        $arr[1]= "开始学习 PHP 基本语法了";
           for ($i=0;$i<count($arr);$i++)
           {
              $arr1=each($arr);
              echo "$arr1[value]<br>";
           }
           ?>
</BODY>
</HTML>
```

本程序运行结果如图 4-11 所示。从结果可以看出,一个一个赋值的方法和上面两种写法的运行结果一样。

图 4-11 程序运行结果

4.5.6 对象型

对象就是类的实例。当一个类被实例化以后,这个生成的对象被传递给一个变量,这个变量就是对象型变量。对象型变量也属于资源型变量。本书的第 10 章将详细讲述对象。

4.5.7 NULL 型

NULL 型是仅拥有 NULL 这一个值的类型。这个类型是用来标记一个变量为空的。一个空字符串与一个 NULL 是不同的。在数据库存储时会区分空字符串和 NULL。NULL 型在布尔判断时永远为 false。很多情况下,在声明一个变量的时候可以直接先赋值为 NULL,如$value = NULL。

4.5.8 资源类型

资源类型也是特殊的数据类型。它表示了 PHP 的扩展资源,它可以是一个打开的文件,可以是一个数据库连接,甚至可以是其他的数据类型。但是在编程过程中,资源类型却是几乎永远接触不到的。

4.5.9 数据类型之间相互转换

数据从一个类型转换到另外一个类型，就是数据类型转换。在 PHP 语言中，有两种常见的转换方式：自动数据类型转换和强制数据类型转换。

1. 自动数据类型转换

这种转换方法最为常用。直接输入数据的转换类型即可。

例如 float 型转换为整数 int 型，小数点后面的数将被舍弃。如果 float 数超过了整数的取值范围，则结婚过可能是 0 或者整数的最小负数。

【例 4.12】（实例文件：ch04\4.12.php）

```
<HTML>
<HEAD>
    <TITLE>自动数据类型转换</TITLE>
</HEAD>
<BODY>
    <?php
      $flo1=1.86;
      echo (int)$flo1."<br>";
      $flo2=4E32；//超过整数取值范围
      echo(int)$flo2;
    ?>
</BODY>
</HTML>
```

本程序运行结果如图 4-12 所示。

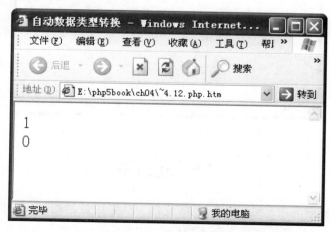

图 4-12　程序运行结果

2. 强制数据类型转换

在 PHP 中，可以使用 settype 函数强制转换数据类型，基本语法如下：

Bool settype(var,string type)

 type 的可能值不能包含资源类型数据。

【例 4.13】（实例文件：ch04\4.13.php）

```
<HTML>
<HEAD>
    <TITLE>强制数据类型转换</TITLE>
</HEAD>
<BODY>
    <?php
    $flo1=1.86;
    echo setType($flo1,"int");
    ?>
</BODY>
</HTML>
```

本程序运行结果如图 4-13 所示。

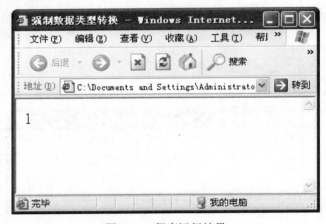

图 4-13　程序运行结果

4.6　运算符

PHP 包含三种类型的运算符，即一元运算符、二元运算符和三元运算符。一元运算符用在一个操作数之前，二元运算符用在两个操作数之间，三元运算符是作用在三个操作数之间。

4.6.1　算术运算符

算术运算符最简单，也是最常用的运算符。常见的算术运算符如表 4-1 所示。

表 4-1 常见的算术运算符

运算符	含义
+	加法运算
−	减法运算
*	乘法运算
/	除法运算
%	取余运算
++	自加运算
−−	自减运算

【例 4.14】（实例文件：ch04\4.14.php）

```
<HTML>
<HEAD>
    <title>算术运算符</title>
</HEAD>
<BODY>
    <?php
    $a=13;
    $b=2;
    echo $a."+".$b."=";
    echo $a+$b."<br>";
    echo $a."-".$b."=";
    echo $a-$b."<br>";
    echo $a."*".$b."=";
    echo $a*$b."<br>";
    echo $a."/".$b."=";
    echo $a/$b."<br>";
    echo $a."%".$b."=";
    echo $a%$b."<br>";
    echo $a."++"."=";
    echo $a++."<br>";
    echo $a."--"."=";
    echo $a--."<br>";
    ?>
</BODY>
</HTML>
```

本程序运行结果如图 4-14 所示。

提示　除了数值可以进行自增运算外，字符也可以进行自增运算，例如 b++ 结果将等于 c。

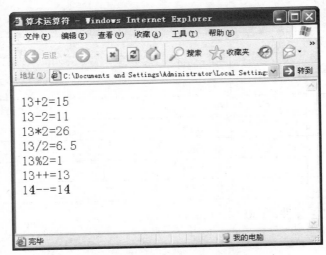

图 4-14　程序运行结果

4.6.2　字符串运算符

字符运算符把两个字符串连接起来变成一个字符串的运算符，使用"."来完成。如果变量是整型或浮点型，PHP 也会自动把它们转换为字符输出。

【例 4.15】（实例文件：ch04\4.15.php）

```
<HTML>
<HEAD>
    <TITLE>算术运算符</TITLE>
</HEAD>
<BODY>
    <?php
      $a = "把两个字符串";
      $b = 10.25;
      echo $a."连接起来，".$b."天。";
    ?>
</BODY>
</HTML>
```

本程序运行结果如图 4-15 所示。

4.6.3　赋值运算符

赋值运算符的作用是把一定的数据值加载给特定变量。

赋值运算符的具体含义如表 4-2 所示。

图 4-15　程序运行结果

表 4-2　赋值运算符

运算符	含义
=	将右边的值赋给左边的变量
+=	将左边的值加上右边的值赋给左边的变量
-=	将左边的值减去右边的值赋给左边的变量
*=	将左边的值乘以右边的值赋给左边的变量
/=	将左边的值除以右边的值赋给左边的变量
.=	将左边的字符串连接到右边
%=	将左边的值对右边的值取余数赋给左边的变量

例如，\$a-=\$b 等价于 \$a=\$a-\$b，其他赋值运算符与之类似。从表 4-2 可以看出，赋值运算符可以使程序更加简洁，从而提高执行效率。

4.6.4　比较运算符

比较运算符用来比较其两端数据值的大小。比较运算符的具体含义如表 4-3 所示。

表 4-3　比较运算符

运算符	含义
==	相等
!=	不相等
>	大于
<	小于
>=	大于等于
<=	小于等于
===	精确等于（类型）
!==	不精确等于

4.6.5　逻辑运算符

一个编程语言最重要的功能之一就是要进行逻辑判断和运算，如逻辑和、逻辑或、逻辑否。逻辑运算符的含义如表 4-4 所示。

表 4-4　逻辑运算符

运算符	含义	运算符	含义
&&	逻辑和	!	逻辑否
AND	逻辑和	NOT	逻辑否
||	逻辑或	XOR	绝对逻辑或
OR	逻辑或		

4.6.6 按位运算符

按位运算符是通过把整数以位为单位来进行处理。按位运算符的含义如表 4-5 所示。

表 4-5 按位运算符

运算符	含义
&	按位和
|	按位或
^	按位绝对或

4.6.7 否定控制运算符

否定控制运算符用在操作数之前,用于对操作数值的真假进行判断。它包含一个逻辑否定运算符和一个按位否定运算符。否定控制运算符含义如表 4-6 所示。

表 4-6 否定控制运算符

运算符	含义
!	逻辑否
~	按位否

4.6.8 错误控制运算符

错误控制运算符是用"@"来表示。在一个操作数之前使用,用来屏蔽错误信息的生成。

4.6.9 三元运算符

三元运算符是作用在三个操作数之间的。这样的操作符在 PHP 中只有一个,即"? :"。

4.6.10 运算符的优先级和结合规则

运算符的优先级和结合的规则其实与正常的数学运算符十分相似。
(1)加减乘除的先后顺序同数学运算中的完全一致。
(2)对于括号,则先运行括号内再运行括号外。
(3)对于赋值,则由右向左运行,即值依次从右边向左边的变量进行赋值。

4.7 PHP 的表达式

表达式在特定语言中是表达一个特定的操作或动作的语句。
一个表达式包含了"操作数"和"操作符"。
操作数可以是变量,也可以是常量。
操作符则体现了要表达的各个行为,如逻辑判断、赋值、运算等。
例如,$a=5 是表达式,而$a=5;则为语句。另外,表达式也有值,例如$a=1 表达式的值为 1。

4.8 实战演练——创建多维数组

前面讲述了如何创建一维数组，本节讲述如何创建多维数组。多维数组和一维数组的区别是有两个或多个下标，它们的用法基本相似。

下面以创建二维数组为例进行讲解。

【例4.16】（实例文件：ch04\4.16.php）

```
<HTML>
<HEAD>
    <TITLE>二维数组</TITLE>
</HEAD>
<BODY>
   <?php
     $arr[0][0]=10;
     $arr[0][1]=22;
     $arr[1] [0]= 1E+05;
     $arr[1] [1]= "开始学习PHP基本语法了";
   for ($i=0;$i<count($arr);$i++)
   {
      for ($k=0;$k<count($arr[$i]);$k++)
      {
         $arr1=each($arr[$i]);
         echo "$arr1[value]<br>";
      }
   }
?>
</BODY>
</HTML>
```

本程序运行结果如图4-16所示。

图4-16 程序运行结果

4.9 高手私房菜

技巧 1：如何灵活运用命名空间？

命名空间如果作为一个比较宽泛的概念，可以理解为用来封装各个项目的方法。有点像是在文件系统中不同文件夹路径和文件夹当中的文件。两个文件的文件名可以完全相同，但是在不同的文件夹路径下，就是两个完全不同的文件。

PHP 的命名空间也是这样的一个概念。它主要用于在"类的命名"、"函数命名"及"常量命名"中避免代码冲突和在命名空间下管理变量名和常量名。

命名空间的定义是使用 namespace 关键字在文件头部定义。例如：

```php
<?php
    namespace 2ndbuilding\number24;
    class room{}
    $room = new __NAMESPACE__.room;
?>
```

命名空间还可以拥有子空间，它们组合起来就像文件夹的路径一样。可以通过内置变量 __NAMESPACE__ 来使用命名空间及其子空间。

技巧 2：常量与变量有什么区别？

常量和变量的明显区别如下。

（1）常量前面没有美元符号（$）。
（2）常量只能用 define() 函数定义，而不能通过赋值语句。
（3）常量可以不用理会变量范围的规则而在任何地方定义和访问。
（4）常量一旦定义就不能被重新定义或者取消定义。
（5）常量的值只能是标量。

第5章 PHP的函数和程序结构

在任何一种语言中，都要有程序结构，常见的包括顺序结构、分支结构和循环结构。在学习程序结构前，读者还需要对函数的知识进行学习。本章节主要介绍PHP的函数和程序结构的使用方法和技巧。

5.1 函数

函数的英文为function，这个词也是功能的意思。顾名思义，使用函数就是要在编程过程中实现一定的功能，即通过代码块来实现特定的功能。例如，通过一定的功能记录下酒店客人的个人信息，每到他生日的时候自动给他发送祝贺E-mail，并且这个发信"功能"可以重用，改在某个客户的结婚纪念日时给他发送祝福email。

5.1.1 PHP函数

其实在前面的实例中早已用过函数。define()函数就是定义一个常量。

其实，更多的情况下，程序员面对的是自定义函数。其结构如下：

```
function name_of_function( param1, param2, ... ){
        statement
}
```

其中name_of_function是函数名，param1、param2是参数，statement是函数的具体内容。

5.1.2 定义和调用函数

下面以定义和调用函数为例进行讲解。本实例主要实现酒店欢迎页面。

【例5.1】（实例文件：ch05\5.1.php）

```
<HTML>
<HEAD><meta http-equiv="Content-Type" content="text/html; charset=gb2312" /></HEAD>
<BODY>
<?php
  function sayhello($customer){
        return $customer.", 欢迎您来到GoodHome酒店。";
  }
  echo sayhello('张先生');
```

```
?>
</BODY>
</HTML>
```

本程序运行结果如图 5-1 所示。

图 5-1 程序运行结果

【案例分析】

此函数的返回值是通过值返回的。也就是说 return 语句返回值时,创建了一个值的副本,并把它返回给使用此函数的命令或函数,在这里是 echo 命令。

5.1.3 向函数传递参数数值

由于函数是一段封闭的程序。很多时候,程序员都需要向函数内传递一些数据来进行操作。

```
function 函数名称（参数1，参数2）{
        算法描述，其中使用参数1和参数2；
}
```

下面以酒店房间住宿费总价为例进行讲解。

【例 5.2】（实例文件：ch05\5.2.php）

```
<HTML>
<HEAD><meta http-equiv="Content-Type" content="text/html; charset=gb2312" /></HEAD>
<BODY>
<?php
  function totalneedtopay($days,$roomprice){
          $totalcost = $days*$roomprice;
           "需要支付的总价:$totalcost"."元。";
  }
  $rentdays = 3;
  $roomprice = 168;
```

```
        totalneedtopay($rentdays,$roomprice);
        totalneedtopay(5,198);
?>
</BODY>
</HTML>
```

运行结果如图 5-2 所示。

图 5-2　程序运行结果

【案例分析】

（1）以这种方式传递参数数值的方法就是向函数传递参数数值。

（2）其中 function totalneedtopay($days,$roomprice){}定义了函数和参数。

（3）不管是通过变量$rentdays 和$roomprice 向函数内传递参数数值，还是像 totalneedtopay (5,198)这样直接在传递参数数值都是一样的。

5.1.4　向函数传递参数引用

向函数传递参数引用，其实就是向函数传递变量引用。参数引用一定是变量引用，静态数值是没有引用一说的。由于在变量引用中已经知道，变量引用其实就是对变量名的使用，是对特定的一个变量位置的使用。

下面仍然以酒店服务费总价为例进行讲解。

【例 5.3】　（实例文件：ch05\5.3.php）

```
<HTML>
<HEAD><meta http-equiv="Content-Type" content="text/html; charset=gb2312" /></HEAD>
<BODY>
<?php
    $fee = 300;
    $serviceprice = 50;
    function totalfee(&$fee,$serviceprice){
            $fee = $fee+$serviceprice;
                echo "需要支付的总价:$fee"."元。";
    }
    totalfee($fee,$serviceprice);
```

```
        totalfee($fee,$serviceprice);
    ?>
    </BODY>
    </HTML>
```

运行结果如图 5-3 所示。

图 5-3 程序运行结果

【案例分析】

(1) 以这种方式传递参数数值的方法就是向函数传递参数引用。使用 "&" 符号表示参数引用。

(2) 其中 function totalfee(&$fee,$serviceprice){}定义了函数、参数和参数引用。变量$fee 是以参数引用的方式进入函数的。当函数的运行结果改变了变量$fee 的引用的时候，在函数外的变量$fee 的值也发生了改变。也就是函数改变了外部变量的值。

5.1.5 从函数中返回值

以上的一些例子中，都是把函数运算完成的值直接打印出来。但是，很多情况下，程序并不需要直接把结果打印出来，而是仅仅给出结果，并且把结果传递给调用这个函数的程序，为其所用。

这里需要使用到 return 关键字。下面以综合酒店客房价格和服务价格为例进行讲解。

【例 5.4】（实例文件：ch05\5.4.php）

```
<HTML>
<HEAD><meta http-equiv="Content-Type" content="text/html; charset=gb2312" /></HEAD>
<BODY>
<?php
  function totalneedtopay($days,$roomprice){
          return $days*$roomprice;
  }
  $rentdays = 3;
  $roomprice = 168;
```

```
    echo totalneedtopay($rentdays,$roomprice);
?>
</BODY>
</HTML>
```

运行结果如图 5-4 所示。

图 5-4 程序运行结果

【案例分析】

（1）在函数 function totalneedtopay($days,$roomprice)的算法中，直接使用 return 把运算的值返回给调用此函数的程序。

（2）其中 echo totalneedtopay($rentdays,$roomprice);语句调用了此函数，totalneedtopay()把运算值返回给了 echo 语句才有上面的显示。当然这里也可以不用 echo 来处理返回值，也可以对它进行其他处理，如赋值给变量等。

5.1.6 对函数的引用

不管是 PHP 中的内置函数，还是自定义函数，都可以直接通过函数名调用。但是在操作过程中也有些不同，大致分为以下 3 种情况。

（1）如果是 PHP 的内置函数，如 date()，可以直接调。

（2）如果这个函数是 PHP 的某个库文件中函数，则需要用 include()或 require()命令把此库文件加载，然后才能使用。

（3）如果是自定义函数，且与引用程序同在一个文件中，则可直接引用。如果此函数不在当前文件内，则需要用 include()或 require()命令加载。

5.2 流程控制概述

流程控制，也叫控制结构，是用来在一个应用中定义执行程序流程的程序。它决定了某个程序段是否会被执行和执行多少次。

PHP 中的控制语句分为 3 类：顺序控制语句、条件控制语句和循环控制语句。其中顺序控制语句是从上到下依次执行的，这种结构没有分支和循环，是 PHP 程序中最简单的结构，本书不再讲述。下面主要讲述条件控制语句和循环语句。

5.3 条件控制结构

条件控制语句中包含两个主要的语句,一个是 if 语句,一个是 switch 语句。

5.3.1 单一条件分支结构(if 语句)

if 语句是最为常见的条件控制语句。它的格式为:

```
if(条件判断语句){
        命令执行语句;
}
```

这种形式只是对一个条件进行判断。如果条件成立,则执行命令语句,否则不执行。

5.3.2 双向条件分支结构(if...else 语句)

如果是非此即彼的条件判断,可以使用 if...else 语句。它的格式为:

```
if(条件判断语句){
        命令执行语句 A;
}else{
        命令执行语句 B;
}
```

这种结构形式首先判断条件是否为真,如果为真,则执行命令语句 A,否则执行命令语句 B。

5.3.3 多向条件分支结构(elseif 语句)

在两个分层级的判断语句。在执行完一个判断结果之后,还要立即做出下一个判断就要使用此语句。它的格式为:

```
    if(条件判断语句){
        命令执行语句;
}elseif(条件判断语句){
        命令执行语句;
}
```

5.3.4 嵌套条件分支结构

嵌套条件分支结构,其实是 if 语句的综合形式,它的格式为:

```
    if(条件判断语句){
        命令执行语句;
```

```
}elseif（条件判断语句）{
        命令执行语句；
}else{
        命令执行语句；
}
```

其中，若"条件判断语句"的返回值为 true，则其对应的"命令执行语句"将会被执行。

5.3.5 多向条件分支结构（switch 语句）

switch 语句的结构像是给出不同情况下可能执行的程序块，条件满足哪个程序块，就执行哪个。它的格式为：

```
switch（条件判断语句）{
    case 可能判断结果 a：
            命令执行语句；
    case 可能判断结果 b：
            命令执行语句；
    …
    default：
            命令执行语句；
}
```

其中，若"条件判断语句"的结果符合哪个"可能判断结果"，就执行其对应的"命令执行语句"。如果都不符合，则执行 default 对应的默认项的"命令执行语句"。

5.4 循环控制结构

循环控制语句中主要包括三个语句：while 循环、do…while 循环和 for 循环。while 循环在代码运行的开始检查表述的真假；而 do…while 循环则是在代码运行的末尾检查表述的真假，这样，do…while 循环至少要运行一遍。

5.4.1 while 循环语句

while 循环的结构为：

```
while （条件判断语句）{
    命令执行语句；
}
```

其中当"条件判断语句"为 true 时，执行后面的"命令执行语句"。

5.4.2 do…while 循环语句

do…while 循环的结构为：

```
do{
    命令执行语句;
}while（条件判断语句）
```

其中先执行 do 后面的"命令执行语句"，其中的变量会随着命令的执行发生变化。当此变量通过 while 后的"条件判断语句"判断为 false 时，停止执行"命令执行语句"。

5.4.3 for 循环语句

for 循环的结构为：

```
for（expr1；expr2；expr3）
{
命令执行语句;
 }
```

其中 expr1 为条件的初始值，expr2 为判断的最终值，通常都是用比较表达式或逻辑表达式充当判断的条件，执行完命令语句后，再执行 expr3。

【例 5.5】（实例文件：ch05\5.5.php）

```
<HTML>
<HEAD><meta http-equiv="Content-Type" content="text/html; charset=gb2312" /></HEAD>
<BODY>
    <?php
    for($i=0;$i<4;$i++){
        echo "for 语句的功能非常强大<br>";
    }
    ?>
</BODY>
</HTML>
```

运行结果如图 5-5 所示。从效果图可以看出，语句执行了 4 次。

图 5-5　程序运行结果

5.4.4 foreach 循环语句

foreach 语句是常用的一种循环语句，它经常被用来遍历数组元素。它的格式为：

```
foreach（数组 as 数组元素）{
        对数组元素的操作命令；
}
```

更为详细的可以根据数组的情况分为两种。不包含键值的数组和包含键值的数组。格式如下：

不包含键值的：

```
foreach（数组 as 数组元素值）{
        对数组元素的操作命令；
}
```

包含键值的：

```
foreach（数组 as 键值 => 数组元素值）{
        对数组元素的操作命令；
}
```

5.4.5 流程控制的另一种书写格式

流程控制语句的另外一种书写方式是以"："描述程序结构。它的可读性比较强。
条件控制语句中的 if 语句：

```
if(条件判断语句)：
        命令执行语句；
elseif(条件判断语句)：
        命令执行语句；
elseif(条件判断语句)：
        命令执行语句；
…
else：
        命令执行语句；
endif;
```

条件控制语句 switch 语句：

```
switch(条件判断语句)：
    case  可能结果 a：
            命令执行语句；
    case  可能结果 b：
            命令执行语句；
    …
```

```
    default:
        命令执行语句；
endswitch;
```

循环控制语句中的 while 循环：

```
while(条件判断语句)：
   命令执行语句；
endwhile;
```

循环控制语句中的 do...while 循环：

```
do
    命令执行语句；
while（条件判断语句）；
```

循环控制语句中的 for 循环：

```
for（起始表述；  为真的布尔表述；  增幅表述）：
命令执行语句；
endfor；
```

5.4.6 使用 break/continue 语句跳出循环

使用 break 关键字终止循环控制语句和条件控制语句中的 switch 控制语句的执行。例如：

```php
<?php
$n = 0;
while (++$n) {
    switch ($n) {
    case 1:
        echo "case one";
        break ;
    case 2:
        echo "case two";
        break 2;
    default:
        echo "case three";
        break 1;
    }
}
?>
```

在这段程序中，while 循环控制语句里面包含一个 switch 流程控制语句。在程序执行到 break 语句时，break 会终止执行 switch 语句，或者是 switch 和 while 语句。其中在 "case 1" 下的 break 语句跳出 switch 语句。"case 2" 下的 break 2 语句跳出 switch 语句和包含 switch

的 while 语句。"case 3"下的 break 1 语句和"case 1"下的 break 语句一样，只是跳出 switch 语句。其中，break 后带的数字参数是指 break 要跳出的控制语句结构的层数。

使用 continue 关键字的作用是，跳开当前的循环迭代项，直接进入到下一个循环迭代项，继续进行程序。下面通过一个实例说明此关键字作用。

【例 5.6】（实例文件：ch05\5.6.php）

```
<HTML>
<HEAD><meta http-equiv="Content-Type" content="text/html; charset=gb2312" /></HEAD>
<BODY>
    <?php
    $n = 0;
    while ($n++ < 6) {
        if ($n == 2){
            continue;
        }
        echo $n."<br />";
    }
    ?>
    <?php
</BODY>
</HTML>
```

运行结果如图 5-6 所示。

图 5-6 程序运行结果

【案例分析】

其中 continue 关键字，在当 n 等于 2 的时候，跳出本次循环，并且直接进入到下一个循环迭代项，即当 n 等于 3。另外，continue 关键字和 break 关键字一样都可以在后面直接跟一个数字参数，用来表示跳出循环的结构层数。"continue"和"continue 1"相同。"continue 2"

表示跳出所在循环和上一级循环的当前迭代项。

5.5 实战演练1——条件分支结构综合应用

下面案例讲述条件分支结构的综合应用。

【例5.7】 （实例文件：ch05\5.7.php）

```
<HTML>
<HEAD><meta http-equiv="Content-Type" content="text/html; charset=gb2312" /></HEAD>
<BODY>
<?php
  $members = Null;
  function checkmembers($members){
     if($members < 1){
        echo "我们不能为少于一人的顾客提供房间。<br />";
     }else{
        echo "欢迎来到GoodHome 酒店。<br />";
     }
  }
  checkmembers(2);
  checkmembers(0.5);
  function checkmembersforroom($members){
     if($members < 1){
        echo "我们不能为少于一人的顾客提供房间。<br />";
     }elseif( $members == 1 ){
        echo "欢迎来到GoodHome 酒店。 我们将为您准备单床房。<br />";
     }elseif( $members == 2 ){
        echo "欢迎来到GoodHome 酒店。 我们将为您准备标准间。<br />";
     }elseif( $members == 3 ){
        echo "欢迎来到GoodHome 酒店。 我们将为您准备三床房。<br />";
     }else{
     echo "请直接电话联系我们，我们将依照具体情况为您准备合适的房间。<br />";
     }
  }
  checkmembersforroom(1);
  checkmembersforroom(2);
  checkmembersforroom(3);
  checkmembersforroom(5);
  function switchrooms($members){
     switch ($members){
           case  1:
              echo "欢迎来到GoodHome 酒店。 我们将为您准备单床房。<br />";
```

```
                break;
            case  2:
                echo "欢迎来到 GoodHome 酒店。 我们将为您准备标准间。<br />";
            break;
            case  3:
                echo "欢迎来到 GoodHome 酒店。 我们将为您准备三床房。<br />";
            break;
            default:
                echo "请直接电话联系我们，我们将依照具体情况为您准备合适的房间。";
            break;
            }
        }
    switchrooms(1);
    switchrooms(2);
    switchrooms(3);
    switchrooms(5);
?>
</BODY>
</HTML>
```

运行结果如图 5-7 所示。

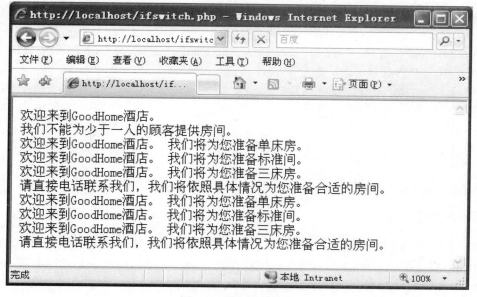

图 5-7　程序运行结果

【案例分析】

其中最后 4 行由 switch 语句实现。其他输出均由 if 语句实现。

5.6 实战演练 2——循环控制结构应用实例综合应用

下面以遍历已订房间门牌号为例介绍循环控制语句应用技巧。

【例 5.8】（实例文件：ch05\5.8.php）

```
<HTML>
<HEAD><meta http-equiv="Content-Type" content="text/html; charset=gb2312" /></HEAD>
<BODY>
<?php
  $bookedrooms = array('102','202','203','303','307');
  for ($i = 0; $i < 5; $i++){
          echo $bookedrooms[$i]."<br />";
  }

  function checkbookedroom_while($bookedrooms){
       $i = 0;
    while (isset($bookedrooms[$i])){
    echo $i.":".$bookedrooms[$i]."<br />";
    $i++;
    }
  }
  checkbookedroom_while($bookedrooms);
  $i = 0;
  do{
   echo $i."-".$bookedrooms[$i]."<br />";
   $i++;
  }while($i < 2);
?>
</BODY>
</HTML>
```

运行结果如图 5-8 所示。

【案例分析】

其中，102 到 307 由 for 循环实现。0：102 到 4：307 由 while 循环实现。0-102 和 1-102 由 do...while 循环实现。for 循环和 while 循环都完全遍历了数组$bookedrooms，而 do...while 循环由于 while（$i < 2），所以 do 后面的命令执行了两次。

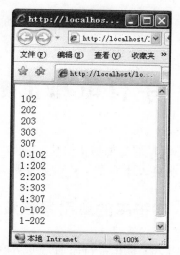

图 5-8　程序运行结果

5.7　高手私房菜

技巧 1：合理运用 include_once()和 require_once()

Include()和 require()函数在其他 PHP 语句执行之前运行，引入需要的语句并加以执行。但是每次运行包含此语句的 PHP 文件时，include()和 require()函数都要运行一次。Include()和 require()函数如果在先前已经运行过，并且引入相同的文件，则系统就会重复引入这个文件，从而产生错误。而 include_once()和 require_once()函数只是在此次运行的过程中引入特定的文件或代码，但是在引入之前，会先检查所需文件或者代码是否已经引入，如果引入将不再重复引入，从而不会造成冲突。

技巧 2：如何理解"（a<b）? a：b；"语句？

这个是条件控制语句，是 if 语句的单行表示方法。它的具体格式是：

(条件判断语句)? 判断为 true 的行为 ：判断为 false 的行为；

if 语句的单行表示方式的好处是，可以直接对条件判断的结果的返回值进行处理。例如可以直接把返回值赋值给变量——"$varible = (a < b)? a : b;"。如果 a<b 的结果为 true，则此语句返回 a，并且直接赋值给$varible；如果 a<b 的结果为 false，则此语句返回 b，并且直接赋值给$varible。

这种表示方法可以节约代码的输入量，更重要的是提高代码执行的效率。由于 PHP 代码执行是对代码由上至下的一个过程，所以代码的行数越少，越能节约代码读取的时间。在一行语句中就能对情况做出判断，并且对代码返回值进行处理，无疑这是一种效率相当高的代码组织方式。

第 6 章　字符串和正则表达式

字符串在 PHP 程序中经常应用,那么如何格式化字符串、连接/分离字符串、比较字符串等,是初学者经常遇到的问题。另外,本章节还将讲述正则表达式的使用方法和技巧。

6.1　字符串的单引号和双引号

字符串是指一连串不中断的字符。标识字符串通常使用单引号或双引号,表面看起来没有什么区别。但是,对于存在于字符串中的变量,这两个是不一样的。

(1)双引号内会输出变量的值。单引号内直接显示变量名称。
(2)双引号中可以通过"\"转义符输出的特殊字符有:

\n	换行
\t	TAB
\\	反斜杠
\0	ASCII 码的 0
\$	把此符号转义为单纯的美元符号,而不再作为声明变量的标识符
\r	回车
\{octal #}	八进制转义
\x{hexadecimal #}	十六进制转义

另外,单引号中可以通过"\"转义符输出的特殊字符只有:

| \' | 转义为单引号本身,而不作为字符串标识符 |
| \\ | 用在单引号前的反斜杠转义为其本身 |

下面通过实例来讲解它们的不同用法。

【例 6.1】 (实例文件:ch06\6.1.php)

```
<HTML>
<HEAD><meta http-equiv="Content-Type" content="text/html; charset=gb2312" /></HEAD>
<BODY>
<?php
  $message = "字符串的程序。";
  echo "这是关于字符串的程序。php programming.";
```

```
    echo "这是一个关于双引号和\$$message<br />";
    $message2 = '字符串的程序。';
    echo '这是一个关于字符串的程序。string\'s programming.';
    echo '这是一个关于单引号的$message2\\';
    echo $message2;
?>
</BODY>
</HTML>
```

运行结果如图 6-1 所示。

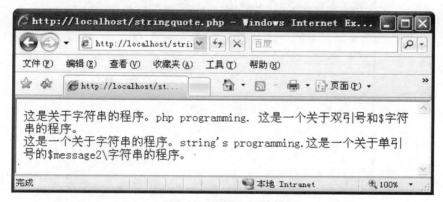

图 6-1　程序运行结果

【案例分析】

（1）第一段程序使用双引号对字符串进行处理。\$转义成了美元符号。$message 的值"字符串的程序。"被输出来。

（2）第二段程序使用单引号对字符串进行处理。\'转义了单引号。$message2 的值在单引号的字符串中无法被输出来。但是可以通过变量被直接打印出来。\\转义了在单引号结尾前的反斜杠。

6.2　字符串的连接符

字符串的连接符的使用很常见。这个连接符就是"."（点）。它可以直接连接两个字符串，可以连接两个字符串变量，也可以连接字符串和字符串变量。例如下面的实例。

【例 6.2】（实例文件：ch06\6.2.php）

```
<HTML>
<HEAD><meta http-equiv="Content-Type" content="text/html; charset=gb2312" /></HEAD>
<BODY>
<?php
    //定义字符串
    $a ="使用字符串的连接符";
```

```
    $b= "可以非常方便地连接字符串";
   //连接上面两个字符串 中间用逗号分隔
    $c = $a.",".$b;      //输出连接后的字符串
     echo $c;
?>
</BODY>
</HTML>
```

运行结果如图 6-2 所示。

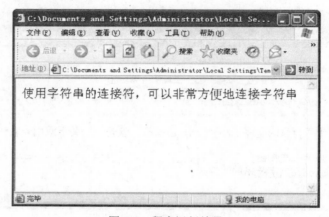

图 6-2 程序运行结果

除了上面的方法以外，读者还可以使用{}的方法连接字符串，此方法有类似 C 中 "printf" 的占位符。下面举例说明使用方法。

【例 6.3】（实例文件：ch06\6.3.php）

```
<HTML>
<HEAD><meta http-equiv="Content-Type" content="text/html; charset=gb2312" /></HEAD>
<BODY>
<?php
   //定义需要插入的字符串
   $a ="张先生";
   //生成新的字符串
$b= "欢迎{$a}入住丰乐园高级酒店";
    //输出连接后的字符串
   echo $b;
?>
</BODY>
</HTML>
```

运行结果如图 6-3 所示。

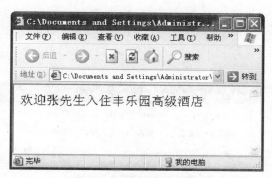

图 6-3 程序运行结果

6.3 字符串操作

字符串操作主要包括对字符串的格式化处理、连接切分字符串、比较字符串、字符串子串的对比与处理等。

6.3.1 手动和自动转义字符串中的字符

手动转义字符串数据，就是在引号内（包括单引号和双引号）通过使用"\"反斜杠使一些特殊字符转义为普通字符。这个方法在介绍单引号和双引号的时候已经作了详细的描述。

自动转义字符串的字符，是通过 PHP 的内置函数 addslashes()来完成的。还原这个操作则是通过 stripslashes()来完成的。以上两个函数，也经常使用在格式化字符串以用于 MySQL 的数据库存储。

6.3.2 计算字符串的长度

计算字符串的长度经常在很多应用中出现。例如输入框输入文字的多少等，都会用到此功能。这个功能使用 strlen()函数就可以实现。通过以下实例介绍计算字符串长度的方法和技巧。

【例 6.4】（实例文件：ch06\6.4.php）

```
<HTML>
<HEAD><meta http-equiv="Content-Type" content="text/html; charset=gb2312" /></HEAD>
<BODY>
<?php
    $someinput = "这个字符串的长度不长。length is not long.";
    $length = strlen($someinput);
    if(strlen($someinput)>50){
        echo "输入的字符串的长度不能大于 50 个字符。";
    }else{
        echo "允许输入字符串的长度，此字符串长度为$length";
    }
?>
```

</BODY>
</HTML>

运行结果如图 6-4 所示。

图 6-4 程序运行结果

【案例分析】

（1）其中$someinput 为一个字符串变量。strlen($someinput)则是直接调用 strlen()函数计算出字符串的长度。

（2）在 if 语句中 strlen($someinput)返回字符串长度并与 50 这一上限作比较。由于，$someinput 中有中文和英文两种字符，它的长度为 41，正如输出所示。

（3）由于每个中文字占两个字符位，每个英文字符占一个字符位，字符串内的每个空格也算一个字符位，所以，最后字符串的长度为 41 个字符。

6.3.3 字符串单词统计

有的时候对字符串的单词进行统计有更大意义。使用 str_word_count()函数可以实现此操作，但是这个函数只对基于 ASCII 码的英文单词起作用，并不对 utf8 的中文字符起作用。

下面通过实例介绍字符串单词统计中的应用和技巧。

【例 6.5】 （实例文件：ch06\6.5.php）

```
<HTML>
<HEAD><meta http-equiv="Content-Type" content="text/html; charset=gb2312" /></HEAD>
<BODY>
<?php
    $someinput = "How mang words in this sentance? Just count it.";
    $someinput2 = "这个句子有多少个汉字组成？数一数也不知道。";
    echo str_word_count($someinput)."<br />";
    echo str_word_count($someinput2);
?>
</BODY>
</HTML>
```

运行结果如图 6-5 所示。可见 str_word_count()函数无法计算中文字符，查询结果为 0。

图 6-5　程序运行结果

6.3.4　清理字符串中的空格

空格在很多情况下是不必要的，所以清除字符串中的空格显得十分重要。例如，在判定输入是否正确的程序中，出现了不必要的空格，将增大程序出现错误判断的概率。

清除空格要使用到 ltrim()、rtrim()和 trim()函数。

其中 ltrim()是从左边清除字符串头部的空格。rtrim()是从右边清除字符串尾部的空格。trim()则是从字符串两边同时去除头部和尾部的空格。

通过以下实例介绍去除字符串中空格的方法和技巧。

【例 6.6】（实例文件：ch06\6.6.php）

```
<HTML>
<HEAD><meta http-equiv="Content-Type" content="text/html; charset=gb2312" /></HEAD>
<BODY>
<?php
    $someinput = " 这个字符串的空格有待处理。 ";
    echo "Output:".ltrim($someinput)."End <br />";
    echo "Output:".rtrim($someinput)."End <br />";
    echo "Output:".trim($someinput)."End <br />";
    $someinput2 = " 这个字符串 的 空格有待处理。 ";
    echo "Output:".trim($someinput2)."End";
?>
</BODY>
</HTML>
```

运行结果如图 6-6 所示。

【案例分析】

（1）$someinput 为一个两端都有空格的字符串变量。ltrim($someinput)从左边去除空格，rtrim($someinput)从右边去除空格，trim($someinput)从两边同时去除。

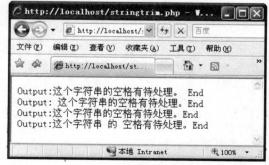

图 6-6　程序运行结果

（2）$someinput2 为一个两端都有空格并且中间也有空格的字符串变量。用 trim($someinput2)处理，只去除了两边的空格。

6.3.5 字符串切分与组合

字符串的切分使用explode()和strtok()函数。切分的反向操作为组合，使用implode()和join()函数。

其中 explode()把字符串切分成不同部分后，存入一个数组。implode()函数则是把数组中的元素按照一定的间隔标准组合成一个字符串。

以下实例介绍去除字符串切分和组合的方法和技巧。

【例6.7】（实例文件：ch06\6.7.php）

```
<HTML>
<HEAD><meta http-equiv="Content-Type" content="text/html; charset=gb2312" /></HEAD>
<BODY>
<?php
    $someinput = "How_to_split_this_sentance.";
    $someinput2 = "把  这个句子  按空格  拆分。";
    $a = explode('_',$someinput);
    print_r($a);
    $b = explode(' ',$someinput2);
    print_r($b);
    echo implode('>',$a)."<br />";
    echo implode('*',$b);
?>
</BODY>
</HTML>
```

运行结果如图6-7所示。

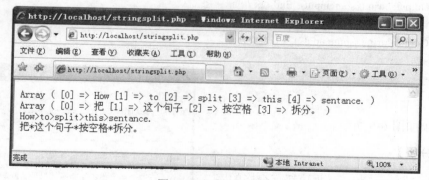

图6-7　程序运行结果

【案例分析】

（1）explode()函数按照下划线和空格的位置把$someinput 和$someinput2 分别切分成$a

和$b 两个数组。

（2）implode()函数把$a 和$b 两个数组的元素分别按照"＞"为间隔和"＊"为间隔组合成新的字符串。

6.3.6 字符串子串截取

在一串字符串中截取一个子串，就是字符串截取。

完成这个操作需要使用到 substr()函数。这个函数有三个参数，分别规定了目标字符串、起始位置和截取长度。它的格式如下：

substr（目标字符串，起始位置，截取长度）

其中目标字符串是某个字符串变量的变量名，起始位置和截取长度都是整数。

如果都是正数，起始位置的整数必须小于街区长度的整数，否则函数返回值为假。

如果截取长度为负数，则意味着，是从起始位置开始往后，除去从目标字符串结尾算起的长度数的字符以外的所有字符。

以下实例介绍去除字符串截取的方法和技巧。

【例 6.8】（实例文件：ch06\6.8.php）

```
<HTML>
<HEAD><meta http-equiv="Content-Type" content="text/html; charset=gb2312" /></HEAD>
<BODY>
<?php
    $someinput = "create a substring of this string.";
    $someinput2 = "创建一个这个字符串的子串。";
    echo substr($someinput,0,11)."<br />";
    echo substr($someinput,1,15)."<br />";
    echo substr($someinput,0,-2)."<br />";
    echo substr($someinput2,0,12)."<br />";
    echo substr($someinput2,0,10)."<br />";
    echo substr($someinput2,0,11);
?>
</BODY>
</HTML>
```

运行结果如图 6-8 所示。

【案例分析】

（1）$someinput 为英文字符串变量。substr($someinput,0,11)和 substr($someinput,1,15)展示了起始位和截取长度。substr($someinput,0,-2)则是从字符串开头算起，除了最后两个字符，其他字符都截取的子字符串。

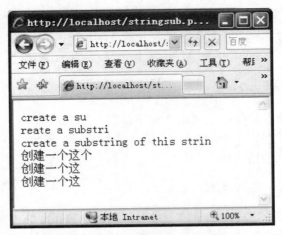

图 6-8　程序运行结果

（2）$someinput2 为中文字符串变量。因为中文字符都是全角字符，都占两个字符位。所以截取长度一定要是偶数。如果是单数则在此字符位上的汉字将不被输出。如果在这样截取长度为单数的字符串子串后连接其他字符串输出，会出现输出错误。所以，要小心使用。

6.3.7　字符串子串替换

在某个字符串中替换其中的某个部分是重要的应用，就像在使用文本编辑器中的替换功能一样。

完成这个操作需要使用 substr_replace()函数。它的格式为：

substr_replace(目标字符串，替换字符串，起始位置，替换长度)

以下实例介绍字符串替换的方法和技巧。

【例 6.9】（实例文件：ch06\6.9.php）

```
<HTML>
<HEAD><meta http-equiv="Content-Type" content="text/html; charset=gb2312" /></HEAD>
<BODY>
<?php
    $someinput = "ID:125846843388648";
    echo substr_replace($someinput,"***********",3,11)."<br />";
    echo substr_replace($someinput,"尾号为",3,11);
?>
</BODY>
</HTML>
```

运行结果如图 6-9 所示。

图 6-9　程序运行结果

【案例分析】

（1）$someinput 为英文字符串变量。从第三个字符开始为 ID 号。第一个输出是以 "***********" 替换第三个字符开始往后的 11 个字符。

（2）第二个输出是用"尾号为"替代第三个字符开始往后的 11 个字符。

6.3.8　字符串查找

在一个字符串中查找另外一个字符串，就像文本编辑器中的查找一样。实现这个操作需要使用到 strstr()或 stristr()函数。strstr()的格式为：

strstr（目标字符串，需查找字符串）

当函数找到需要查找的字符或字符串，则返回从第一个查找到字符串的位置往后所有的字符串内容。

stristr()函数为不敏感查找，也就是对字符的大小写不敏感。用法与 strstr()相同。

以下实例介绍字符串查找的方法和技巧。

【例 6.10】（实例文件：ch06\6.1.php）

```
<HTML>
<HEAD><meta http-equiv="Content-Type" content="text/html; charset=gb2312" /></HEAD>
<BODY>
<?php
    $someinput = "I have a Dream that to find a string with a dream.";
    $someinput2 = "我有一个梦想，能够找到理想。";
    echo strstr($someinput,"dream")."<br />";
    echo stristr($someinput,"dream")."<br />";
    echo strstr($someinput,"that")."<br />";
    echo strstr($someinput2,"梦想")."<br />";
?>
</BODY>
</HTML>
```

运行结果如图 6-10 所示。

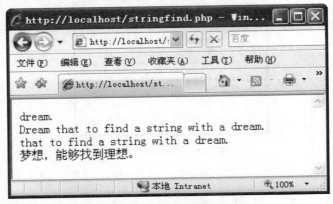

图 6-10　程序运行结果

【案例分析】

（1）$someinput 为英文字符串变量。strstr($someinput,"dream")敏感大小写，所以输出字符串的最后的字符。stristr($someinput,"dream")为不敏感大小写，所以直接在第一个大写的匹配字符就开始输出。

（2）$someinput2 为中文字符串变量。strstr()函数同样对中文字符起作用。

6.4　什么是正则表达式

上面介绍的对字符串的处理比较简单，只是使用一定的函数对字符串进行处理，无法满足对字符串复杂处理需求。这就需要使用正则表达式。

正则表达式是把文本或字符串按照一定的规范或模型表示的方法，经常用于文本的匹配操作。

例如，验证用户在线输入的邮件地址的格式是否正确，常常使用正则表达式技术，用户所填写的表单信息将会被正常处理；反之，如果用户输入的邮件地址与正则表达的模式不匹配，将会弹出提示信息，要求用户重新输入正确的邮件地址。可见正则表达式在 Web 应用的逻辑判断中具有举足轻重的作用。

6.5　正则表达式的语法规则

PHP 支持两种正则表达式的语法，一种是 POSIX，一种是 Perl 的 PCRE，这两种都集成于 PHP 的默认库中。这两种语法相比而言，POSIX 比较快，而 PCRE 拥有二进制安全性。以下介绍 POSIX 语法。

最简单的正则表达式其实就是一个匹配操作，例如在 name 中找到 n 或 am。

6.5.1 方括号（[ ]）

方括号内的一串字符是将要用来进行匹配的字符。

例如，正则表达式在方括号内的[name]是指在目标字符串中寻找字母 n、a、m、e，[jk]表示在目标字符串中寻找字符 j 和 k。

6.5.2 连字符（-）

但是很多情况下，不可能逐个列出所有字符。例如，需要匹配所有英文字符，则把 26 个英文字母全部输入，十分困难。这样就有如下表示。

- [a-z]表示匹配英文小写从 a 到 z 的任意字符。
- [A-Z]表示匹配英文大写从 A 到 Z 的任意字符。
- [A-Za-z] 表示匹配英文大小写从大写 A 到小写 z 的任意字符。
- [0-9]表示匹配从 0 到 9 的任意十进制数。

由于字母和数字的区间固定，所以根据这样的表示方法[开始-结束]，程序员可以重新定义区间大小，如，[2-7]、[c-f]等。

6.5.3 点号字符（.）

点号字符在正则表达式中是一个通配符。它代表所有字符和数字。例如，".er"表示所有以 er 结尾的三个字符的字符串，它可以是 per、ser、ter、@er、&er 等。

6.5.4 限定符（+*? {n,m}）

加号 "+" 表示其前面的字符至少一个。例如，"9+"表示目标字符串包含至少一个 9。

星号 "*" 表示其前面的字符不止一个或 0。例如，"y*"表示目标字符串包含 0 或不止一个 y。

问号 "？" 表示其前面的字符一个或 0。例如，"y？"表示目标字符串包含 0 或一个 y。

大括号 "{n,m}" 表示其前面的字符有 n 或 m 个。例如，"a{3，5}"表示目标字符串包含 3 个或 5 个 a。"a{3}"表示目标字符串包含 3 个 a。"a{3，}"表示目标字符串包含至少 3 个 a。

点号和星号一起使用，表示广义同配。".*"表示匹配任意字符。

6.5.5 行定位符（^和$）

行定位符是用来确定匹配字符串所要出现的位置。

如果是在目标字符串开头出现，则使用符号 "^"；如果是在目标字符串结尾出现则使用符号 "$"。例如，^xiaoming 是指 "xiaoming" 只能出现在目标字符串开头。8895$ 是指 "8895" 只能出现在目标字符串结尾。

有一个特殊表示，同时使用^$两个符号，就是 "^[a-z]$"，表示目标字符串要只包含从 a 到 z 的单个字符。

6.5.6 排除字符（[^]）

符号"^"在方括号内所代表的意义则完全不同。它表示一个逻辑"否"。排除匹配字符串在目标字符串中出现的可能。例如，[^0-9]表示目标字符串包含从 0 到 9 以外的任意其他字符。

6.5.7 括号字符（( )）

括号字符表示子串，对包含在子串内字符的所有操作，都是以子串为整体进行的。也是把正则表达式分成不同部分的操作符。

6.5.8 选择字符（|）

选择字符表示"或"选择。例如，"com|cn|com.cn|net"表示目标字符串包含 com 或 cn 或 com.cn 或 net。

6.5.9 转义字符与反斜杠（\）

由于"\"在正则表达式中属于特殊字符，如果单独使用此字符，则直接表示为作为特殊字符的转义字符。如果要表示反斜杠字符本身，则在此字符前添加转义字符"\"，为"\\"。

6.5.10 认证 email 的正则表达

在处理表单数据的时候，对用户的 email 进行认证是十分常用的。如何判断用户输入的是一个 email 地址呢？就是用正则表达式匹配。它的格式是什么样的呢？格式如下。

```
^[A-Za-z0-9_.]+@[ A-Za-z0-9_]+\.[ A-Za-z0-9.]+$
```

- ^[A-Za-z0-9_.]+表示至少有一个英文大小写字符、数字、下划线、点号，或者这些字符的组合。
- @表示 email 中的"@"。
- [A-Za-z0-9_]+表示至少有一个英文大小写字符、数字、下划线，或者这些字符的组合。
- \.表示 email 中".com"之类的点。由于这里点号只是点本身，所以用反斜杠对它进行转义。
- [A-Za-z0-9.]+$表示，至少有一个英文大小写字符、数字、点号，或者这些字符的组合，并且直到这个字符串的末尾。

6.5.11 使用正则表达式对字符串进行匹配

使用正则表达式对目标字符串进行匹配是学习正则表达式的主要功能。

完成这个操作需要使用到 ereg()和 eregi()函数。这两个函数都是在目标字符串中寻找符合特定正则表达规范的字符串子串。如果找到此子串，函数将会把它存储在一个数组中。

其中 ereg()函数是对字符大小写不敏感，而 eregi()函数是对字符大小写敏感的。它的格式如下：

ereg（正则表达规范，目标字符串，数组）

以下例子介绍利用正则表达规范匹配email输入的方法和技巧。

【例6.11】（实例文件：ch06\6.11.php）

```
<HTML>
<HEAD><meta http-equiv="Content-Type" content="text/html; charset=gb2312" /></HEAD>
<BODY>
<?php
    $email = "wangxioaming2011@hotmail.com";
    $email2 = "The email is liuxiaoshuai_2011@hotmail.com";
    $asemail = "This is wangxioaming2011@hotmail";
    $regex =   '^[a-zA-Z0-9_.]+@[a-zA-Z0-9_]+\.[a-zA-Z0-9.]+$';
    $regex2 =  '[a-zA-Z0-9_.]+@[a-zA-Z0-9_]+\.[a-zA-Z0-9.]+$';
    if(ereg($regex, $email, $a)){
        echo "This is an email.";
         print_r($a);
        echo "<br />";
    }
    if(ereg($regex2, $email2, $b)){
        echo "This is a new email.";
         print_r($b);
        echo "<br />";
    }
    if(ereg($regex, $asemail)){
        echo "This is an email.";
    }else{
        echo "This is not an email.";
    }
?>
</BODY>
</HTML>
```

运行结果如图6-11所示。

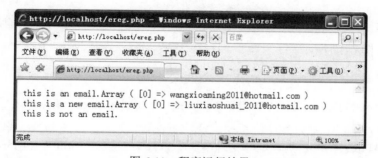

图6-11 程序运行结果

【案例分析】

（1）$email 就是一个完整的 email 字符串，用$regex 这个正则规范，也就是匹配 email 的规范来匹配$email。得出的结果为图 6-11 中第一行输出。

（2）由于 ereg()函数的格式，ereg($regex, $email, $a)把匹配的子串存储在名为$a 的数组中。print_r($a)打印数组的第一行。

（3）$email2 就是一个包含了完整 email 的字符串。用$regex 匹配，其返回值必然为 false。用$regex2 规范匹配，其返回值为真。因为$regex2 规范中去掉了表示从字符串头部开始的符号"^"。ereg($regex2, $email2, $b)把匹配的子串存储在数组$b 中。print_r($b)得到第二行数组的输出。

（4）$asemail 字符串不符合规范$regex，返回值为 false，得到相应输出。

6.5.12 使用正则表达式替换字符串子串

做好了字符串及其子串的匹配，如果需要对字符串的子串进行替换，也可以使用正则表达式完成。例如，把输入文本中的 url 换成可以直接点击的链接。此操作需要使用 ereg_replace() 和 eregi_replace()函数。其中 ereg_replace()对大小写敏感，而 eregi_replace()对大小写不敏感。它们的格式为：

```
ereg_replace(正则表达规范，欲取代字符串子串，目标字符串)
```

以下例子介绍利用正则表达式取代字符串子串的方法和技巧。

【例 6.12】（实例文件：ch06\6.12.php）

```
<HTML>
<HEAD><meta http-equiv="Content-Type" content="text/html; charset=gb2312" /></HEAD>
<BODY>
<?php
    $searchurl = "这是搜索引擎连接：http://www.google.com/和 http://www.baidu.com/。";
    echo ereg_replace("(http://)([a-zA-Z0-9./-_]+)","<a href=\"\\0\">\\0</a>",$searchurl);
    echo "<br />";
    echo ereg_replace("(http://)([a-zA-Z0-9./-_]+)","<a href=\"\\0\">\\2</a>",$searchurl);
?>
</BODY>
</HTML>
```

运行结果如图 6-12 所示。

【案例分析】

（1）$searchurl 里面包含两个 url 文本。ereg_replace()按照格式对$searchurl 里的 url 进行匹配替换。

（2）正则规范为"(http://)([a-zA-Z0-9./-_]+)"，分为两部分，(http://)和([a-zA-Z0-9./-_]+)，前者直接匹配，后者用正则语法匹配。

图 6-12　程序运行结果

（3）第一行的输出，替换为"<a href=\"\\0\">\\0</a>"。里面的"\\0"把反斜杠转义后表示的是"\0"，"\0"表示正则规则中所有部分匹配的内容。第二行的输出，替换为"<a href=\"\\0\">\\2</a>"，里面的"\\2"把反斜杠转义后表示的是"\2"，"\2"表示正则规则中第二部分匹配的内容，输出如图。依次类推"\1"表示的是第一部分匹配的内容(http://)。

6.5.13　使用正则表达式切分字符串

使用正则表达式可以把目标字符串按照一定的正则规范切分成不同的子串。完成此操作要使用到 split()和 spliti()函数。其中 split()为大小写敏感，spliti()为大小写不敏感。它的格式为：

split（正则表达式规范，目标字符串）

这个函数是指以正则规范内出现的字符为准，把目标字符串切分成若干个子串，并且存入数组。

以下例子介绍利用正则表达式取代字符串子串的方法和技巧。

【例 6.13】（实例文件：ch06\6.13.php）

```
<HTML>
<HEAD><meta http-equiv="Content-Type" content="text/html; charset=gb2312" /></HEAD>
<BODY>
  <?php
    $someinput = "lilili2011@gmail.com\t 李丽丽。";
    $arr = split("@|\.|\t",$someinput);
    print_r($arr);
  ?>
</BODY>
</HTML>
```

运行结果如图 6-13 所示。

【案例分析】

（1）$someinput 为包含多种字符的字符串。split()对其进行切分，并将结果存入数组$arr。
（2）其正则规范为"@|\.|\t"，是指以"@"、"."和 Tab 将字符串切分。

图 6-13　程序运行结果

6.6　实战演练——创建酒店系统在线订房表

本实例主要创建酒店系统的在线订房表，其中需要创建两个 PHP 文件，具体创建步骤如下。

01 在网站主目录下建立文件 formstringhandler.php。输入以下代码并保存。

```
<!DOCTYPE html PUBLIC "-//W3C//DTD XHTML 1.0 Transitional//EN" "http://www.w3.org/TR/xhtml1/DTD/xhtml1-transitional.dtd">
<html xmlns="http://www.w3.org/1999/xhtml">
<HEAD><meta http-equiv="Content-Type" content="text/html; charset=gb2312" />您的订房信息：</HEAD>
<BODY>
<?php
 $DOCUMENT_ROOT = $_SERVER['DOCUMENT_ROOT'];
 $customername = trim($_POST['customername']);
 $gender = $_POST['gender'];
 $arrivaltime = $_POST['arrivaltime'];
 $phone = trim($_POST['phone']);
 $email = trim($_POST['email']);
 $info = trim($_POST['info']);
 if(!eregi('^[a-zA-Z0-9_\-\.]+@[a-zA-Z0-9\-]+\.[a-zA-Z0-9_\-\.]+$',$email)){
      echo "这不是一个有效的 email 地址，请返回上页且重试";
   exit;
 }
 if(!eregi('^[0-9]$',$phone) and strlen($phone)<= 4 or strlen($phone)>= 15){
      echo "这不是一个有效的电话号码，请返回上页且重试";
   exit;
 }
 if( $gender == "m"){
    $customer = "先生";
 }else{
    $customer = "女士";
 }
 echo '<p>您的订房信息已经上传，我们正在为您准备房间。 确认您的订房信息如下:</p>';
```

```
        echo $customername."\t".$customer.' 将会在 '.$arrivaltime.' 天后到达。 您的电话为'.$phone."。我们将会
发送一封电子邮件到您的 email 邮箱:".$email."。<br /><br />另外,我们已经确认了您其他的要求如下:<br
/><br />";
        echo nl2br($info);
        echo "<p>您的订房时间为:".date('Y m d H: i: s')."</p>";
    ?>
    </BODY>
</HTML>
```

02 在网站主目录下建立文件 form4string.html,输入以下代码并保存。

```
<!DOCTYPE html PUBLIC "-//W3C//DTD XHTML 1.0 Transitional//EN" "http://www.w3.org/TR/xhtml1/
DTD/xhtml1-transitional.dtd">
    <html xmlns="http://www.w3.org/1999/xhtml">
    <HEAD><meta http-equiv="Content-Type" content="text/html; charset=gb2312" /><h2>GoodHome 在线订房
表。</h2></HEAD>
    <BODY>
    <form action="formstringhandler.php" method="post">
    <table>
    <tr bgcolor="#3399FF" >
        <td>客户姓名:</td>
        <td><input type="text" name="customername" size="20" /></td>
    </tr>
    <tr bgcolor="#CCCCCC" >
        <td>客户性别:</td>
        <td>
          <select name="gender">
              <option value="m">男</option>
              <option value="f">女</option>
          </select>
        </td>
    </tr>
    <tr bgcolor="#3399FF" >
        <td>到达时间:</td>
        <td>
          <select name="arrivaltime">
              <option value="1">一天后</option>
              <option value="2">两天后</option>
          <option value="3">三天后</option>
          <option value="4">四天后</option>
          <option value="5">五天后</option>
            </select>
        </td>
```

```
</tr>
<tr bgcolor="#CCCCCC" >
    <td>电话:</td>
    <td><input type="text" name="phone" size="20" /></td>
</tr>
<tr bgcolor="#3399FF" >
    <td>email:</td>
    <td><input type="text" name="email" size="30" /></td>
</tr>
<tr bgcolor="#CCCCCC" >
    <td>其他需求:</td>
    <td> <textarea name="info" rows="10" cols="30">    如果您有什么其他要求,请填在这里。</textarea>
    </td>
</tr>
<tr bgcolor="#666666" >
    <td align="center"><input type="submit" value="确认订房信息" /></td>
</tr>
</table>
</form>
</BODY>
</HTML>
```

03 运行 form4string.html,结果如图 6-14 所示。

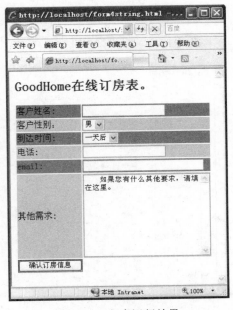

图 6-14 程序运行结果

04 填写表单。【客户姓名】为"王小明",【性别】为"男",【到达时间】为"三天后"，【电话】为"13592XXXX77"，【email】为 wangxiaoming@hotmail.com，【其他需求】为"两壶开水，【Enter】一条白毛巾，【Enter】一个冰激凌"。单击【确认订房信息】按钮，浏览器会自动跳转至 formstringhandler.php 页面，显示结果如图 6-15 所示。

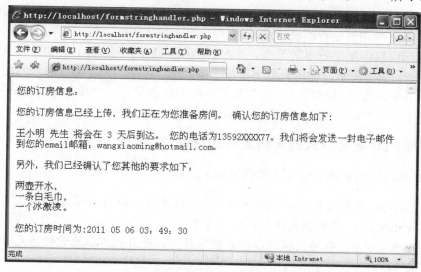

图 6-15　程序运行结果

【案例分析】

（1）$customername = trim($_POST['customername']); $phone = trim($_POST['phone']); $email = trim($_POST['email']); $info = trim($_POST['info']); 都是通过文本输入框直接输入的。所以，为了保证输入字符串的纯净，以方便处理，则需要使用 trim() 来对字符串前后的空格进行清除。另外，ltrim() 清除左边的空格；rtrim() 清除右边的空格。

（2）!eregi('^[a-zA-Z0-9_\-\.]+@[a-zA-Z0-9\-]+\.[a-zA-Z0-9_\-\.]+$',$email) 中使用了正则表达式对输入的 email 文本进行判断。

（3）nl2br() 对 $info 变量中的【Enter】操作，也就是
 操作符进行了处理。在有新行 "\nl" 操作的地方生成
。

（4）由于要显示中文，需要对文字编程进行设置，charset=gb2312，就是简体中文的文字编程。

6.7　高手私房菜

技巧 1：模式修饰符、单词界定符和方括号 "[]" 连用，而是和 "/" 在一起使用？

在 PHP 的正则表达式的语法当中，一种是 POSIX 语法，一种是 Perl 语法。POSIX 语法是先前所介绍的语法。Perl 语法则不同于 POSIX 语法。Perl 语法的正则表达是以 "/" 开头和以 "/" 结尾的，如 "/name/" 便是一个 Perl 语法形式的正则表达。

模式修饰符，则是在 Perl 语法正则表示中的内容。比如 "i" 表示正则表达式对大小写不敏感。"g"表示找到所有匹配字符。"m"表示把目标字符串作为多行字符串进行处理。"s"把目标字符串作为单行字符串进行处理，忽略其中的换行符。"x"表示忽略正则表达式中的空格和备注。"u"表示在首次配后停止。

单词界定符，也是 Perl 语法正则表示中的内容。不同的单词界定符表示不同的字符界定范围。例如，以下单词界定符的表示意义为：

"\A"表示仅仅匹配字符串的开头。"\b"表示匹配到单词边界。"\B"表示除了单词边界，匹配所有。"\d"表示匹配所有数字字符，等同于"[0-9]"。"\D"表示匹配所有非数字字符。"\s"表示匹配空格字符。"\S"表示匹配非空格字符。"\w"表示匹配字符串如同"[a-zA-Z0-9_]"。"\W"为匹配字符，忽略下划线和字母数字字符。

技巧 2：支持 Perl 语法形式的正则表达式有哪些？

PHP 为 Perl 语法的正则表达方式提供了如下函数：

- preg_grep()：用来搜索一个数组中的所有数组元素，以得到匹配元素。
- preg_match()：以特定模式匹配目标字符串。
- preg_match_all()：以特定模式匹配目标字符串，并且把匹配元素作为元素返回给一个特定数组。
- preg_quote()：在每一个正则表达式的特殊字符前插入一个反斜杠"\"。
- preg_replace()：替代所有符合正则表达式格式的字符，并返回按照要求修改的结果。
- preg_replace_callback()：以键值替代所有符合正则表达式格式字符的键名。
- preg_split()：按照正则模型切分字符串。

第 7 章 PHP 数组

数组在 PHP 中是极为重要的数据类型。本章将介绍什么是数组，数组的包含类型，数组的构造、遍历数组、数组排序、向数组中添加和删除元素、查询数组中的指定元素、统计数组的元素个数、删除数组中重复的元素、数组的序列化等操作。通过本章的学习，读者可以掌握数组的常用操作和技巧。

7.1 什么是数组

什么是数组？数组，就是被命名的，用来存储一系列数值的地方。数组 array 是非常重要的数据类型。相对于其他的数据类型它更像是一种结构，而这种结构可以存储一系列的数值。

数组中的数值称为数组元素（element）。而每一个元素都有一个对应的标识（index），也称为键值（key）。通过这个标识，可以访问数组元素。而数组的标识可以是数字也可以是字符串。

7.2 数组类型

数组分为数字索引数组和关联数组。本节将详细讲述这两种数组的使用方法。

7.2.1 数字索引数组

数字索引数组是最常见的数组类型，默认从 0 开始计数。另外，数组变量是在使用时即可创建，创建时即可使用。

下面以酒店网站系统中酒店房价为例进行讲解。

【例 7.1】（实例文件：ch07\7.1.php）

```
<!DOCTYPE html PUBLIC "-//W3C//DTD XHTML 1.0 Transitional//EN" "http://www.w3.org/TR/xhtml1/DTD/xhtml1-transitional.dtd">
<html xmlns="http://www.w3.org/1999/xhtml">
<HEAD><meta http-equiv="Content-Type" content="text/html; charset=gb2312" /><h2>GoodHome 房间类型。</h2></HEAD>
<BODY>
<?php
    $roomtypes = array( '单床房','标准间','三床房','VIP 套房');
    echo $roomtypes[0]."\t".$roomtypes[1]."\t".$roomtypes[2]."\t".$roomtypes[3]."<br />";
```

```
    echo "$roomtypes[0] $roomtypes[1] $roomtypes[2] $roomtypes[3] <br />";
    $roomtypes[0] = '单人大床房';
    echo "$roomtypes[0] $roomtypes[1] $roomtypes[2] $roomtypes[3]<br />";
?>
</BODY>
</HTML>
```

运行结果如图 7-1 所示。

图 7-1　程序运行结果

【案例分析】

（1）$roomtypes 为一维数组，用关键字 array 声明。并且用"="赋值给数组变量 $roomtypes 。

（2）'单床房'、'标准间'、'三床房'和'VIP 套房' 为数组元素，且这些元素为字符串型，用单引号方式表示。每个数组元素用"，"分开。echo 命令直接打印数组元素，元素索引默认从 0 开始，所以第一个数组元素为$roomtypes[0]。

（3）数组元素可以直接通过"="来赋值，如"$roomtypes[0] = '单人大床房';"，echo 打印后为"单人大床房"。

7.2.2　联合索引数组

所谓联合索引数组，是指每个数组元素都有键名与之对应的数组。

数组中的索引并非只有默认的数字索引，更为常用的是联合索引数组。也就是每个特定的数组元素都有一个特定的关键字（key）与其对应。

下面以使用联合索引数组编写酒店房间类型为例进行讲解。

【例 7.2】（实例文件：ch07\7.2.php）

```
    <!DOCTYPE html PUBLIC "-//W3C//DTD XHTML 1.0 Transitional//EN" "http://www.w3.org/TR/xhtml1/
DTD/xhtml1-transitional.dtd">
    <html xmlns="http://www.w3.org/1999/xhtml">
    <HEAD><meta http-equiv="Content-Type" content="text/html; charset=gb2312" /><h2>GoodHome 房间类型。</h2></HEAD>
```

```
<BODY>
<?php
  $prices_per_day = array('单床房'=> 298,'标准间'=> 268,'三床房'=> 198,'VIP 套房'=> 368);
  echo $prices_per_day['标准间']."<br />";
?>
</BODY>
</HTML>
```

运行结果如图 7-2 所示。

图 7-2　程序运行结果

【案例分析】

echo 命令直接指定数组$prices_per_day 中的关键字索引 standardroom（是个字符串）便可打印出数组元素 268（是一个整型数字）。

7.3　数组构造

按照数组的构造来分，可以把数组分为一维数组和多维数组。

7.3.1　一维数组

数组中每个数组元素都是单个变量，不管是数字索引还是联合索引，这样的数组为一维数组。

【例 7.3】（实例文件：ch07\7.3.php）

```
<HTML>
<HEAD><meta http-equiv="Content-Type" content="text/html; charset=gb2312" /></HEAD>
<BODY>
<?php
  $roomtypes = array( '单床房','标准间','三床房','VIP 套房');
  $prices_per_day = array('单床房'=> 298,'标准间'=> 268,'三床房'=> 198,'VIP 套房'=> 368);
  ?>
</BODY>
</HTML>
```

其中的$roomtypes 和$prices_per_day 都是一维数组。

7.3.2 多维数组

数组也是可以"嵌套"的，即每个数组元素也可以是一个数组，这种含有数组的数组就是多维数组。例如：

```php
<?php
  $roomtypes = array( array( 'type'=>'单床房',
                             'info'=>'此房间为单人单间。',
                             'price_per_day'=>298
                      ),
                      array( 'type'=>'标准间',
                             'info'=>'此房间为两床标准配置。',
                             'price_per_day'=>268
                      ),
                      array( 'type'=>'三床房',
                             'info'=>'此房间备有三张床',
                             'price_per_day'=>198
                      ),
                      array( 'type'=>'VIP 套房',
                             'info'=>'此房间为 VIP 两间内外套房',
                             'price_per_day'=>368
                      )
                    );
?>
```

其中的$roomtypes 就是多维数组。这个多维数组其实包含了两个维数。有点像数据库的表格，在第一个 array 里面的每个数组元素都是一个数组，而这些数组就像是数据二维表中的一行记录。这些包含在第一个 array 里面的 array 又都包含三个数组元素，分别是三个类型的信息，这就像是数据二维表中的字段。

上面的数组如果绘制成图，如图 7-3 所示。

	A	B	C	D
1	type	info	price_per_day	
2	单床房	此房间为单人单间。	298	array
3	标准间	此房间为两床标准配置。	268	array
4	三床房	此房间备有三张床	198	array
5	VIP套房	此房间为VIP两间内外套房	368	array
6	ARRAY			

图 7-3 程序运行结果

其实，$roomtypes 就是代表了这样的一个数据表。

如果出现了两维以上的数组，如三维数组，例如：

```php
<?php
$buidling = array(array( array( 'type'=>'单床房',
                                'info'=>'此房间为单人单间。',
                                'price_per_day'=>298
                              ),
                         array( 'type'=>'标准间',
                                'info'=>'此房间为两床标准配置。',
                                'price_per_day'=>268
                              ),
                         array( 'type'=>'三床房',
                                'info'=>'此房间备有三张床',
                                'price_per_day'=>198
                              ),
                         array( 'type'=>'VIP 套房',
                                'info'=>'此房间为 VIP 两间内外套房',
                                'price_per_day'=>368
                              )
                       ),
                   array( array( 'type'=>'普通餐厅包房',
                                 'info'=>'此房间为普通餐厅包房。',
                                 'roomid'=>201
                               ),
                          array( 'type'=>'多人餐厅包房',
                                 'info'=>'此房间为多人餐厅包房。',
                                 'roomid'=>206
                               ),
                          array( 'type'=>'豪华餐厅包房',
                                 'info'=>'此房间为豪华餐厅包房。',
                                 'roomid'=>208
                               ),
                          array( 'type'=>'VIP 餐厅包房',
                                 'info'=>'此房间为 VIP 餐厅包房',
                                 'roomid'=>310
                               )
                        )
                  );
?>
```

这个三维数组，在原来的二维数组后面又增加了一个二维数组，给出了餐厅包房的数据二维表信息。把这两个二维数组作为更外围 array 的两个数组元素，就产生了第三维。这个表述等于用两个二维信息表表示了一个名为$building 的数组对象。用图 7-4 表示如下。

	A	B	C	D	E
1	type	info	price_per_day		
2	单床房	此房间为单人单间。	298	array	
3	标准间	此房间为两床标准配置。	268	array	
4	三床房	此房间备有三张床	198	array	
5	VIP套房	此房间为VIP两间内外套房	368	array	
6	ARRAY（二维）				
7	type	info	roomid		
8	普通餐厅包房	此房间为普通餐厅包房	201	array	
9	多人餐厅包房	此房间为多人餐厅包房。	206	array	
10	豪华餐厅包房	此房间为豪华餐厅包房。	208	array	
11	VIP餐厅包房	此房间为VIP餐厅包房	301	array	
12	ARRAY（二维）				ARRAY（三维）

图 7-4 程序运行结果

7.4 遍历数组

所谓数组的遍历是要把数组中的变量值读取出来。下面讲述常见的遍历数组的方法。

7.4.1 遍历一维数字索引数组

下面讲解通过循环语句遍历一维数字索引数组。此案例中使用到 for 循环和 foreach 循环。

【例 7.4】（实例文件：ch07\7.4.php）

```
<!DOCTYPE html PUBLIC "-//W3C//DTD XHTML 1.0 Transitional//EN" "http://www.w3.org/TR/xhtml1/DTD/xhtml1-transitional.dtd">
<html xmlns="http://www.w3.org/1999/xhtml">
<HEAD><meta http-equiv="Content-Type" content="text/html; charset=gb2312" /><h2>GoodHome 房间类型。</h2></HEAD>
<BODY>
<?php
  $roomtypes = array( '单床房','标准间','三床房','VIP 套房');
  for ($i = 0; $i < 3; $i++){
     echo $roomtypes[$i]."（for 循环）<br />";
  }
  foreach ($roomtypes as $room){
     echo $room."（foreach 循环）<br />";
  }
?>
</BODY>
</HTML>
```

运行结果如图 7-5 所示。

PHP 数组 第 7 章

图 7-5 程序运行结果

【案例分析】

（1）for 循环只进行了三次。

（2）foreach 循环则列出了数组中所有数组元素。

7.4.2 遍历一维联合索引数组

下面遍历酒店房间类型为例对联合索引数组进行遍历。

【例 7.5】（实例文件：ch07\7.5.php）

```
    <!DOCTYPE html PUBLIC "-//W3C//DTD XHTML 1.0 Transitional//EN" "http://www.w3.org/TR/xhtml1/DTD/xhtml1-transitional.dtd">
    <html xmlns="http://www.w3.org/1999/xhtml">
    <HEAD><meta http-equiv="Content-Type" content="text/html; charset=gb2312" /><h2>GoodHome 房间类型。</h2></HEAD>
    <BODY>
    <?php
     $prices_per_day = array('单床房'=> 298,'标准间'=> 268,'三床房'=> 198,'VIP 套房'=> 368);
     foreach ($prices_per_day as $price){
       echo $price."<br />";
     }
     foreach ($prices_per_day as $key => $value){
       echo $key.":".$value." 每天。<br />";
     }
     reset($prices_per_day);
     while ($element = each($prices_per_day)){
       echo $element['key']."\t";
     echo $element['value'];
     echo "<br />";
     }
```

```
        reset($prices_per_day);
        while (list($type, $price) = each($prices_per_day)){
        echo "$type - $price<br />";
          }
    ?>
    </BODY>
    </HTML>
```

运行结果如图 7-6 所示。

图 7-6 程序运行结果

【案例分析】

（1）其中，foreach ($prices_per_day as $price){} 遍历了数组元素，所以输出 4 个整型数字。而 foreach ($prices_per_day as $key => $value){}则除了遍历了数组元素，还遍历了其所对应的关键字，如 onebedroom 是数组元素 298 的关键字。

（2）这段程序中使用了 while 循环，还用到了几个新的函数 reset()、each()和 list()。由于在前面的代码中，$prices_per_day 已经被 foreach 循环遍历过，而内存中的实时元素为数组的最后一个元素。因此，如果想用 while 循环来遍历数组，就必须用 reset()函数，把实时元素重新定义为数组的开头元素。each()则是用来遍历数组元素及其关键字的函数。list()则是把 each()中的值分开赋值和输出的函数。

7.4.3 遍历多维数组

下面以使用多维数组编写房间类型为例进行遍历，具体操作步骤如下。

【例 7.6】（实例文件：ch07\7.6.php）

```
<!DOCTYPE html PUBLIC "-//W3C//DTD XHTML 1.0 Transitional//EN" "http://www.w3.org/TR/xhtml1/
```

```
DTD/xhtml1-transitional.dtd">
    <html xmlns="http://www.w3.org/1999/xhtml">
        <HEAD><meta http-equiv="Content-Type" content="text/html; charset=gb2312" /><h2>GoodHome 房间类型
（多维数组）。</h2></HEAD>
    <BODY>
    <?php
      $roomtypes = array( array( 'type'=>'单床房',
                                 'info'=>'此房间为单人单间。',
                                 'price_per_day'=>298
                                 ),
                          array( 'type'=>'标准间',
                                 'info'=>'此房间为两床标准配置。',
                                 'price_per_day'=>268
                                 ),
                          array( 'type'=>'三床房',
                                 'info'=>'此房间备有三张床',
                                 'price_per_day'=>198
                                 ),
                          array( 'type'=>'VIP 套房',
                                 'info'=>'此房间为 VIP 两间内外套房',
                                 'price_per_day'=>368
                                 )
                        );
      for ($row = 0; $row < 4; $row++){
          while (list($key, $value ) = each( $roomtypes[$row])){
              echo "$key:$value"."\t |";
          }
          echo '<br />';
      }
    ?>
    </BODY>
    </HTML>
```

运行结果如图 7-7 所示。

【案例分析】

（1）$roomtypes 中的每个数组元素都是一个数组，而作为数组元素的数组又都有三个拥有键名的数组元素。

（2）使用 for 循环配合 each()、list()函数来遍历数组元素。

图 7-7 程序运行结果

7.5 数组排序

本章节主要讲述如何对一维和多维数组进行排序操作。

7.5.1 一维数组排序

以下实例展示如何对数组排序，具体操作步骤如下。

【例 7.7】（实例文件：ch07\7.7.php）

```
<!DOCTYPE html PUBLIC "-//W3C//DTD XHTML 1.0 Transitional//EN" "http://www.w3.org/TR/xhtml1/DTD/xhtml1-transitional.dtd">
<html xmlns="http://www.w3.org/1999/xhtml">
<HEAD><meta http-equiv="Content-Type" content="text/html; charset=gb2312" /><h2>GoodHome 房间类型。</h2></HEAD>
<BODY>
<?php
  $roomtypes = array( '单床房','标准间','三床房','VIP 套房');
  $prices_per_day = array('单床房'=> 298,'标准间'=> 268,'三床房'=> 198,'VIP 套房'=> 368);
  sort($roomtypes);
  foreach ($roomtypes as $key => $value){
     echo $key.":".$value."<br />";
  }
  asort($prices_per_day);
  foreach ($prices_per_day as $key => $value){
     echo $key.":".$value." 每日。<br />";
  }
  ksort($prices_per_day);
  foreach ($prices_per_day as $key => $value){
     echo $key.":".$value." 每天。<br />";
  }
```

```
    rsort($roomtypes);
    foreach ($roomtypes as $key => $value){
       echo $key.":".$value."<br />";
    }
    arsort($prices_per_day);
    foreach ($prices_per_day as $key => $value){
       echo $key.":".$value." 每日。<br />";
    }
    krsort($prices_per_day);
    foreach ($prices_per_day as $key => $value){
       echo $key.":".$value." 每天。<br />";
    }
?>
</BODY>
</HTML>
```

运行结果如图 7-8 所示。

图 7-8　程序运行结果

【案例分析】

这段代码是关于数组排序的内容，涉及 sort()、asort()、ksort()和 rsort()、arsort()、krsort()。其中，sort()是默认排序，asort()根据数组元素的值的升序排序，ksort()是根据数组元素的键值，也就是关键字的升序排序；rsort()、arsort()和 krsort()则正好与所对应的升序排序相反，都为降序排序。

7.5.2 多维数组排序

对于一维数组，通过 sort()、asort()等一系列的排序函数，就可以对它进行排序。而对于多维数组，排序就没有那么简单了。首先需要设定一个排序方法，也就是建立一个排序函数。再通过 usort()函数对特定数组采用特定排序方法来进行排序。下面的案例介绍多维数组排序，具体步骤如下。

【例 7.8】（实例文件：ch07\7.8.php）

```
<!DOCTYPE html PUBLIC "-//W3C//DTD XHTML 1.0 Transitional//EN" "http://www.w3.org/TR/xhtml1/DTD/xhtml1-transitional.dtd">
<html xmlns="http://www.w3.org/1999/xhtml">
<HEAD><meta http-equiv="Content-Type" content="text/html; charset=gb2312" /><h2>GoodHome 房间类型（多维数组）。</h2></HEAD>
<BODY>
<?php
    $roomtypes = array( array( 'type'=>'单床房',
                               'info'=>'此房间为单人单间。',
                               'price_per_day'=>298
                             ),
                        array( 'type'=>'标准间',
                               'info'=>'此房间为两床标准配置。',
                               'price_per_day'=>268
                             ),
                        array( 'type'=>'三床房',
                               'info'=>'此房间备有三张床',
                               'price_per_day'=>198
                             ),
                        array( 'type'=>'VIP 套房',
                               'info'=>'此房间为 VIP 两间内外套房',
                               'price_per_day'=>368
                             )
    );
    function compare($x, $y){
        if ($x['price_per_day'] == $y['price_per_day']){
            return 0;
        }else if ($x['price_per_day'] < $y['price_per_day']){
            return -1;
        }else{
            return 1;
        }
    }
```

```
    usort($roomtypes, 'compare');

    for ($row = 0; $row < 4; $row++){
       reset($roomtypes[$row]);
       while (list($key, $value ) = each( $roomtypes[$row])){
           echo "$key:$value"."\t |";
       }
       echo '<br />';
    }
?>
</BODY>
</HTML>
```

运行结果如图 7-9 所示。

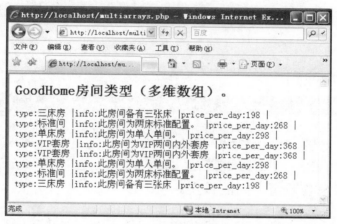

图 7-9　程序运行结果

【案例分析】

（1）函数 compare()定义了排序方法，通过对 price_per_day 这一数组元素的对比，进行排序。然后 usort()采用 compare 方法对$roomtypes 这一多维数组进行排序。

（2）如果这个排序的结果是正向排序，怎样进行反向排序呢？这就需要对排序方法进行调整。其中，recompare()就是上一段程序中 compare()的相反判断，同样采用 usort()函数输出后，得到如图 7-9 所示排序，正好与前一段程序输出顺序相反。

7.6　字符串与数组的转换

使用 explode 和 implode 函数来实现字符串和数组之间的转化。explode 用于把字符串按照一定的规则拆分为数组中的元素，并且形成数组。implode 函数用于把数组中的元素按照一定的连接方式转换为字符串。

下面的例子介绍使用 explode 和 implode 函数来实现字符串和数组之间的转化。

【例 7.9】（实例文件：ch07\7.9.php）

```
<!DOCTYPE html PUBLIC "-//W3C//DTD XHTML 1.0 Transitional//EN" "http://www.w3.org/TR/xhtml1/DTD/xhtml1-transitional.dtd">
<html xmlns="http://www.w3.org/1999/xhtml">
<HEAD><meta http-equiv="Content-Type" content="text/html; charset=gb2312" /><h2>字符串与数组之间的转换。</h2></HEAD>
<BODY>
<?php
    $prices_per_day = array('单床房'=> 298,'标准间'=> 268,'三床房'=> 198,'VIP 套房'=> 368);
    echo implode('元每天/ ',$prices_per_day).'<br />';

    $roomtypes ='单床房,标准间,三床房,VIP 套房';
    print_r(explode(',',$roomtypes));
?>
</BODY>
</HTML>
```

运行结果如图 7-10 所示。

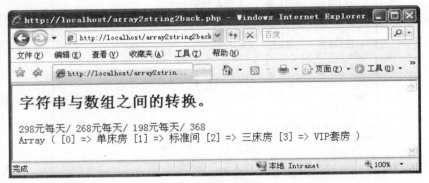

图 7-10　程序运行结果

【案例分析】

（1）$prices_per_day 为数组。 implode('元每天/ ',$prices_per_day)对$prices_per_day 中的数组元素中间添加连接内容，也叫元素胶水（glue），把它们连接成一个字符串输出。这个元素胶水只在元素之间。

（2）$roomtypes 为一个由逗号分开的字符串。explode(',',$roomtypes)确认分隔符为逗号后，以逗号为标记把字符串中的字符分为 4 个数组元素，并且生成数组返回。

7.7　向数组中添加和删除元素

数组创建完成后，用户还可以继续添加和删除元素，从而满足实际工作的需要。

7.7.1 向数组中添加元素

数组是数组元素的集合。如果向数组中添加元素，就像是往一个盒子里面放东西。这就牵扯到了"先进先出"或是"后进先出"的问题。

先进先出，有点像排队买火车票。先进到购买窗口区域的，购买完成之后从旁边的出口出去。

后进先出，有点像是给枪的弹夹上子弹，最后装上的那一颗子弹是要最先打出去的。

PHP 对数组添加元素的处理使用 push、pop、shift 和 unshift 函数来实现，可以实现先进先出，也可以实现后进先出。

下面的例子介绍在数组前面添加元素，以实现后进先出。

【例 7.10】（实例文件：ch07\7.10.php）

```
<!DOCTYPE html PUBLIC "-//W3C//DTD XHTML 1.0 Transitional//EN" "http://www.w3.org/TR/xhtml1/DTD/xhtml1-transitional.dtd">
<html xmlns="http://www.w3.org/1999/xhtml">
<HEAD><meta http-equiv="Content-Type" content="text/html; charset=gb2312" /><h2>数组元素添加之后进先出。</h2></HEAD>
<BODY>
<?php
    $clients = array('李丽丽','赵大勇','方芳芳');
    array_unshift($clients, '王小明','刘小帅');
    print_r($clients);
?>
</BODY>
</HTML>
```

运行结果如图 7-11 所示。

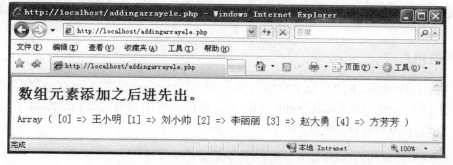

图 7-11　程序运行结果

【案例分析】

（1）数组$clients 原本拥有三个数组元素。array_unshift()向数组$clients 的头部添加了数组元素'王小明'和'刘小帅'。最后通过 print_r()输出，通过其数字索引可以知道添加元素的位置。

（2）array_unshift()函数的格式为：

array_unshift（目标数组，[预添加数组元素，预添加数组元素，...]）

同样的例子介绍在数组后面添加元素，以实现先进先出。

【例7.11】（实例文件：ch07\7.11.php）

```
<!DOCTYPE html PUBLIC "-//W3C//DTD XHTML 1.0 Transitional//EN" "http://www.w3.org/TR/xhtml1/DTD/xhtml1-transitional.dtd">
    <html xmlns="http://www.w3.org/1999/xhtml">
    <HEAD><meta http-equiv="Content-Type" content="text/html; charset=gb2312" /><h2>数组元素添加之先进先出。</h2></HEAD>
    <BODY>
    <?php
        $clients = array('李丽丽','赵大勇','方芳芳');
        array_push($clients, '王小明','刘小帅');
        print_r($clients);
    ?>
    </BODY>
    </HTML>
```

运行结果如图7-12所示。

图7-12　程序运行结果

【案例分析】

（1）数组$clients 原本拥有三个数组元素。 array_push()向数组$clients 的尾部添加了数组元素'王小明'和'刘小帅'。最后通过print_r()输出，通过其数字索引可以知道添加元素的位置。

（2）array_push()函数的格式为：

array_push（目标数组，[预添加数组元素，预添加数组元素，...]）

push 的意思就是"推"的意思，这个过程就像是排队的时候把人从队伍后面向前推。

7.7.2　从数组中删除元素

从数组中删除元素是添加元素的逆过程。PHP 使用 array_shift()和 array_pop()函数分别从数组的头部和尾部删除元素。

下面的例子介绍在数组前面删除第一个元素并返回元素值。

【例7.12】（实例文件：ch07\7.12.php）

```
<!DOCTYPE html PUBLIC "-//W3C//DTD XHTML 1.0 Transitional//EN" "http://www.w3.org/TR/xhtml1/DTD/xhtml1-transitional.dtd">
<html xmlns="http://www.w3.org/1999/xhtml">
<HEAD><meta http-equiv="Content-Type" content="text/html; charset=gb2312" /><h2>删除数组开头的第一个元素。</h2></HEAD>
<BODY>
<?php
    $serivces = array('洗衣','订餐','导游','翻译');
    $deletedserivces = array_shift($serivces);
    echo $deletedserivces."<br />";
    print_r($serivces);
?>
</BODY>
</HTML>
```

运行结果如图7-13所示。

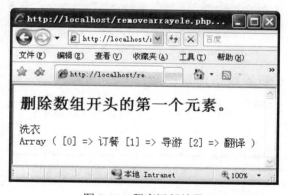

图7-13　程序运行结果

【案例分析】

（1）数组$serivces原本拥有4个数组元素。array_shift()从数组$serivces的头部删除了第一个数组元素，并且直接把所删除的元素值返回，且赋值给了变量$deletedserivces。最后通过echo输出$deletedserivces，以及用print_r()输出$serivces。

（2）array_shift()函数仅仅删除目标数组的头一个数组元素。它的格式如下：

array_shift（目标数组）

以上例子为数字索引数组，如果是带键值的联合索引数组，它的效果相同，返回所删除元素的元素值。

同样的例子介绍在数组后面删除最后一个元素并返回元素值。

【例 7.13】（实例文件：ch07\7.13.php）

```
<!DOCTYPE html PUBLIC "-//W3C//DTD XHTML 1.0 Transitional//EN" "http://www.w3.org/TR/xhtml1/DTD/xhtml1-transitional.dtd">
<html xmlns="http://www.w3.org/1999/xhtml">
<HEAD><meta http-equiv="Content-Type" content="text/html; charset=gb2312" /><h2>删除数组结尾的最后一个元素。</h2></HEAD>
<BODY>
<?php
    $serivces = array('s1'=>'洗衣','s2'=>'订餐','s3'=>'导游','s4'=>'翻译');
    $deletedserivces = array_pop($serivces);
    echo $deletedserivces."<br />";
    print_r($serivces);
?>
</BODY>
</HTML>
```

运行结果如图 7-14 所示。

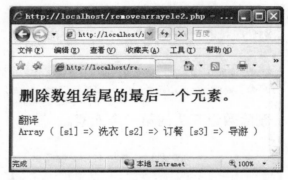

图 7-14　程序运行结果

【案例分析】

（1）数组$serivces 原本拥有 4 个数组元素。array_pop()从数组$serivces 的尾部删除了最后一个数组元素，并且直接把所删除的元素值返回，且赋值给了变量$deletedserivces。最后通过 echo 输出$deletedserivces，以及用 print_r()输出$serivces。

（2）array_pop()函数仅仅删除目标数组的最后一个数组元素。它的格式如下：

array_pop（目标数组）

这个例子中的数组是一个联合数组。

7.8　查询数组中指定元素

数组是一个数据集合。能够在不同类型的数组和不同结构的数组内确定某个特定元素是否存在，是必要的。PHP 提供 in_array()、array_key_exists()、array_search()、array_keys()和 array_values()按照不同方式查询数组元素。

下面的例子介绍查询数字索引数组和联合索引数组，并且都是一维数组。

【例7.14】（实例文件：ch07\7.14.php）

```
<!DOCTYPE html PUBLIC "-//W3C//DTD XHTML 1.0 Transitional//EN" "http://www.w3.org/TR/xhtml1/DTD/xhtml1-transitional.dtd">
<html xmlns="http://www.w3.org/1999/xhtml">
<HEAD><meta http-equiv="Content-Type" content="text/html; charset=gb2312" /><h2>查询一维数组。</h2></HEAD>
<BODY>
<?php
  $roomtypes = array( '单床房','标准间','三床房','VIP 套房');
  $prices_per_day = array('单床房'=> 298,'标准间'=> 268,'三床房'=> 198,'VIP 套房'=> 368);

if(in_array( '单床房',$roomtypes)){echo '单床房元素在数组$roomtypes 中。<br />';}
if(array_key_exists( '单床房',$prices_per_day)){echo '键名为单床房的元素在数组$prices_per_day 中。<br />';}
if(array_search( 268,$prices_per_day)){echo '值为 268 的元素在数组$prices_per_day 中。<br />';}

  $prices_per_day_keys = array_keys($prices_per_day);
  print_r($prices_per_day_keys);
  $prices_per_day_values = array_values($prices_per_day);
  print_r($prices_per_day_values);
?>
</BODY>
</HTML>
```

运行结果如图 7-15 所示。

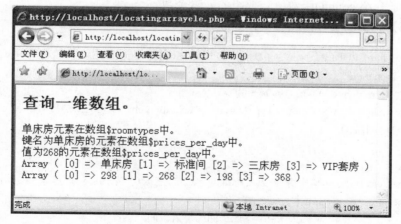

图 7-15　程序运行结果

【案例分析】

（1）数组$roomtypes 为一个数字索引数组。in_array('单床房',$roomtypes) 判定元素'单床房'是否在数组$roomtypes 中，如果在，则返回 true。if 语句得到返回值为真，便打印如图 7-15 所示的表述。

（2）数组$prices_per_day 为一个联合索引数组。array_key_exists('单床房',$prices_per_day) 判定一个键值为'单床房'的元素是否在数组$prices_per_day 中，如果在，则返回 true。if 语句得到返回值为真，便打印如图 7-15 所示的表述。array_key_exists()是专门针对联合数组的"键名"进行查询的函数。

（3）array_search()是专门针对联合数组的"元素值"进行查询的函数。同样针对数组$prices_per_day 这个联合数组。array_search(268,$prices_per_day)判定一个元素值为 268 的元素是否在数组$prices_per_day 中，如果在，则返回 true。if 语句得到返回值为真，便打印如图 7-15 所示的表述。

（4）函数 array_keys()是取得数组"键值"，并把键值作为数组元素输出为一个数字索引数组的函数，主要用于联合索引数组。array_keys($prices_per_day)获得数组$prices_per_day 的键值，并把它赋值给变量$prices_per_day_keys 为一个数组。用 print_r()打印如图 7-15 所示的表述。函数 array_keys()虽然也可以取得数字索引数组的数字索引，但是这样意义不大。

（5）函数 array_values()是取得数组元素的"元素值"，并把元素值作为数组元素输出为一个数字索引数组的函数。array_values($prices_per_day) 获得数组$prices_per_day 的元素值，并把它赋值给变量$prices_per_day_values 为一个数组。用 print_r()打印如图 7-15 所示的表述。

这几个函数只是针对一维数组，无法用于多维数组。它们在查询多维数组的时候，会只处理最外围的数组，其他内嵌的数组都作为数组元素处理，不会得到内嵌数组内的键值和元素值。

7.9　统计数组元素个数

使用 count()函数统计数组的元素个数。

下面的例子介绍 count()函数统计数组的元素个数。

【例 7.15】（实例文件：ch07\7.15.php）

```
<!DOCTYPE html PUBLIC "-//W3C//DTD XHTML 1.0 Transitional//EN" "http://www.w3.org/TR/xhtml1/DTD/xhtml1-transitional.dtd">
    <html xmlns="http://www.w3.org/1999/xhtml">
    <HEAD><meta http-equiv="Content-Type" content="text/html; charset=gb2312" /><h2>用 count 函数统计数组元素个数。</h2></HEAD>
    <BODY>
    <?php
        $prices_per_day = array('单床房'=> 298,'标准间'=> 268,'三床房'=> 198,'VIP 套房'=> 368);
        $roomtypesinfo = array( array( 'type'=>'单床房',
                                        'info'=>'此房间为单人单间。',
                                        'price_per_day'=>298
```

```
                            ),
                            array( 'type'=>'标准间',
                                'info'=>'此房间为两床标准配置。',
                                'price_per_day'=>268
                            ),
                            array( 'type'=>'三床房',
                                'info'=>'此房间备有三张床',
                                'price_per_day'=>198
                            ),
                            array( 'type'=>'VIP 套房',
                                'info'=>'此房间为 VIP 两间内外套房',
                                'price_per_day'=>368
                            )
                        );
    echo count($prices_per_day).'个元素在数组$prices_per_day 中。<br />';
    echo count($roomtypesinfo).'个内嵌数组在二维数组$roomtypesinfo 中。<br />';
    echo count($roomtypesinfo,1).'个元素$roomtypesinfo 中。<br />';
?>
</BODY>
</HTML>
```

运行结果如图 7-16 所示。

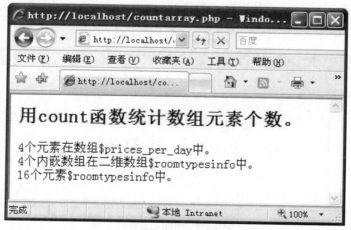

图 7-16　程序运行结果

【案例分析】

（1）数组$prices_per_day 通过 count()函数返回整数 4。因为数组$prices_per_day 有 4 个数组元素。

（2）数组$roomtypesinfo 为一个二维数组。count($roomtypesinfo)只统计了数组$roomtypesinfo 内的 4 个内嵌数组的数量。

（3）echo count($roomtypesinfo,1)这一语句中，count()函数设置了一个模式（mod）为整数"1"，其意义是，count 统计的时候要对数组内部所有的内嵌数组进行循环查询。所以最终的结果是所有内嵌数组的个数加上内嵌数组内元素的个数，即 4 个内嵌数组加上 12 个数组元素，为 16。

使用 array_count_values()函数对数组内的元素值进行统计，并且返回一个以函数值为"键值"，以函数值个数为"元素值"的数组。

下面的例子介绍 array_count_values()函数统计数组的元素值个数。

【例 7.16】（实例文件：ch07\7.16.php）

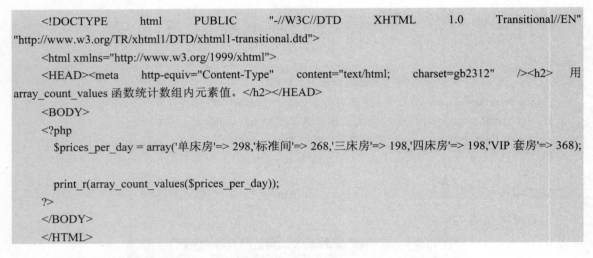

运行结果如图 7-17 所示。

图 7-17　程序运行结果

【案例分析】

（1）数组$prices_per_day 为一个联合数组，通过 array_count_values($prices_per_day)统计数组内元素值的个数和分布，然后以（键值和值）的形式返回一个数组。元素值为"198"的元素有两个，虽然它们的键值完全不同。

（2）array_count_values()只能用于一维数组。因为它不能将内嵌的数组当作元素进行统计。

7.10 删除数组中重复元素

使用 array_unique()函数实现数组中元素的唯一性,也就是去掉数组中重复的元素。不管是数字索引数组还是联合索引数组,都是以元素值为准。array_unique()函数返回具有唯一性元素值的数组。

下面的例子介绍 array_unique()函数去掉数组中重复的元素。

【例 7.17】(实例文件:ch07\7.17.php)

```
<!DOCTYPE html PUBLIC "-//W3C//DTD XHTML 1.0 Transitional//EN" "http://www.w3.org/TR/xhtml1/DTD/xhtml1-transitional.dtd">
<html xmlns="http://www.w3.org/1999/xhtml">
<HEAD><meta http-equiv="Content-Type" content="text/html; charset=gb2312" /><h2>用 array_unique 函数清除数组内重复元素值。</h2></HEAD>
<BODY>
<?php
    $prices_per_day = array('单床房'=> 298,'标准间'=> 268,'三床房'=> 198,'四床房'=> 198,'VIP 套房'=> 368);

    $prices_per_day2 = array('单床房'=> 298,'标准间'=> 268,'四床房'=> 198,'三床房'=> 198,'VIP 套房'=> 368);

    print_r(array_unique($prices_per_day));
    print_r(array_unique($prices_per_day2));
?>
</BODY>
</HTML>
```

运行结果如图 7-18 所示。

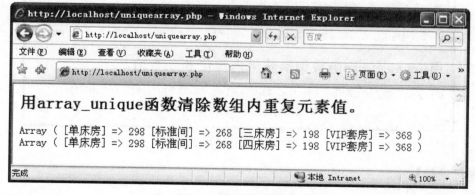

图 7-18 程序运行结果

【案例分析】

数组$prices_per_day 为一个联合索引数组,通过 array_unique ($prices_per_day)去除重复的元素值。array_unique ()函数去除重复的值是去除第二个出现的相同值。所以,由于

$prices_per_day 与$prices_per_day2 数组中，键值为"三床房"和键值为"四床方"的 198 元素的位置正好相反，所以对两次输出所保留的值也正好相反。

7.11 调换数组中的键值和元素值

使用 array_flip()函数调换数组中的键值和元素值。

下面的例子介绍 array_flip()函数调换数组中的键值和元素值，具体步骤如下。

【例 7.18】（实例文件：ch07\7.18.php）

```
<!DOCTYPE html PUBLIC "-//W3C//DTD XHTML 1.0 Transitional//EN" "http://www.w3.org/TR/xhtml1/DTD/xhtml1-transitional.dtd">
<html xmlns="http://www.w3.org/1999/xhtml">
<HEAD><meta http-equiv="Content-Type" content="text/html; charset=gb2312" /><h2>用 array_flip 函数调换数组内键值和元素值。</h2></HEAD>
<BODY>
<?php
   $prices_per_day = array('单床房'=> 298,'标准间'=> 268,'三床房'=> 198,'四床房'=> 198,'VIP 套房'=> 368);

   print_r(array_flip ($prices_per_day));
?>
</BODY>
</HTML>
```

运行结果如图 7-19 所示。

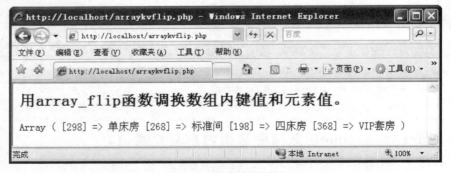

图 7-19 程序运行结果

【案例分析】

数组$prices_per_day 为一个联合索引数组，通过 array_flip ($prices_per_day)调换联合索引数组的键值和元素值，并且加以返回。但是有意思的是，$prices_per_day 是一个拥有重复元素值的数组，且这两个重复元素值的"键名"是不同的。array_flip ()是逐个调换每个数组元素的键值和元素值。而如果原来的元素值变为键名，就有两个原先为键名的，现在调换为元素值的数值与之对应。调换后,array_flip ()等于对原来的元素值,即现在的键名,进行赋值。当 array_flip

()再次调换到原来相同的,现在为键名的值时,相当于对同一个键名再次赋值,则头一个调换时的赋值将会被覆盖,显示的是第二次的赋值。

7.12 实战演练——数组的序列化

数组的序列化(serialize)是用来将数组的数据转换为字符串,便于传递和数据库的存储。而与之先对应的操作就是反序列化(unserialize),把字符串数据转换为数组加以使用。

下面的例子介绍 serialize()函数和 unserialize()函数。

【例 7.19】 (实例文件:ch07\7.19.php)

```
<!DOCTYPE html PUBLIC "-//W3C//DTD XHTML 1.0 Transitional//EN" "http://www.w3.org/TR/xhtml1/DTD/xhtml1-transitional.dtd">
<html xmlns="http://www.w3.org/1999/xhtml">
<HEAD></HEAD>
<BODY>
<?php
$arr = array('王小明','李丽丽','方芳芳','刘小帅','张大勇','张明明');
$str = serialize($arr);
echo $str."<br /><br />";
$new_arr = unserialize($str);
print_r($new_arr);
?>
</BODY>
</HTML>
```

运行结果如图 7-20 所示。

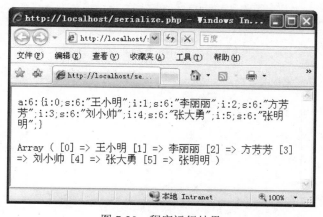

图 7-20 程序运行结果

【案例分析】

erialize()和 unserialize()两个函数的使用是比较简单的,但是通过这样的方法对数组数据的存储和传递是很方便的。例如，可以直接把序列化之后的数组数据存放在数据库的某个字段当中，在使用时再通过反序列化进行处理。

7.13 高手私房菜

技巧1：数组的合并与联合的区别？

对数组的合并使用函数 array_merge()函数。两个数组的元素会合并为一个数组的元素。而数组的联合，是指两个一维数组，一个作为关键字，一个作为数组元素值，而联合成为一个新的联合索引数组。

技巧2：如何快速清空数组？

在 PHP 中，快速清空数组的方法如下。

```
arr=array();   //理解为重新给变量赋一个空的数组
unset($arr);   //这个才是真正意义上的释放，将资源完全释放
```

第 8 章 时间和日期

时间和日期对于很多应用来说是十分敏感的,很多情况下程序是依靠时间和日期才能作出判断完成操作的。本章将介绍日期和时间的获得及格式化方面的内容。

8.1 系统时区设置

这里的系统时区是指运行 PHP 的系统环境,常见的有 Windows 系统和 UNIX-like（类UNIX）系统。对它们的时区设置关系到运行应用的时间准确性。

8.1.1 时区划分

时区的划分是一个地理概念。从本初子午线开始向东和向西各有 12 个时区。例如,我们的北京时间是东 8 区,美国太平洋时间是西 8 区。在 Windows 系统里这个操作比较简单。在设置中的时间时区的控制面板里设置就行了。在 Linux 这样的 UNIX-like 的系统中需要使用命令对时区进行设置。

8.1.2 时区设置

PHP 中日期时间的默认设置是 GMT 格林尼治时间。在使用日期时间功能之前,需要对时区进行设置。在中国,就需要使用"Asia/Hong_Kong"香港时间。

时区的设置方法主要为以下两种。

（1）设置 php.ini 的 date.timezone = Asia/Hong_Kong 来完成,这样系统默认时间为东 8 区的时间。

（2）可以使用函数 date_default_timezone_set()把时区设为 date_default_timezone_set("Asia/Hong_Kong")。采用此方法进行设置比较灵活。

8.2 PHP 日期和时间函数

本节开始学习 PHP 的常用日期和时间函数的使用方法和技巧。

8.2.1 关于 UNIX 时间戳

在很多情况下,程序需要对日期进行比较、运算等操作。如果按照人们日常的计算方法,很容易知道 6 月 5 日和 6 月 8 日相差几天。然而,人们日常对日期的书写方式是 2012-3-8 或 2012 年 3 月 8 日星期五。这让程序如何运算呢?如果想知道 3 月 8 日和 4 月 23 日相差几天,则需要把月先转换为 30 天或 31 天,再对剩余天数加减。这是一个很麻烦的过程。

如果时间或者日期是一个连贯的整数,这样处理起来就很方便了。幸运的是,系统的时间正是以这种方式存储的,这种方式就是时间戳,也称为 UNIX 时间戳。UNIX 系统和 UNIX-like 系统把当下的时间存储为 32 位的整数,这个整数的单位是秒,而这个整数的开始时间为格林尼治时间(GMT)的 1970 年 1 月 1 日的零点整。换句话说,现在的时间是 GMT1970 年 1 月 1 日的零点整到现在的秒数。

由于每一秒的时间都是确定的,这个整数就像一个章戳一样不可改变,所以就称为 UNIX 时间戳。

这个时间戳在 Windows 系统下也是成立的,但是与 UNIX 系统下不同的是,Windows 系统下的时间戳只能为正整数不能为负值。所以想用时间戳表示 1970 年 1 月 1 日以前的时间是不行的。

PHP 则是完全采用了 UNIX 时间戳的。所以不管 PHP 在哪个系统下运行都可以使用 UNIX 时间戳。

8.2.2 获取当前时间戳

获得当前时间的 UNIX 时间戳,以用于得到当前时间。完成此操作直接使用 time()函数即可。time()函数不需要任何参数,直接返回当前日期和时间。

【例 8.1】(实例文件:ch08\8.1.php)

```
<HTML>
<HEAD>
    <TITLE>获取当前时间戳</TITLE>
</HEAD>
<BODY>
<?php
  $t1 =time();
  echo "当前时间戳为:".$t1;
?>
</BODY>
</HTML>
```

运行结果如图 8-1 所示。

【案例分析】

(1)图中的数字 1344247868 表示从 1970 年 1 月 1 日 0 点 0 分 0 秒到本程序执行时间隔的秒数。

(2)如果每隔一段时间刷新一次页面,获取的时间戳的值将会增加。这个数字会一直不断变大,即每过 1 秒,此值就会加 1。

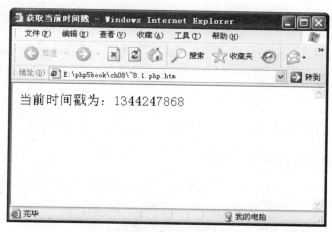

图 8-1　程序运行结果

8.2.3　获取当前日期和时间

使用 date()函数返回当前日期,如果在 date()函数中使用参数"U"则返回当前时间的 UNIX 时间戳。如果使用参数"d"则直接返回当前月份的 01 到 31 的两位数日期。

然而,date()函数有很多的参数,具体含义如表 8-1 所示。

表 8-1　date()函数的参数

a	小写 am 或 pm	A	大写 AM 或 PM
d	01 到 31 的日期	D	Mon 到 Sun 的简写星期
e	显示时区		
		F	月份的全拼单词
g	12 小时格式的小时数(1 到 12)	G	24 小时格式的小时数(0 到 23)
h	12 小时格式的小时数(01 到 12)	H	24 小时格式的小时数(00 到 23)
i	分钟数(01 到 60)	I	Daylight
j	一月中的天数(从 1 到 31)		
l	一周中天数的全拼	L	Leap year
m	月份(从 01 到 12)	M	三个字母的月份简写(从 Jan 到 Dec)
n	月份(从 1 到 12)		
		O	与格林尼治时间相差的时间
s	秒数(从 00 到 59)	S	天数的序数表达(st、nd、rd、th)
t	一个月中天数的总数(从 28 到 31)	T	时区简写
		U	当前的 UNIX 时间戳
w	数字表示的周天(从 0-Sunday 到 6-Saturday)	W	ISO8601 标准的一年中的周数
		Y	四位数的公元纪年(从 1901 到 2038)
z	一年中的天数(从 0 到 364)	Z	以秒表现的时区(从-43200 到 50400)

8.2.4 使用时间戳获取日期信息

如果相应的时间戳已经存储在数据库中，程序需要把时间戳转化为可读的日期和时间，才能满足应用的需要。PHP 中提供了 data()和 getdate()等函数来实现从时间戳到通用时间的转换。

1. data()函数

data()函数主要是将一个 UNIX 时间戳转化为指定的时间/日期格式。该函数的格式如下。

srting data(string format [时间戳整数])

此函数将会返回一个字符串。该字符串就是一个指定格式的日期时间,其中 format 是一个字符串,用来指定输出的时间格式。时间戳整数可以为空，如果为空，则表示为当前时间的 UNIX 时间戳。

format 参数是由指定的字符构成，具体字符的含义如表 8-2 所示。

表 8-2　format 参数

format 字符	含义
a	"am" 或是 "pm"
A	"AM" 或是 "PM"
d	几日，两位数字，若不足两位则前面补零。例如："01" 至 "31"
D	星期几，三个英文字母。例如："Fri"
F	月份，英文全名。例如："January"
h	12 小时制的小时。例如："01" 至 "12"
H	24 小时制的小时。例如："00" 至 "23"
g	12 小时制的小时，不足两位不补零。例如："1" 至 12"
G	24 小时制的小时，不足两位不补零。例如："0" 至 "23"
i	分钟。例如："00" 至 "59"
j	几日，两位数字，若不足两位不补零。例如："1" 至 "31"
l	星期几，英文全名。例如："Friday"
m	月份，两位数字，若不足两位则在前面补零。例如："01" 至 "12"
n	月份，两位数字，若不足两位则不补零。例如："1" 至 "12"
M	月份，三个英文字母。例如："Jan"
s	秒。例如："00" 至 "59"
S	字尾加英文序数，两个英文字母。例如："th"，"nd"
t	指定月份的天数。例如："28" 至 "31"
U	总秒数
w	数字型的星期几。例如："0"(星期日)至"6"(星期六)
Y	年，四位数字。例如："1999"
y	年，两位数字。例如："99"
z	一年中的第几天。例如："0" 至 "365"

下面通过一个例子来理解 format 字符的使用方法。

【例 8.2】（实例文件：ch08\8.2.php）

```
<HTML>
<HEAD>
    <TITLE>获取当前时间戳</TITLE>
</HEAD>
<BODY>
  <?php date_default_timezone_set("PRC");
    //定义一个当前时间的变量
    $tt =time();
    echo "目前的时间为：<br>";
//使用不同的格式化字符测试输出效果
    echo date ("Y 年 m 月 d 日[l]H 点 i 分 s 秒",$tt)."<br>";
    echo date ("y-m-d h:i:s a",$tt)."<br>";
    echo date ("Y-M-D H:I:S A",$tt)."<br>";
    echo date ("F,d,y l",$tt)." <br>";
    echo date ("Y-M-D H:I:S",$tt)." <br>";
  ?>
</BODY>
</HTML>
```

运行结果如图 8-2 所示。

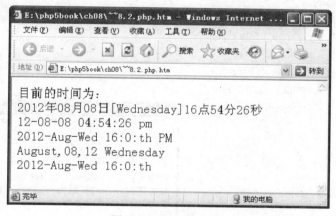

图 8-2 程序运行结果

【案例分析】

（1）date_default_timezone_set("PRC")语句的作用是设置默认时区为北京时间。如果不设置将会显示安全警告信息。

（2）格式化字符的使用方法非常灵活，只要设置字符串中包含的字符，date()函数就能将字符串替换成指定的时间日期信息。利用上面的函数可以随意输出自己需要的日期。

2. getdate()函数

getdate()函数可以获取详细的时间信息，函数的格式如下：

array getdate（时间戳整数）

getdate()函数返回一个数组，包含日期和时间的各个部分。如果它的参数时间戳整数为空，则表示直接获取当前时间戳。

下面举例说明此函数的使用方法和技巧。

【例8.3】（实例文件：ch08\8.3.php）

```
<HTML>
<HEAD>
    <TITLE>获取当前时间戳</TITLE>
</HEAD>
<BODY>
  <?php date_default_timezone_set("PRC");
    //定义一个时间的变量
    $tm ="2012-08-08 08:08:08";
    echo "时间为：". $tm. "<br>";
  //将格式转化为UNIX时间戳
    $tp =strtotime($tm);
    echo "此时间的UNIX时间戳为：".$tp. "<br>";
    $ar1 =getdate($tp);
    echo "年为：". $ar1["year"]."<br>";
    echo "月为：". $ar1["mon"]."<br>";
    echo "日为：". $ar1["mday"]."<br>";
    echo "点为：". $ar1["hours"]."<br>";
    echo "分为：". $ar1["minutes"]."<br>";
    echo "秒为：". $ar1["seconds"]."<br>";
  ?>
</BODY>
</HTML>
```

运行结果如图8-3所示。

8.2.5 检验日期的有效性

使用用户输入的时间数据的时候，用户输入的数据不规范会导致程序运行出错。为了检查时间的合法有效性，需要使用checkdate()函数对输入日期进行检测。它的格式为：

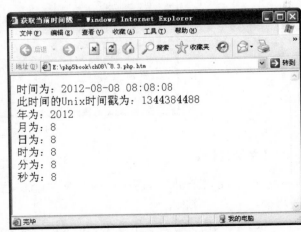

图8-3　程序运行结果

checkdate（月份，日期，年份）

此函数检查的项目是，年份整数是否在 0 到 32767 之间，月份整数是否在 1 到 12 之间，日期整数是否在相应的月份的天数内。下面通过例子来讲述如何检查日期的有效性。

【例 8.4】（实例文件：ch08\8.4.php）

```
<HTML>
<HEAD>
    <TITLE>检查日期的有效性</TITLE>
</HEAD>
<BODY>
<?php
if(checkdate(2,31,2012)){
    echo "这不可能。";
}else{
    echo "2月没有31号。";
}
?>
</BODY>
</HTML>
```

运行结果如图 8-4 所示。

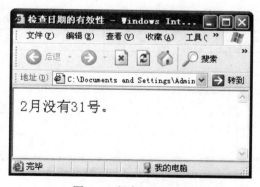

图 8-4　程序运行结果

8.2.6　输出格式化时间戳的日期和时间

使用 strftime() 把时间戳格式化为日期和时间。它的格式如下：

strftime（格式，时间戳）

其中，格式决定了如何把其后面时间戳格式化并且输出；如果时间戳为空，则系统当前时间戳将会被使用。

日期和时间格式符如表 8-3 所示。

表 8-3 日期和时间格式符

格式符	含义	格式符	含义
%a	周日期（缩简）	%A	周日期
%b 或 %h	月份（缩简）	%B	月份
%c	标准格式的日期和时间	%C	世纪
%d	月日期（从 01 到 31）	%D	日期的缩简格式（mm/dd/yy）
%e	包含两个字符的字符串月日期（从 '01' 到 '31'）		
%g	根据周数的年份（2 个数字）	%G	根据周数的年份（4 个数字）
		%H	小时数（从 00 到 23）
		%I	小时数（从 1 到 12）
%j	一年中的天数（从 001 到 366）		
%m	月份（从 01 到 12）	%M	分钟（从 00 到 59）
%n	新一行（同\n）		
%p	am 或 pm	%P	am 或 pm
%r	时间使用 am 或 pm 表示	%R	时间使用 24 小时制表示
		%S	秒（从 00 到 59）
%t	Tab（同\t）	%T	时间使用 hh:ss:mm 格式表示
%u	周天数（从 1-Monday 到 7-Sunday）	%U	一年中的周数（从第一周的第一个星期天开始）
		%V	一年中的周数（以至少剩余四天的这一周开始为第一周）
%w	周天数（从 0-Sunday 到 6-Saturday）	%W	一年中的周数（从第一周的第一个星期一开始）
%x	标准格式日期（无时间）	%X	标准格式时间（无日期）
%y	年份（2 个字符）	%Y	年份（4 个字符）
%z 和 %Z	时区		

下面举例介绍如何输出格式化日期和时间。

【例 8.5】（实例文件：ch08\8.5.php）

```
<HTML>
<HEAD>
    <TITLE>输出格式化日期和时间</TITLE>
</HEAD>
<BODY>
<?php date_default_timezone_set("PRC");
    echo(strftime("%b %d %Y %X", mktime(20,0,0,12,31,98)));
```

```
    echo(gmstrftime("%b %d %Y %X", mktime(20,0,0,12,31,98)));
    //输出当前日期、时间和时区
    echo(gmstrftime("It is %a on %b %d, %Y, %X time zone: %Z",time()));
?>
</BODY>
</HTML>
```

运行结果如图 8-5 所示。

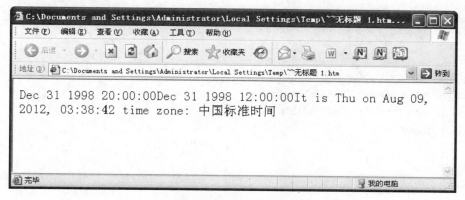

图 8-5　程序运行结果

8.2.7　显示本地化的日期和时间

由于世界上有不同的显示习惯和规范,所以日期和时间也会根据不同的地区显示为不同的形式。这就是日期时间显示的本地化。

实现此操作需要使用到 setlocale()和 strftime()两个函数。后者已经介绍过。

使用 setlocale()函数来改变 PHP 的本地化默认值,实现本地化的设置。它的格式为:

setlocale（目录，本地化值）

（1）目录是指 6 个不同的本地化目录,如表 8-4 所示。

表 8-4　本地化目录

目录	说明
LC_ALL	为后面其他的目录设定本地化规则的目录
LC_COLLATE	字符串对比目录
LC_CTYPE	字母划类和规则
LC_MONETARY	货币表示规则
LC_NUMERIC	数字表示规则
LC_TIME	日期和时间表示规则

由于这里要对日期时间进行本地化设置,需要使用到的目录是 LC_TIME。下面案例对日期时间本地化进行讲解。

（2）本地化值，是一个字符串，它有一个标准格式：language_COUNTRY.characterset。例如，如果想把本地化设为美国，按照此格式为 en_US.utf8；如果想把本地化设为英国，按照此格式为 en_GB.utf8；如果想把本地化设为中国，且为简体中文，按照此格式为 zh_CN.gb2312，或者 zh_CN.utf8。

【例 8.6】（实例文件：ch08\8.6.php）

```
<HTML>
<HEAD>
    <TITLE>显示本地化日期和时间</TITLE>
</HEAD>
<BODY>
<?php date_default_timezone_set("PRC");
    date_default_timezone_set("Asia/Hong_Kong");
    setlocale(LC_TIME, "zh_CN.gb2312");
    echo strftime("%z");
?>
</BODY>
</HTML>
```

运行结果如图 8-6 所示。

图 8-6　程序运行结果

【案例分析】

（1）date_default_timezone_set("Asia/Hong_Kong")设定时区为中国时区。

（2）setlocale()设置时间的本地化显示方式为简体中文方式。

（3）strftime("%z")返回所在时区，其在页面显示为简体中文方式。

8.2.8　将日期和时间解析为 UNIX 时间戳

使用给定的日期和时间，操作 mktime()函数可以生成相应的 UNIX 时间戳。它的格式为：

mktime（小时，分钟，秒，月份，日期，年份）

在相应的时间和日期的部分输入相应位置的参数，即可得到相应的时间戳。下面的例子介绍此函数的应用方法和技巧。

【例 8.7】（实例文件：ch08\8.7.php）

```
<HTML>
<HEAD>
    <TITLE></TITLE>
</HEAD>
<BODY>
  <?php
    $timestamp = mktime(0,0,0,3,31,2012);
    echo $timestamp;
  ?>
</BODY>
</HTML>
```

运行结果如图 8-7 所示。

图 8-7　程序运行结果

其中 mktime(0,0,0,3,31,2012)使用的时间是 2012 年 3 月 31 日 0 点整。

8.2.9　日期时间在 PHP 和 MySQL 数据格式之间转换

日期和时间在 MySQL 中的存储是按照 ISO8601 格式存储的。这种格式要求以年份打头，如 2012-03-08。从 MySQL 读取的默认格式也是这种格式。这种格式对于我们中国人是比较熟悉的。这样在中文应用中，几乎可以不用转换，就直接使用这种格式。

但是，在西方的表达方法中经常把年份放在月份和日期的后面，如 March 08, 2012。所以，在接触到国际，特别是符合英语使用习惯的项目时，需要把 ISO8601 格式的日期时间进行合适的转换。

为了解决这个英文使用习惯和 ISO8601 格式冲突的问题，MySQL 提供了把英文使用习惯的日期时间转换为符合 ISO8601 标准的两个函数，它们分别是 DATE_FOMAT() 和 UNIX_TIMESTAMP()。这两个函数在 SQL 语言中使用。它们的具体用法将在介绍 MySQL 的部分详述。

8.3 实战演练 1——比较两个时间的大小

具有一定形式或者不同的格式的两个时间日期进行比较，都是不方便的。最为方便的方法是把所有格式的时间都转换为时间戳，然后比较时间戳的大小。

下面通过例子来比较两个时间的大小。

【例 8.8】（实例文件：ch08\8.8.php）

```
<HTML>
<HEAD>
    <TITLE></TITLE>
</HEAD>
<BODY>
  <?php
    $timestampA = mktime(0,0,0,3,31,2012);
    $timestampB = mktime(0,0,0,1,31,2012);
    if($timestampA > $timestampB ){
        echo "2012 年三月的时间戳数值大于 2012 年一月的。";
    }elseif( $timestampA < $timestampB ){
        echo "2012 年三月的时间戳数值小于 2012 年一月的。";
    }else{
        echo "两个时间相同。";
    }
  ?>
</BODY>
</HTML>
```

运行结果如图 8-8 所示。

图 8-8　程序运行结果

8.4 实战演练 2——实现倒计时功能

对于未来的时间点实现倒计时。其实就是使用现在的时间戳和未来的时间点进行比较和运算。

下面通过案例来介绍如何实现倒计时功能。

【例 8.9】（实例文件：ch08\8.9.php）

```
<HTML>
<HEAD>
    <TITLE></TITLE>
</HEAD>
<BODY>
  <?php
    $timestampfuture = mktime(0,0,0,05,01,2012);
    $timestampnow = mktime();
    $timecount = $timestampfuture - $timestampnow;
    $days = round($timecount/86400);
    echo "今天是".date('Y F d')." ,距离 2012 年 5 月 1 号的时间戳，还有".$days."天。";
  ?>
</BODY>
</HTML>
```

运行结果如图 8-9 所示。

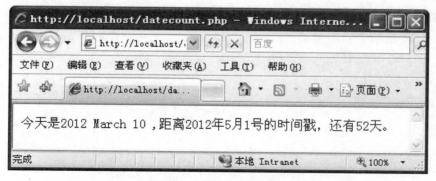

图 8-9　程序运行结果

【案例分析】

（1）mktime()不带任何参数，所生成的时间戳是当前时间的时间戳。

（2）$timecount 是现在的时间戳，距离未来时间点的时间戳的秒数。

（3）round($timecount/86400)，其中 86400 为一天的秒数，$timecount/86400 得到天数，round()函数取约数，得到天数。

8.5　高手私房菜

技巧 1：如何使用微妙单位？

有些时候，某些应用要求使用比秒更小的时间单位来表明时间。例如在一段测试程序中，可能要使用到微秒级的时间单位来表明时间。如果需要微秒只需要使用函数 microtime(true)。
例如：

```
<?php
$timestamp = microtime(true);
echo $timestamp;
?>
```

返回的结果为"1315560215.7656"。现在的时间戳精确到小数点后 4 位。

技巧 2：定义时间和日期时出现警告怎么办？

在运行 PHP 程序中有时会出现这样的警告："PHP Warning: date(): It is not safe to rely on the system's timezone settings"等。出现上述警告是因为 PHP 所取的时间是格林威治标准时间，所以和用户当地的时间会有出入，由于格林威治标准时间和北京时间大概差 8 个小时左右，所以会弹出警告。可以使用下面方法中的任意一个来解决。

（1）在页头使用 date_default_timezone_set()设置默认时区为北京时间，即 <?php date_default_timezone_set("PRC"); ?>即可。

（2）在 php.ini 中设置 date.timezone 的值为 PRC，设置语句为"date.timezone=PRC"，同时取消这一行代码的注释，即去掉前面的分号即可。

第 9 章　面向对象和会话管理

面向对象是现在编程的主流，所以 PHP 也不例外。面向对象（object-oriented），不同于面向过程（process-oriented）。它用类、对象、关系、属性等一系列东西来提高编程的效率。它主要的特性是可封装性、可继承性和多态性。本章节主要讲述面向对象的相关知识和会话管理的方法。

9.1　类和对象的介绍

面向对象编程的主要好处就是把编程的重心从处理过程转移到了对现实世界实体的表达。这十分符合人们的普通思维方法。

类（classes）和对象（objects）并不难理解。试想一下，在日常生活中，自然人对事物的认识，一般是由看到的、感受到的实体（日常生活中的吃穿住用）来归纳出或者抽象出它们的类。例如，当看到楼下停的汽车中都是 Polo 或 QQ 的时候，人们自然会想到，这些都是"两厢车"；当衣柜里到处都是 Nike、Addidas 的时候，人们同样会想到，这些都是"运动装"。"两厢车"、"运动装"就是抽象出的类。这就是人们认识世界的过程。

然而程序编写者需要在计算机的世界中再造一个虚拟的"真实世界"。那么，在这里程序员就要像"造物主"一样思考，就是要先定义"类"，然后再由"类"产生一个个"实体"，也就是一个个"对象"。

过年的时候，有的地方要制作"点心"，点心一般会有鱼、兔、狗等生动的形状，而这些不同的形状是由不同的"模具"做出来的。那么，在这里，鱼、兔、狗等一个个不同的点心就是实体，则最先刻好的"模具"就是类。要明白一点，这个"模具"指的是被刻好的"形状"，而不是制作"模具"的材料。如果你能像造物主一样用意念制作出一个个点心，那么，你的意念的"形状"就是"模具"。

OOP 是 object-oriented programming（面向对象编程）的缩写。对象（object）在 OOP 中是由属性和操作组成的。属性（attributes）就是对象的特性或者是与对象关联的变量。操作（operation）就是对象中的方法（method）或函数（function）。

由于 OOP 中最为重要的特性之一就是可封装性，所以对 object 内部数据的访问，只能通过对象的"操作"来完成，这也称为对象的"接口"（interfaces）。

因为类是对象的模板，所以类描述了它的对象的属性和方法。

9.2 类的声明和实例生成

以下案例介绍类的声明和实例生成，案例中将描述在酒店订房的客人。

【例 9.1】（实例文件：ch10\9.1.php）

```php
<html>
<head>
<title>类的声明和实例的生成</title>
</head>
<body>
<?php
  class guests{
      private $name;
      private $gender;
      function setname($name){
          $this->name = $name;
      }
      function getname(){
          return $this->name;
      }
      function setgender($gender){
          $this->gender = $gender;
      }
      function getgender(){
          return $this->gender;
      }
  };
  $xiaoming = new guests;
  $xiaoming->setname("王小明");
  $xiaoming->setgender("男");

  $lili = new guests;
  $lili->setname("李莉莉");
  $lili->setgender("女");
  echo $xiaoming->getname()."\t".$xiaoming->getgender()."<br />";
  echo $lili->getname()."\t".$lili->getgender();
?>
</body>
</html>
```

运行结果如图 9-1 所示。

图 9-1　程序运行结果

【案例分析】

（1）用 class 关键字声明一个类，而这个类的名称是 guests。在大括号内写入类的属性和方法。其中$name 和$gender 为类 guests 的自有属性，用 private 关键字声明，也就是说只有在类内部的方法可以访问它们，类外部是不能访问的。

（2）setname()、getname()、setgender 和 getgender()就是类方法，它们可以对$name 和$gender 这两个属性进行操作。$this 是对类本身的引用，用 "->" 连接类属性，格式如，$this->name，$this->gender。

（3）之后用 new 关键字生成一个对象，格式为$object = new Classname;，它的对象名是$xiaoming。当程序通过 new 生成一个类 guests 的实例，也就是对象$xiaoming 的时候，对象$xiaoming 就拥有了类 guests 的所有属性和方法。然后就可以通过"接口"也就是这个对象的方法（也就是类的方法的拷贝）来对对象的属性进行操作。

（4）通过接口 setname($name)给实例$xiaoming 的属性$name 赋值为 XiaoMing，通过 setgender($gender)给实例$xiaoming 的属性$gender 赋值为 male。同样道理，通过接口操作了实例$lili 的属性。最后通过接口 getname()和 getgender()返回不同的两个实例的属性$name 和$gender，并且打印出结果。

9.3　访问修饰符

要提到的是，上面的例子中，在声明类的属性的时候前面都要有关键字 private，但是，同类的关键字还有 public 和 protected。那么它们之间有何不同？

它们都是访问修饰符，用来控制属性和方法的访问可见性，也就是能不能被访问，和在什么情况下被访问。

一般情况下，属性和方法的默认项是 public，这意味着属性和方法的各个项，从类的内部和外部都可以访问。

用关键字 private 声明的属性和方法，则只能从类的内部访问，也就是，只有类内部的方法可以访问用此关键字声明的类的属性和方法。

用关键字 protected 声明的属性和方法，也是只能从类的内部访问，但是，通过"继承"而产生的"子类"，也是可以访问这些属性和方法的。

9.4 构造函数

上面的例子中，对实例$xiaoming 的属性$name 进行赋值，还需要通过使用接口 setname（$name）进行操作，如$xiaoming->setname("XiaoMing")。如果想在生成实例$xiaoming 的同时就对此实例的属性$name 进行赋值，该怎么办呢？

这时就需要构造函数"__construct()"了。这个函数的特性是，当通过关键字 new 生成实例的时候，它就会被调用执行。

它的用途就是经常对一些属性进行初始化，也就是给一些属性进行初始化的赋值。

以下案例介绍构造函数的使用方法和技巧。

【例 9.2】（实例文件：ch10\9.2.php）

```php
<html>
<head>
<title> 构造函数</title>
</head>
<body>
<?php
    class guests{
        private $name;
        private $gender;
        function __construct($name,$gender){
            $this->name = $name;
            $this->gender = $gender;
        }
        function getname(){
            return $this->name;
        }
        function getgender(){
            return $this->gender;
        }
    };
    $xiaoming = new guests("赵大勇","男");
    $lili = new guests("方芳芳","女");
    echo $xiaoming->getname()."\t".$xiaoming->getgender()."<br />";
    echo $lili->getname()."\t".$lili->getgender();
?>
</body>
</html>
```

运行结果如图 9-2 所示。

图 9-2 程序运行结果

要记住的是，构造函数是不能返回值的。

有构造函数，就有"析构函数"（destructor）。它是在对象被销毁的时候被调用执行的。但是因为 PHP 在每个请求的最终都会把所有资源释放，所以析构函数的意义是有限的。不过，它在执行某些特定行为时还是有用的，如在对象被销毁时清空资源或者记录日志信息。

以下两种情况 destructor 可能被调用执行。

（1）代码运行时，当所有的对于某个对象的 reference（引用）被毁掉的情况下。

（2）当代码执行到最终，并且 PHP 停止请求的时候，调用 destructor 函数。

9.5 访问函数

另外一个很好用的函数是访问函数（accessor）。由于 OOP 思想并不鼓励直接从类的外部访问类的属性，以强调封装性，所以可以使用 __get 和 __set 函数来达到此目的，也就是所说的访问函数。无论何时，类属性被访问和操作，访问函数都会被激发。通过使用它们，可以避免直接对类属性的访问。

以下案例介绍访问函数的使用方法和技巧。

【例 9.3】（实例文件：ch10\9.3.php）

```
<html>
<head>
<title> 访问函数</title>
</head>
<body>
<?php
  class guests{
    public $property;
    function __set($propName,$propValue){
        $this->$propName = $propValue;
    }
    function __get($propName){
        return $this->$propName;
```

```
        }
    };
    $xiaoshuai = new guests;
    $xiaoshuai->name = "刘小帅";
    $xiaoshuai->gender = "男性";
    $dingdang = new guests;
    $dingdang->name = "丁叮当";
    $dingdang->gender = "女性";
    $dingdang->age = 28;
    echo $xiaoshuai->name." 是 ".$xiaoshuai->gender."<br />";
    echo $dingdang->name." 是一位 ".$dingdang->age." 岁 ".$dingdang->gender."<br />";
?>
</body>
</html>
```

运行结果如图 9-3 所示。

图 9-3 程序运行结果

【案例分析】

（1）$xiaoshuai 为类 guest 的实例。直接添加属性 name 和 gender，并且赋值。如 $xiaoshuai->name = "刘小帅"; $xiaoshuai->gender = "男性";，此时，类 guest 中的__set 函数被调用。$dingdang 实例为同样的过程。另外，$dingdang 实例添加了一个对象属性 age。

（2）echo 命令中使用到的对象属性，如$xiaoshuai->name 等，则是调用了类 guest 中的__get 函数。

【讲解知识点】

此例中，__set 函数的格式为：

```
function __set($propName,$propValue){
        $this->$propName = $propValue;
}
```

__get 函数的格式为：

```
function __get($propName){
        return $this->$propName;
}
```

其中，$propName 为"属性名"，$propValue 为"属性值"。

9.6 类的继承与接口

继承（inheritance）是 OOP 中最重要的特性与概念。父类拥有其子类的公共属性和方法。子类除了拥有父类具有的公共属性和方法以外，还拥有自己独有的属性和方法。

PHP 使用关键字 extends 来确认子类和父类，实现子类对父类的继承。

以下实例通过酒店不同类型房间之间的关系来介绍类之间的继承关系，其中还涉及接口和访问修饰符的使用，具体操作步骤如下。

【例 9.4】（实例文件：ch10\9.4.php）

```
<html>
<head>
<title> 类的继承与接口</title>
</head>
<body>
<?php
  class roomtypes{
    public $customertype;
        private $hotelname="GoodHome";
    protected $roomface="适合所有人";
    function __construct(){
      $this->customertype="everyonefit";
    }
    function telltype(){
      echo "此房间类型为".$this->customertype."。<br />";
    }
    function hotelface(){
      echo "此房间".$this->roomface."。<br />";
    }
    final function welcomeshow(){
      echo "欢迎光临".$this->hotelname."。<br />";
    }
  }
  class nonviproom extends roomtypes{
    function __construct(){
```

```php
        $this->customertype="nonvip";
    }
      function telltype(){
       echo "此".__CLASS__."房间类型为".$this->customertype."。<br />";
    }
    function hotelface(){
        echo "此房间不是".$this->roomface."。<br />";
    }
}
class viproom extends roomtypes implements showprice{

    function __construct(){
      $this->customertype="vip";
    }

    function showprice(){
            if(__CLASS__ == "superviprooms"){
                echo "价格高于 500 元。<br />";
         }else{
                echo "价格低于 500 元。<br />";
         }
    }
}
final class superviprooms implements showprice,showdetail{
    function showprice(){
            if(__CLASS__ == "superviprooms"){
                echo "价格高于 500 元。<br />";
         }else{
                echo "价格低于 500 元。<br />";
         }
    }
    function showdetail(){
            if(__CLASS__ == "superviprooms"){
                echo "超级 vip 客户可以使用会员卡取得优惠。<br />";
            }else{
                echo "普通客户与 vip 客户不能使用会员卡。<br />";
          }
    }
}
interface showprice{
     function showprice();
}
interface showdetail{
```

```
        function showdetail();
    }
    $room2046 = new roomtypes();
    $room2046->telltype();
    $room2046->hotelface();
    $room2046->welcomeshow();
    $room307 = new nonviproom();
    $room307->telltype();
    $room307->hotelface();
    $roomv2 = new viproom();
    $roomv2->telltype();
    $roomv2->showprice();
    $roomsuperv3 = new superviprooms();
    $roomsuperv3->showprice();
    $roomsuperv3->showdetail();
?>
</body>
</html>
```

运行结果如图 9-4 所示。

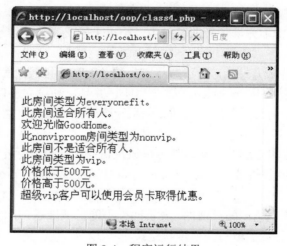

图 9-4　程序运行结果

【案例分析】

（1）类 roomtypes 拥有类属性$customertype、$hotelname、$roomface。类 roomtypes 的构造函数给类属性 $customertype 赋值为"everyonefit"。类方法有 telltype()、hotelface()、welcomeshow()。

（2）类 nonviproom 使用 extends 关键字继承了类 roomtypes。此时 roomtypes 为 nonviproom 的父类，而 nonviproom 为 roomtypes 的子类，并拥有类 roomtypes 的所有属性和方法。

（3）类 nonviproom 为了区别于 roomtypes，对其所继承的属性和方法进行了"覆写"（overriding）。继承的类属性$customertype 被重新赋值为"nonvip"。类方法 telltype()和 hotelface()被重新定义。__CLASS__变量指代当前类的名称。

（4）类 viproom 同样继承了类 roomtypes。它们之间也形成了子类与父类的关系。同时，类 viproom 还通过 implements 关键字使用了接口（interface）showprice。类 viproom 重新为继承的类属性$customertype 赋值为"vip"，并且定义了接口函数 showprice()。

（5）类 superviprooms 直接声明且继承了 showprice 和 showdetail 这两个接口，并且定义了接口函数 showprice()和 showdetail()。

（6）通过关键字 interface 声明接口 showprice 和 showdetail，并且定义了接口函数 showprice()和 showdetail()。

（7）类 roomtypes 的类属性$hotelname 的值为"GoodHome"，访问可见性为 private。所以它的子类 nonviproom 和 viproom 都无法访问此属性。类 roomtypes 属性$roomface 的值为"适合所有人"，访问可见性为 protected。所以它的子类都可以访问。其子类 nonviproom 就通过 hotelface()方法对此属性进行了访问。

（8）最后通过 new 关键字生成类实例$room2046、$room307、$roomv2、$roomsuperv3，再通过 "->" 直接调用实例中的类方法。

【讲解知识点】

（1）在 PHP 中类的继承只能是单独继承，即由一个父类（基类）继承下去，而且可以一直继承下去。PHP 不支持多方继承，即不能由一个以上的父类进行继承，如类 C 不能同时继承类 A 和类 B。

（2）由于 PHP 支持多方继承，为了对特定类的功能进行拓展，就可以使用接口来实现类似于多方继承的好处。接口用 interface 关键字声明，并且单独设立接口方法。

（3）一个类可以继承于一个父类，同时使用一个或多个接口。类还可以直接继承于某个特定的接口。

（4）类、类的属性和方法的访问，都可以通过访问修饰符进行控制。放在属性和类的前面则表示，public 为公共属性或方法，private 有自有属性或方法，protected 为可继承属性或方法。

（5）关键字 final 放在特定的类前面，表示此类不能再被继承。final 放在某个类方法前面，表示此方法不能在继承后被"覆写"或重新定义。

9.7 错误处理

错误处理也叫异常处理。通过使用 try…throw…catch 结构和一个内置函数 Exception()来抛出和处理错误或异常。

下面通过打开文件的实例介绍异常的处理方法和技巧。

【例 9.5】（实例文件：ch10\9.5.php）

```
<html>
```

```
<head>
<title> 类的继承与接口</title>
</head>
<body>
<?php
 $DOCUMENT_ROOT = $_SERVER['DOCUMENT_ROOT'];
 @$fp = fopen("$DOCUMENT_ROOT/book.txt",'rb');
 try{
    if (!$fp){
       throw new Exception("文件路径有误或找不到文件。");
    }
 }catch(Exception $exception){
    echo $exception->getMessage();
   echo "在文件". $exception->getFile()."的".$exception->getLine()."行。<br />";
 }
 @fclose($fp);
?>
</body>
</html>
```

运行结果如图 9-5 所示。

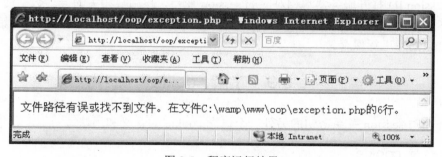

图 9-5　程序运行结果

【案例分析】

（1）fopen()函数打开"$DOCUMENT_ROOT/book.txt"文件进行读取，但是由于"book.txt"文件不存在，则$fp 为 false。

（2）try区块判断$fp 为 false 时，抛出一个意外。此意外直接通过new关键字生成Exception()类的实例。异常信息是传入参数定义的"文件路径有误或找不到文件。"。

（3）catch区块通过处理传入的 Exception()类实例，显示出错误信息、错误文件、错误发生行。这些是通过直接调用 Exception()类实例$exception 的内置类方法获得。错误信息由getMessage()生成，错误文件由 getFile()生成，错误发生行由 getLine()生成。

（4）@fclose()和 @$fp= fopen()中的"@"表示，屏蔽此命令的执行中产生的错误信息。

9.8 认识 Session

下面介绍 Session 的一些基本概念和使用方法。

9.8.1 什么是 session 控制

由于 HTTP 是无状态协议，即 HTTP 的工作过程是请求与回应的简单过程，所以 HTTP 没有一个内置的方法来存储在这个过程中各方的状态。例如，当同一个用户向服务器发出两个不同的请求，虽然服务器段都会给予相应的回应，但是它并没有办法知道这两个动作是由同一个用户发出的。

由此，会话（session）管理应运而生。通过使用一个会话，程序可以跟踪用户的身份和行为，并且根据这些状态数据，给用户以相应的回应。

9.8.2 session 基本功能

在 PHP 中，每一个 session 都有一个 ID。这个 session ID 是一个由 PHP 随机生成的加密数字。这个 session ID 通过 cookie 存储在客户端浏览器当中，或者直接通过 URL 传递到客户端，如果在某个 URL 后面看到一长串加密的数字，这很有可能就是 session ID 了。

session ID 就像是一把钥匙用来注册到 session 变量中。而这些 session 变量是存储在服务器端的。session ID 是客户端唯一存在的会话数据。

使用 session ID 打开服务器端相对应的 session 变量，跟用户相关的会话数据便一目了然。默认情况下，在服务器端的 session 变量数据是以文件的形式加以存储的，但是会话变量数据也经常通过数据库进行保存。

9.9 了解 cookie

下面介绍与 session 关系密切的另外一个概念 cookie 的含义和用法。

9.9.1 什么是 cookie

cookie 的英文原意是小甜饼的意思。顾名思义，cookie 是一段可以存储在客户端的小段信息。

可以通过 header 以如下格式在客户端生成 cookie：

```
set-cookie:NAME = VALUE;[expires=DATE;][path=PATH;][domain=DOMAIN_NAME;] [secure]
```

NAME 为 cookie 的名称，VALUE 为 cookie 的值，expires=DATE 为到期日，path=PATH;domain=DOMAIN_NAME;为与某个地址相对应的路径和域名，secure 表示 cookie 不能通过单一的 HTTP 连接传递。

cookie 的工作原理是：当一个客户端浏览器连接到一个 URL，它会首先扫描本地存储的 cookie，如果发现其中有和此 URL 相关联的 cookie，将会把它们返回给服务器端。

9.9.2 用 PHP 设置 cookie

在 PHP 中，如果手工设置 cookie，可以使用 setcookie()函数。它的格式如下：

setcookie（名称，cookie 值，到期日，路径，域名，secure）

其中的参数与 set-cookie 中的参数意义相同。

设置 cookie 还可以使用 header()函数，使用 set-cookie 设置，但是这个 cookie header 一定要放在其他 header 之前。

9.9.3 cookie 与 session

在浏览器中，有些用户处于安全性的考虑，关闭了其浏览器的 cookie 功能。cookie 将不能正常工作。

使用 session 可以不需要手动设置 cookie，PHP session 可以自动处理。可以使用会话管理，及 PHP 中的 session_get_cookie_params（）函数来访问 cookie 的内容。这个函数将返回一个数组，包括 cookie 的生存周期、路径、域名、secure 等。它的格式为：

session_get_cookie_params（生存周期，路径，域名，secure）

9.9.4 在 cookie 或 URL 中存储 session ID

PHP 默认情况下会使用 cookie 来存储 session ID。但是如果客户端浏览器不能正常工作，就需要用 URL 方式传递 session ID 了。如果在 php.ini 中的 session.use_trans_sid 设置为启用的状态，就可以自动通过 URL 来传递 session ID 了。

不过通过 URL 传递 session ID 会产生一些安全问题。如果这个连接被其他用户拷贝并使用，有可能造成用户判断的错误。其他用户可能使用 session ID 访问目标用户的数据。

或者可以通过程序把 session ID 存储到常量 SID 中，然后通过一个连接传递。

9.10 会话管理

下面介绍有关会话管理的基本操作。

9.10.1 创建会话

有两个方式创建会话：一个是使用函数 session_start()函数；另一个是设定 PHP 在客户访问站点的时候自动创建一个会话。

1. 关于使用 session_start()函数

这个函数首先会检查当前是否已经存在一个会话,如果不存在,它将创建一个全新的会话，并且这个会话可以访问超全局变量$_SESSION 数组。如果已经有一个存在的会话，函数会直接使用这个会话，加载已经注册过的会话变量，加以使用。

这个函数应该放在要使用 session 的程序的开头。如果,不是放在开头,原有 session 数据将无法使用。

2．关于 PHP 自动创建

完成这一操作可以在 php.ini 中设定 session.auto_start 为启用。但是使用这种方法的同时，不能把 session 变量对象化，应定义此对象的类，必须在创建会话之前加载，然后新创建的会话才能加载此对象。

9.10.2 注册会话变量

通过对$_SESSION 数组赋值来注册会话变量，如$_SESSION['name']= 'xiaoli'。这个会话变量值会在此会话结束或是被注销后失效。或者还会根据 php.ini 中的 session.gc_maxlifetime（当前系统设置的 1440 秒，也就是 24 小时）会话最大生命周期数，过期而失效。

9.10.3 使用会话变量

使用会话变量，首先要使用 session_start()函数，加载当前 session 或创建一个新 session。然后访问超全局变量$_SESSION 数组，使用变量数据。

但是在访问$_SESSION 数组前，先要使用 isset()或 empty()来确定$_SESSION 中会话变量是否设置。

9.10.4 注销会话变量和销毁 session

注销会话变量使用 unset()函数就可以，如 unset($_SESSION['name'])。不再需要使用 PHP4 中的 session_unregister()或 session_unset()。

如果要注销所有会话变量，只需要向$_SESSION 赋值一个空数组就可以了，如$_SESSION = array()。

注销完成后，使用 session_destory()销毁会话即可，其实就是清除相应的 sessionID。

9.11 实战演练——会话管理的综合应用

下面通过一个综合案例，讲述会话管理的综合应用。

01 在网站根目录下建立一个文件夹，命名为 session。

02 在 session 文件夹下建立 opensession.php，输入以下代码并保存。

```
<html>
<head>
<title> 类的继承与接口</title>
</head>
<body>
<?php
  session_start();
  $_SESSION['name'] = "王小明";
```

```
echo "会话变量为:".$_SESSION['name'];
?>
<a href='usesession.php'>下一页</a>
</body>
</html>
```

03 在 session 文件夹下建立 usesession.php，输入以下代码并保存。

```
<html>
<head>
<title> 类的继承与接口</title>
</head>
<body>
<?php
  session_start();
  echo "会话变量为:".$_SESSION['name']."<br />";
  echo $_SESSION['name'].",你好。";
?>
<a href='closesession.php'>下一页</a>
</body>
</html>
```

04 在 session 文件夹下建立 closesession.php，输入以下代码并保存。

```
<html>
<head>
<title> 类的继承与接口</title>
</head>
<body>
<?php
  session_start();
  unset($_SESSION['name']);
  if (isset($_SESSION['name'])){
      echo "会话变量为:".$_SESSION['name'];
  }else{
      echo "会话变量已注销。";
  }
  session_destroy();
?>
</body>
</html>
```

05 运行 opensession.php 文件，结果如图 9-6 所示。
06 单击页面中的"下一页"链接，运行结果如图 9-7 所示。

图 9-6　程序运行结果

图 9-7　程序运行结果

07 单击页面中的"下一页"链接，运行结果如图 9-8 所示。

图 9-8　程序运行结果

9.12　高手私房菜

技巧 1：什么是 PHP 的异常？

异常是 PHP5 提供的一种新的面向对象的错误处理方法。它用于在指定的错误（异常）情况发生时改变脚本的正常流程。

当异常被触发时，通常会发生以下两种情况：当前代码状态被保存和代码执行被切换到预定义的异常处理器函数。

技巧 2：区别抽象类和类的不同之处。

抽象类是类的一种，通过在类的前面增加关键字 abstract 来表示。抽象类是仅仅用来继承的类。通过 abstract 关键字声明，就是告诉 PHP，这个类不再用于生成类的实例，仅仅是用来被其子类继承。可以说抽象类只关注于类的继承。抽象方法就是在方法前面添加关键字 abstract 声明的方法。抽象类中可以包含有抽象方法。一个类中只要有一个方法通过关键字 abstract 声明为抽象方法，则整个类都要声明为抽象类。然而，特定的某个类即便不含抽象方法，也可以通过 abstract 声明为抽象类。

第 10 章　PHP 与 Web 页面交互

　　PHP 是一种专门设计用于 Web 开发的服务器端脚本语言。从这个描述可以知道，PHP 要打交道的对象主要有服务器和基于 Web 的 HTML。使用 PHP 处理 Web 应用时，需要把 PHP 代码嵌入到 HTML 文件中。每次当这个 HTML 网页被访问的时候，其中嵌入的 PHP 代码就会被执行，并且返回给请求浏览器以生成好的 HTML。换句话说，在上述过程中，PHP 就是用来被执行且生成 HTML 的。本章节主要讲述 PHP 与 Web 页面的交互操作技术。

10.1　使用动态内容

　　为什么要使用动态内容呢？因为动态内容可以给网站使用者不同的和实时变化的内容，极大地提高了网站的可用性。如果 Web 应用都只是使用静态内容，则 Web 编程完全不用引入 PHP、JSP 和 ASP 等服务器端脚本语言了。通俗地说，使用 PHP 语言的主要原因之一，就是使用动态内容。

　　下面讲解使用动态内容的案例。此例中，在先不涉及变量和数据类型的情况下，将使用 PHP 中的一个内置函数来获得动态内容。此动态内容就是使用 date()函数获得 Web 服务器的时间。

【例 10.1】（实例文件：ch11\10.1.php）

```
<HTML>
<HEAD><h2>PHP Tells time. - PHP 告诉我们时间。</h2></HEAD>
<BODY>
    <?php date_default_timezone_set("PRC");
        echo "现在的时间为：";
        echo date("H:i:s Y m d");
    ?>
</BODY>
</HTML>
```

运行结果如图 10-1 所示。

过一段时间再次运行上述 PHP 页面，即可看到显示的内容发生了动态的变化，如图 10-2 所示。

图 10-1　程序运行结果

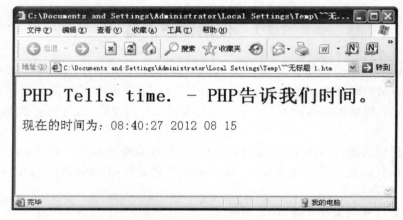

图 10-2　时间发生变化

【案例分析】

（1）"PHP Tells time. - PHP 告诉我们时间。"是 HTML 中的"<HEAD><h2>PHP Tells time. - PHP 告诉我们时间。</h2></HEAD>"所生成的。后面的"现在的时间为：08:38:54 2012 08 15"是由"<?php echo "现在的时间为：　"; echo date("H:i:s Y m d"); ?>"生成的。

（2）由于"现在的时间为：08:38:54 2012 08 15"是由 date()函数动态生成并且实时更新的，如果再次打开或刷新此文件的时候，PHP 代码将被再次执行，所输出的时间也会发生改变。

【讲解知识点】

此案例中通过 date()函数处理系统时间，得到动态内容。时间处理是 PHP 中一项重要的功能。

10.2　表单与 PHP

不管是一般的企业网站还是复杂的网络应用，都离不开数据的添加。通过 PHP 服务器端脚本语言，程序可以处理那些通过浏览器对 Web 应用进行数据调用或添加的请求。

回忆一下平常使用的网站数据输入功能，不管是 Web 邮箱，或是 QQ 留言，都经常要填一些表格，再由这些表格把数据发送出去。而完成这个工作的部件就是表单（form）。

虽然表单是 HTML 语言的东西，但是 PHP 与 form 变量的衔接是无缝的。PHP 关心的则是怎样获得和使用 form 中的数据。由于 PHP 功能强大，可以很轻松地对它们进行处理。

处理表单数据的基本过程是：数据从 Web 表单（form）发送到 PHP 代码，经过处理再生成 HTML 输出。它的处理原理是：当 PHP 处理一个页面的时候，会检查 URL、表单数据、上传文件、可用的 cookie、Web 服务器和环境变量。如果有可用的信息，就可以通过 PHP 访问自动全局变量数组$_GET、$_POST、$_FILES、$_COOKIE、$_SERVER 和$_ENV 得到。

10.3　表单设计

表单是一个比较特殊的组件。在 HTML 中有着比较特殊的功能与结构。下面了解一下表单的一些基本元素。

10.3.1　表单的基本结构

表单的基本结构，是由<form></form>标识包括的区域。例如：

```
<HTML>
<HEAD></HEAD>
<BODY>
<form action=" " method=" " enctype=" " >
    ……
</form>
</BODY>
</HTML>
```

其中，action 和 method 是<form >标识内必须包含的属性。action 指定数据所要发送的对象文件。method 指定数据传输的方式。在进行上传文件等操作时还要定义 enctype 属性指定数据类型。

10.3.2　文本框

文本框是 form 输入框中最为常见的一个。下面通过例子讲述文本框的应用方法。

01 在网站根目录下创建 phpform 文件夹，然后在其下创建文件 formdemo.html，代码如下。

```
<HTML>
```

```
<HEAD></HEAD>
<BODY>
<form action="formdemohandler.php" method="post">
  <h3>输入一个信息（比如名称）：</h3>
  <input type="text" name="name" size="10" />
</form>
</BODY>
</HTML>
```

02 在 phpform 文件夹下创建文件 formdemohandler.php，代码如下。

```
<HTML>
<HEAD></HEAD>
<BODY>
<?php
  $name = $_POST['name'];
  echo $name;
?>
</BODY>
</HTML>
```

运行 formdemo.html，结果如图 10-3 所示。

图 10-3　程序运行结果

【案例分析】

（1）<input type="text" name="name" size="10" />语句定义了 form 的文本框。定义一个输入框为文本框的必要因素为：

　　　　<input type="text" …… />

这样就定义了一个文本框，其他的属性则如例中一样，可以定义文本框的 name 属性，以确认此文本框的唯一性，size 属性以确认此文本框的长度。

（2）在 formdemohandler.php 文件中，使用了文本框的 name 值为"name"。

10.3.3 复选框

复选框可用于选择一项或多项。下面通过修改 formdemo 的例子加以说明。

01 在 phpform 文件夹下修改文件 formdemo.html 为如下代码。

```html
<HTML>
<HEAD></HEAD>
<BODY>
<form action="formdemohandler.php" method="post">
    <h3>输入一个信息（比如名称）：</h3>
    <input type="text" name="name" size="10" />
    <h3>确认此项（可复选）：</h3>
    <input type="checkbox" name="achecked" checked="checked" value="1" />
选择此项传递的 A 项的 value 值。
    <input type="checkbox" name="bchecked" value="2" />
选择此项传递的 B 项的 value 值。
    <input type="checkbox" name="cchecked" value="3" />
选择此项传递的 C 项的 value 值。
</form>
</BODY>
</HTML>
```

02 在 phpform 文件夹下修改文件 formdemohandler.php，其代码如下。

```php
<HTML>
<HEAD></HEAD>
<BODY>
<?php
    $name = $_POST['name'];
    if(isset($_POST['achecked'])){
       $achecked = $_POST['achecked'];
    }
    if(isset($_POST['bchecked'])){
    $bchecked = $_POST['bchecked'];
    }
    if(isset($_POST['cchecked'])){
    $cchecked = $_POST['cchecked'];
    }
    $aradio = $_POST['aradio'];
    $aselect = $_POST['aselect'];

    echo $name."<br />";
```

```
        if(isset($achecked) and $achecked == 1){
            echo "选项 A 的 value 值已经被正确传递。<br />";
        }else{
            echo "选项 A 没有被选择，其 value 值没有被传递。<br />";
        }
        if(isset($bchecked) and $bchecked == 2){
            echo "选项 B 的 value 值已经被正确传递。<br />";
        }else{
            echo "选项 B 没有被选择，其 value 值没有被传递。<br />";
        }
        if(isset($cchecked) and $cchecked == 3){
            echo "选项 C 的 value 值已经被正确传递。<br />";
        }else{
            echo "选项 C 没有被选择，其 value 值没有被传递。<br />";
        }
    ?>
    </BODY>
</HTML>
```

03 运行 formdemo.html，结果如图 10-4 所示。

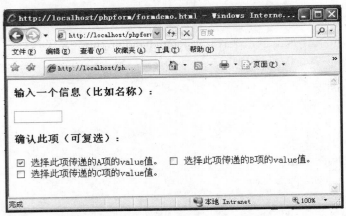

图 10-4 程序运行结果

【案例分析】

（1）<input type="checkbox" name="inputchecked" checked="checked" value="1" />语句定义了复选框。定义一个 input 标识为复选框时需指定类型为 checkbox：

```
<input type="checkbox" …… />
```

定义为复选框之后，还需要定义复选框的 name 属性，以确定在服务器端程序的唯一性；value 属性是确定此复选框所要传递的值；checked 属性是确定复选框的默认状态，若为 checked 则是默认为选择，如果不定义此项，则默认为不选择。

（2）在 formdemohandler.php 文件中，使用了选项的 name 值分别为 achecked、bchecked、和 cchecked，并且根据 value 值作出判断。

10.3.4 单选按钮

下面通过案例来介绍如何使用单选按钮，仍然通过修改 formdemo 的例子加以说明，具体步骤如下。

01 在 phpform 文件夹下修改文件 formdemo.html，代码如下。

```
<HTML>
<HEAD></HEAD>
<BODY>
<form action="formdemohandler.php" method="post">
……
    <h3>单选一项：</h3>
    <input type="radio"    name="aradio" value="a1" />蓝天
    <input type="radio"    name="aradio" value="a2" checked="checked" />白云
    <input type="radio"    name="aradio" value="a3" />大海
</form>
</BODY>
</HTML>
```

02 在 phpform 文件夹下修改文件 formdemohandler.php，代码如下。

```
<HTML>
<HEAD></HEAD>
<BODY>
<?php
……
    $aradio = $_POST['aradio'];

    echo $name;
……
    if(isset($achecked) and $cchecked == 3){
        echo "选项 C 的 value 值已经被正确传递。<br />";
    }else{
        echo "选项 C 没有被选择，其 value 值没有被传递。<br />";
    }
    if($aradio == 'a1'){
        echo "蓝天";
    }else if($aradio == 'a2'){
        echo "白云";
    }else{
```

```
    echo "大海";
  }
?>
</BODY>
</HTML>
```

03 运行 formdemo.html，结果如图 10-5 所示。

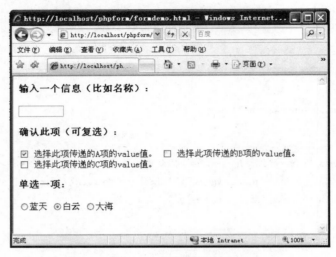

图 10-5　程序运行结果

【案例分析】

（1）<input type="radio" name="aradio" value="a1" />语句定义了单选按钮的一个按钮。后面的 <input type="radio" name="aradio" value="a2" checked="checked" /> 和 <input type="radio" name="aradio" value="a3" />定义了另外的两个。

定义一个 input 标识为单选按钮时需指定类型为 radio：

```
<input type="radio" …… />
```

定义为单选按钮之后，还需要定义单选按钮的 name 属性，以确定在服务器端程序的唯一性；value 属性是确定此单选按钮所要传递的值；checked 属性是确定单选按钮的默认状态，若为 checked 则是默认为选择，如果不定义此项，默认为不选择。

（2）在 formdemohandler.php 文件中，则使用了单选按钮的 name 值为 aradio。然后 if 语句通过对 aradio 传递的不同的值，作出判断，打印不同的值。

10.3.5　下拉列表框

下面通过案例来介绍下拉列表框的使用方法和技巧。仍然通过修改 formdemo 的例子加以说明。

01 在 phpform 文件夹下修改文件 formdemo.html，添加代码如下。

```html
<HTML>
<HEAD></HEAD>
<BODY>
<form action="formdemohandler.php" method="post">
……
    <h3>在下拉菜单中一项：</h3>
    <select name="aselect" size="1">
        <option value="hainan">海南</option>
        <option value="qingdao" selected>青岛</option>
        <option value="beijing">北京</option>
        <option value="xizang">西藏</option>
    </select>
</form>
</BODY>
</HTML>
```

02 在phpform文件夹下修改文件formdemohandler.php，代码如下。

```php
<HTML>
<HEAD></HEAD>
<BODY>
<?php
……
    $aselect = $_POST['aselect'];

    echo $name."<br />";
……
    }else{
        echo "大海";
    }

    if($aselect == 'hainan'){
        echo "海南";
    }else if($aselect == 'qingdao'){
        echo "青岛";
    }else if($aselect == 'beijing'){
        echo "北京";
    }else{
        echo "西藏";
    }

?>
</BODY>
```

</HTML>

03 运行 formdemo.html，结果如图 10-6 所示。

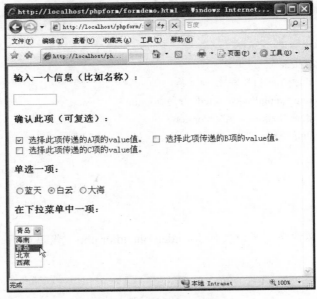

图 10-6　程序运行结果

【案例分析】

（1）下拉列表框是通过<select></select>标识表示的。而下拉列表框当中的选项是通过包含在其中的<option></option>标识表示的。<select>标识中 name=""定义下拉列表框的 name 属性，以确认它的唯一性。<option>标识中 value=""定义需要传递的值。

（2）在 formdemohandler.php 文件中，使用了选项的 name 值为"aselect"。然后 if 语句通过对 aradio 传递的不同的值，作出判断，打印不同的值。

10.3.6　重置按钮

重置按钮用来重置所有的表单输入的数据。重置按钮的使用，仍然通过修改 formdemo 的例子加以说明。

01 在文件夹下修改文件 formdemo.html，代码如下。

```
<HTML>
<HEAD></HEAD>
<BODY>
<form action="formdemohandler.php" method="post">
……
    <h3>点击此按钮重置所有信息：</h3>
  <input type="RESET" value="重置">
```

```
</form>
</BODY>
</HTML>
```

02 运行 formdemo.html，结果如图 10-7 所示。

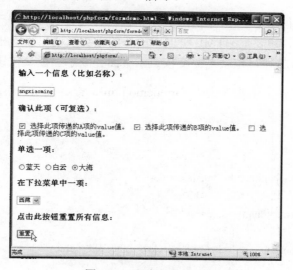

图 10-7 程序运行结果

03 单击"重置"按钮，页面中输入的所有数据被重置为默认值，如图 10-8 所示。

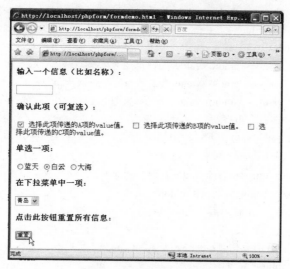

图 10-8 程序运行结果

【案例分析】

由<input type="reset" value="重置">语句可见，重置按钮是<input/>标识的一种。定义一个 input 标识为重置按钮的必要因素为：

```
<input type="reset" …… />
```

value 属性是按钮所显示的字符。

10.3.7 提交按钮

到现在为止，上面程序中 form 中的所有元素都已经设置完成，并且在相应的 PHP 文件中作出了处理。这个时候，想要把 HTML 页面中所有的数据发送出去给相应的 PHP 文件进行处理，就需要使用 submit 按钮，也就是提交按钮。下面完成添加提交按钮，并且提交数据。

01 在 phpform 文件夹下修改文件 formdemo.html，最终代码如下。

```
<HTML>
<HEAD></HEAD>
<BODY>
<form action="formdemohandler.php" method="post">
  <h3>输入一个信息（比如名称）：</h3>
  <input type="text" name="name" size="10" />
  <h3>确认此项（可复选）：</h3>
  <input type="checkbox" name="achecked" checked="checked" value="1" />
  选择此项传递的 A 项的 value 值。
  <input type="checkbox" name="bchecked"    value="2" />
  选择此项传递的 B 项的 value 值。
  <input type="checkbox" name="cchecked"    value="3" />
  选择此项传递的 C 项的 value 值。
   <h3>单选一项：</h3>
   <input type="radio"    name="aradio" value="a1" />蓝天
   <input type="radio"    name="aradio" value="a2" checked="checked" />白云
   <input type="radio"    name="aradio" value="a3" />大海
   <h3>在下拉菜单中一项：</h3>
     <select name="aselect" size="1">
         <option value="hainan">海南</option>
         <option value="qingdao" selected>青岛</option>
         <option value="beijing">北京</option>
         <option value="xizang">西藏</option>
     </select>
     <h3>点击此按钮重置所有信息：</h3>
   <input type="reset" value="重置" />
     <h3>点击此按钮提交所有信息到 formdemohandler.php 文件：</h3>
   <input type="submit" value="提交" />
</form>
</BODY>
</HTML>
```

02 在 phpform 文件夹下修改文件 formdemohandler.php，最终代码如下。

```php
<HTML>
<HEAD></HEAD>
<BODY>
<?php
  $name = $_POST['name'];
  if(isset($_POST['achecked'])){
      $achecked = $_POST['achecked'];
  }
  if(isset($_POST['bchecked'])){
  $bchecked = $_POST['bchecked'];
  }
  if(isset($_POST['cchecked'])){
  $cchecked = $_POST['cchecked'];
  }
  $aradio = $_POST['aradio'];
  $aselect = $_POST['aselect'];

  echo $name."<br />";

  if(isset($achecked) and $achecked == 1){
      echo "选项 A 的 value 值已经被正确传递。<br />";
  }else{
      echo "选项 A 没有被选择，其 value 值没有被传递。<br />";
  }
  if(isset($bchecked) and $bchecked == 2){
      echo "选项 B 的 value 值已经被正确传递。<br />";
  }else{
      echo "选项 B 没有被选择，其 value 值没有被传递。<br />";
  }
  if(isset($cchecked) and $cchecked == 3){
      echo "选项 C 的 value 值已经被正确传递。<br />";
  }else{
      echo "选项 C 没有被选择，其 value 值没有被传递。<br />";
  }

  if($aradio == 'a1'){
      echo "蓝天<br />";
  }else if($aradio == 'a2'){
      echo "白云<br />";
  }else{
```

```
        echo "大海<br />";
    }

    if($aselect == 'hainan'){
        echo "海南<br />";
    }else if($aselect == 'qingdao'){
        echo "青岛<br />";
    }else if($aselect == 'beijing'){
        echo "北京<br />";
    }else{
        echo "西藏";
    }
?>
</BODY>
</HTML>
```

03 运行 formdemo.html，结果如图 10-9 所示。

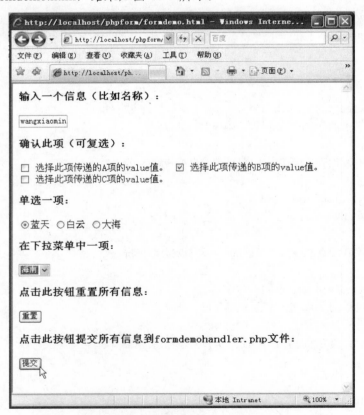

图 10-9　程序运行结果

04 单击"提交"按钮，页面跳转到 formdemohandler.php，输出结果如图 10-10 所示。

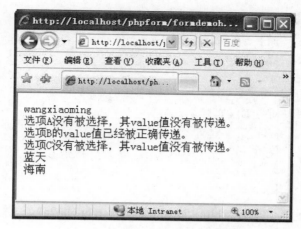

图 10-10　程序运行结果

10.4　传递数据的两种方法

数据传递的常用方法为 post 和 get 两种，下面介绍这两种方法的使用技巧。

10.4.1　用 post 方式传递数据

表单传递数据是通过 post 和 get 两种方式进行的。在定义表单的属性的时候，都要在 method 属性上定义使用哪种数据传递方式。

<form action="uri" method="post">定义了此表单在把数据传递给目标文件的时候，使用的是 post 方式。<form action="uri" method="get">则定义了此表单在把数据传递给目标文件的时候，使用的是 get 方式。

post 方式，是比较常见的表单提交方式。通过 post 方式提交的变量，不受特定的变量大小的限制，并且被传递的变量不会在浏览器地址栏里以 url 的方式显示出来。

10.4.2　用 get 方式传递数据

get 方式比较有特点。通过 get 方式提交的变量，有大小限制，不能超过 100 个字符。它的变量名和与之相对应的变量值都会以 url 的方式显示在浏览器地址栏里。所以，若传递大而敏感的数据，一般不使用此方式。

下面对此操作进行讲解，具体步骤如下。

01 在网站根目录下建立 getparam.php 文件，输入以下代码并保存。

```php
<?php
if(!$_GET['u'])
{
  echo '参数还没有输入。';
}else{
    $user=$_GET['u'];
```

```
    switch ($user){
        case 1:
            echo "用户是王小明";
             break;
        case 2:
            echo "用户是李丽丽";
             break;
    }
}
?>
```

02 在浏览器地址栏中输入"http://localhost/getparam.php?u",并按【Enter】键确认,运行结果如图 10-11 所示。

图 10-11　程序运行结果

03 在浏览器地址栏中输入"http://localhost/getparam.php?u=1",并按【Enter】键确认,运行结果如图 10-12 所示。

图 10-12　程序运行结果

04 在浏览器地址栏中输入"http://localhost/getparam.php?u=2",并按【Enter】键确认,运行结果如图 10-13 所示。

【案例分析】

（1）在 URL 中 get 方式通过"？"后面的数组元素的键名（这里是"u"）来获得元素值。

（2）对元素赋值，使用"="。

（3）使用 switch 条件语句作出判断并返回结果。

图 10-13　程序运行结果

10.5　PHP 获取表单传递数据的方法

如果表单使用 post 方式传递数据，则 PHP 要使用全局变量数组$_POST[]来读取所传递的数据。

表单中元素传递数据给$_POST[]全局变量数组，其数据以关联数组中的数组元素形式存在。以表单元素的名称属性为键名，以表单元素的输入数据或是传递的数据为键值。

比如上例中 formdemohandler.php 文件中"$name = $_POST['name'];"语句就是读取名为 name 的文本框中的数据。此数据是以 name 为键值，以文本框输入的数据为键值。

再如$achecked = $_POST['achecked']语句，读取名为 achecked 的复选框传递的数据。此数据是以 achecked 为键值，以复选框传递的数据为键值。

如果表单使用 get 方式传递数据，则 PHP 要使用全局变量数组$_GET[]来读取所传递的数据。与$_POST[]相同，表单中元素传递数据给$_GET[]全局变量数组，其数据以关联数组中的数组元素形式存在。以表单元素的名称属性为键名，以表单元素的输入数据或是传递的数据为键值。

10.6　PHP 对 URL 传递的参数进行编程

PHP 对 URL 中传递的参数进行编程，一可以实现对所传递数据的加密，二可以对无法通过浏览器进行传递的字符进行传递。实现此操作一般使用 urlencode()函数和 rawurlencode()函数。而对此过程的反向操作就是使用 urldecode()函数和 rawurldecode()函数。

下面对此操作进行讲解，具体步骤如下。

01　在网站根目录下建立 urlencode.php 文件，输入以下代码并保存。

```
<?php
$user = '王小明 刘晓莉';
$link1 = "index.php?userid=".urlencode($user)."<br />";
$link2 = "index.php?userid=".rawurlencode($user)."<br />";
echo $link1.$link2;
echo urldecode($link1);
echo urldecode($link2);
```

```
echo rawurldecode($link2);
?>
```

02 在浏览器地址栏中输入"http://localhost/urlencode.php",并按【Enter】键确认,运行结果如图 10-14 所示。

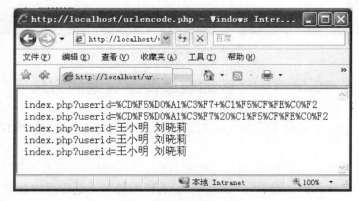

图 10-14　程序运行结果

【案例分析】

(1)在$link1 变量的赋值中,使用 urlencode()函数对一个中文字符串$user 进行编程。

(2)在$link2 变量的赋值中,使用 rawurlencode()函数对一个中文字符串$user 进行编程。

(3)这两种编程方式的区别在于对空格的处理,urlencode()函数将空格编程为"+",而 rawurlencode()函数将空格编程为"%20"加以表述。

(4)urldecode()函数实现对编程的反向操作。

10.7　实战演练——PHP 与 Web 表单的综合应用

下面介绍如何处理表单数据。此案例中将假设一名网络浏览者在某酒店网站上登记房间,具体步骤如下。

01 在网站根目录下建立一个 HTML 文件 form.html,输入以下代码并保存。

```
<HTML>
<HEAD><h2>GoodHome online booking form. - GoodHome 在线订房表。</h2></HEAD>
<BODY>
<form action="formhandler.php" method="post">
<table>
<tr bgcolor="#3399FF">
    <td>客人姓名:</td>
    <td><input type="text" name="customername" size="10" /></td>
</tr>
<tr bgcolor="#CCCCCC" >
```

```
        <td>到达时间:</td>
        <td><input type="text" name="arrivaltime" size="3" />天内</td>
    </tr>
    <tr bgcolor="#3399FF" >
        <td>联系电话:</td>
        <td><input type="text" name="phone" size="15" /></td>
    </tr>
    <tr bgcolor="#666666" >
        <td align="center"><input type="submit" value="确认订房信息" /></td>
    </tr>
    </table>
    </form>
    </BODY>
    </HTML>
```

02 在浏览器地址栏中输入"http://localhost/form.html",并按【Enter】键确认,运行结果如图 10-15 所示。

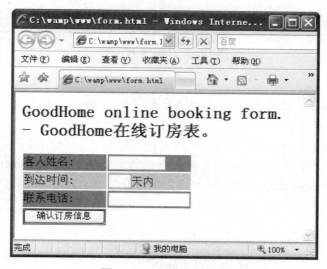

图 10-15 程序运行结果

03 在相同目录下建立一个 PHP 文件 formhandler.php,输入以下代码并保存。

```
<HTML>
<HEAD><h2>GoodHome booking info. - GoodHome 订房表确认信息。</h2></HEAD>
<BODY>
<?php
    $customername = $_POST['customername'];
    $arrivaltime = $_POST['arrivaltime'];
    $phone = $_POST['phone'];
```

```
        echo '<p>订房确认信息:</p>';
        echo '客人 '.$customername.' 您将会在 '.$arrivaltime.' 内到达。 您的联系电话是 '.$phone.'。';
    ?>
    </BODY>
</HTML>
```

04 回到浏览器中打开的 form.html 页面。在表单中输入数据。【客人姓名】为"王小明"、【到达时间】为"3"、【联系电话】为"1359XXXXX377"，单击【确认订房信息】按钮，浏览器会自动跳转到 formhandler.php 页面，显示结果如图10-16所示。

图10-16 程序运行结果

【案例分析】

（1）在 form.html 中的 form 通过 post 方法把 3 个"<input type="text" … />"中的文本数据发送给 formhandler.php。

（2）在 formhandler.php 中，先读取数组$_POST 中的具体变量$_POST ['customername']、$_POST['arrivaltime']、$_POST['phone']，并把它赋值给本地变量$customername、$arrivaltime、$phone。然后，通过 echo 命令使用本地变量，把信息生成 HTML 文档后输出给浏览器。

【讲解知识点】

要提到的是"echo '客人 '.$customername.'， 您将会在 '.$arrivaltime.' 天内到达。 您的联系电话是 '.$phone.'.';"中的"."是字符串连接操作符。它把不同部分的字符串连接在一起。在使用 echo 命令的时候经常会用到它。

10.8 高手私房菜

技巧1：使用 urlencode()和 rawurlencode()函数需要注意什么？

要注意的是，如果配合 JavaScript 处理页面的信息的话，调用 urlencode()函数后，"+"与 JavaScript 的冲突。由于 JavaScript 中"+"是字符串类型的连接操作符。JavaScript 处理 URL 时就无法识别其中的"+"。这时可以使用 rawurlencode()函数对其进行处理。

技巧 2：理解 get 和 post 的区别和联系。

（1）post 是向服务器传送数据；get 是从服务器上获取数据。

（2）post 是通过 HTTP post 机制，将表单内各个字段与其内容放置在 HTML HEADER 内一起传送到 ACTION 属性所指的 URL 地址。用户看不到这个过程。get 是把参数数据队列加到提交表单的 ACTION 属性所指的 URL 中，值和表单内各个字段一一对应，在 URL 中可以看到。

（3）对于 get 方式，服务器端用 Request.QueryString 获取变量的值；对于 post 方式，服务器端用 Request.Form 获取提交的数据。

（4）post 传送的数据量较大，一般默认为不受限制。但理论上，IIS4 中最大量为 80KB，IIS5 中为 100KB。get 传送的数据量较小，不能大于 2KB。

（5）post 安全性较高；get 安全性非常低，但是执行效率却比 post 方法好。

（6）在进行数据的添加、修改或删除时，建议用 post 方式；而在进行数据的查询时，建议用 get 方式。

（7）机密信息的数据，建议用 post 数据提交方式。

第 11 章 PHP 5 文件与目录操作

前面的表单章节中，已经实现了用 form 发送数据给 PHP，PHP 再处理数据并输出 HTML 给浏览器。在这样的一个流程里，数据会直接被 PHP 代码处理成 HTML。如果想把数据存储起来，并在需要的时候读取和处理，该怎么办呢？这就是本章需要解决的问题。在 PHP 开发网站的过程中，文件的操作大致分为对普通文本的操作和对数据库文件的操作。本章主要讲述如何对普通文件进行写入和读取、目录的操作、文件的上传操作等。

11.1 文件操作

在不使用数据库系统的情况下，数据可以通过文件来实现数据的存储和读取。这个数据存取的过程也是 PHP 处理文件的过程。这里涉及的文件是文本文件。

11.1.1 文件数据写入

对于一个文件的"读"或"写"操作，基本步骤如下。

01 打开文件。
02 从文件里读取数据，或者向文件内写入数据。
03 关闭文件。

打开文件的前提是，文件是存在的。如果不存在，则需要建立一个文件，并且在所在的系统环境中，代码应该对文件具有"读"或"写"的权限。

以下实例介绍 PHP 如何处理文件数据。在这个实例中需要把客人订房填写的信息保存到文件中，以便以后的使用。

【例 11.1】（实例文件：ch12\11.1.php 和 11.1.1.php）

01 在 PHP 文件同目录下建立一个文本名称 booked.txt，然后创建 11.1.php，代码如下。

```
<!DOCTYPE html PUBLIC "-//W3C//DTD XHTML 1.0 Transitional//EN" "http://www.w3.org/TR/xhtml1/DTD/xhtml1-transitional.dtd">
    <html xmlns="http://www.w3.org/1999/xhtml">
    <HEAD><meta http-equiv="Content-Type" content="text/html; charset=gb2312" /><h2>GoodHome 在线订房表（文件存储）。</h2></HEAD>
    <BODY>
    <form action="11.2.php" method="post">
```

```html
<table>
<tr bgcolor="#3399FF" >
    <td>客户姓名:</td>
    <td><input type="text" name="customername" size="20" /></td>
</tr>
<tr bgcolor="#CCCCCC" >
    <td>客户性别：</td>
    <td>
      <select name="gender">
         <option value="m">男</option>
         <option value="f">女</option>
        </select>
   </td>
</tr>
<tr bgcolor="#3399FF" >
    <td>到达时间:</td>
    <td>
      <select name="arrivaltime">
         <option value="1">一天后</option>
         <option value="2">两天后</option>
    <option value="3">三天后</option>
    <option value="4">四天后</option>
    <option value="5">五天后</option>
        </select>
   </td>
</tr>
<tr bgcolor="#CCCCCC" >
    <td>电话:</td>
    <td><input type="text" name="phone" size="20" /></td>
</tr>
<tr bgcolor="#3399FF" >
    <td>email:</td>
    <td><input type="text" name="email" size="30" /></td>
</tr>
<tr bgcolor="#666666" >
    <td align="center"><input type="submit" value="确认订房信息" /></td>
</tr>
</table>
</form>
</BODY>
</HTML>
```

02 在 11.1.php 文件的同目录下创建 11.2.php 文件，代码如下。

```php
<html>
<head>
<title> </title>
</head>
<body>
<?php
  $DOCUMENT_ROOT = $_SERVER['DOCUMENT_ROOT'];
  $customername = trim($_POST['customername']);
  $gender = $_POST['gender'];
  $arrivaltime = $_POST['arrivaltime'];
  $phone = trim($_POST['phone']);
  $email = trim($_POST['email']);

    if( $gender == "m"){
       $customer = "先生";
    }else{
       $customer = "女士";
    }

    $date = date("H:i:s Y m d");
    $string_to_be_added = $date."\t".$customername."\t".$customer." 将在 ".$arrivaltime." 天后到达\t 联系电话: ".$phone."\t Email: ".$email ."\n";
    $fp = fopen("$DOCUMENT_ROOT/booked.txt",'ab');
    if(fwrite($fp, $string_to_be_added, strlen($string_to_be_added))){
       echo $customername."\t".$customer." ,您的订房信息已经保存。我们会通过 Email 和电话和您联系。";
    }else{
       echo "信息存储出现错误。";
    }
    fclose($fp);
?>
</body>
</html>
```

03 运行 11.1.php 文件，最终效果如图 11-1 所示。

04 在表单中输入数据，【客户姓名】为"李莉莉"，【到达时间】为"三天后"，【电话】为"159XXXXX266"。单击【确认订房信息】按钮，浏览器会自动跳转到 formfilehandler.php 页面，并且同时会把数据写入 booked.txt。如果之前没有创建 booked.txt 文件，PHP 会自动创建。运行结果如图 11-2 所示。

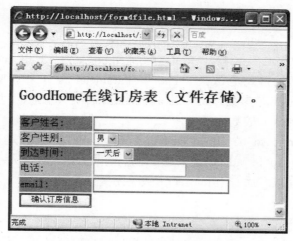

图 11-1　11.1.php 页面效果

图 11-2　formfilehandler.php

连续写入几次不同的数据，都会被保存到 booked.txt 中。用写字板打开 booked.txt，运行结果如图 11-3 所示。

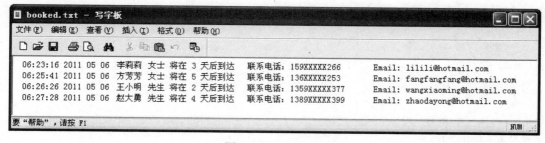

图 11-3　booked.txt

【案例分析】

（1）$DOCUMENT_ROOT = $_SERVER['DOCUMENT_ROOT']；是通过使用超全局数组 $_SERVER 来确定本系统文件根目录。在 Windows 桌面开发环境中的目录是 c:/wamp/www/。

（2）$customername、$arrivaltime、$phone 为 form4file.html 通过 POST 方法给 formfilehandler.php 传递的数据。

（3）$date 为用 date() 函数处理的写入信息时的系统时间。

（4）$string_to_be_added 是要写入 booked.txt 文件的字符串数据。它的格式是通过"\t"和"\n"完成的。"\t"是 tab，"\n"是换新行。

（5）$fp = fopen("$DOCUMENT_ROOT/booked.txt",'ab'); 是 fopen()函数打开文件并赋值给变量$fp。fopen()函数的格式是 fopen("Path", "Parameter")。其中，"$DOCUMENT_ROOT/booked.txt"就是路径，而'ab'是参数。'ab'中的 a 是指在原有文件上继续写入数据，b 是规定了写入的数据是二进制（binary）的数据模式。

（6）fwrite($fp, $string_to_be_added, strlen($string_to_be_added));是对已经打开的文件进行写入操作。strlen($string_to_be_added)是通过 strlen()函数给出所要写入字符串数据的长度。

（7）在写入操作完成之后，用 fclose()函数关闭文件。

11.1.2 文件数据读取

到目前为止，数据写入到了文件。而且文件也可以直接被打开，来查看数据，并对数据进行其他操作。但是，学习 PHP 的一个重要目的，是要完成通过浏览器对数据的读取和使用。那么如何读取数据并且通过浏览器进行展示呢？

下面的实例就对文件数据读取进行讲解。

【例 11.2】（实例文件：ch12\11.3.php）

```php
<html>
<head>
<title> </title>
</head>
<body>
<?php
 $DOCUMENT_ROOT = $_SERVER['DOCUMENT_ROOT'];
 @$fp = fopen("$DOCUMENT_ROOT/booked.txt",'rb');
 if(!$fp){
     echo "没有订房信息。";
  exit;
 }
 while (!feof($fp)){
     $order = fgets($fp, 2048);
  echo $order. "<br />";
 }
 fclose($fp);
?>
</body>
</html>
```

运行结果如图 11-4 所示。

图 11-4 11.3.php 页面效果

【案例分析】

（1）$DOCUMENT_ROOT = $_SERVER['DOCUMENT_ROOT'];确认文件位置。

（2）fopen()通过参数 rb 打开 booked.txt 文件进行二进制读取。将读取内容赋值给变量$fp。$fp 前的@用来排除错误提示。

（3）if 语句表示，如果变量$fp 为空，则显示"没有订房信息。"且退出。

（4）while 循环中，!feof($fp)表示只要不到文件尾，就继续 while 循环。循环中 fgets()读取变量$fp 中的内容并赋值给$order。

（5）fgets()中 2048 的参数表示允许读取的最长字节数为 2048−1=2047 字节。

（6）调用 fclose()关闭文件。

【讲解知识点】

不管是读文件还是写文件，其实在调用 fopen()打开文件的时候就确定了文件模式。也就是说，打开某个特定的文件是用来做什么的。fopen()中的参数表明了用途，详述如表 11-1 所示。

表 11-1 fopen()的参数及其说明

参数	含义	说明
r	读取	打开文件用于读取，且从文件头开始读取
r+	读取	打开文件用于读取和写入，且从文件头开始读取和写入
w	写入	打开文件用于写入，且从文件头开始写入。如果文件已经存在，则清空原有内容；如果文件不存在，则创建此文件
w+	写入	打开文件用于写入和读取，且从文件头开始写入。如果文件已经存在，则清空原有内容；如果文件不存在，则创建此文件
x	谨慎写入	打开文件用于写入，且从文件头开始写入。如果文件已经存在，则不会被打开，同时 fopen 返回 false，且 PHP 生成警告
x+	谨慎写入	打开文件用于写入和读取，且从文件头开始写入。如果文件已经存在，则不会被打开，同时 fopen 返回 false，且 PHP 生成警告
a	添加	打开文件仅用于添加写入，且在已存在内容之后写入。如果文件不存在，则创建此文件

(续表)

参数	含义	说明
a+	追加	打开文件用于追加写入和读取，且在已存在内容之后写入。如果文件不存在，则创建此文件
b	二进制（binary）	配合以上的不同参数使用。二进制文件模式不管是在 Linux 或是 Windows 下都是可以使用的。一般情况下，都选择二进制模式
t	文本（text）	文本模式只能在 Windows 下使用

11.2 目录操作

在 PHP 中，利用相关函数可以实现对目录的操作。常见的目录操作函数的使用方法和技巧如下。

1. string getcwd (void)

该函数主要是获取当前的工作目录，返回的是字符串。下面举例说明此函数的使用方法。

【例 11.3】（实例文件：ch12\11.4.php）

```
<html>
<head>
<title> 获取当前工作目录</title>
</head>
<body>
<?php
    $d1=getcwd();       //获取当前路径
    echo getcwd();      //输出当前目录
?>
</body>
</html>
```

运行结果如图 11-5 所示。

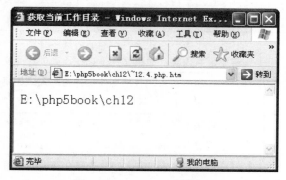

图 11-5　11.4.php 页面效果

2. array scandir (string directory [, int sorting_order])

返回一个 array，包含有 directory 中的文件和目录。如果 directory 不是一个目录，则返回布尔值 FALSE，并产生一条 E_WARNING 级别的错误。默认情况下，返回值是按照字母顺序升序排列的。如果使用了可选参数 sorting_order（设为 1），则按照字母顺序降序排列。

下面举例说明此函数的使用方法。

【例 11.4】（实例文件：ch12\11.5.php）

```
<html>
<head>
<title> 获取当前工作目录中的文件和目录</title>
</head>
<body>
  <?php
    $dir='d:/ch12';      //定义指定的目录
    $files1 = scandir($dir);   //列出指定目录中文件和目录
    $files2 = scandir($dir, 1);
    print_r($files1);     //输出指定目录中文件和目录
    print_r($files2);
  ?>
</body>
</html>
```

运行结果如图 11-6 所示。

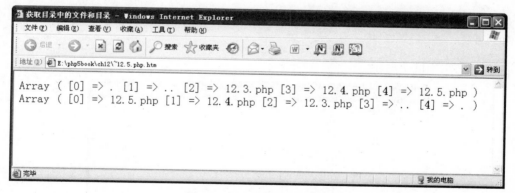

图 11-6　11.5.php 页面效果

3. new dir(string directory)

此函数模仿面向对象机制，将指定的目录名转换为一个对象并返回。

```
class dir {
dir ( string directory)
string path
resource handle
```

```
string read ( void )
void rewind ( void )
void close ( void )
}
```

其中，handle 属性含义为目录句柄，path 属性的含义为打开目录的路径，函数 read(void) 含义为读取目录，函数 rewind (void) 含义为复位目录，函数 close (void) 含义为关闭目录。

下面举例说明此函数的使用方法。

【例 11.5】 （实例文件：ch12\11.6.php）

```
<html>
<head>
<title> 将目录转换为对象</title>
</head>
<body>
   <?php
      $d2 = dir("d:/ch12");
      echo "Handle: ".$d2->handle."<br>\n";
      echo "Path: ".$d2->path."<br>\n";
      while (false !== ($entry = $d2->read())) {
         echo $entry."<br>\n";
      }
      $d2->close();
   ?>
</body>
</html>
```

运行结果如图 11-7 所示。

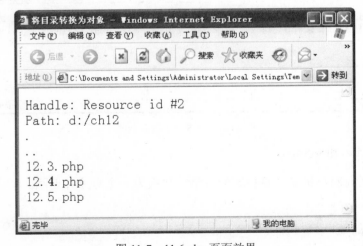

图 11-7　11.6.php 页面效果

4. chdir（string directory）

此函数将 PHP 的当前目录改为 directory。若成功则返回 TRUE，若失败则返回 FALSE。下面举例说明此函数的使用方法。

【例 11.6】（实例文件：ch12\11.7.php）

```
<html>
<head>
<title>将当前目录修改 directory</title>
</head>
<body>
<?php
if(chdir("d:/ch12")){
    echo "当前目录更改为：d:/ch12<br>";
    }else{
        echo "当前目录更改失败了";
    }
?>
</body>
</html>
```

运行结果如图 11-8 所示。

图 11-8　11.7.php 页面效果

5. void closedir (resource dir_handle)

此函数主要是关闭由 dir_handle 指定的目录流，另外目录流必须之前被 opendir()所打开。

6. resource opendir(string path)

此函数返回一个目录句柄。其中 path 为要打开的目录路径。如果 path 不是一个合法的目录或者因为权限限制或文件系统错误而不能打开目录,返回 FALSE 并产生一个 E_WARNING 级别的 PHP 错误信息。如果不想输出错误，可以在 opendir()前面加上 "@" 符号。

【例 11.7】（实例文件：ch12\11.8.php）

```
<html>
```

```
<head>
<title> </title>
</head>
<body>
<?php
$dir = "d:/ch12/";
// 打开一个目录，然后读取目录中的内容
if (is_dir($dir)) {
    if ($dh = opendir($dir)) {
        while (($file = readdir($dh)) !== false) {
            print "filename: $file : filetype: " . filetype($dir . $file) . "\n";
        }
        closedir($dh);
    }
}
?>
</body>
</html>
```

运行结果如图 11-9 所示。

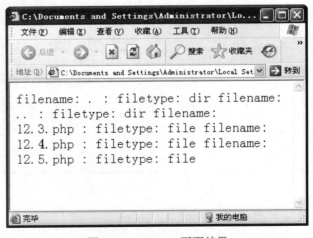

图 11-9　11.8.php 页面效果

其中，is_dir()函数主要是判断给定文件名是否是一个目录，readdir()函数从目录句柄中读取条目，closedir()函数关闭目录句柄。

7. string readdir (resource dir_handle)

该函数主要是返回目录中下一个文件的文件名。文件名以在文件系统中的排序返回。

【例 11.8】（实例文件：ch12\11.9.php）

```
<html>
```

```
<head>
<title> </title>
</head>
<body>
<?php
// 注意在 4.0.0-RC2 之前不存在 !== 运算符
if ($handle = opendir('d:/ch12')) {
    echo "Directory handle: $handle\n";
    echo "Files:\n";
    /* 这是正确地遍历目录方法 */
    while (false !== ($file = readdir($handle))) {
        echo "$file\n";
    }
    closedir($handle);
}
?>
</body>
</html>
```

运行结果如图 11-10 所示。

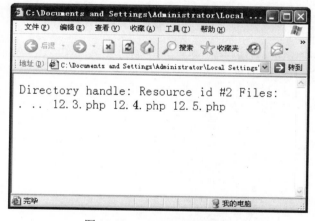

图 11-10　11.9.php 页面效果

提 示　在遍历目录时，有的读者会经常写出下面错误的方法。
```
    /* 这是错误的遍历目录的方法 */
    while ($file = readdir($handle)) {
        echo "$file\n";
    }
```

11.3 文件的上传

在网络上用户可以上传自己的文件。实现这种功能的方法很多,用户把一个文件上传到服务器,需要在客户端和服务器端建立一个通道传递文件的字节流,并在服务器进行上传操作。下面介绍一种代码最少并且容易理解的方法。

下面案例主要讲述如何实现文件的上传功能,具体操作步骤如下。

【例 11.9】(实例文件:ch12\11.10.php 和 11.10.1.php)

01 首先创建一个实现文件上传功能的文件。为了设置保存上传文件的路径,用户需要在创建文件的目录下新建一个名称为"file"的文件夹。然后新建 11.10.1.php 文件,代码如下。

```php
<html>
<head>
<title>实现上传文件</title>
</head>
<body>
<?php
if ($_POST[add]=="上传"){
        //根据现在的时间产生一个随机数
        $rand1=rand(0,9);
        $rand2=rand(0,9);
        $rand3=rand(0,9);
        $filename=date("Ymdhms").$rand1.$rand2.$rand3;
        if(empty($_FILES['file_name']['name'])){
                    //$_FILES['file_name']['name']为获取客户端机器文件的原名称
            echo "文件名不能为空";
            exit;
            }
        $oldfilename=$_FILES['file_name']['name'];
        echo "<br>原文件名为:".$oldfilename;
$filetype=substr($oldfilename,strrpos($oldfilename,"."),strlen($oldfilename)-strrpos($oldfilename,"."));
        echo "<br>原文件的类型为:".$filetype;
        if(($filetype!='.doc')&&($filetype!='.xls')&&($filetype!='.DOC')&&($filetype!='.XLS')){
            echo "<script>alert('文件类型或地址错误');</script>";
            echo "<script>location.href='11.3.php';</script>";
            exit;
            }
        echo "<br>上传文件的大小为(字节):".$_FILES['file_name']['size'];
                //$_FILES['file_name']['size']为获取客户端机器文件的大小,单位为 B
        if ($_FILES['file_name']['size']>1000000) {
            echo "<script>alert('文件太大,不能上传');</script>";
            echo "<script>location.href='11.3.php';</script>";
```

```
            exit;
        }
        echo "<br>文件上传服务器后的临时文件名为："._$_FILES['file_name']['tmp_name'];
                    //取得保存文件的临时文件名（含路径）
        $filename=$filename.$filetype;
        echo "<br>新文件名为："_.$filename;
        $savedir="file/".$filename;
        if(move_uploaded_file($_FILES['file_name']['tmp_name'],$savedir)){
            $file_name=basename($savedir);         //取得保存文件的文件名（不含路径）
            echo "<br>文件上传成功！保存为：".$savedir;
        }else{
            echo "<script language=javascript>";
            echo "alert('错误，无法将附件写入服务器!\n 本次发布失败！');";
            echo "location.href='11.3.php?';";
            echo "</script>";
            exit;
        }
    }
?>
</body>
</html>
```

代码分析如下：

（1）需要首先创建变量设定文件的上传类型、保存路径和程序所在路径。

（2）实现自定义函数获取文件后缀名和生成随机文件名。在上传的过程中，如果上传了大量的文件，可能会出现文件名称重复的现象，所以本实例在文件上传的过程中，首先获取上传文件的后缀名称并结合随机产生的数字，生成一个新的文件，避免了文件名称重复的现象。

（3）判断获取的文件类型是否符合指定类型，如果文件名称符合，则给该文件生成一个具有随机性质的名称，并使用 move_uploaded_file 函数完成文件的上传，否则显示提示信息。

02 下面创建一个获取上传文件的页面。创建文件 11.10.php，代码如下。

```
<html>
<head><title>上传文件</title></head>
<h3 align="center">上传文件</h3>
<form method="post" action="11.10.1.php" enctype="multipart/form-data">
    <table border=0 cellspacing=0 cellpadding=0 align=center width="100%">
    <tr>
        <td height="16">
        <input name="file" type="file"    value="浏览" >

        <input type="submit" value="上传" name="B1">
```

```
                </td>
            </tr>
        </table>
    </form>
</body>
</html>
```

其中，"<form method="post" action="11.10.1.php" enctype="multipart/form-data">"语句中 method 属性表示提交信息的方式是 post，即采用数据块，action 属性表示处理信息的页面为 11.10.1.php，ENCTYPE="multipart/form-data"表示以二进制的方式传递提交的数据。

运行结果如图 11-11 所示。单击【浏览】按钮，即可选择需要上传的文件，最后单击【上传】按钮即可实现上传操作。

图 11-11 11.10.php 页面效果

11.4 实战演练——编写文本类型的访客计数器

下面通过对文本文件的操作，利用相关函数编写一个简单的文本类型的访客计数器。
【例 11.10】（实例文件：ch12\11.11.php）

```
<html>
    <head>
        <title>访客计数器</title>
    </head>
    <body>
        <?php
            if (!@$fp=fopen("coun.txt","r")){
                //只读方式打开 coun.txt 文件
                echo "coun.txt 文件创建成功！<br>";
            }
```

```
                @$num=fgets($fp,12);      //读取 11 位数字
                if ($num=="") $num=0;
                     //如果文件的内容为空，初始化为 0
                $num++;                   //浏览次数加 1
                @fclose($fp);             //关闭文件
                $fp=fopen("coun.txt", "w");//以只写方式打开 coun.txt 文件
                fwrite($fp,$num);         //写入加 1 后结果
                fclose($fp);              //关闭文件
                echo "您是第".$num."位浏览者!";         //浏览器输出浏览次数
            ?>
        </body>
</html>
```

程序第一次运行结果如图 11-12 所示。

图 11-12　11.11.php 页面效果

由结果可以看出，该程序创建了一个 count.txt 的文本文件，用于保存浏览次数。首先打开这个文件，然后初始化数据为 0，并实现加 1 操作。

11.5　高手私房菜

技巧 1：如何批量上传多个文件？

本章节讲述了如何上传单个文件，那么如何上传多个文件呢？用户只需要在表单中使用复选框相同的数组式提交语法即可。

提交的表单语句如下。

```
<form method="post" action="11.3.1.php" enctype="multipart/form-data">
    <table border=0 cellspacing=0 cellpadding=0 align=center width="100%">
        <input name="userfile[]" type="file"    value="浏览 1" >
        <input name=" userfile[]" type="file"   value="浏览 2" >
        <input name="f userfile[]" type="file"  value="浏览 3" >
```

```
            <input type="submit" value="上传" name="B1">
          </td>
      </tr>
    </table>
</form>
```

技巧2：如何从文件中读取一行？

在 PHP 网站开发中，支持从文件指针中读取一行。使用函数 string fgets(int handle[,int length])即可实现上述功能。其中 int handle 是要读入数据的文件流指针，由 fopen()函数返回数值；int length 设置读取的字符个数，读入的字符个数为 length-1。如果没有指定 length，则默认为 1024 个字节。

第 12 章　图形图像处理

PHP 不仅可以输出纯 HTML，还可以创建及操作多种不同图像格式的图像文件，包括 GIF、PNG、JPG、WBMP 和 XPM 等。更方便的是，PHP 可以直接将图像流输出到浏览器。要处理图像，需要在编译 PHP 时加上图像函数的 GD 库，另外还可以使用第三方的图形库。本章节将讲述图形图像的处理方法和技巧。

12.1　在 PHP 中加载 GD 库

PHP 中的图形图像处理的功能，都要求有一个库文件的支持，这就是 GD2 库。PHP5 自带此库。

如果在 Windows 系统环境下，修改 php.ini 中 extension=php_gd2.dll 前面的"；"即可启用，如图 12-1 所示。

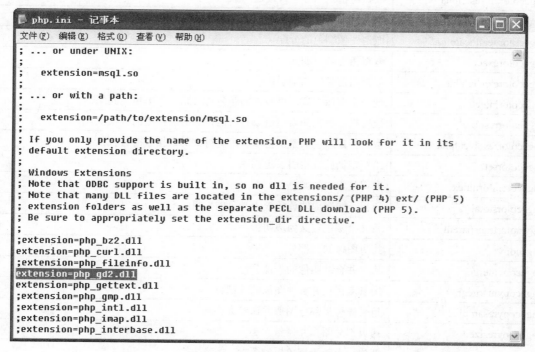

图 12-1　修改 php.ini 配置文件

下面了解一下 PHP 中常用的图像函数的功能，具体如表 12-1 所示。

表 12-1 PHP 中常用的图像函数的功能

函数	功能
gd_info	取得当前安装的 GD 库的信息
getimagesize	取得图像大小
image_type_to_mime_type	取得 getimagesize、exif_read_data、exif_thumbnail、exif_imagetype 所返回的图像类型的 MIME 类型
image2wbmp	以 WBMP 格式将图像输出到浏览器或文件
imagealphablending	设定图像的混色模式
imageantialias	是否使用 antialias 功能
imagearc	画椭圆弧
imagechar	水平地画一个字符
imagecharup	垂直地画一个字符
imagecolorallocate	为一幅图像分配颜色
imagecolorallocatealpha	为一幅图像分配颜色
imagecolorat	取得某像素的颜色索引值
imagecolorclosest	取得与指定的颜色最接近的颜色的索引值
imagecolorclosestalpha	取得与指定的颜色最接近的颜色
imagecolorclosesthwb	取得与给定颜色最接近的色度的黑白色的索引
imagecolordeallocate	取消图像颜色的分配
imagecolorexact	取得指定颜色的索引值
imagecolorexactalpha	取得指定颜色的索引值
imagecolormatch	使一个图像中调色板版本的颜色与真彩色版本更能匹配
imagecolorresolve	取得指定颜色的索引值或有可能得到的最接近的替代值
imagecolorresolvealpha	取得指定颜色的索引值或有可能得到的最接近的替代值
imagecolorset	给指定调色板索引设定颜色
imagecolorsforindex	取得某索引的颜色
imagecolorstotal	取得一幅图像的调色板中颜色的数目
imagecolortransparent	将某个颜色定义为透明色
imagecopy	拷贝图像的一部分
imagecopymerge	拷贝并合并图像的一部分
imagecopymergegray	用灰度拷贝并合并图像的一部分
imagecopyresampled	重采样拷贝部分图像并调整大小
imagecopyresized	拷贝部分图像并调整大小
imagecreate	新建一个基于调色板的图像
imagecreatefromgd2	从 GD2 文件或 URL 新建一图像
imagecreatefromgd2part	从给定的 GD2 文件或 URL 中的部分新建一图像

（续表）

函数	功能
Imagecreatefromgd	从 GD 文件或 URL 新建一图像
imagecreatefromgif	从 GIF 文件或 URL 新建一图像
imagecreatefromjpeg	从 JPEG 文件或 URL 新建一图像
imagecreatefrompng	从 PNG 文件或 URL 新建一图像
imagecreatefromstring	从字符串中的图像流新建一图像
imagecreatefromwbmp	从 WBMP 文件或 URL 新建一图像
imagecreatefromxbm	从 XBM 文件或 URL 新建一图像
imagecreatefromxpm	从 XPM 文件或 URL 新建一图像
imagecreatetruecolor	新建一个真彩色图像
imagedashedline	画一虚线
imagedestroy	销毁一图像
imageellipse	画一个椭圆
imagefill	区域填充
imagefilledarc	画一椭圆弧且填充
imagefilledellipse	画一椭圆并填充
imagefilledpolygon	画一多边形并填充
imagefilledrectangle	画一矩形并填充
imagefilltoborder	区域填充到指定颜色的边界为止
imagefontheight	取得字体高度
imagefontwidth	取得字体宽度
imageftbbox	取得使用了 FreeType 2 字体的文本的范围
imagefttext	使用 FreeType 2 字体将文本写入图像
imagegd	将 GD 图像输出到浏览器或文件
imagegif	以 GIF 格式将图像输出到浏览器或文件
imagejpeg	以 JPEG 格式将图像输出到浏览器或文件
imageline	画一条直线
imagepng	将调色板从一幅图像拷贝到另一幅
imagepolygon	画一个多边形
imagerectangle	画一个矩形
imagerotate	用给定角度旋转图像
imagesetstyle	设定画线的风格
imagesetthickness	设定画线的宽度
imagesx	取得图像宽度
imagesy	取得图像高度

(续表)

函数	功能
Imagetruecolortopalette	将真彩色图像转换为调色板图像
imagettfbbox	取得使用 TrueType 字体的文本的范围
imagettftext	用 TrueType 字体向图像写入文本

12.2 图形图像的典型应用

下面讲述图形图像的经典使用案例。

12.2.1 创建一个简单的图像

使用 gd2 库文件，就像使用其他库文件一样。由于它是 PHP 的内置库文件，不需要在 PHP 文件中用 include 等函数再行调用。

以下实例介绍图像的创建，具体操作步骤如下。

01 先在根目录下建立一个文件夹，命名为 phpimage。

02 在 phpimage 下建立 phpimagecreate.php，输入以下代码并保存。

```
<html>
<head>
<title> </title>
</head>
<body>
<?php
    $ysize =300;
    $xsize =200;
    $theimage = imagecreatetruecolor($xsize,$ysize);
    $color1 = imagecolorallocate($theimage, 255,255,255);
    $color2 = imagecolorallocate($theimage, 8,2,133);

    imagefill($theimage, 0, 0,$color2);
    imageline($theimage,0,0,$xsize,$ysize, $color1);

    header('content-type: image/png');
    imagepng($theimage);

    imagedestroy($theimage);
?>
</body>
</html>
```

03 运行 phpimagecreate.php，结果如图 12-2 所示。

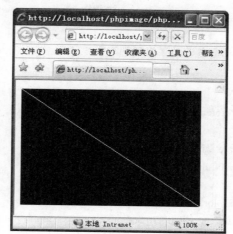

图 12-2　phpimagecreate.php 页面效果

【案例分析】

（1）imagecreatetruecolor()函数用来创建图片画布。它需要两个参数，一个是 X 轴的大小，一个是 Y 轴的大小。$xsize =200;$ysize =300;分别设定了这两参数的大小。$theimage = imagecreatetruecolor($xsize,$ysize);使用这两个参数生成了画布，并且赋值为$theimage。

（2）imagecolorallocate()函数用来在画布上选定颜色。$color1 = imagecolorallocate($theimage, 255,255,255);是在生成好的$theimage 画布上选定 RGB 值为（255,255,255）的颜色（白色）并且把它赋值给$color1。$color2 = imagecolorallocate($theimage, 8,2,133);同理在生成好的$theimage 画布上选定 RGB 值为（8,2,133）的颜色（一种蓝色）并且把它赋值给$color2。

（3）imagefill()函数是对画布填充颜色的命令。它需要三方面的参数。imagefill($theimage, 0, 0,$color2); 中$theimage 是画布对象，（0,0）是填充颜色时 X 轴和 Y 轴的起始坐标，$color2 是填充所采用的颜色。

（4）imageline()函数是一个在画布内画线的函数。imageline($theimage,0,0,$xsize,$ysize, $color1);中$theimage 是画布对象，（0,0）是画线时 X 轴和 Y 轴的起始坐标，（$xsize,$ysize）是画线时 X 轴和 Y 轴的终点坐标，$color2 是画线所采用的颜色。

（5）把生成好的图片输出到页面。header('content-type: image/png');是定义输出的文件是一个 image 图片，它的具体的格式是 PNG 格式。

（6）imagepng($theimage);是生成$theimage 画布中的所有内容，为 PNG 格式的图片。

（7）当一切完成后 imagedestroy($theimage);用来清除$theimage 对象，以清空内存资源。

这里只是把图片输出到页面，那么如果需要图片文件呢？

以下实例介绍图像文件的创建方法，具体操作步骤如下。

01 在 phpimage 文件夹下建立 phpimagecreatefile.php，输入以下代码并保存。

```
<html>
```

```
<head>
<title> </title>
</head>
<body>
<?php
    $ysize =200;
    $xsize =300;
    $theimage = imagecreatetruecolor($xsize,$ysize);

    $color2 = imagecolorallocate($theimage, 8,2,133);
    $color3 = imagecolorallocate($theimage, 230,22,22);

    imagefill($theimage, 0, 0,$color2);
    imagearc($theimage,100,100,150,200,0,270,$color3);

    imagejpeg($theimage,"newimage.jpeg");
    header('content-type: image/png');
    imagepng($theimage);

    imagedestroy($theimage);
?>
</body>
</html>
```

02 运行 phpimagecreatefile.php，结果如图 12-3 所示。

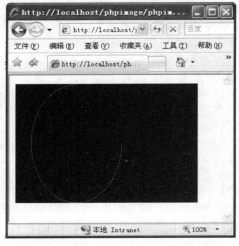

图 12-3 phpimagecreatefile.php 页面效果

同时在 phpimage 文件夹下生成一个名为 newimage.jpeg 的图片，其内容与页面显示相同。

【案例分析】

（1）此程序前面的部分是创建画布和选择颜色。与前面的案例相同。

（2）imagearc($theimage,100,100,150,200,0,270,$color3);语句是使用 imagearc()函数在画布上创建一个弧线。它的参数分为以下几个部分。$theimage 为目标画布，（100,100）为弧线中心点的 x、y 坐标，"150,200"为弧线的宽度和高度，"0,270"为顺时针画弧线的起始度数和终点度数（0~360°），$color3 为画弧线所使用的颜色。

（3）imagejpeg()函数是生成 JPEG 格式的图片的函数。imagejpeg($theimage,"newimage.jpeg");把画布对象$theimage 及其所有操作，生成为一个名为 newimage.jpeg 的 JPEG 图片文件，并且直接存储在当前路径下。

（4）同时，header('content-type: image/png');和 imagepng($theimage);向页面输出了 PNG 格式的图片。

（5）最后清除对象，释放资源。

12.2.2 使用 GD2 函数在照片上添加文字

上面是完全创建一个图片。如果想要修改一个图片，则需要先从图片文件中读取数据。以下实例介绍图像文件的读取和修改，具体操作步骤如下。

01 在 phpimage 文件夹下建立 readimagefileaddtext.php，输入以下代码并保存。

```
<html>
<head>
<title> </title>
</head>
<body>
<?php
    $theimage = imagecreatefromjpeg('newimage.jpeg');

    $color1 = imagecolorallocate($theimage, 255,255,255);
    $color3 = imagecolorallocate($theimage, 230,22,22);

    imagestring($theimage,5,60,100,'Text added to this image.',$color1);

    header('content-type: image/png');
    imagepng($theimage);
    imagepng($theimage,'textimage.png');

    imagedestroy($theimage);
?>
</body>
</html>
```

02 运行 readimagefileaddtext.php，结果如图 12-4 所示。

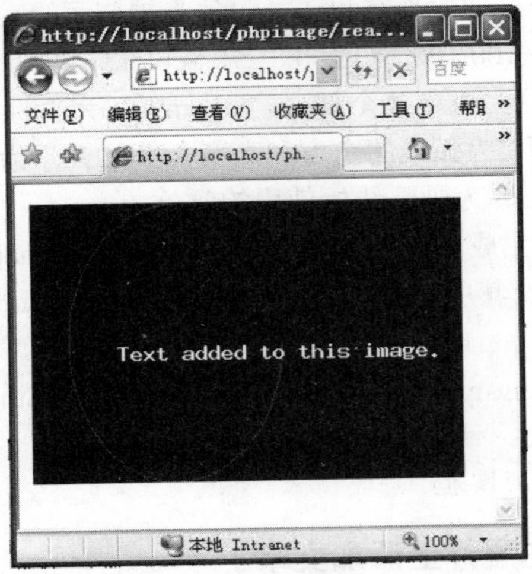

图 12-4 readimagefileaddtext.php 页面效果

同时在 phpimage 文件夹下生成一个名为 newimage.jpeg 的图片，其内容与页面显示相同。

【案例分析】

（1）imagecreatefromjpeg('newimage.jpeg');语句中 imagecreatefromjpeg()函数从当前路径下读取 newimage.jpeg 图形文件，并且传递给$theimage 变量作为对象，以待操作。

（2）选取颜色后，imagestring($theimage,5,60,100,'Text added to this image.',$color1);语句中的 imagestring()函数向对象图片添加字符串'Text added to this image.'。这里面的参数中$theimage 为对象图片。"5"为字体类型，这个字体类型的参数从 1 到 5 代表不同的字体。"60,100"为字符串添加的起始 x、y 坐标。'Text added to this image.'为要添加的字符串，现在的情况下只支持 asc 字符。$color1 为字的颜色。

（3）header('content-type: image/png');和 imagepng($theimage);语句共同处理了输出到页面的 PNG 图片。之后 imagepng($theimage,'textimage.png');语句就创建文件名为 textimage.png 的 PNG 图片，并保存在当前路径下。

12.2.3 使用 TrueType 字体处理中文生成图片

字体处理在很大程度上是 PHP 图形处理经常要面对的问题。imagestring()函数默认的字体是十分有限的。这就要进入字体库文件。而 TrueType 字体是字体中极其常用的格式。比如在 Windows 下，打开 C:\WINDOWS\Fonts 目录，会出现很多字体文件，其中绝大部分是 TrueType 字体，如图 12-5 所示。

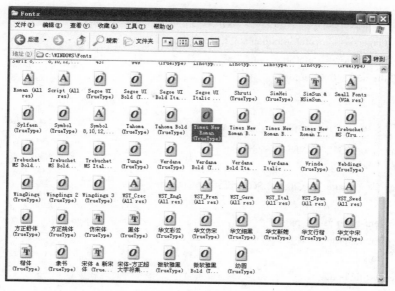

图 12-5　系统中的字体

PHP 使用 GD2 库，在 Windows 环境下，需要给出 TrueType 字体所在的文件夹路径。例如，在文件开头使用以下语句：

putenv('GDFONTPATH=C:\WINDOWS\Fonts');

使用 TrueType 字体也可以直接使用 imagettftext()函数。它是使用 ttf 字体的 imagestring() 函数。它的格式为：

imagettftext（图片对象，字体大小，文字显示角度，起始 x 坐标，起始 y 坐标，文字颜色，字体名称，文字信息）

另外一个很重要的问题，就是 GD 库中的 imagettftext()函数默认是无法支持中文字符，并添加到图片上去的。这是因为 GD 库的 imagettftext()函数对于字符的编程采用的是 UTF-8 的编程格式，而简体中文的默认格式为 GB2312。

以下就介绍这样的一个例子，具体操作步骤如下。

01 把 C:\WINDOWS\Fonts 下的字体文件 simhei.ttf 复制到 C:/wamp/www/phpimage 下。

02 在 phpimage 文件夹下建立 zhtext.php，输入以下代码并保存。

```
<html>
<head>
<title> </title>
</head>
<body>
<?php
    $ysize =200;
    $xsize =300;
```

```
$theimage = imagecreatetruecolor($xsize,$ysize);
$color2 = imagecolorallocate($theimage, 8,2,133);
$color3 = imagecolorallocate($theimage, 230,22,22);
imagefill($theimage, 0, 0,$color2);
$fontname='simhei.ttf';

$zhtext = "这是一个把中文用黑体显示的图片。";
$text = iconv("GB2312", "UTF-8", $zhtext);

imagettftext($theimage,12,0,20,100,$color3,$fontname,$text);

header('content-type: image/png');
imagepng($theimage);

imagedestroy($theimage);
?>
</body>
</html>
```

03 运行 zhtext.php，运行结果如图 12-6 所示。

图 12-6 zhtext.php 页面效果

【案例分析】

（1）imagefill($theimage, 0, 0,$color2);之前的语句是创建画布、填充颜色的。

（2）$fontname='simhei.ttf';语句确认了当前目录下的黑体字的 ttf 文件，并且把路径赋值给$fontname 变量。

（3）$zhtext 中，中文字符的编程为 GB2312。使用$text =iconv("GB2312", "UTF-8", $zhtext);语句把$zhtext 中的中文编程转换为 UTF-8，并赋值给$text 变量。

（4）imagettftext($theimage,12,0,20,100,$color3,$fontname,$text);语句按照 imagettftext()函

数的格式分别确认了参数。$theimage 为目标图片，"12"为字符的大小，"0"为显示的角度，"20,100"为字符串显示的初始 x 和 y 坐标值。$fontname 为已经设定的黑体，$text 为已经转换为 UTF-8 格式的中文字符。

12.3 JpGraph 库的使用

JpGraph 是一个功能强大且十分流行的 PHP 外部图片处理库文件。它是建立在内部库文件 GD2 库之上的。它的优点是建立了很多方便操作的对象和函数，能够大大简化使用 GD 库对图片进行处理的编程过程。

12.3.1 JpGraph 的安装

JpGraph 的安装就是 PHP 对 JpGraph 类库的调用，可以采用多种形式。但是，首先都需要到 Jpgraph 的官方网站下载类库文件的压缩包。到 http://jpgraph.net/download/ 下载最新的压缩包为 Jpgraph3.5.0b1。

解压以后，如果是 Linux 系统，可以把它放置在 lib 目录下，并且使用下面语句重命名此类库的文件夹。

```
ln -s jpgraph-3.x jpgraph
```

如果是 Windows 系统，在本机 WAMP 的环境下，则可以把类库文件夹放在 wamp 目录下，或者放置在项目的文件夹下。

然后在程序中引用的时候，直接使用 require_once ()命令，并且指出 JpGraph 类库相对于此应用的路径。

在本机环境下，把 jpgraph 文件夹放置在 C:\wamp\www\phpimage 文件夹之下。在应用程序的文件中加载此库，即 require_once ('jpgraph/src/jpgraph.php');。

12.3.2 JpGraph 的配置

使用 JpGraph 类前，需要对 PHP 系统的一些限制性参数进行修改。具体修改以下 3 个方面的内容。

（1）需要到 php.ini 中修改内存限制 memory_limit 至少为 32m，本机环境为 momery_limit = 64m。

（2）最大执行时间 max_execution_time 要增加，JpGraph 类的官方推荐时间为 30s，即 max_execution_time =30。

（3）用"；"注释掉 output_buffering 选项。

12.3.3 制作柱形图与折线图统计图

安装设置生效以后，就可以使用此类库了。由于 JpGraph 有很多实例，读者可以轻松地通过实例来学习。

下面通过一个实例来学习 JpGraph 类的使用方法和技巧。

01 在 phpimage 文件夹下找到安装过的 jpgraph 类库文件夹,在其下的 src 文件夹下找到 Examples 文件夹。找到 barlinealphaex1.php 文件,将其复制到 phpimage 文件夹下。在浏览器中打开,代码如下。

```php
<?php // content="text/plain; charset=utf-8"
require_once ('jpgraph/src/jpgraph.php');
require_once ('jpgraph/src/jpgraph_bar.php');
require_once ('jpgraph/src/jpgraph_line.php');
$ydata  = array(10,120,80,190,260,170,60,40,20,230);
$ydata2 = array(10,70,40,120,200,60,80,40,20,5);
$months = $gDateLocale->GetShortMonth();
$graph = new Graph(300,200);
$graph->SetScale("textlin");
$graph->SetMarginColor('white');
$graph->SetMargin(30,1,20,5);
$graph->SetBox();
$graph->SetFrame(false);
$graph->tabtitle->Set('Year 2003');
$graph->tabtitle->SetFont(FF_ARIAL,FS_BOLD,10);
$graph->ygrid->SetFill(true,'#DDDDDD@0.5','#BBBBBB@0.5');
$graph->ygrid->SetLineStyle('dashed');
$graph->ygrid->SetColor('gray');
$graph->xgrid->Show();
$graph->xgrid->SetLineStyle('dashed');
$graph->xgrid->SetColor('gray');
$graph->xaxis->SetTickLabels($months);
$graph->xaxis->SetFont(FF_ARIAL,FS_NORMAL,8);
$graph->xaxis->SetLabelAngle(45);
$bplot = new BarPlot($ydata);
$bplot->SetWidth(0.6);
$fcol='#440000';
$tcol='#FF9090';
$bplot->SetFillGradient($fcol,$tcol,GRAD_LEFT_REFLECTION);
$bplot->SetWeight(0);
$graph->Add($bplot);
$lplot = new LinePlot($ydata2);
$lplot->SetFillColor('skyblue@0.5');
$lplot->SetColor('navy@0.7');
$lplot->SetBarCenter();
$lplot->mark->SetType(MARK_SQUARE);
$lplot->mark->SetColor('blue@0.5');
$lplot->mark->SetFillColor('lightblue');
```

```
$lplot->mark->SetSize(6);
$graph->Add($lplot);
$graph->Stroke();
?>
```

02 修改 require_once ('jpgraph/jpgraph.php');为 require_once ('jpgraph/src/jpgraph.php');，修改 require_once ('jpgraph/ jpgraph_bar.php ');为 require_once ('jpgraph/src/jpgraph_bar.php');，修改 require_once ('jpgraph/jpgraph_line.php');为 require_once ('jpgraph/src/jpgraph_line.php');，以载入本机 JpGraph 类库。

03 运行 bar2scalesex1.php，结果如图 12-7 所示。

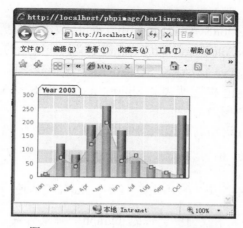

图 12-7 bar2scalesex1.php 页面效果

【案例分析】

（1）require_once ('jpgraph/src/jpgraph.php');require_once ('jpgraph/src/jpgraph_bar.php');和 require_once ('jpgraph/src/jpgraph_line.php');语句加载了 JpGraph 基本类库 jpgraph.php、柱状图类库 jpgraph_bar.php 和折线图类库 jpgraph_line.php。

（2）$ydata= array(10,120,80,190,260,170,60,40,20,230);和$ydata2 = array(10,70,40,120, 200, 60,80,40,20,5);语句定义了柱状图和折线图在 Y 轴上的数据坐标，也是图形要表示的主要信息。

（3）$months = $gDateLocale->GetShortMonth();定义了月份使用短名表示。

（4）$graph = new Graph(300,200);语句创建图形$graph，高 300 像素，宽 200 像素。

（5）$graph->SetScale("textlin");语句确认刻度为自动生成的刻度形式。$graph-> SetMarginColor('white');语句确认图形边框颜色为白色。

（6）$graph->SetMargin(30,1,20,5);语句调整边框宽度。$graph->SetBox();语句在背景图上添加边框。$graph->SetFrame(false);语句取消整个图片的边框。

（7）$graph->tabtitle->Set('Year 2003');语句添加图片标题。$graph->tabtitle-> SetFont (FF_ARIAL,FS_BOLD,10);语句设定标题样式。

（8）$graph->ygrid->SetFill(true,'#DDDDDD@0.5','#BBBBBB@0.5');语句设定 Y 轴方向上的网格填充颜色和亮度。$graph->ygrid->SetLineStyle('dashed'); 语句设定 Y 轴方向上的网格线

的样式为虚线。$graph->ygrid->SetColor('gray');语句设定 Y 轴方向上的网格线的颜色。

$graph->xgrid->Show();语句，$graph->xgrid->SetLineStyle('dashed');语句和$graph->xgrid->SetColor('gray');语句是对 X 轴方向网格的同理设定。

（9）$graph->xaxis->SetTickLabels($months);语句为对 X 轴的设定，它使用的是先前定义的$months 变量中的数据。$graph->xaxis->SetFont(FF_ARIAL,FS_NORMAL,8);语句设定样式。$graph->xaxis->SetLabelAngle(45);语句设定角度。

（10）$bplot = new BarPlot($ydata);语句采用先前的$ydata 数据生成柱状图。$bplot->SetWidth(0.6);定义宽度。$bplot->SetFillGradient ($fcol,$tcol,GRAD_LEFT_REFLECTION);填充柱状图，并且使用填充的渐变样式和两个渐变的颜色。$graph->Add($bplot);语句添加柱状图到图形中。

（11）$lplot = new LinePlot($ydata2);语句用$ydata2 数组生成折线图。$lplot-> SetFillColor('skyblue@0.5');和$lplot->SetColor('navy@0.7');语句定义折线区域的颜色和透明度。

（12）$lplot->mark->SetType(MARK_SQUARE);定义折线图标记点的类型。$lplot->mark->SetColor('blue@0.5');定义颜色和透明度。$lplot->mark->SetSize(6);定义大小。$graph->Add($lplot);语句添加折线图到图形中。

（13）$graph->Stroke();语句表示把此图传递到浏览器显示。

12.3.4 制作圆形统计图

下面就通过圆形统计图实例的介绍，来了解 JpGraph 类的使用，具体步骤如下。

01 在 phpimage 文件夹下找到安装过的 jpgraph 类库文件夹，在其下的 src 文件夹下找到 Examples 文件夹，再找到 balloonex1.php 文件，将其复制到 phpimage 文件夹下。在浏览器中打开，代码如下。

```php
<?php
require_once ('jpgraph/jpgraph.php');
require_once ('jpgraph/jpgraph_scatter.php');
$datax = array(1,2,3,4,5,6,7,8);
$datay = array(12,23,95,18,65,28,86,44);
function FCallback($aVal) {
    // This callback will adjust the fill color and size of
    // the datapoint according to the data value according to
    if( $aVal < 30 ) $c = "blue";
    elseif( $aVal < 70 ) $c = "green";
    else $c="red";
    return array(floor($aVal/3),"",$c);
}
$graph = new Graph(400,300,'auto');
$graph->SetScale("linlin");
$graph->img->SetMargin(40,100,40,40);
```

```
$graph->SetShadow();
$graph->title->Set("Example of ballon scatter plot");
$graph->yaxis->scale->SetGrace(50,10);

$graph->xaxis->SetPos('min');

$sp1 = new ScatterPlot($datay,$datax);
$sp1->mark->SetType(MARK_FILLEDCIRCLE);

$sp1->value->Show();
$sp1->value->SetFont(FF_FONT1,FS_BOLD);

$sp1->mark->SetCallback("FCallback");

$sp1->SetLegend('Year 2002');

$graph->Add($sp1);

$graph->Stroke();

?>
```

02 修改 require_once ('jpgraph/jpgraph.php');为 require_once ('jpgraph/src/jpgraph.php');，修改 require_once ('jpgraph/jpgraph_scatter.php');为 require_once ('jpgraph/src/jpgraph_scatter.php');，以载入本机 JpGraph 类库。

03 运行 balloonex1.php，结果如图 12-8 所示。

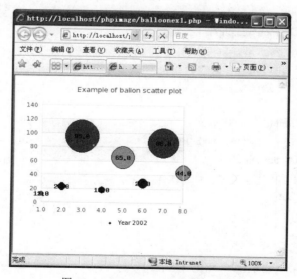

图 12-8　balloonex1.php 页面效果

【案例分析】

（1）require_once('jpgraph/src/jpgraph.php');语句和 require_once ('jpgraph/src/ jpgraph_scatter.php');语句加载了 JpGraph 基本类库 jpgraph.php 和圆形图类库 jpgraph_bar.php。

（2）$datax 和$datay 定义了两组要表现的数据。

（3）function FCallback($aVal){}函数定义了不同数值范围内图形的颜色。

（4）$graph = new Graph(400,300,'auto');语句生成图形。$graph->SetScale("linlin");生成刻度。$graph->img->SetMargin(40,100,40,40);设置图形边框。$graph->SetShadow();设置阴影。$graph->title->Set("Example of ballon scatter plot");设置标题。$graph->xaxis->SetPos('min');设置X 轴的位置为初始值。

（5）$sp1 = new ScatterPlot($datay,$datax);生成数据表示图。$sp1->mark->SetType(MARK_FILLEDCIRCLE);设置数据表示图的类型。$sp1->value->Show();展示数据表示图。$sp1->value->SetFont(FF_FONT1,FS_BOLD);设置展示图的字体。$sp1->SetLegend('Year 2002');设置标题。

（6）$graph->Add($sp1);添加数据展示图到整体图形中。

（7）$graph->Stroke();语句表示把此图传递到浏览器显示。

12.4　实战演练——制作 3D 饼形统计图

下面就通过 3D 饼形图例程的介绍，来了解 JpGraph 类的使用方法和技巧，具体步骤如下。

01 在 phpimage 文件夹下找到安装过的 jpgraph 类库文件夹，在其下的 src 文件夹下找到 Examples 文件夹。找到 pie3dex3.php 文件，将其复制到 phpimage 文件夹下，打开代码如下。

```php
<?php
require_once ('jpgraph/ jpgraph.php');
require_once ('jpgraph/jpgraph_pie.php');
require_once ('jpgraph/jpgraph_pie3d.php');
$data = array(20,27,45,75,90);
$graph = new PieGraph(450,200);
$graph->SetShadow();
$graph->title->Set("Example 1 3D Pie plot");
$graph->title->SetFont(FF_VERDANA,FS_BOLD,18);
$graph->title->SetColor("darkblue");
$graph->legend->Pos(0.5,0.8);
$p1 = new PiePlot3d($data);
$p1->SetTheme("sand");
$p1->SetCenter(0.4);
$p1->SetAngle(30);
$p1->value->SetFont(FF_ARIAL,FS_NORMAL,12);
$p1->SetLegends(array("Jan","Feb","Mar","Apr","May","Jun","Jul","Aug","Sep","Oct"));
```

```
$graph->Add($p1);
$graph->Stroke();
?>
```

02 修改 require_once ('jpgraph/jpgraph.php');为 require_once ('jpgraph/src/jpgraph.php');。修改 require_once ('jpgraph/jpgraph_pie.php');为 require_once ('jpgraph/src/ jpgraph_pie.php ');。修改 require_once ('jpgraph/jpgraph_pie3d.php');为 require_once ('jpgraph/src/ jpgraph_pie3d.php ');。以载入本机 JpGraph 类库。

运行 pie3dex3.php，结果如图 12-9 所示。

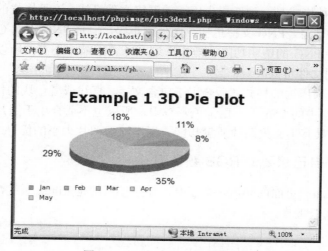

图 12-9　pie3dex3.php 页面效果

【案例分析】

（1）require_once ('jpgraph/src/jpgraph.php');、require_once ('jpgraph/jpgraph_pie. php');和 require_once ('jpgraph/jpgraph_pie3d.php');语句加载了 JpGraph 基本类库 jpgraph.php、饼形图类库 jpgraph_pie.php 和 3d 饼形图类库 jpgraph_pie3d.php。

（2）$data 定义了要表现的数据。

（3）$graph = new PieGraph(450,200);生成图形。$graph->SetShadow();设定阴影。

（4）$graph->title->Set("Example 1 3D Pie plot");设定标题。$graph->title->SetFont (FF_VERDANA,FS_BOLD,18);设定字体和字体大小。$graph->title->SetColor("darkblue");设定颜色。$graph->legend->Pos(0.5,0.8);设定图例在整个图形中的位置。

（5）$p1 = new PiePlot3d($data);生成饼形图。$p1->SetTheme("sand");设置饼形图模板。$p1->SetCenter(0.4);设置饼形图的中心。$p1->SetAngle(30);设置饼形图角度。$p1->value->SetFont(FF_ARIAL,FS_NORMAL,12);设置字体。$p1->SetLegends(array("Jan",…,"Oct"));设置图例文字信息。

（6）$graph->Add($p1);向整个图形添加饼形图。$graph->Stroke();把此图传递到浏览器显示。

12.5 高手私房菜

技巧 1：不同格式的图片使用上有何区别？

JPEG 格式是一个标准。JPEG 经常用来存储照片和拥有很多颜色的图片。它不强调压缩，强调的是对图片信息的保存。如果使用图形编辑软件缩小 JPEG 格式的图片，那么它原本所包含的一部分数据就会丢失。并且这种数据的丢失，通过肉眼是可以察觉到的。这种格式不适合包含简单图形颜色或文字的图片。

PNG 格式是为了取代 GIF 格式而发明的。同样的图片使用 PNG 格式的大小要小于使用 GIF 格式的大小。这种格式是一种低损失压缩的网络文件格式。这种格式的图片适合于包含文字、直线或者色块的信息。PNG 支持透明、伽马校正等。但是 PNG 不像 GIF 一样支持动画功能。并且 IE6 不支持 PNG 的透明功能。低损压缩意味着压缩比不高，所以它不适合用于照片这一类的图片，否则文件将太大。

GIF 也是一种低损压缩的格式，适合用于包含文字、直线或者色块的信息的图片。它使用的是 24 位 RGB 色彩中的 256 色。由于色彩有限，所以也不适合用于照片一类的大图片。对于其适合的图片，它具有不丧失图片质量却能大幅压缩的图片大小的优势。另外，它支持动画。

技巧 2：如何选择自己想要的 RGB 颜色呢？

可以使用 Photoshop 里面的颜色选取工具。如果使用的是 Linux 系统，可以使用开源的工具 GIMP 中的颜色选取工具。

第 13 章　MySQL 的安装与配置

　　MySQL 支持多种平台，不同平台下的安装与配置过程也不相同。在 Windows 平台下可以使用二进制的安装软件包或免安装版的软件包。二进制的安装包提供了图形化的安装向导过程，免安装版直接解压缩即可使用。本章将主要讲述 Windows 平台下 MySQL 的安装和配置过程。

13.1　什么是 MySQL

　　MySQL 是一个小型关系数据库管理系统。与其他大型数据库管理系统（如 Oracle、DB2、SQL Server 等）相比，MySQL 规模小、功能有限，但是其体积小、速度快、成本低，并且 MySQL 提供的功能已经足够使用，这些特性使得 MySQL 成为世界上最受欢迎的开放源代码数据库。本节将介绍 MySQL 的特点。

13.1.1　客户端/服务器软件

　　客户端/服务器（client/server）结构，又叫主从式架构，简称 C/S 结构，是一种网络架构，通常在该网络架构下软件分为客户端和服务器。

　　服务器是整个应用系统资源的存储与管理中心，多个客户端则各自处理相应的功能，共同实现完整的应用。在 C/S 结构中，客户端用户的请求被传送到数据库服务器，数据库服务器进行处理后，将结果返回给用户，从而减少了网络数据传输量。

　　用户使用应用程序时，首先启动客户端，通过有关命令告知服务器进行连接以完成各种操作，而服务器则按照此请示提供相应的服务。每一个客户端软件的实例都可以向一个服务器或应用程序服务器发出请求。

　　这种系统的特点，就是客户端和服务器程序不在同一台计算机上运行，这些客户端和服务器程序通常归属不同的计算机。

　　C/S 结构通过不同的途径应用于很多不同类型的应用程序。例如，现在人们最熟悉的在因特网上用的网页。例如，当顾客想要在当当网站上买书的时候，电脑和网页浏览器就被当做一个客户端，同时，组成当当网的电脑、数据库和应用程序就被当做服务器。当顾客的网页浏览器向当当网请求搜寻数据库相关的图书时，当当网服务器从当当网的数据库中找出所有该类型的图书信息，结合成一个网页，再发送回顾客的浏览器。服务器端一般使用高性能的计算机，并配合使用不同类型的数据库，如 Oracle、Sybase 或 MySQL 等；客户端需要安装专门的软件，如浏览器。

13.1.2　MySQL 版本

针对不同的用户，MySQL 分为两个不同的版本。

（1）MySQL Community Server，社区版，该版本完全免费，但是官方不提供技术支持。

（2）MySQL Enterprise Server，企业版，它能够高性价比地为企业提供数据仓库应用，支持 ACID 事务处理，提供完整的提交、回滚、崩溃恢复和行级锁定功能。但是该版本需付费使用，官方提供电话技术支持。

官方提供 MySQL Cluster 工具，该工具用于架设集群服务器，需要在社区版或企业版基础上使用，有兴趣的读者在学习完本书的内容之后，可以查阅相关资料了解该工具。

13.1.3　MySQL 的优势

MySQL 的主要优势如下。

- 速度：运行速度快。
- 价格：MySQL 对多数个人用户来说是免费的。
- 容易使用：与其他大型数据库的设置和管理相比，其复杂程度较低，易于学习。
- 可移植性：能够工作在众多不同的系统平台上，例如 Windows、Linux、UNIX、Mac OS 等。
- 丰富的接口：提供了用于 C、C++、Eiffel、Java、Perl、PHP、Python、Ruby 和 TCL 的 API。
- 支持查询语言：MySQL 可以利用标准 SQL 语法编写支持 ODBC（开放式数据库连接）的应用程序。
- 安全性和连接性：十分灵活和安全的权限和密码系统，允许基于主机的验证。连接到服务器时，所有的密码传输均采用加密形式，从而保证了密码安全。并且由于 MySQL 是网络化的，因此可以在因特网上的任何地方访问，提高数据共享的效率。

13.2　安装与配置 MySQL 5.5

Windows 平台下安装 MySQL，可以使用图形化的安装包，图形化的安装包提供了详细的安装向导，通过向导，读者可以一步一步完成对 MySQL 的安装。本节将介绍使用图形化安装包安装 MySQL 的步骤。

13.2.1　安装 MySQL 5.5

要想在 Windows 中运行 MySQL，需要 32 位或 64 位 Windows 操作系统，例如 Windows 2000、Windows XP、Windows Vista、Windows Server 2003、Windows Server 2008 等。Windows 可以将 MySQL 服务器作为服务来运行，通常在安装时用户需要具有管理员权限。

Windows 平台下提供两种安装方式：MySQL 二进制分发版（.msi 安装文件）和免安装版（.zip 压缩文件）。一般情况下，应当使用二进制分发版，因为该版本比其他的分发版使用起来要简单，不再需要其他工具来启动就可以运行 MySQL。在这里选用图形化的二进制安装方式。

1. 下载 MySQL 安装文件

具体的操作步骤如下。

01 打开 IE 浏览器，在地址栏中输入网址 http://dev.mysql.com/downloads/mysql/# downloads，单击【转到】按钮，打开 MySQL Community Server 5.5.13 下载页面，并选择 Generally Available(GA) Release 类型的安装包，下载界面如图 13-1 所示。

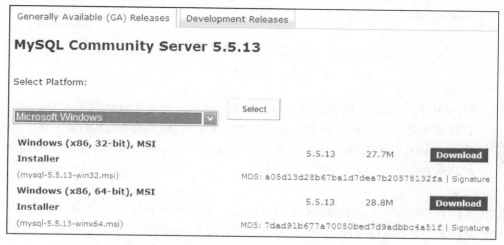

图 13-1　MySQL 下载页面

02 在下拉列表框中选择 Microsoft Windows 平台，如图 13-2 所示。

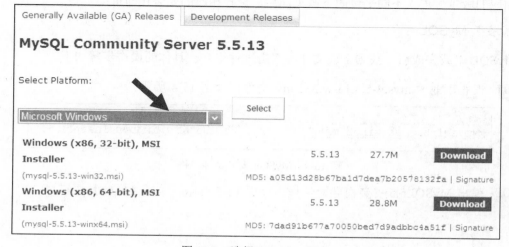

图 13-2　选择 Windows 平台

03 根据自己的平台选择32位或者64位安装包,在这里选择32位,单击右侧【Download】按钮开始下载,如图13-3所示。

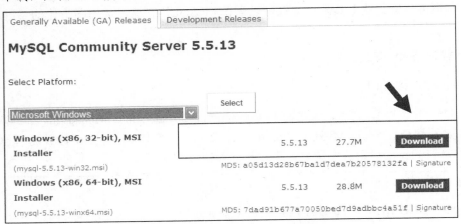

图13-3　单击下载Windows 32位安装包

 提示　MySQL每隔几个月就会发布一个新版本,读者在上述页面中找到的MySQL均为最新发布的版本,如果读者希望与本书中使用的MySQL版本完全一样,可以在官方的历史版本页面中查找。地址为 http://downloads.mysql.com/archives.php?p=mysql-5.5&v=5.5.13。

也可以在 http://dev.mysql.com/downloads/mysql/#downloads 这个页面上部选择【Download】选项卡下面的【Archives】菜单,然后进入MySQL产品归档页面,该页面包含了所有当前官方支持的MySQL版本和其他一些程序。读者在版本列表中选择【MySQL Database Server 5.5】,进入下个页面之后,可以看到MySQL 5.5下各个版本的下载列表,从中选择相应的版本号进入不同平台的下载页面后,选择相应的安装包即可。

2. 安装MySQL

MySQL下载完成后,找到下载文件,双击进行安装,具体的操作步骤如下。

01 双击下载的mysql-5.5.13-win32.msi文件,如图13-4所示。

图13-4　MySQL安装文件名称

02 弹出MySQL5.5安装向导对话框,如图13-5所示,单击【Next】按钮。

MySQL 的安装与配置 第 13 章

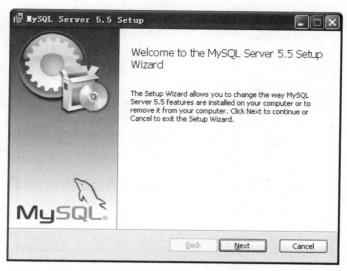

图 13-5 MySQL5.5 安装向导对话框

03 打开【End-User License Agreement(用户许可证协议)】对话框,选中【I accept the terms in the License Agreement（我接受许可协议）】复选框,单击【Next】按钮,如图 13-6 所示。

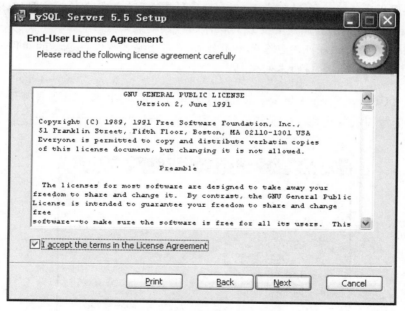

图 13-6 用户许可证协议对话框

04 打开【Choose Setup Type（安装类型选择）】对话框,在其中列出了 3 种安装类型,分别是 Typical（典型安装）、Custom（定制安装）和 Complete（完全完整）。如果选择典型安装或完全安装这两种安装方式,将进入确认对话框,确认选择并开始安装。如果选择定制安装,将进入定制安装对话框,在这里选择定制安装,单击【Custom】按钮,如图 13-7 所示。

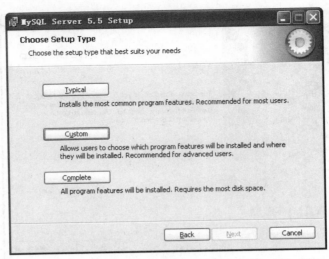

图 13-7 安装类型对话框

3 种安装类型的含义如下。

- Typical：只安装 MySQL 服务器、MySQL 命令行客户端和命令行实用程序。命令行客户端和实用程序包括 mysqldump、myisamchk 和其他几个工具来帮助管理 MySQL 服务器。
- Custom：允许完全控制想要安装的软件组件和安装路径。
- Complete：安装软件包内包含的所有组件。完全安装软件包括的组件有嵌入式服务器库、基准套件、支持脚本和文档。

05 打开【Custom Setup（定制安装）】对话框，如图 13-8 所示。所有可用组件列入定制安装对话框左侧的树状视图内，未安装的组件用红色图标"×"表示；已经安装的组件有灰色图标。

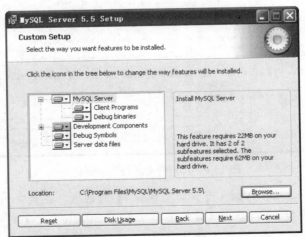

图 13-8 自定义安装组件对话框

06 默认情况下，选择全部安装，要想更改组件，单击该组件的图标并从下拉列表中选择新的选项，并设置安装路径，单击【Next】按钮，如图 13-9 所示。

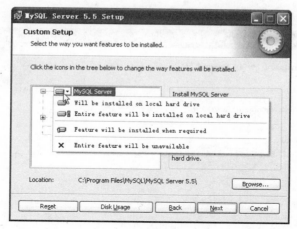

图 13-9　更改组件菜单

该下拉列表中 4 个选项的意思分别如下。

- Will be installed on local hard drive：表示安装这个附加组件到本地硬盘。
- Entire feature will be installed on local hard drive：表示将安装这个组件特性及其子组件到本地硬盘。
- Feature will be installed when required：表示这个附加组件在需要的时候才安装。
- Entire feature will be unavailable：表示不安装这个组件。

提示

MySQL 默认安装路径为 "C:\Program Files\MySQL\MYSQL\MySQL Server 5.5\"，可以单击安装路径右侧的【Browse】按钮来更改默认安装路径。

07　进入安装确认对话框，单击【Install】按钮，如图 13-10 所示。

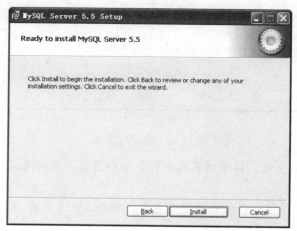

图 13-10　准备安装对话框

08 开始安装 MySQL 文件，安装向导过程中所做的设置将在安装完成之后生效，用户可以通过进度条看到当前安装进度，如图 13-11 所示。

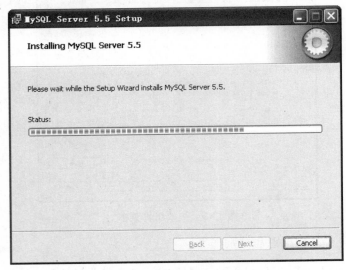

图 13-11 安装进度对话框

09 安装完成后，将弹出有关 MySQL Enterprise 版的介绍对话框，如图 13-12 所示。

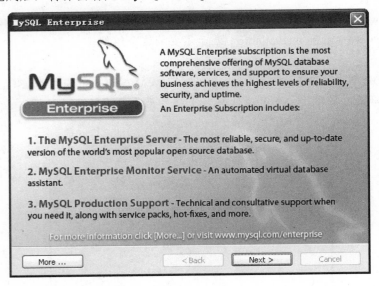

图 13-12 介绍对话框

10 单击【More】按钮，将在浏览器中打开一个页面，单击【Next】按钮进入第二个介绍对话框，如图 13-13 所示。

11 单击【Next】按钮，进入安装完成界面，如图 13-14 所示。

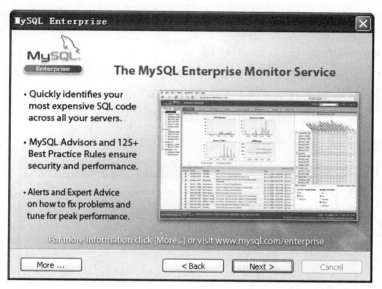

图 13-13 介绍对话框

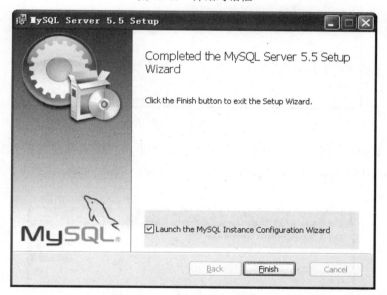

图 13-14 安装完成对话框

安装完成对话框有一个选项【Launch the MySQL Instance Configuration Wizard】,选择该选项,MySQL 安装文件将启动 MySQL 配置向导。此处,选中该选项,然后单击【Finish】按钮,将进入 MySQL 配置向导对话框,开始配置 MySQL。

如果此处取消选中该选项,还可以进入 MySQL 安装 bin 目录直接启动 MySQLInstanceConfig.exe 文件,并配置 MySQL。

13.2.2 配置 MySQL 5.5

MySQL 安装完毕之后，需要对服务器进行配置，使用图形化的配置工具 MySQLInstanceConfig.exe。按照前面一节介绍的方法，启动 MySQL Instance Configuration Wizard，或者在 MySQL 安装目录下的 bin 目录中直接双击 MySQLInstanceConfig.exe 启动配置向导。

01 启动配置向导，进入配置对话框，如图 13-15 所示。

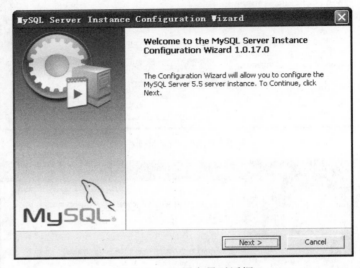

图 13-15　配置向导对话框

02 单击【Next】按钮，进入选择配置类型对话框，在配置类型对话框中可以选择两种配置类型：Detailed Configuration（详细配置）和 Standard Configuration（标准配置），如图 13-16 所示。

图 13-16　配置类型对话框

- Detailed Configuration（详细配置）：适合想要更加详细控制服务器配置的高级用户。
- Standard Configuration（标准配置）：适合想要快速启动 MySQL 而不必考虑服务器配置的新用户。

03 为了学习 MySQL 的配置过程，在此选择详细配置选项，单击【Next】按钮，进入服务器类型对话框，可以选择 3 种服务器类型，不同的选择将影响到 MySQL Configuration Wizard（配置向导）对内存、硬盘和处理器的使用决策。作为初学者，选择【Developer Machine】（开发者机器）已经足够了，这样占用系统的资源不会很多，如图 13-17 所示。

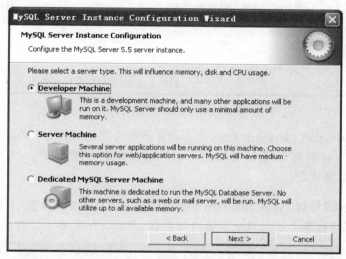

图 13-17　服务器类型对话框

- Developer Machine（开发机器）：该选项代表典型个人用桌面工作站。假定机器上运行着多个桌面应用程序。将 MySQL 服务器配置成使用最少的系统资源。
- Server Machine（服务器）：该选项代表服务器，MySQL 服务器可以同其他应用程序一起运行，例如 FTP、Email 和 Web 服务器。MySQL 服务器配置成使用适当比例的系统资源。
- Dedicated MySQL Server Machine（专用 MySQL 服务器）：该选项代表只运行 MySQL 服务的服务器。假定没有运行其他应用程序。MySQL 服务器配置成使用所有可用系统资源。

04 单击【Next】按钮，进入选择数据库用途对话框，在该对话框有 3 个选项，一般选中第一个单选按钮，即多功能数据库，如图 13-18 所示。

- Multifunctional Database（多功能数据库）：选择该选项，同时使用 InnoDB 和 MyISAM 存储引擎，并在两个引擎之间平均分配资源。建议经常使用两个存储引擎的用户选择该选项。
- Transactional Database Only（只是事务处理数据库）：该选项同时使用 InnoDB 和 MyISAM 存储引擎，但是将大多数服务器资源指派给 InnoDB 存储引擎。建议主要使用 InnoDB、只偶尔使用 MyISAM 的用户选择该选项。

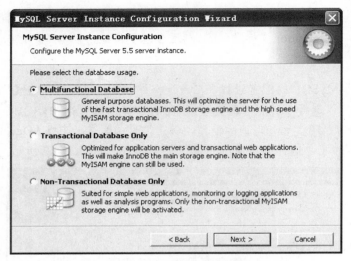

图 13-18　数据库用途对话框

- Non-Transactional Database Only（只是非事务处理数据库）：该选项完全禁用 InnoDB 存储引擎，将所有服务器资源指派给 MyISAM 存储引擎。仅支持不支持事务的 MyISAM 数据类型。

05　单击【Next】按钮，进入 InnoDB 表空间配置对话框当中，如图 13-19 所示，为 InnoDB 数据库文件选择存储位置，一般可以直接选择默认，Drive Info 显示了存放位置的分区信息。

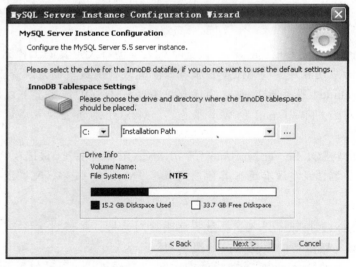

图 13-19　InnoDB 表空间设置对话框

06　单击【Next】按钮，进入设置服务器最大并发连接数对话框当中，该对话框提供了 3 种不同的连接选项，读者可以根据自己的需要选择，在这里选择默认选项 15，如图 13-20 所示。

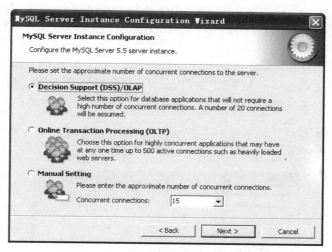

图 13-20　并发连接数设置对话框

- Decision Support（DSS，决策支持）/OLAP：如果服务器不需要大量的并行连接可以选择该选项。假定最大连接数目设置为 100，平均并行连接数为 20。
- Online Transaction Processing（OLTP，联机事务处理）：如果服务器需要大量的并行连接则选择该选项。最大连接数设置为 500。
- Manual Setting（人工设置）：选择该选项可以手动设置服务器并行连接的最大数目。从下拉列表框中选择并行连接的数目，如果期望的数目不在列表中，则在下拉列表框中输入最大连接数。

07　单击【Next】按钮，进入设置网络选项对话框当中，在 networking options（网络选项）对话框中可以启用或禁用 TCP/IP 网络，并配置用来连接 MySQL 服务器的端口号，如图 13-21 所示。

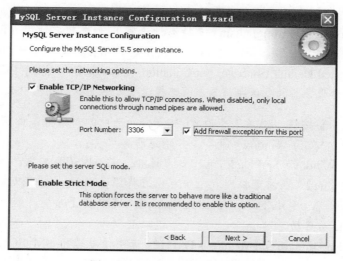

图 13-21　网络选项设置对话框

默认情况启用 TCP/IP 网络，默认端口为 3306。要想更改访问 MySQL 使用的端口，从下拉列表框中选择一个新端口号或直接在下拉列表框中输入新的端口号，但要保证选择的端口号没有被占用。如果选中【Add firewall exception for this port】复选框，防火墙将允许通过该端口访问，在这里选择上该选项。如果选中【Enable Strict Mode】选项，MySQL 会对输入的数据进行严格的检验，对于初学者来说，可以不用选择，在这里，取消选中该选项。

08 单击【Next】按钮，打开用于设置 MySQL 默认语言编程字符集的对话框，该对话框提供了 3 种类型字符集，如图 13-22 所示。

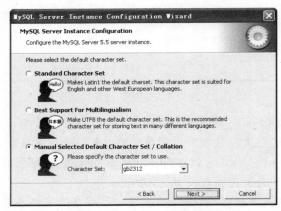

图 13-22　默认字符集设置对话框

常用的选项有 latin1、gb2312、gbk 或 utf-8，如果只有英文字符，可以选择 latin1；如果要支持中文可以选择国标 gb2312 或者 gbk；如果要支持多国语言可以选择 utf-8。在这里选择 utf-8，从第三个选项的下拉列表框中选择 utf-8。

- Standard Character Set（标准字符集）：如果想要使用 latin1 作为默认服务器字符集，则选择该选项。latin1 用于英语和许多西欧语言。
- Best Support For Multilingualism（支持多种语言）：如果想要使用 utf-8 作为服务器默认字符集，则选择该选项。utf-8 可以将不同语言的字符存储为单一的字符集。
- Manual Selected Default Character Set/Collation（人工选择的默认字符集/校对规则）：如果想要手动选择服务器的默认字符集，请选择该项。从下拉列表框中选择期望的字符集。

09 单击【Next】按钮，进入用于设置 Windows 选项的对话框，如图 13-23 所示。这一步将选择将 MySQL 安装为 Windows 服务，并指定服务名称。

- 【Install As Windows Service】：选中该复选框，将 MySQL 安装为 Windows 服务。
- 【Service Name】：在该下拉列表框中可以选择服务名称，也可以自己输入。
- 【Launch the MySQL Server automatically】：选中该复选框，则 Windows 启动之后 MySQL 会自动启动。
- 【Include Bin Directory in Windows PATH】：选中该复选框，MySQL 的 bin 目录将会添加到环境变量 PATH 中，这样以后在 cmd 模式下，可以直接使用 bin 目录下的文件，而不用每次都输入完整的路径。

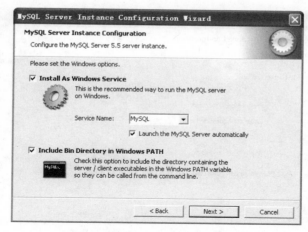

图 13-23　Windows 选项设置对话框

10　单击【Next】按钮，进入用于设置安全选项的对话框，如图 13-24 所示。

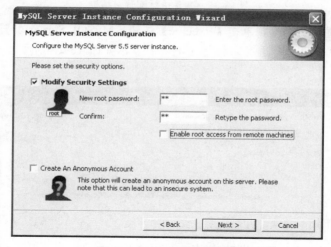

图 13-24　安全设置对话框

- 要想设置 root 密码，在【New root password】(输入新密码)和【Confirm】(确认)两个文本框内输入期望的密码。
- 要想禁止通过网络以 root 登录，取消选中【Enable root access from remote machines】（只允许从本机登录连接 root）复选框。这样可以提高 root 账户的安全。
- 要想创建一个匿名用户账户，选中【Create An Anonymous Account】(创建匿名账户) 复选框。创建匿名账户会降低服务器的安全，因此不建议选中该选项。
- 如果不想设置 root 密码，取消选中【Modify Security Settings】(修改安全设定值) 复选框。

11　单击【Next】按钮，进入准备执行配置对话框，如图 13-25 所示。

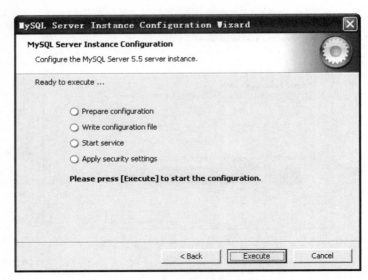

图 13-25 准备执行配置对话框

12 如果对设置确认无误,单击【Execute】按钮,MySQL Server 配置向导执行一系列的任务,并在对话框中显示任务进度,执行完毕之后显示如图 13-26 所示。单击【Finish】按钮完成整个配置过程。

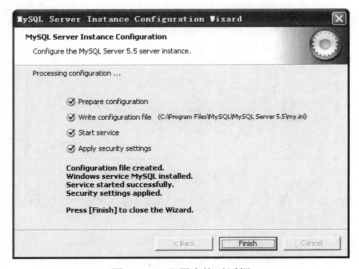

图 13-26 配置完毕对话框

13 按【Ctrl+Alt+Del】组合键,打开【Windows 任务管理器】对话框,可以看到 MySQL 服务进程 mysqld.exe 已经启动了,如图 13-27 所示。

MySQL 的安装与配置 第13章

图 13-27 任务管理器窗口

至此，就完成了在 Windows XP 操作系统环境下安装 MySQL 的操作。

13.3 启动服务并登录 MySQL 数据库

MySQL 安装完毕之后，需要启动服务器进程，不然客户端无法连接数据库，客户端通过命令行工具登录数据库。本节将介绍如何启动 MySQL 服务器和登录 MySQL 的方法。

13.3.1 启动 MySQL 服务

在前面的配置过程中，已经将 MySQL 安装为 Windows 服务，当 Windows 启动、停止时，MySQL 也自动启动、停止。不过，用户还可以使用图形服务工具来控制 MySQL 服务器或从命令行使用 net 命令。可以通过 Windows 的服务管理器查看，具体的操作步骤如下。

01 单击【开始】菜单，在弹出的菜单中选择【运行】命令，打开【运行】对话框，如图 13-28 所示。

图 13-28 【运行】对话框

02 在【打开】文本框中输入 "services.msc"，单击【确定】按钮，打开 Windows 的【服务管理器】，在其中可以看见服务名为 "MySQL" 的服务项了，其右边状态 "已启动" 表明该服务已启动，如图 13-29 所示。

图 13-29 服务管理器窗口

由于设置了 MySQL 为自动启动，在这里可以看到，服务已经启动，而且启动类型为自动。如果没有 "已启动" 字样，说明 MySQL 服务未启动。启动方法为：单击【开始】菜单，选择【运行】命令，在【运行】对话框中输入 "cmd"，按【Enter】键弹出 XP 命令提示符界面。然后输入 "net start mysql"，按【Enter】键，就能启动 mysql 服务了，停止 mysql 服务的命令为 "net stop mysql"，如图 13-30 所示。

图 13-30 命令行中启动和停止 MySQL

提示

输入的 MySQL 是服务的名称。如果读者的 MySQL 服务的名称是 DB 或其他名称，应该输入 "net start DB" 或其他名称。

也可以直接双击 MySQL 服务，打开【MySQL 的属性】对话框，在其中通过单击【启动】或【停止】按钮来更改服务状态，如图 13-31 所示。

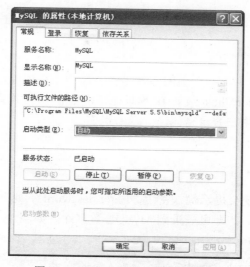

图 13-31　MySQL 服务属性对话框

13.3.2　登录 MySQL 数据库

当 MySQL 服务启动完成后，便可以通过客户端来登录 MySQL 数据库。在 Windows 操作系统下，可以通过两种方式登录 MySQl 数据库。

1. 以 Windows 命令行方式登录

具体的操作步骤如下。

01 单击【开始】菜单，在弹出的菜单中选择【运行】命令，打开【运行】对话框，在其中输入命令"cmd"，如图 13-32 所示。

图 13-32　运行对话框

02 单击【确定】按钮，打开 DOS 窗口，如图 13-33 所示。

图 13-33　DOS 窗口

03 在 DOS 窗口中可以使用登录命令连接到 MySQL 数据库。连接 MySQL 的命令格式为：

mysql -h hostname -u username -p

其中，mysql 为登录命令，–h 后面的参数是服务器的主机地址，在这里客户端和服务器在同一台机器上，所以输入 localhost 或者 IP 地址 127.0.0.1，–u 后面跟登录数据库的用户名称，在这里为 root，–p 后面是用户登录密码。

在这里，输入命令如下：

mysql　-h localhost –u root –p

按下【Enter】键，系统会提示输入密码"Enter password"，这里输入在前面配置向导中自己设置的密码，验证正确后，即可登录到 MySQL 数据库，如图 13-34 所示。

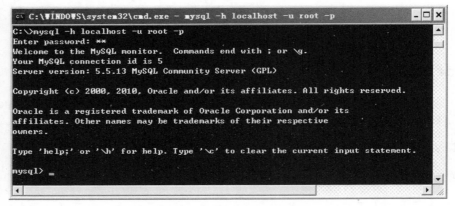

图 13-34　Windows 命令行登录窗口

提示

当窗口中出现这些说明信息，命令提示符变为"mysql>"时，说明已经成功登录 MySQL 服务器了，可以开始对数据库进行操作。

2. 使用 MySQL command client line 登录

依次选择【开始】➢【所有程序】➢【MySQL】➢【MySQL Server 5.5】➢【MySQL 5.5 Command Client Line】命令，进入密码输入窗口，如图 13-35 所示。

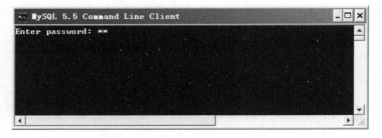

图 13-35　MySQL 命令行登录窗口

输入正确的密码之后，就可以登录到 MySQL 数据库了。

此外，还可以通过 MySQL 图形化管理工具登录数据库的方式，这里暂不介绍，有兴趣的读者，可以查阅相关资料，学习这些图形化工具的使用，后面的章节对这些图形化工具会有一个简单的介绍。

13.3.3 配置 Path 变量

在前面登录 MySQL 服务器的时候，直接输入 mysql 登录命令，因为把 MySQL 的 bin 目录添加到了系统的环境变量里面，所以可以直接这样使用。

还记得前面配置向导中有一项"Include Bin Directory in Windows PATH"，选择该选项之后，MySQL 的 bin 目录将会添加到环境变量 Path 中。如果没有把 MySQL 的 bin 目录添加到系统的变量 Path 中，那么每次在命令行下都要输入完整的 bin 目录路径或者切换到 bin 目录，例如"cd C:\Program Files\MySQL\MySQL Server 5.5\bin"，才能使用 MySQL 等其他命令工具，这样比较麻烦。

下面介绍怎样手动配置 Path 变量，具体的操作步骤如下。

01 在桌面上右击【我的电脑】图标，在弹出的快捷菜单中选择【属性】命令，如图 13-36 所示。

02 打开【系统属性】对话框，并选择【高级】选项卡，如图 13-37 所示。

图 13-36 我的电脑属性菜单

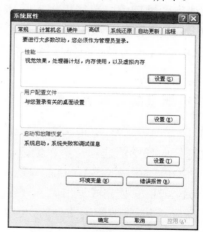

图 13-37 【系统属性】对话框

03 单击【环境变量】按钮，打开【环境变量】对话框，在系统变量列表中选择【Path】变量，如图 13-38 所示。

04 单击【编辑】按钮，在【编辑系统变量】对话框中，将 MySQL 应用程序的 bin 目录（C:\Program Files\MySQL\MySQL Server 5.5\bin）添加到变量值中，用分号将其与其他路径分隔开，如图 13-39 所示。

图 13-38 系统变量显示对话框

图 13-39 【编辑系统变量】对话框

05 添加完成之后，单击【确定】按钮，这样就完成了配置 PATH 变量的操作，然后就可以直接输入 mysql 命令来登录数据库了。

13.4 更改 MySQL 的配置

在实际使用的过程中，可能根据实际需要来更改 MySQL 配置参数，MySQL 提供了两个更改配置的方式：一种是通过配置向导来更改，另一种是手工修改配置文件来更改配置。对于刚接触 MySQL 的开发人员，不建议修改配置文件。本节将介绍使用图形化的向导工具来更改配置。

13.4.1 通过配置向导来更改配置

MySQL 配置向导（MySQL Server Instance Configuration Wizard）提供了自动配置服务的过程，通过选择向导中的选项，可以创建定制的配置文件（my.ini 或者 my.cnf）。配置向导实例包含在 MySQL 5.5 服务器中，目前只适用于 Windows 用户。

一般当 MySQL 安装完成退出时，在 MySQL 安装过程中可以启动 MySQL 配置向导。当安装服务器之后，需要修改配置文件时，可以在 MySQL 的 bin 目录下直接双击打开，如图 13-40 所示。

图 13-40 MySQL 配置向导位置

具体的配置步骤如下。

01 进入 MySQL 安装 bin 目录，直接启动 MySQLInstanceConfig.exe 文件，进入配置对话框，如图 13-41 所示。

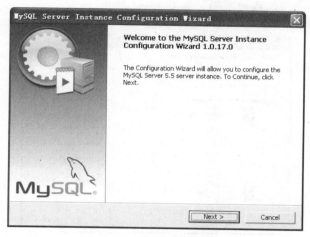

图 13-41　配置向导对话框

02 单击【Next】按钮，进入维护选项对话框，如图 13-42 所示。要想重新配置已有的服务器，选择【Reconfigure Instance】选项并单击【Next】按钮。已有的 my.ini 文件重新命名为 mytimestamp.ini.bak，其中 timestamp 是 my.ini 文件创建时的日期和时间。配置完成后，将会生成带有新的配置参数的 my.ini 文件。要想卸载已有的服务器实例，选择【Remove Instance】选项并单击【Next】按钮。

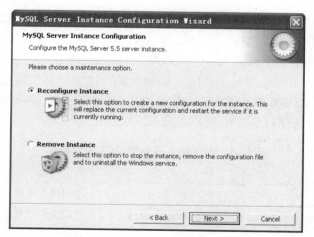

图 13-42　选择维护选项对话框

如果选择了【Remove Instance】选项，则进入确认窗口。单击【Execute】按钮，MySQL 配置向导停止并卸载 MySQL 服务，然后删除 my.ini 文件。服务器安装目录和 data 目录不删除。

03 选中【Reconfigure Instance】单选按钮，单击【Next】按钮，进入配置过程。

接下来的配置过程和 13.2.2 节的过程基本相同，读者可以仿照 13.2.2 节的步骤进行配置。

唯一不太一样的是安全选项对话框，在重新配置的时候，在这个对话框中需要输入当前密码和修改后的密码，如图 13-43 所示。

图 13-43　更改密码选项对话框

其中，在【Current root password 】文本框输入当前密码，在【New root password】文本框输入新密码，在【Confirm】文本框再次输入新密码，单击【Next】按钮，后面的操作与 13.2.2 节相同。这里不再赘述。

13.4.2　手工更改配置

对于 MySQL 初学者，可以很方便地使用图形化的配置向导工具，但是要想学好用好 MySQL 数据库，学习手工更改配置，将加深对数据库的理解，而且这种方式更加灵活和高效，但需要了解各个参数的含义，因此有一定的难度。下面介绍如何手工更改配置。

在进行配置之前，首先了解一下 MySQL 提供的二进制安装代码包所创建的默认目录布局。在 Windows 中，MySQL 5.5 的默认安装路径是 "C:\Program Files\MySQL\MySQL Server 5.5"，安装目录包括以下子目录，如表 13-1 所示。

表 13-1　Windows 平台 MySQL 安装目录

目录	目录内容
bin	客户端程序和 mysqld 服务器
C:\Documents and Settings\AllUsers\Application Data\MySQL	日志文件，数据库
examples	示例程序和脚本
include	包含(头)文件
lib	库
scripts	实用工具脚本

不同 MySQL 版本下的目录布局，会有稍微的差异，但基本都包含上述几个子目录，在这

几个文件夹以外，还有几个名称不同的.ini 类型的配置文件。不同文件分别提供不同数据库类型的配置参数模板，如表 13-2 所示。

表 13-2 MySQL 提供的配置文件模板

模板	说明
my.ini	当前应用的配置文件
my-huge.ini	针对非常大型系统的 MySQL 配置文件例子
my-innodb-heavy-4G.ini	针对 4G 内存系统（主要运行只有 InnoDB 表的 MySQL 并使用几个连接数执行复杂的查询）的 MySQL 配置文件例子
my-large.ini	针对一个内存为 1~2G 的大系统，系统主要运行 MySQL
my-medium.ini	针对中等系统的 MySQL 配置文件例子
my-small.ini	针对小系统的 MySQL 配置文件例子

MySQL 数据库使用 my.ini 文件中的配置参数，下面对配置文件中的参数进行简单介绍。

```
# MySQL 客户端参数
[client]

#用户登录密码
#password=your_password

#数据库连接端口
port=3306

# MySQL 服务器端参数
[mysqld]

# MySQL 服务程序 TCP/IP 监听端口(通常是 3306 端口)
port=3306

#使用给定目录作为根目录(安装目录)
basedir="C:/Program Files/MySQL/MySQL Server 5.5/"

#给定读取数据库文件的目录
datadir="C:/Documents and Settings/All Users/Application Data/MySQL/MySQL Server 5.5/Data/"

#新数据表的默认存储引擎
default-storage-engine=INNODB

# MySQL 服务器同时处理的数据库连接的最大数量
max_connections=100
```

```
#允许临时存放在查询缓存区里的查询结果的最大长度
query_cache_size=0

#同时打开的数据表的数量
table_cache=256

#临时 HEAP 数据表的最大长度
tmp_table_size=17M

#服务器线程缓存数量
thread_cache_size=8

# ***MyISAM 指定参数***
#当重建索引时,MySQL 允许使用的临时文件的最大大小
myisam_max_sort_file_size=100G

# MySQL 需要重建索引,以及 LOAD DATA INFILE 到一个空表时,缓冲区的大小
myisam_sort_buffer_size=34M

#关键词缓冲区大小,用来为 MyISAM 表缓存索引块
key_buffer_size=25M

#排序好的数据存储缓冲区大小
read_rnd_buffer_size=256K

#排序缓冲区大小
sort_buffer_size=256K

#进行 MyISAM 表全表扫描的缓冲区大小
read_buffer_size = 256K

#*** 通用配置选项***
#服务器可以处理的一个查询包的最大容量
max_allowed_packet = 1M

#所有线程打开表的数量
table_open_cache = 64

#*** INNODB 指定参数***
# InnoDB 表空间文件存储位置
innodb_data_home_dir = C:\\mysql\\data\\
```

#用来容纳 InnoDB 为数据表的表空间：可能涉及一个以上的文件；每一个表空间文件的最大长度
#都必须以字节(B)、兆字节(MB)或千兆字节(GB)为单位给出；表空间文件的名字必须以分号隔开；
#最后一个表空间文件还可以带一个 autoextend 属性和一个最大长度(max:n)。
#例如，ibdata1:1G; ibdata2:1G:autoextend:max:2G 的意思：表空间文件 ibdata1 的
#最大长度是 1GB，ibdata2 的最大长度也是 1G，但允许它扩充到 2GB
innodb_data_file_path = ibdata1:10M:autoextend

#用来存放 InnoDB 日志文件的目录路径
innodb_log_group_home_dir = C:\\mysql\\data\\

# InnoDB 用来缓存索引和行数据的缓冲池大小
innodb_buffer_pool_size = 16M

# InnoDB 用来存储元数据信息的附加内存池
innodb_additional_mem_pool_size = 2M

#每个日志文件的大小
innodb_log_file_size = 5M

# InnoDB 存储日志数据的缓冲池的大小
innodb_log_buffer_size = 8M

#决定着什么时候把日志信息写入日志文件以及什么时候把这些文件物理地写(术语称为"同步")到
#硬盘上，可以设定的值有 3 个：0，1，2
innodb_flush_log_at_trx_commit = 1

# InnoDB 事务应等待的在回滚之前被授权锁定的时长
innodb_lock_wait_timeout = 50
```

不建议使用源码包进行安装。

## 13.5 高手私房菜

### 技巧 1：MySQL 必须注册为系统服务吗？

使用配置向导时，可以将 MySQL 注册为系统服务，MySQL 会随 Windows 一起启动。这样免除了每次手动输入启动命令的麻烦，如果不想安装服务，取消选中【Install As Windows Service】复选框。如果读者不需要经常使用 MySQL，可以在配置向导中不选择【Launch the MySQL Server automatically】选项，根据需要使用 net 命令启动或者关闭 MySQL 服务，这样也减少了系统资源的浪费。
```

技巧 2：MySQL 安装失败怎么办？

安装过程失败，多是由于重新安装 MySQL 的缘故，因为 MySQL 在删除的时候，不能自动删除相关的信息。解决方法是，把以前安装目录删除掉。删除在 C 盘的 program file 文件夹里面 MySQL 的安装目录文件夹；同时删除 MySQL 的 DATA 目录，该目录一般为隐藏文件，其位置一般在"C:\Documents and Settings\All Users\Application Data\ MySQL"目录下。删除掉后重新安装即可。

第 14 章 数据库的基本操作

MySQL 安装好以后，首先需要创建数据库，这是使用 MySQL 各种功能的前提。本章将详细介绍数据的基本操作，主要内容包括：创建数据库、删除数据库、不同类型的数据存储引擎和存储引擎的选择。

14.1 创建数据库

MySQL 安装完成之后，将会在其 DATA 目录下自动创建几个必需的数据库，可以使用 SHOW DATABASES;语句来查看当前所有存在的数据库，登录 MySQL 并输入语句如下。

可以看到，数据库列表中包含了 4 个数据库，MySQL 是必需的，它描述用户访问权限，test 数据库为测试数据库，用户可以使用该数据库学习 MySQL，其他的数据库的作用将在后面的章节介绍。

创建数据库是在系统磁盘上划分一块区域用于数据的存储和管理,如果管理员在设置权限的时候为用户创建了数据库，则可以直接使用，否则需要自己创建数据库，MySQL 中创建数据库的基本 SQL 语法格式为：

CREATE DATABASE database_name;

"database_name"为要创建的数据库的名称，该名称不能与已经存在的数据库重名。

【例 14.1】创建测试数据库 test_db，输入语句如下。

CREATE DATABASE test_db;

数据库创建好之后，可以使用 SHOW CREATE DATABASE 声明查看数据库的定义。

【例 14.2】 查看创建好的数据库 test_db 的定义，输入语句如下。

```
mysql> SHOW CREATE DATABASE test_db\G;
*************************** 1. row ***************************
         Database: test_db
Create Database: CREATE DATABASE 'test_db' /*!40100 DEFAULT CHARACTER SET utf8 */
1 row in set (0.00 sec)
```

可以看到，如果数据库创建成功，将显示数据库的创建信息。

再次使用 SHOW DATABASES;语句来查看当前所有存在的数据库，输入语句如下。

```
mysql> SHOW databases;
+--------------------+
| Database           |
+--------------------+
| information_schema |
| mysql              |
| performance_schema |
| test               |
| test_db            |
+--------------------+
5 rows in set (0.03 sec)
```

可以看到，数据库列表中包含了刚刚创建的数据库 test_db 和其他已经存在的数据库的名称。

14.2 删除数据库

删除数据库是将已经存在数据库从磁盘空间上清除，清除之后，数据库中的所有数据也将一同被删除，删除数据库的语句和创建数据库的语句相似，MySQL 中删除数据库的基本语法格式为：

```
DROP DATABASE database_name;
```

"database_name"为要删除的数据库的名称，如果指定的数据库不存在，则删除出错。

【例 14.3】 删除测试数据库 test_db，输入语句如下。

```
DROP DATABASE test_db;
```

语句执行完毕之后，数据库 test_db 将被删除，再次使用 SHOW CREATE DATABASE 声明查看数据库的定义，结果如下。

```
mysql> SHOW CREATE DATABASE test_db\G;
ERROR 1049 (42000): Unknown database 'test_db'
```

```
ERROR:
No query specified
```

执行结果给出一条错误信息 "ERROR 1049 <42000>：Unknown database 'test_db'"，即数据库 test_db 已不存在，删除成功。

> 使用 DROP DATABASE 命令的时候要非常谨慎，在执行该命令时，MySQL 不会给出任何提醒确认信息。DROP DATABASE 声明删除数据库后，数据库中存储的所有数据表和数据也将一同被删除，如果没有对数据库进行备份，这些数据将不能恢复。

14.3 数据库存储引擎

数据库存储引擎是数据库底层软件组件。数据库管理系统（DBMS）使用数据引擎进行创建、查询、更新和删除数据操作。不同的存储引擎提供不同的存储机制、索引技巧、锁定水平等。使用不同的存储引擎，还可以获得特定的功能。现在许多不同的数据库管理系统都支持多种不同的数据引擎。MySQL 的核心就是存储引擎。

14.3.1 MySQL 存储引擎简介

MySQL 提供了多个不同的存储引擎，包括处理事务安全表的引擎和处理非事务安全表的引擎。在 MySQL 中，不需要在整个服务器使用同一种存储引擎，针对具体的要求，可以对每一个表使用不同的存储引擎。MySQL 5.5 支持的存储引擎有 InnoDB、MyISAM、Memory、Merge、Archive、Federated、CSV、BLACKHOLE 等。可以使用 SHOW ENGINES 语句查看系统所支持的引擎类型，结果如下。

```
mysql> SHOW ENGINES \G;
*************************** 1. row ***************************
      Engine: FEDERATED
     Support: NO
     Comment: Federated MySQL storage engine
Transactions: NULL
          XA: NULL
  Savepoints: NULL
*************************** 2. row ***************************
      Engine: MRG_MYISAM
     Support: YES
     Comment: Collection of identical MyISAM tables
Transactions: NO
          XA: NO
  Savepoints: NO
```

*************************** 14. row ***************************
      Engine: MyISAM
     Support: YES
     Comment: MyISAM storage engine
Transactions: NO
          XA: NO
   Savepoints: NO
*************************** 4. row ***************************
      Engine: BLACKHOLE
     Support: YES
     Comment: /dev/null storage engine (anything you write to it disappears)
Transactions: NO
          XA: NO
   Savepoints: NO
*************************** 5. row ***************************
      Engine: CSV
     Support: YES
     Comment: CSV storage engine
Transactions: NO
          XA: NO
   Savepoints: NO
*************************** 6. row ***************************
      Engine: MEMORY
     Support: YES
     Comment: Hash based, stored in memory, useful for temporary tables
Transactions: NO
          XA: NO
   Savepoints: NO
*************************** 7. row ***************************
      Engine: ARCHIVE
     Support: YES
     Comment: Archive storage engine
Transactions: NO
          XA: NO
   Savepoints: NO
*************************** 8. row ***************************
      Engine: InnoDB
     Support: DEFAULT
     Comment: Supports transactions, row-level locking, and foreign keys
Transactions: YES
          XA: YES
   Savepoints: YES

```
*************************** 9. row ***************************
      Engine: PERFORMANCE_SCHEMA
     Support: YES
     Comment: Performance Schema
Transactions: NO
          XA: NO
  Savepoints: NO
9 rows in set (0.00 sec)
```

Support 列的值表示某种引擎是否能使用：YES 表示可以使用，NO 表示不能使用，DEFAULT 表示该引擎为当前默认存储引擎。

14.3.2 InnoDB 存储引擎

InnoDB 事务型数据库的首选引擎，支持事务安全表（ACID），支持行锁定和外键。MySQL 5.5.5 之后，InnoDB 作为默认存储引擎，InnoDB 主要特性有以下几方面。

（1）InnoDB 给 MySQL 提供了具有提交、回滚和崩溃恢复能力的事务安全（ACID 兼容）存储引擎。InnoDB 锁定在行级并且也在 SELECT 语句提供一个类似 Oracle 的非锁定读。这些功能增加了多用户部署和性能。在 SQL 查询中，可以自由地将 InnoDB 类型的表与其他 MySQL 的表的类型混合起来，甚至在同一个查询中也可以混合。

（2）InnoDB 是为处理巨大数据量时的最大性能设计。它的 CPU 效率可能是任何其他基于磁盘的关系数据库引擎所不能匹敌的。

（3）InnoDB 存储引擎与 MySQL 服务器被完全整合，InnoDB 存储引擎为在主内存中缓存数据和索引而维持它自己的缓冲池。InnoDB 的表和索引在一个逻辑表空间中，表空间可以包含数个文件（或原始磁盘分区）。这与 MyISAM 表不同。例如，在 MyISAM 表中每个表被存储在分离的文件中。InnoDB 表可以是任何尺寸，即使在文件尺寸被限制为 2GB 的操作系统上。

（4）InnoDB 支持外键完整性约束（FOREIGN KEY）。

存储表中的数据时，每张表的存储都按主键顺序存放，如果没有显式地在表定义时指定主键，InnoDB 会为每一行生成一个 6 字节的 ROWID，并以此作为主键。

（5）InnoDB 被用在众多需要高性能的大型数据库站点上。

InnoDB 不创建目录，使用 InnoDB 时，MySQL 将在 MySQL 数据目录下创建一个名为 ibdata1 的 10MB 大小的自动扩展数据文件，以及两个名为 ib_logfile0 和 ib_logfile1 的 5MB 大小的日志文件。

14.3.3 MyISAM 存储引擎

MyISAM 基于 ISAM 存储引擎，并对其进行扩展。它是在 Web、数据仓储和其他应用环境下最常用的存储引擎之一。MyISAM 拥有较高的插入、查询速度，但不支持事务。在 MySQL 5.5.5 之前的版本中，MyISAM 是默认存储引擎。MyISAM 主要特性有如下几个方面。

（1）支持长度达 63 位的大文件。当然此时操作系统也需要支持大文件才行。
（2）当进行删除、更新或插入操作时，动态尺寸的行产生更少的碎片。这需要合并相邻被删除的块，以及若下一个块被删除，就扩展到下一块来自动完成。
（3）每个 MyISAM 表的最大索引数是 64。这可以通过重新编译来改变。每个索引最大的列数是 16 个。
（4）最大的键长度是 1000 字节。这也可以通过编译来改变。
（5）BLOB 和 TEXT 列可以被索引。
（6）NULL 值被允许在索引的列中。
（7）可以把数据文件和索引文件放在不同的目录。
（8）每个字符列可以有不同的字符集。
（9）有 VARCHAR 的表可以有固定或动态记录长度。
（10）VARCHAR 和 CHAR 列可以多达 64KB。

使用 MyISAM 引擎创建数据库，将生成 3 个文件。文件的名字以表的名字开始，扩展名指出文件类型：.frm 文件存储表定义，数据文件的扩展名为.MYD (MYData)，索引文件的扩展名是.MYI (MYIndex)。

14.3.4 MEMORY 存储引擎

MEMORY 存储引擎将表中的数据存储在内存中，为查询和引用其他表数据提供快速访问。MEMORY 主要特性有以下几方面。
（1）MEMORY 表可以有多达每个表 32 个索引，每个索引 16 列，以及 500 字节的最大键长度。
（2）MEMORY 存储引擎执行 HASH 和 BTREE 索引。
（3）可以在一个 MEMORY 表中有非唯一键。
（4）MEMORY 表使用一个固定的记录长度格式。
（5）MEMORY 不支持 BLOB 或 TEXT 列。
（6）MEMORY 支持 AUTO_INCREMENT 列和对可包含 NULL 值的列的索引。
（7）MEMORY 表在所有客户端之间共享（就像其他任何非 TEMPORARY 表）。
（8）MEMORY 表内容被存在内存中，内存是 MEMORY 表和服务器在查询处理时的空闲中创建的内部表共享。
（9）当不再需要 MEMORY 表的内容时，要释放被 MEMORY 表使用的内存，应该执行 DELETE FROM 或 TRUNCATE TABLE，或者整个地删除表（使用 DROP TABLE）。

14.3.5 存储引擎的选择

不同存储引擎都有各自的特点，适应于不同的需求，为了做出选择，首先需要考虑每一个存储引擎提供了哪些不同的功能。

表 14-1　存储引擎比较

功能	MyISAM	Memory	InnoDB	Archive
存储限制	256TB	RAM	64TB	None
支持事务	No	No	Yes	No
支持全文索引	Yes	No	No	No
支持数据索引	Yes	Yes	Yes	No
支持哈希索引	No	Yes	No	No
支持数据缓存	No	N/A	Yes	No
支持外键	No	No	Yes	No

如果要提供提交、回滚和崩溃恢复能力的事务安全（ACID 兼容）能力，并要求实现并发控制，InnoDB 是个很好的选择。如果数据表主要用来插入和查询记录，则 MyISAM 引擎能提供较高的处理效率；如果只是临时存放数据，数据量不大，并且不需要较高的数据安全性，可以选择将数据保存在内存中 Memory 引擎，MySQL 中使用该引擎作为临时表存放查询的中间结果。如果只有 INSERT 和 SELECT 操作，可以选择 Archive 引擎，Archive 存储引擎支持高并发的插入操作，但是本身并不是事务安全的。Archive 存储引擎非常适合存储归档数据，如记录日志信息可以使用 Archive 引擎。

使用哪一种引擎要根据需要灵活选择。一个数据库中多个表可以使用不同引擎以满足各种性能和实际需求。使用合适的存储引擎，将会提高整个数据库的性能。

14.4　实战演练——数据库的创建和删除

登录 MySQL，使用数据库操作语句创建、查看和删除数据库，步骤如下。

01 登录数据库。打开 Windows 命令行，输入登录用户名和密码。

```
C:\>mysql –h localhost -u root -p
Enter password: **
```

或者打开 MySQL 5.5 Command Line Client，只输入用户密码也可以登录。登录成功后显示如下信息。

```
Welcome to the MySQL monitor.    Commands end with ; or \g.
Your MySQL connection id is 2
Server version: 5.5.13 MySQL Community Server (GPL)

Copyright (c) 2000, 2010, Oracle and/or its affiliates. All rights reserved.

Oracle is a registered trademark of Oracle Corporation and/or its
affiliates. Other names may be trademarks of their respective
```

owners.

Type 'help;' or '\h' for help. Type '\c' to clear the current input statement.

mysql>

出现 MySQL 命令输入提示符时表示登录成功，可以输入 SQL 语句进行操作。

02 创建数据库 zoo，执行过程如下。

```
mysql> CREATE DATABASE zoo;
Query OK, 1 row affected (0.00 sec)
```

提示信息表明语句成功执行。
查看当前系统中所有的数据库，执行过程如下。

```
mysql> SHOW DATABASES;
+--------------------+
| Database           |
+--------------------+
| information_schema |
| mysql              |
| performance_schema |
| test               |
| zoo                |
+--------------------+
```

可以看到，数据库列表中已经有了名称为 zoo 的数据库，数据库创建成功。

03 选择当前数据库为 zoo，查看数据库 zoo 的信息，执行过程如下。

```
mysql> USE zoo;
Database changed
```

提示信息 Database changed 表明选择成功。
查看数据库信息：

```
mysql> SHOW CREATE DATABASE zoo \G;
*************************** 1. row ***************************
       Database: zoo
Create Database: CREATE DATABASE 'zoo' /*!40100 DEFAULT CHARACTER SET utf8 */
```

Database 值表明当前数据库名称；Create Database 值表示创建数据库 zoo 的语句；后面的是注释信息。

04 删除数据库 zoo，执行过程如下。

```
mysql> DROP DATABASE zoo;
Query OK, 0 rows affected (0.00 sec)
```

语句执行完毕，将数据库 zoo 从系统中删除。

```
mysql> SHOW DATABASES;
+--------------------+
| Database           |
+--------------------+
| information_schema |
| mysql              |
| performance_schema |
| test               |
+--------------------+
```

可以看到，数据库列表中已经没有名称为 zoo 的数据库。

14.5 高手私房菜

技巧：如何查看默认存储引擎？

在前面介绍了使用 SHOW ENGINES 语句查看系统中所有的存储引擎，其中包括默认的存储引擎，还可以使用一种直接的方法查看默认存储引擎，输入语句如下。

```
mysql> SHOW VARIABLES LIKE 'storage_engine';
+----------------+--------+
| Variable_name  | Value  |
+----------------+--------+
| storage_engine | InnoDB |
+----------------+--------+
```

由执行结果直接显示了当前默认的存储引擎。MySQL 不同版本中的默认存储引擎不同，MySQL 允许修改默认存储引擎，方法是修改配置文件。

在 Windows 平台下，设置数据库默认存储引擎需要修改配置文件 my.ini。例如，将 MySQL 5.5 的默认存储引擎修改为 MyISAM。首先打开 my.ini，将[mysqld]字段下面的 default-storage-engine 参数后面的值，由"InnoDB"改为"MyISAM"，保存文件，重新启动 MySQL 即可。

第 15 章 数据表的基本操作

在数据库中,数据表是数据库中最重要、最基本的操作对象,是数据存储的基本单位。数据表被定义为列的集合,数据在表中是按照行和列的格式来存储的。每一行代表一条唯一的记录,每一列代表记录中的一个域。

本章将详细介绍数据表的基本操作,主要内容包括创建数据表、查看数据表结构、修改数据表、删除数据表。通过本章的学习,读者能够熟练掌握数据表的基本概念,理解约束和规则的含义并且学会运用;能够在图形界面模式和命令行模式下熟练地完成有关数据表的常用操作。

15.1 创建数据表

在创建完数据库之后,接下来的工作就是创建数据表。创建数据表是指在已经创建好了的数据库中建立新表。创建数据表的过程是规定数据列的属性的过程,同时也是实施数据完整性(包括实体完整性、引用完整性和域完整性等)约束的过程。本节将介绍创建数据表的语法形式、如何添加主键约束/外键约束/非空约束等。

15.1.1 创建数据表的语法形式

数据表属于数据库,在创建数据表之前,应该使用语句"USE <数据库名>"指定操作是在哪个数据库中进行,如果没有选择数据库,会抛出"No database selected"的错误。

创建数据表的语句为 CREATE TABLE,语法规则如下:

```
CREATE  TABLE <表名>
(
    字段名1 数据类型 [列级别约束条件] [默认值],
    字段名2 数据类型 [列级别约束条件] [默认值],
    ……
    [表级别约束条件]
);
```

使用 CREATE TABLE 创建表时,必须指定以下信息。

(1)要创建的表的名称,不区分大小写,不能使用 SQL 语言中的关键字,如 DROP、ALTER、INSERT 等。

(2)数据表中每一个列(字段)的名称和数据类型,如果创建多个列,要用逗号隔开。

【例 15.1】 创建员工表 tb_emp1，结构如表 15-1 所示。

表 15-1　tb_emp1 表结构

字段名称	数据类型	备注
id	INT(11)	员工编号
name	VARCHAR(25)	员工名称
deptId	INT(11)	所在部门编号
salary	FLOAT	工资

首先选择创建表的数据库，SQL 语句如下：

```
USE test;
```

创建 tb_emp1 表，SQL 语句为：

```
CREATE TABLE tb_emp1
(
    id      INT(11),
    name    VARCHAR(25),
    deptId  INT(11),
    salary  FLOAT
);
```

语句执行后，便创建了一个名称为 tb_emp1 的数据表，使用"SHOW TABLES;"语句查看数据表是否创建成功，SQL 语句如下：

```
mysql> SHOW TABLES;
+----------------------+
| Tables_in_test       |
+----------------------+
| tb_emp1              |
+----------------------+
1 row in set (0.00 sec)
```

可以看到 test 数据库中已经有了数据表 tb_emp1，数据表创建成功。

15.1.2　使用主键约束

主键，又称主码，是表中一列或多列的组合。主键约束（Primary Key Constraint）要求主键列的数据唯一，并且不允许为空。主键能够唯一地标识表中的一条记录，可以结合外键来定义不同数据表之间的关系，并且可以加快数据库查询的速度。主键和记录之间的关系如同身份证和人之间的关系，它们之间是一一对应的。主键分为两种类型：单字段主键和多字段联合主键。

1. 单字段主键

主键由一个字段组成，SQL 语句格式分以下两种情况。

（1）在定义列的同时指定主键，语法规则如下：

字段名 数据类型 PRIMARY KEY

【例 15.2】定义数据表 tb_emp2，其主键为 id，SQL 语句如下：

```
CREATE TABLE tb_emp2
(
    id       INT(11) PRIMARY KEY,
    name     VARCHAR(25),
    deptId   INT(11),
    salary   FLOAT
);
```

（2）在定义完所有列之后指定主键。

[CONSTRAINT <约束名>] PRIMARY KEY [字段名]

【例 15.3】定义数据表 tb_emp3，其主键为 id，SQL 语句如下：

```
CREATE TABLE tb_emp3
(
    id INT(11),
    name VARCHAR(25),
    deptId INT(11),
    salary FLOAT,
    PRIMARY KEY(id)
);
```

上述两个例子执行后的结果是一样的，都会在 id 字段上设置主键约束。

2. 多字段联合主键

主键由多个字段联合组成，语法规则如下：

PRIMARY KEY [字段1, 字段2,..., 字段n]

【例 15.4】定义数据表 tb_emp4，假设表中间没有主键 id，为了唯一确定一个员工，可以把 name、deptId 联合起来作为主键，SQL 语句如下：

```
CREATE TABLE tb_emp4
  (
     name VARCHAR(25),
     deptId INT(11),
```

```
    salary FLOAT,
    PRIMARY KEY(name,deptId)
);
```

语句执行后，便创建了一个名称为 tb_emp4 的数据表，name 字段和 deptId 字段组合在一起成为 tb_emp4 的多字段联合主键。

15.1.3 使用外键约束

外键用来在两个表的数据之间建立连接，它可以是一列或者多列。一个表可以有一个或多个外键。外键对应的是参照完整性，一个表的外键可以为空值，若不为空值，则每一个外键值必须等于另一个表中主键的某个值。

外键是表中的一个字段，它可以不是本表的主键，但对应另外一个表的主键。外键的主要作用是保证数据引用的完整性，定义外键后，不允许删除在另一个表中具有关联关系的行。例如，部门表 tb_dept 的主键是 id，在员工表 tb_emp5 中有一个键 deptId 与这个 id 关联。

对于两个具有关联关系的表而言，相关联字段中主键所在的那个表称为主表（父表）。

对于两个具有关联关系的表而言，相关联字段中外键所在的那个表称为从表（子表）。

创建外键的语法规则如下：

```
[CONSTRAINT <外键名>] FOREIGN KEY 字段名1 [,字段名2,...]
    REFERENCES <主表名> 主键列1 [,主键列2,...]
```

外键名为定义的外键约束的名称，一个表中不能有相同名称的外键；字段名表示从表中需要添加外键约束的字段列；主表名，即被从表外键所依赖的表的名称；主键列表示主表中定义的主键字段，或者字段组合。

【例 15.5】定义数据表 tb_emp5，并在 tb_emp5 表上创建外键约束。

创建一个部门表 tb_dept1，表结构如表 15-2 所示。

表 15-2 tb_dept1 表结构

字段名称	数据类型	备注
id	INT(11)	部门编号
name	VARCHAR(22)	部门名称
location	VARCHAR(50)	部门位置

SQL 语句如下：

```
CREATE TABLE tb_dept1
(
    id          INT(11) PRIMARY KEY,
    name        VARCHAR(22)    NOT NULL,
    location    VARCHAR(50)
);
```

定义数据表 tb_emp5，让它的键 deptId 作为外键关联到 tb_dept1 的主键 id，SQL 语句为：

```
CREATE TABLE tb_emp5
(
    id        INT(11) PRIMARY KEY,
    name      VARCHAR(25),
    deptId    INT(11),
    salary    FLOAT,
    CONSTRAINT fk_emp_dept1 FOREIGN KEY(deptId) REFERENCES tb_dept1(id)
);
```

以上语句执行成功之后，在表 tb_emp5 上添加了名称为 fk_emp_dept1 的外键约束，外键名称为 deptId，其依赖于表 tb_dept1 的主键 id。

提示　关联指的是在关系型数据库中，相关表之间的联系。它是通过相容或相同的属性或属性组来表示的。子表的外键必须关联父表的主键，且关联字段的数据类型必须匹配，如果类型不一样，则创建子表时，就会出现错误"ERROR 1005 (HY000): Can't create table 'database.tablename (errno: 150)"。

15.1.4　使用非空约束

非空约束（NOT NULL constraint）指字段的值不能为空。对于使用了非空约束的字段，如果用户在添加数据时，没有指定值，数据库系统会报错。

非空约束的语法规则如下：

字段名　数据类型　NOT NULL

【例 15.6】定义数据表 tb_emp6，指定员工的名称不能为空，SQL 语句如下：

```
CREATE TABLE tb_emp6
(
    id        INT(11) PRIMARY KEY,
    name      VARCHAR(25) NOT NULL,
    deptId    INT(11),
    salary    FLOAT,
    CONSTRAINT fk_emp_dept2   FOREIGN KEY (deptId) REFERENCES tb_dept1(id)
);
```

执行后在 tb_emp6 中创建了一个 name 字段，其插入值不能为空（NOT NULL）。

15.1.5　使用唯一性约束

唯一性约束（UNIQUE constraint）要求添加该约束的列字段的值唯一，允许为空，但只能出现一个空值。唯一性约束可以确保一列或者几列不出现重复值。

添加唯一性约束的语法规则如下。

（1）在定义完列之后直接指定唯一约束，语法规则如下：

字段名 数据类型 UNIQUE

【例15.7】定义数据表 tb_dept2，指定部门的名称唯一，SQL 语句如下：

```
CREATE TABLE tb_dept2
(
    id          INT(11) PRIMARY KEY,
    name        VARCHAR(22) UNIQUE,
    location    VARCHAR(50)
);
```

（2）在定义完所有列之后指定唯一约束，语法规则如下：

[CONSTRAINT <约束名>] UNIQUE(<字段名>)

【例15.8】定义数据表 tb_dept3，指定部门的名称唯一，SQL 语句如下：

```
CREATE TABLE tb_dept3
(
    id          INT(11) PRIMARY KEY,
    name        VARCHAR(22),
    location    VARCHAR(50),
    CONSTRAINT STH UNIQUE(name)
);
```

UNIQUE 和 PRIMARY KEY 的区别：一个表中可以有多个字段声明为 UNIQUE，但只能由一个 PRIMARY KEY 声明；声明为 PRIMAY KEY 的列不允许有空值，但是声明为 UNIQUE 的字段允许空值（NULL）的存在。

15.1.6 使用默认约束

默认约束（DEFAULT constraint）指定某列的默认值。如男性同学较多，性别就可以默认为'男'。如果插入一条新的记录时没有为这个字段赋值，那么系统会自动为这个字段赋值为'男'。

默认约束的语法规则如下：

字段名 数据类型 DEFAULT 默认值

【例15.9】定义数据表 tb_emp7，指定员工的部门编号默认为1111，SQL 语句如下：

```
CREATE TABLE tb_emp7
(
    id          INT(11) PRIMARY KEY,
```

```
    name    VARCHAR(25) NOT NULL,
    deptId  INT(11) DEFAULT 1111,
    salary  FLOAT,
    CONSTRAINT fk_emp_dept3  FOREIGN KEY (deptId) REFERENCES tb_dept1(id)
);
```

以上语句执行成功之后，表 tb_emp7 上的字段 deptId 拥有了一个默认的值 1111，新插入的记录如果没有指定部门编号，则默认的都为 1111。

15.1.7 设置表的属性值自动增加

在数据库应用中，经常希望在每次插入新记录时，系统就会自动生成字段的主键值。可以通过为表主键添加 AUTO_INCREMENT 关键字来实现。在 MySQL 中 AUTO_INCREMENT 的初始值默认为 1，每新增一条记录，字段值自动加 1。一个表只能有一个字段使用 AUTO_INCREMENT 约束，且该字段必须为主键的一部分。AUTO_INCREMENT 约束的字段可以是任何整数类型（TINYINT、SMALLINT、INT、BIGINT 等）。

设置字段值自增属性的语法规则如下：

字段名 数据类型 AUTO_INCREMENT

【例 15.10】定义数据表 tb_emp8，指定员工的编号自动递增，SQL 语句如下：

```
CREATE TABLE tb_emp8
(
    id      INT(11) PRIMARY KEY AUTO_INCREMENT,
    name    VARCHAR(25) NOT NULL,
    deptId  INT(11),
    salary  FLOAT,
    CONSTRAINT fk_emp_dept5  FOREIGN KEY (deptId) REFERENCES tb_dept1(id)
);
```

上述例子执行后，会创建名称为 tb_emp8 的数据表。表 tb_emp8 中的 id 字段的值在添加新记录的时候会自动增加，在插入记录的时候，默认的自增字段 id 的值从 1 开始，每次添加一条新记录，该值自动加 1。

例如，执行如下插入语句：

```
mysql> INSERT INTO tb_emp8 (name,salary)
    -> VALUES('Lucy',1000), ('Lura',1200),('Kevin',1500);
```

语句执行完后，tb_emp8 表中增加 3 条记录，在这里并没有输入 id 的值，但系统已经自动添加该值，使用 SELECT 命令查看记录。

```
mysql> SELECT * FROM tb_emp8;
+----+------+--------+--------+
| id | name | deptId | salary |
```

```
+----+-------+--------+--------+
|  1 | Lucy  |  NULL  |  1000  |
|  2 | Lura  |  NULL  |  1200  |
|  3 | Kevin |  NULL  |  1500  |
+----+-------+--------+--------+
```
3 rows in set (0.00 sec)

 这里使用 INSERT 声明向表中插入记录的方法，并不是 SQL 的标准语法，这种语法不一定被其他的数据库支持，只能在 MySQL 中使用。

15.2 查看数据表结构

使用 SQL 语句创建好数据表之后，可以查看表结构的定义，以确认表的定义是否正确。MySQL 中查看表结构可以使用 DESCRIBE 和 SHOW CREATE TABLE 语句。本节将针对这两个语句分别进行详细的讲解。

15.2.1 查看表的基本结构

使用 DESCRIBE/DESC 语句可以查看表的字段信息，其中包括字段名、字段数据类型、是否为主键、是否有默认值等。语法规则如下：

DESCRIBE 表名;

或者简写为：

DESC 表名;

【例 15.11】分别使用 DESCRIBE 和 DESC 查看表 tb_dept1 和表 tb_emp1 的表结构。

查看 tb_dept1 表结构，SQL 语句如下：

```
mysql> DESCRIBE tb_dept1;
+----------+-------------+------+-----+---------+-------+
| Field    | Type        | Null | Key | Default | Extra |
+----------+-------------+------+-----+---------+-------+
| id       | int(11)     | NO   | PRI | NULL    |       |
| name     | varchar(22) | NO   |     | NULL    |       |
| location | varchar(50) | YES  |     | NULL    |       |
+----------+-------------+------+-----+---------+-------+
```

查看 tb_emp1 表结构，SQL 语句如下：

```
mysql> DESC tb_emp1;
+--------+-------------+------+-----+---------+-------+
```

```
| Field  | Type        | Null | Key | Default | Extra |
+--------+-------------+------+-----+---------+-------+
| id     | int(11)     | YES  |     | NULL    |       |
| name   | varchar(25) | YES  |     | NULL    |       |
| deptId | int(11)     | YES  |     | NULL    |       |
| salary | float       | YES  |     | NULL    |       |
+--------+-------------+------+-----+---------+-------+
```

- Null：表示该列是否可以存储 NULL 值。
- Key：表示该列是否已编制索引。PRI 表示该列是表主键的一部分。UNI 表示该列是 UNIQUE 索引的一部分。MUL 表示在列中某个给定值允许出现多次。
- Default：表示该列是否有默认值，如果有的话值是多少。
- Extra：表示可以获取的与给定列有关的附加信息，例如 AUTO_INCREMENT 等。

15.2.2 查看表的详细结构

使用 SHOW CREATE TABLE 语句可以用来显示创建表时的 CREATE TABLE 语句，语法格式如下：

SHOW CREATE TABLE <表名\G>;

使用 SHOW CREATE TABLE 语句，不仅可以查看表创建时候的详细语句，而且还可以查看存储引擎和字符编程。

如果不加'\G'参数，显示的结果可能非常混乱，加上参数'\G'之后，可使显示结果更加直观，易于查看。

【例 15.12】使用 SHOW CREATE TABLE 查看表 tb_emp1 的详细信息，SQL 语句如下：

```
mysql> SHOW CREATE TABLE tb_emp1;
+--------+---------------------------------------------------------------------------------------------------------------------------------------------+
| Table  | Create Table                                                                                                                                |
+--------+---------------------------------------------------------------------------------------------------------------------------------------------+
| fruits | CREATE TABLE 'fruits' (
  'f_id' char(10) NOT NULL,
  's_id' int(11) NOT NULL,
```

```
  'f_name' char(255) NOT NULL,
  'f_price' decimal(8,2) NOT NULL,
  PRIMARY KEY ('f_id'),
  KEY 'index_name' ('f_name'),
  KEY 'index_id_price' ('f_id','f_price')
) ENGINE=InnoDB DEFAULT CHARSET=utf8 |
+--------+------------------------------------------------------------------
---------------------------------------------------------------------------
------------------------------------------------------------------+
```

使用参数'\G'之后的结果如下：

```
mysql> SHOW CREATE TABLE tb_emp1\G;
*************************** 1. row ***************************
       Table: tb_emp1
Create Table: CREATE TABLE 'tb_emp1' (
  'id' int(11) DEFAULT NULL,
  'name' varchar(25) DEFAULT NULL,
  'deptId' int(11) DEFAULT NULL,
  'salary' float DEFAULT NULL
) ENGINE=InnoDB DEFAULT CHARSET=utf8
1 row in set (0.00 sec)
```

15.3 修改数据表

修改表指的是修改数据库中已经存在的数据表的结构。常用的修改表的操作有：修改表名、修改字段数据类型或字段名、增加和删除字段、修改字段的排列位置、更改表的存储引擎、删除表的外键约束等。本节将对与修改表有关的操作进行讲解。

15.3.1 修改表名

MySQL 是通过 ALTER TABLE 语句来实现表名的修改的，具体的语法规则如下：

ALTER TABLE <旧表名> RENAME [TO] <新表名>;

其中 TO 为可选参数，使用与否均不影响结果。

【例 15.13】将数据表 tb_dept3 改名为 tb_department3。

执行修改表名操作之前，使用 SHOW TABLES 查看数据库中所有的表。

```
mysql> SHOW TABLES;
+--------------------+
| Tables_in_test     |
+--------------------+
| tb_dept1           |
```

```
| tb_dept2       |
| tb_dept3       |
```
         省略部分内容

使用 ALTER TABLE 将表 tb_dept3 改名为 tb_department3，SQL 语句如下：

ALTER TABLE tb_dept3 RENAME tb_department3;

语句执行之后，检验表 tb_dept3 是否改名成功。使用 SHOW TABLES 查看数据库中的表，结果如下：

```
mysql> SHOW TABLES;
+----------------------+
| Tables_in_test       |
+----------------------+
| tb_department3       |
| tb_dept1             |
| tb_dept2             |
```
         省略部分内容

经过比较可以看到数据表列表中已经有了名称为 tb_department3 的表。

读者可以在修改表名称时使用 DESC 命令查看修改前后两个表的结构，修改表名并不修改表的结构，因此修改名称后的表和修改名称前的表的结构必然是相同的。

15.3.2 修改字段的数据类型

修改字段的数据类型，就是把字段的数据类型转换成另一种数据类型。在 MySQL 中修改字段数据类型的语法规则如下：

ALTER TABLE <表名> MODIFY <字段名> <数据类型>

其中，"表名"指要修改数据类型的字段所在表的名称，"字段名"指需要修改的字段，"数据类型"指修改后字段的新数据类型。

【例 15.14】将数据表 tb_dept1 中 name 字段的数据类型由 VARCHAR(22)修改成 VARCHAR(30)。

执行修改字段数据类型操作之前，使用 DESC 查看 tb_dept1 表结构，结果如下：

mysql> DESC tb_dept1;

```
+----------+-------------+------+-----+---------+-------+
| Field    | Type        | Null | Key | Default | Extra |
+----------+-------------+------+-----+---------+-------+
| id       | int(11)     | NO   | PRI | NULL    |       |
| name     | varchar(22) | YES  |     | NULL    |       |
| location | varchar(50) | YES  |     | NULL    |       |
+----------+-------------+------+-----+---------+-------+
3 rows in set (0.00 sec)
```

可以看到现在 name 字段的数据类型为 VARCHAR(22)，下面修改其类型。输入如下 SQL 语句并执行。

```
ALTER TABLE tb_dept1 MODIFY name VARCHAR(30);
```

再次使用 DESC 查看表，结果如下：

```
mysql> DESC tb_dept1;
+----------+-------------+------+-----+---------+-------+
| Field    | Type        | Null | Key | Default | Extra |
+----------+-------------+------+-----+---------+-------+
| id       | int(11)     | NO   | PRI | NULL    |       |
| name     | varchar(30) | YES  |     | NULL    |       |
| location | varchar(50) | YES  |     | NULL    |       |
+----------+-------------+------+-----+---------+-------+
3 rows in set (0.00 sec)
```

语句执行之后，检验会发现表 tb_dept1 中 name 字段的数据类型已经修改成了 VARCHAR(30)，修改成功。

15.3.3 修改字段名

MySQL 中修改表字段名的语法规则如下：

```
ALTER TABLE <表名> CHANGE <旧字段名> <新字段名> <新数据类型>;
```

其中，"旧字段名"指修改前的字段名；"新字段名"指修改后的字段名；"新数据类型"指修改后的数据类型，如果不需要修改字段的数据类型，可以将新数据类型设置成与原来一样即可，但数据类型不能为空。

【例 15.15】将数据表 tb_dept1 中的 location 字段名称改为 loc，数据类型保持不变，SQL 语句如下：

```
ALTER TABLE tb_dept1 CHANGE location loc VARCHAR(50);
```

使用 DESC 查看表 tb_dept1，会发现字段的名称已经修改成功，结果如下：

```
mysql> DESC tb_dept1;
```

```
+----------+-------------+------+-----+---------+-------+
| Field    | Type        | Null | Key | Default | Extra |
+----------+-------------+------+-----+---------+-------+
| id       | int(11)     | NO   | PRI | NULL    |       |
| name     | varchar(30) | YES  |     | NULL    |       |
| loc      | varchar(50) | YES  |     | NULL    |       |
+----------+-------------+------+-----+---------+-------+
3 rows in set (0.00 sec)
```

【例 15.16】将数据表 tb_dept1 中的 loc 字段名称改为 location，同时将数据类型改为 VARCHAR(60)，SQL 语句如下：

```
ALTER TABLE tb_dept1 CHANGE loc location    VARCHAR(60);
```

使用 DESC 查看表 tb_dept1，会发现字段的名称和数据类型均已经修改成功，结果如下：

```
mysql> DESC tb_dept1;
+----------+-------------+------+-----+---------+-------+
| Field    | Type        | Null | Key | Default | Extra |
+----------+-------------+------+-----+---------+-------+
| id       | int(11)     | NO   | PRI | NULL    |       |
| name     | varchar(30) | YES  |     | NULL    |       |
| location | varchar(60) | YES  |     | NULL    |       |
+----------+-------------+------+-----+---------+-------+
3 rows in set (0.00 sec)
```

提示：CHANGE 也可以只修改数据类型，实现和 MODIFY 同样的效果，方法是将 SQL 语句中的"新字段名"和"旧字段名"设置为相同的名称，只改变数据类型。由于不同类型的数据在机器中存储的方式及长度并不相同，修改数据类型可能会影响到数据表中已有的数据记录，因此，当数据库表中已经有数据时，不要轻易修改数据类型。

15.3.4 添加字段

随着业务需求的变化，可能需要在已经存在的表中添加新的字段。一个完整字段包括字段名、数据类型、完整性约束。添加字段的语法格式如下：

```
ALTER TABLE <表名> ADD <新字段名> <数据类型>
    [约束条件] [FIRST | AFTER 已存在字段名];
```

新字段名为需要添加的字段的名称；FIRST 为可选参数，其作用是将新添加的字段设置为表的第一个字段；AFTER 为可选参数，其作用是将新添加的字段添加到指定的"已存在字段名"的后面。

FIRST 或 AFTER 用于指定新增字段在表中的位置，如果 SQL 语句中没有这两个参数，则默认将新添加的字段置为数据表的最后列。

1. 添加无完整性约束条件的字段

【例 15.17】在数据表 tb_dept1 中添加一个没有完整性约束的 INT 类型的字段 managerId（部门经理编号），SQL 语句如下：

ALTER TABLE tb_dept1 ADD managerId INT(10);

使用 DESC 查看表 tb_dept1，会发现在表的最后添加了一个名为 managerId 的 INT 类型的字段，结果如下：

```
mysql> DESC tb_dept1;
+-----------+-------------+------+-----+---------+-------+
| Field     | Type        | Null | Key | Default | Extra |
+-----------+-------------+------+-----+---------+-------+
| id        | int(11)     | NO   | PRI | NULL    |       |
| name      | varchar(30) | YES  |     | NULL    |       |
| location  | varchar(60) | YES  |     | NULL    |       |
| managerId | int(10)     | YES  |     | NULL    |       |
+-----------+-------------+------+-----+---------+-------+
4 rows in set (0.03 sec)
```

2. 添加有完整性约束条件的字段

【例 15.18】在数据表 tb_dept1 中添加一个不能为空的 VARCHAR(12) 类型的字段 column1，SQL 语句如下：

ALTER TABLE tb_dept1 ADD column1 VARCHAR(12) not null;

使用 DESC 查看表 tb_dept1，会发现在表的最后添加了一个名为 column1 的 VARCHAR(12) 类型且不为空的字段，结果如下：

```
mysql> DESC tb_dept1;
+-----------+-------------+------+-----+---------+-------+
| Field     | Type        | Null | Key | Default | Extra |
+-----------+-------------+------+-----+---------+-------+
| id        | int(11)     | NO   | PRI | NULL    |       |
| name      | varchar(30) | YES  |     | NULL    |       |
| location  | varchar(60) | YES  |     | NULL    |       |
| managerId | int(10)     | YES  |     | NULL    |       |
```

```
| column1    | varchar(12)     | NO   |     | NULL    |       |
+------------+-----------------+------+-----+---------+-------+
```
5 rows in set (0.00 sec)

3. 在表的第一列添加一个字段

【例 15.19】在数据表 tb_dept1 中添加一个 INT 类型的字段 column2，SQL 语句如下：

```
ALTER TABLE tb_dept1 ADD column2 INT(11) FIRST;
```

使用 DESC 查看表 tb_dept1，会发现在表的第一列添加了一个名为 column2 的 INT(11)类型字段，结果如下：

```
mysql> DESC tb_dept1;
+------------+-----------------+------+-----+---------+-------+
| Field      | Type            | Null | Key | Default | Extra |
+------------+-----------------+------+-----+---------+-------+
| column2    | int(11)         | YES  |     | NULL    |       |
| id         | int(11)         | NO   | PRI | NULL    |       |
| name       | varchar(30)     | YES  |     | NULL    |       |
| location   | varchar(60)     | YES  |     | NULL    |       |
| managerId  | int(10)         | YES  |     | NULL    |       |
| column1    | varchar(12)     | NO   |     | NULL    |       |
+------------+-----------------+------+-----+---------+-------+
```
6 rows in set (0.00 sec)

4. 在表的指定列之后添加一个字段

【例 15.20】在数据表 tb_dept1 中 name 列后添加一个 INT 类型的字段 column3，SQL 语句如下：

```
ALTER TABLE tb_dept1 ADD column3 INT(11) AFTER name;
```

使用 DESC 查看表 tb_dept1，结果如下：

```
mysql> DESC tb_dept1;
+------------+-----------------+------+-----+---------+-------+
| Field      | Type            | Null | Key | Default | Extra |
+------------+-----------------+------+-----+---------+-------+
| column2    | int(11)         | YES  |     | NULL    |       |
| id         | int(11)         | NO   | PRI | NULL    |       |
| name       | varchar(30)     | YES  |     | NULL    |       |
| column3    | int(11)         | YES  |     | NULL    |       |
| location   | varchar(60)     | YES  |     | NULL    |       |
| managerId  | int(10)         | YES  |     | NULL    |       |
| column1    | varchar(12)     | NO   |     | NULL    |       |
```

```
+--------------+----------------+---------+--------+-------------+---------+
```
7 rows in set (0.03 sec)

可以看到，tb_dept1 表中增加了一个名称为 column3 的字段，其位置在指定的 name 字段后面，添加字段成功。

15.3.5 删除字段

删除字段是将数据表中的某个字段从表中移除，语法格式如下：

ALTER TABLE <表名> DROP <字段名>;

"字段名"指需要从表中删除的字段的名称。

【例 15.21】删除数据表 tb_dept1 中的 column2 字段。

执行删除字段之前，使用 DESC 查看 tb_dept1 表结构，结果如下：

```
mysql> DESC tb_dept1;
+-----------+-------------+------+-----+---------+-------+
| Field     | Type        | Null | Key | Default | Extr  |
+-----------+-------------+------+-----+---------+-------+
| column2   | int(11)     | YES  |     | NULL    |       |
| id        | int(11)     | NO   | PRI | NULL    |       |
| name      | varchar(30) | YES  |     | NULL    |       |
| column3   | int(11)     | YES  |     | NULL    |       |
| location  | varchar(60) | YES  |     | NULL    |       |
| managerId | int(10)     | YES  |     | NULL    |       |
| column1   | varchar(12) | NO   |     | NULL    |       |
+-----------+-------------+------+-----+---------+-------+
6 rows in set (0.03 sec)
```

删除 column2 字段，SQL 语句如下：

ALTER TABLE tb_dept1 DROP column2;

再次使用 DESC 查看表 tb_dept1，结果如下：

```
mysql> DESC tb_dept1;
+-----------+-------------+------+-----+---------+-------+
| Field     | Type        | Null | Key | Default | Extr  |
+-----------+-------------+------+-----+---------+-------+
| id        | int(11)     | NO   | PRI | NULL    |       |
| name      | varchar(30) | YES  |     | NULL    |       |
| column3   | int(11)     | YES  |     | NULL    |       |
| location  | varchar(60) | YES  |     | NULL    |       |
| managerId | int(10)     | YES  |     | NULL    |       |
```

```
| column1  | varchar(12)    | NO   |     | NULL    |       |
+----------+----------------+------+-----+---------+-------+
6 rows in set (0.03 sec)
```

可以看到，tb_dept1 表中已经不存在名称为 column2 的字段，删除字段成功。

15.3.6 修改字段的排列位置

对于一个数据表来说，在创建的时候，字段在表中的排列顺序就已经确定了。但表的结构并不是完全不可以改变的，可以通过 ALTER TABLE 来改变表中字段的相对位置。语法格式如下：

ALTER TABLE <表名> MODIFY <字段1> <数据类型> FIRST|AFTER <字段2>;

"字段1"指要修改位置的字段，"数据类型"指"字段1"的数据类型，FIRST 为可选参数，指将"字段名1"修改为表的第一个字段，"AFTER 字段2"指将"字段1"插入到"字段2"后面。

1. 修改字段为表的第一个字段

【例 15.22】将数据表 tb_dept 中的 column1 字段修改为表的第一个字段，SQL 语句如下：

ALTER TABLE tb_dept1 MODIFY column1 VARCHAR(12) FIRST;

使用 DESC 查看表 tb_dept1，发现字段 column1 已经被移至表的第一列，结果如下：

```
mysql> DESC tb_dept1;
+-----------+-------------+------+-----+---------+-------+
| Field     | Type        | Null | Key | Default | Extra |
+-----------+-------------+------+-----+---------+-------+
| column1   | varchar(12) | NO   |     | NULL    |       |
| id        | int(11)     | NO   | PRI | NULL    |       |
| name      | varchar(30) | YES  |     | NULL    |       |
| column3   | int(11)     | YES  |     | NULL    |       |
| location  | varchar(60) | YES  |     | NULL    |       |
| managerId | int(10)     | YES  |     | NULL    |       |
+-----------+-------------+------+-----+---------+-------+
6 rows in set (0.03 sec)
```

2. 修改字段到表的指定列之后

【例 15.23】将数据表 tb_dept1 中的 column1 字段插入到 location 字段后面，SQL 语句如下：

ALTER TABLE tb_dept1 MODIFY column1 VARCHAR(12) AFTER location;

使用 DESC 查看表 tb_dept1，结果如下：

```
mysql> DESC tb_dept1;
+-----------+-------------+------+-----+---------+-------+
| Field     | Type        | Null | Key | Default | Extra |
+-----------+-------------+------+-----+---------+-------+
| id        | int(11)     | NO   | PRI | NULL    |       |
| name      | varchar(30) | YES  |     | NULL    |       |
| column3   | int(11)     | YES  |     | NULL    |       |
| location  | varchar(60) | YES  |     | NULL    |       |
| column1   | varchar(12) | NO   |     | NULL    |       |
| managerId | int(10)     | YES  |     | NULL    |       |
+-----------+-------------+------+-----+---------+-------+
6 rows in set (0.03 sec)
```

可以看到，tb_dept1 表中的字段 column1 已经被移至 location 字段之后。

15.3.7　更改表的存储引擎

存储引擎是 MySQL 中的数据存储在文件或者内存中时采用的不同技术实现。可以根据自己的需要，选择不同的引擎，甚至可以为每一张表选择不同的存储引擎。MySQL 中主要存储引擎有 MyISAM、InnoDB、MEMORY（HEAP）、BDB、FEDERATED 等。可以使用 SHOW ENGINES 语句查看系统所支持的存储引擎。表 15-3 列出了 5.5.13 版本的 MySQL 所支持的存储引擎。

表 15-3　MySQL 支持的存储引擎

引擎名	是否支持
FEDERATED	否
MRG_MYISAM	是
MyISAM	是
BLACKHOLE	是
CSV	是
MEMORY	是
ARCHIVE	是
InnoDB	是
PERFORMANCE_SCHEMA	是

更改表的存储引擎的语法格式如下：

ALTER TABLE <表名> ENGINE=<更改后的存储引擎名>;

【例 15.24】将数据表 tb_department3 的存储引擎修改为 MyISAM。

在修改存储引擎之前，先使用 SHOW CREATE TABLE 查看表 tb_department3 当前的存储引擎，结果如下：

```
mysql> SHOW CREATE TABLE tb_department3 \G;
*************************** 1. row ***************************
       Table: tb_department3
Create Table: CREATE TABLE 'tb_department3' (
  'id' int(11) NOT NULL,
  'name' varchar(22) DEFAULT NULL,
  'location' varchar(50) DEFAULT NULL,
  PRIMARY KEY ('id'),
  UNIQUE KEY 'STH' ('name')
) ENGINE=InnoDB DEFAULT CHARSET=utf8
1 row in set (0.00 sec)
```

可以看到，表 tb_department3 当前的存储引擎为 ENGINE=InnoDB，接下来修改存储引擎类型，输入如下 SQL 语句并执行：

```
mysql> ALTER TABLE tb_department3 ENGINE=MyISAM;
```

使用 SHOW CREATE TABLE 再次查看表 tb_department3 的存储引擎，发现表 tb_department3 的存储引擎变成了 MyISAM，结果如下：

```
mysql> SHOW CREATE TABLE tb_department3 \G;
*************************** 1. row ***************************
       Table: tb_department3
Create Table: CREATE TABLE 'tb_department3' (
  'id' int(11) NOT NULL,
  'name' varchar(22) DEFAULT NULL,
  'location' varchar(50) DEFAULT NULL,
  PRIMARY KEY ('id'),
  UNIQUE KEY 'STH' ('name')
) ENGINE=MyISAM DEFAULT CHARSET=utf8
1 row in set (0.00 sec)
```

15.3.8 删除表的外键约束

对于数据库中定义的外键，如果不再需要，可以将其删除。外键一旦删除，就会解除主表和从表间的关联关系，MySQL 中删除外键的语法格式如下：

```
ALTER TABLE <表名> DROP FOREIGN KEY <外键约束名>
```

"外键约束名"指在定义表时约束关键字后面的参数，详细内容请参考 15.1.2 节的"使用外键约束"。

【例 15.25】删除数据表 tb_emp9 中的外键约束。

首先创建表 tb_emp9，创建外键 deptId 关联 tb_dept1 表的主键 id，SQL 语句如下：

```
CREATE TABLE tb_emp9
(
    id      INT(11) PRIMARY KEY,
    name    VARCHAR(25),
    deptId  INT(11),
    salary  FLOAT,
    CONSTRAINT fk_emp_dept  FOREIGN KEY (deptId) REFERENCES tb_dept1(id)
);
```

使用 SHOW CREATE TABLE 查看表 tb_emp9 的结构，结果如下：

```
mysql> SHOW CREATE TABLE tb_emp9 \G;
*************************** 1. row ***************************
       Table: tb_emp9
Create Table: CREATE TABLE 'tb_emp9' (
  'id' int(11) NOT NULL,
  'name' varchar(25) DEFAULT NULL,
  'deptId' int(11) DEFAULT NULL,
  'salary' float DEFAULT NULL,
  PRIMARY KEY ('id'),
  KEY 'fk_emp_dept' ('deptId'),
  CONSTRAINT 'fk_emp_dept' FOREIGN KEY ('deptId') REFERENCES 'tb_dept1' ('id')
) ENGINE=InnoDB DEFAULT CHARSET=utf8
1 row in set (0.00 sec)
```

可以看到，已经成功添加了表的外键，下面删除外键约束，SQL 语句如下：

```
ALTER TABLE tb_emp9 DROP FOREIGN KEY fk_emp_dept;
```

执行完毕之后，将删除表 tb_emp9 的外键约束，使用 SHOW CREATE TABLE 再次查看表 tb_emp9 结构，结果如下：

```
mysql> SHOW CREATE TABLE tb_emp9 \G;
*************************** 1. row ***************************
       Table: tb_emp9
Create Table: CREATE TABLE 'tb_emp9' (
  'id' int(11) NOT NULL,
  'name' varchar(25) DEFAULT NULL,
  'deptId' int(11) DEFAULT NULL,
  'salary' float DEFAULT NULL,
  PRIMARY KEY ('id'),
  KEY 'fk_emp_dept' ('deptId')
) ENGINE=InnoDB DEFAULT CHARSET=utf8
1 row in set (0.00 sec)
```

可以看到，tb_emp9 中已经不存在 FOREIGN KEY，原有的名称为 fk_emp_dept 的外键约束删除成功。

15.4 删除数据表

删除数据表是将数据库中已经存在的表从数据库中删除。注意，删除表的同时，表的定义和表中所有的数据均会被删除，因此在删除操作前最好对表中的数据做个备份，以免造成无法挽回的后果。本节将详细讲解数据表的删除方法。

15.4.1 删除没有被关联的表

MySQL 中，使用 DROP TABLE 可以一次删除一个或多个没有被其他表关联的数据表。语法格式如下：

DROP TABLE [IF EXISTS]表 1, 表 2, … 表 n;

其中，"表 n" 指要删除的表的名称，后面可以同时删除多个表，只需要将要删除的表名依次写在后面，相互之间用逗号隔开即可。如果要删除的数据表不存在，则 MySQL 会提示一条错误信息 "ERROR 1051 (42S02): Unknown table '表名'"。参数 "IF EXISTS" 用于在删除前判断删除的表是否存在，加上该参数后，再删除表的时候，如果表不存在，SQL 语句可以顺利执行，但是会发出警告（warning）。

在前面的例子中，已经创建了名为 tb_dept2 的数据表，如果没有，请读者输入语句，创建该表。下面使用删除语句将该表删除。

【例 15.26】删除数据表 tb_dept2，SQL 语句如下：

DROP TABLE IF EXISTS tb_dept2;

语句执行完毕之后，使用 SHOW TABLES 命令查看当前数据库中所有的表，SQL 语句如下：

```
mysql> SHOW TABLES;
+--------------------+
| Tables_in_test     |
+--------------------+
| tb_department3     |
| tb_dept1           |
……省略部分内容
```

执行结果可以看到，数据表列表中已经不存在名称为 tb_dept2 的表，删除操作成功。

15.4.2 删除被其他表关联的主表

在数据表之间存在外键关联的情况下，如果直接删除父表，结果会显示失败，原因是直接删除将破坏表的参照完整性。如果必须要删除，可以先删除与之关联的子表，再删除父表。但是这样同时删除了两个表中的数据。有的情况下可能要保留子表，这时若要单独删除父表，只需将关联的表的外键约束条件取消，然后就可以删除父表，下面讲解这种方法。

在数据库中创建两个关联表，首先创建表 tb_dept2，SQL 语句如下：

```
CREATE TABLE tb_dept2
(
    id          INT(11) PRIMARY KEY,
    name        VARCHAR(22),
    location    VARCHAR(50)
);
```

接下来创建表 tb_emp，SQL 语句如下：

```
CREATE TABLE tb_emp
(
    id          INT(11) PRIMARY KEY,
    name        VARCHAR(25),
    deptId      INT(11),
    salary      FLOAT,
    CONSTRAINT fk_emp_dept   FOREIGN KEY (deptId) REFERENCES tb_dept2(id)
);
```

使用 SHOW CREATE TABLE 命令查看表 tb_emp 的外键约束，结果如下：

```
mysql> SHOW CREATE TABLE tb_emp\G;
*************************** 1. row ***************************
       Table: tb_emp
Create Table: CREATE TABLE 'tb_emp' (
  'id' int(11) NOT NULL,
  'name' varchar(25) DEFAULT NULL,
  'deptId' int(11) DEFAULT NULL,
  'salary' float DEFAULT NULL,
  PRIMARY KEY ('id'),
  KEY 'fk_emp_dept' ('deptId'),
  CONSTRAINT 'fk_emp_dept' FOREIGN KEY ('deptId') REFERENCES 'tb_dept2' ('id')
) ENGINE=InnoDB DEFAULT CHARSET=utf8
1 row in set (0.00 sec)
```

可以看到，以上执行结果创建了两个关联表 tb_dept2 和 tb_emp，其中表 tb_emp 为子表，具有名称为 fk_emp_dept 的外键约束，表 tb_dept2 为父表，其主键 id 被子表 tb_emp 所关联。

【例 15.27】删除被数据表 tb_emp 关联的数据表 tb_dept2。

首先直接删除父表 tb_dept2，输入删除语句如下：

```
mysql> DROP TABLE tb_dept2;
ERROR 1217 (23000): Cannot delete or update a parent row: a foreign key constraint fails
```

可以看到，如前所讲，在存在外键约束时，主表不能被直接删除。
接下来，解除关联子表 tb_emp 的外键约束，SQL 语句如下：

```
ALTER TABLE tb_emp DROP FOREIGN KEY fk_emp_dept;
```

语句成功执行后，将取消表 tb_emp 和表 tb_dept2 之间的关联关系，此时可以输入删除语句，将原来的父表 tb_dept2 删除，SQL 语句如下：

```
DROP TABLE tb_dept2;
```

最后通过 SHOW TABLES 查看数据表列表，如下所示：

```
mysql> SHOW TABLES;
+--------------------+
| Tables_in_test     |
+--------------------+
| tb_department3     |
| tb_dept1           |
……省略部分内容
```

可以看到，数据表列表中已经不存在名称为 tb_dept2 的表。

15.5 实战演练——数据表的基本操作

下面通过一个案例的介绍来了解数据表的基本操作。

创建数据库 company，按照下面给出的表结构在 company 数据库中创建如表 15-2 和表 15-3 所示两个数据表 offices 和 employees，按照操作过程完成对数据表的基本操作。

表 15-2 offices 表结构

字段名	数据类型	主键	外键	非空	唯一	自增
officeCode	INT(10)	是	否	是	是	否
city	VARCHAR(50)	否	否	是	否	否
address	VARCHAR(50)	否	否	是	否	否
country	VARCHAR(50)	否	否	是	否	否
postalCode	VARCHAR(15)	否	否	是	是	否

表 15-3 employees 表结构

字段名	数据类型	主键	外键	非空	唯一	自增
employeeNumber	INT(11)	是	否	是	是	是

（续表）

字段名	数据类型	主键	外键	非空	唯一	自增
lastName	VARCHAR(50)	否	否	是	否	否
firstName	VARCHAR(50)	否	否	是	否	否
mobile	VARCHAR(25)	否	否	是	否	否
officeCode	INT(10)	否	是	是	否	否
jobTitle	VARCHAR(50)	否	否	是	否	否
birth	DATETIME	否	否	否	否	否
note	VARCHAR(255)	否	否	否	否	否
sex	VARCHAR(5)	否	否	否	否	否

案例操作过程如下。

01 登录 MySQL 数据库。打开 Windows 命令行，输入登录用户名和密码：

```
C:\>mysql –h localhost -u root -p
Enter password: **
```

或者打开 MySQL 5.5 Command Line Client，只输入用户密码也可以登录。登录成功后显示如下信息：

```
Welcome to the MySQL monitor.    Commands end with ; or \g.
Your MySQL connection id is 2
Server version: 5.5.13 MySQL Community Server (GPL)

Copyright (c) 2000, 2010, Oracle and/or its affiliates. All rights reserved.

Oracle is a registered trademark of Oracle Corporation and/or its
affiliates. Other names may be trademarks of their respective
owners.

Type 'help;' or '\h' for help. Type '\c' to clear the current input statement.

mysql>
```

登录成功，可以输入 SQL 语句进行操作。

02 创建数据库 company。创建数据库 company 的语句如下：

```
mysql> CREATE DATABASE company;
Query OK, 1 row affected (0.00 sec)
```

结果显示创建成功，在 company 数据库中创建表，必须先选择该数据库，输入语句如下：

```
mysql> USE company;
Database changed
```

结果显示选择数据库成功。

03 创建表 offices。创建表 offices 的语句如下：

```sql
CREATE TABLE offices
(
    officeCode   INT(10) NOT NULL UNIQUE,
    city         VARCHAR(50) NOT NULL,
    address      VARCHAR(50) NOT NULL,
    country      VARCHAR(50) NOT NULL,
    postalCode   VARCHAR(15) NOT NULL,
    PRIMARY KEY  (officeCode)
);
```

执行成功之后，使用 SHOW TABLES 语句查看数据库中的表，语句如下：

```
mysql> show tables;
+------------------------+
| Tables_in_company      |
+------------------------+
| offices                |
+------------------------+
1 row in set (0.00 sec)
```

可以看到，数据库中已经有了数据表 offices，创建成功。

04 创建表 employees。创建表 employees 的语句如下：

```sql
CREATE TABLE employees
(
    employeeNumber   INT(11) NOT NULL PRIMARY KEY AUTO_INCREMENT,
    lastName         VARCHAR(50) NOT NULL,
    firstName        VARCHAR(50) NOT NULL,
    mobile           VARCHAR(25) NOT NULL,
    officeCode       INT(10) NOT NULL,
    jobTitle         VARCHAR(50) NOT NULL,
    birth            DATETIME,
    note             VARCHAR(255),
    sex              VARCHAR(5),
    CONSTRAINT office_fk FOREIGN KEY(officeCode)   REFERENCES offices(officeCode)
);
```

执行成功之后,使用 SHOW TABLES 语句查看数据库中的表,语句如下:

```
mysql> show tables;
+-------------------+
| Tables_in_company |
+-------------------+
| employees         |
| offices           |
+-------------------+
2 rows in set (0.00 sec)
```

可以看到,现在数据库中已经创建好了 employees 和 offices 两个数据表。要检查表的结构是否按照要求创建,使用 DESC 分别查看两个表的结构,如果语句正确,则显示结果如下:

```
mysql>DESC offices;
+------------+-------------+------+-----+---------+-------+
| Field      | Type        | Null | Key | Default | Extra |
+------------+-------------+------+-----+---------+-------+
| officeCode | int(10)     | NO   | PRI | NULL    |       |
| city       | varchar(50) | NO   |     | NULL    |       |
| address    | varchar(50) | NO   |     | NULL    |       |
| country    | varchar(50) | NO   |     | NULL    |       |
| postalCode | varchar(15) | NO   |     | NULL    |       |
+------------+-------------+------+-----+---------+-------+
5 rows in set (0.02 sec)

mysql>DESC employees;
+----------------+--------------+------+-----+---------+----------------+
| Field          | Type         | Null | Key | Default | Extra          |
+----------------+--------------+------+-----+---------+----------------+
| employeeNumber | int(11)      | NO   | PRI | NULL    | auto_increment |
| lastName       | varchar(50)  | NO   |     | NULL    |                |
| firstName      | varchar(50)  | NO   |     | NULL    |                |
| mobile         | varchar(25)  | NO   |     | NULL    |                |
| officeCode     | int(10)      | NO   | MUL | NULL    |                |
| jobTitle       | varchar(50)  | NO   |     | NULL    |                |
| birth          | datetime     | YES  |     | NULL    |                |
| note           | varchar(255) | YES  |     | NULL    |                |
| sex            | varchar(5)   | YES  |     | NULL    |                |
+----------------+--------------+------+-----+---------+----------------+
9 rows in set (0.00 sec)
```

可以看到,两个表中字段分别满足表 15-2 和表 15-3 中要求的数据类型和约束类型。

05 将表 employees 的 mobile 字段修改到 officeCode 字段后面。修改字段位置，需要用到 ALTER TABLE 语句，输入语句如下：

```
mysql> ALTER TABLE employees MODIFY mobile VARCHAR(25) AFTER officeCode;
Query OK, 0 rows affected (0.00 sec)
Records: 0  Duplicates: 0  Warnings: 0
```

结果显示执行成功，使用 DESC 查看修改后的结果如下：

```
mysql>DESC employees;
+----------------+-------------+------+-----+---------+----------------+
| Field          | Type        | Null | Key | Default | Extra          |
+----------------+-------------+------+-----+---------+----------------+
| employeeNumber | int(11)     | NO   | PRI | NULL    | auto_increment |
| lastName       | varchar(50) | NO   |     | NULL    |                |
| firstName      | varchar(50) | NO   |     | NULL    |                |
| officeCode     | int(10)     | NO   | MUL | NULL    |                |
| mobile         | varchar(25) | NO   |     | NULL    |                |
| jobTitle       | varchar(50) | NO   |     | NULL    |                |
| employee_birth | datetime    | YES  |     | NULL    |                |
| note           | varchar(255)| YES  |     | NULL    |                |
| sex            | varchar(5)  | YES  |     | NULL    |                |
+----------------+-------------+------+-----+---------+----------------+
9 rows in set (0.00 sec)
```

可以看到，mobile 字段已经插入到 officeCode 字段的后面。

06 将表 employees 的 birth 字段改名为 employee_birth。修改字段名，需要用到 ALTER TABLE 语句，输入语句如下：

```
ALTER TABLE employees CHANGE birth employee_birth DATETIME;
Query OK, 0 rows affected (0.02 sec)
Records: 0  Duplicates: 0  Warnings: 0
```

结果显示执行成功，使用 DESC 查看修改后的结果如下：

```
mysql>DESC employees;
+----------------+-------------+------+-----+---------+----------------+
| Field          | Type        | Null | Key | Default | Extra          |
+----------------+-------------+------+-----+---------+----------------+
| employeeNumber | int(11)     | NO   | PRI | NULL    | auto_increment |
| lastName       | varchar(50) | NO   |     | NULL    |                |
| firstName      | varchar(50) | NO   |     | NULL    |                |
| mobile         | varchar(25) | NO   |     | NULL    |                |
| officeCode     | int(10)     | NO   | MUL | NULL    |                |
```

```
| jobTitle         | varchar(50)  | NO  | | NULL |   |
| employee_birth   | datetime     | YES | | NULL |   |
| note             | varchar(255) | YES | | NULL |   |
| sex              | varchar(5)   | YES | | NULL |   |
+------------------+--------------+-----+-+------+---+
9 rows in set (0.00 sec)
```

可以看到，表中只有 employee_birth 字段，已经没有名称为 birth 的字段了，修改名称成功。

07 修改 sex 字段，数据类型为 CHAR(1)，非空约束。修改字段数据类型，需要用到 ALTER TABLE 语句，输入语句如下：

```
mysql>ALTER TABLE employees MODIFY sex CHAR(1) NOT NULL;
Query OK, 0 rows affected (0.00 sec)
Records: 0  Duplicates: 0  Warnings: 0
```

结果显示执行成功，使用 DESC 查看修改后的结果如下：

```
mysql>DESC employees;
+------------------+--------------+------+-----+---------+----------------+
| Field            | Type         | Null | Key | Default | Extra          |
+------------------+--------------+------+-----+---------+----------------+
| employeeNumber   | int(11)      | NO   | PRI | NULL    | auto_increment |
| lastName         | varchar(50)  | NO   |     | NULL    |                |
| firstName        | varchar(50)  | NO   |     | NULL    |                |
| mobile           | varchar(25)  | NO   |     | NULL    |                |
| officeCode       | int(10)      | NO   | MUL | NULL    |                |
| jobTitle         | varchar(50)  | NO   |     | NULL    |                |
| employee_birth   | datetime     | YES  |     | NULL    |                |
| note             | varchar(255) | YES  |     | NULL    |                |
| sex              | char(1)      | NO   |     | NULL    |                |
+------------------+--------------+------+-----+---------+----------------+
9 rows in set (0.00 sec)
```

执行结果可以看到，sex 字段的数据类型由前面的 VARCHAR(5)修改为 CHAR(1)，且其 Null 列显示为 NO，表示该列不允许空值，修改成功。

08 删除字段 note。删除字段，需要用到 ALTER TABLE 语句，输入语句如下：

```
mysql> ALTER TABLE employees DROP note;
Query OK, 0 rows affected (0.01 sec)
Records: 0  Duplicates: 0  Warnings: 0
```

结果显示执行语句成功，使用 DESC employees 查看语句执行后的结果：

```
mysql> desc employees;
+----------------+-------------+------+-----+---------+----------------+
| Field          | Type        | Null | Key | Default | Extra          |
+----------------+-------------+------+-----+---------+----------------+
| employeeNumber | int(11)     | NO   | PRI | NULL    | auto_increment |
| lastName       | varchar(50) | NO   |     | NULL    |                |
| firstName      | varchar(50) | NO   |     | NULL    |                |
| mobile         | varchar(25) | NO   |     | NULL    |                |
| officeCode     | int(10)     | NO   | MUL | NULL    |                |
| jobTitle       | varchar(50) | NO   |     | NULL    |                |
| employee_birth | datetime    | YES  |     | NULL    |                |
| sex            | char(1)     | NO   |     | NULL    |                |
+----------------+-------------+------+-----+---------+----------------+
8 rows in set (0.00 sec)
```

可以看到，DESC 语句返回了 8 个列字段，note 字段已经不在表结构中，删除字段成功。

09 增加字段名 favoriate_activity，数据类型为 VARCHAR(100)。增加字段，需要用到 ALTER TABLE 语句，输入语句如下：

```
mysql> ALTER TABLE employees ADD favoriate_activity VARCHAR(100);
Query OK, 0 rows affected (0.01 sec)
Records: 0  Duplicates: 0  Warnings: 0
```

结果显示执行语句成功，使用 DESC employees 查看语句执行后的结果：

```
mysql> desc employees;
+--------------------+--------------+------+-----+---------+----------------+
| Field              | Type         | Null | Key | Default | Extra          |
+--------------------+--------------+------+-----+---------+----------------+
| employeeNumber     | int(11)      | NO   | PRI | NULL    | auto_increment |
| lastName           | varchar(50)  | NO   |     | NULL    |                |
| firstName          | varchar(50)  | NO   |     | NULL    |                |
| mobile             | varchar(25)  | NO   |     | NULL    |                |
| officeCode         | int(10)      | NO   | MUL | NULL    |                |
| jobTitle           | varchar(50)  | NO   |     | NULL    |                |
| employee_birth     | datetime     | YES  |     | NULL    |                |
| sex                | char(1)      | NO   |     | NULL    |                |
| favoriate_activity | varchar(100) | YES  |     | NULL    |                |
+--------------------+--------------+------+-----+---------+----------------+
9 rows in set (0.00 sec)
```

可以看到，数据表 employees 中增加了一个新的列 favoriate_activity，数据类型为 VARCHAR(100)，允许空值，添加新字段成功。

10 删除表 offices。在创建表 employees 的时候，设置了表的外键，该表关联了其父表的 officeCode 主键，如前面所述，删除关联表时，要先删除子表 employees 的外键约束，才能删除父表，因此，必须先删除 employees 表的外键约束。

（1）删除 employees 表的外键约束，输入如下语句：

mysql>ALTER TABLE employees DROP FOREIGN KEY office_fk;
Query OK, 0 rows affected (0.01 sec)
Records: 0 Duplicates: 0 Warnings: 0

其中，office_fk 为表 employees 的外键约束的名称，即创建外键约束时约束关键字后面的参数，结果显示语句执行成功，现在可以删除 offices 父表。

（2）删除表 offices，输入如下语句：

mysql>DROP TABLE offices;
Query OK, 0 rows affected (0.00 sec)

结果显示执行删除操作成功，使用 SHOW TABLES 语句查看数据库中的表，结果如下：

mysql> show tables;
+---------------------+
| Tables_in_company |
+---------------------+
| employees |
+---------------------+
1 row in set (0.00 sec)

可以看到，数据库中已经没有名称为 offices 的表了，删除表成功。

11 修改表 employees 的存储引擎为 MyISAM。修改表的存储引擎时，需要用到 ALTER TABLE 语句，输入语句如下：

mysql>ALTER TABLE employees ENGINE=MyISAM;
Query OK, 0 rows affected (0.01 sec)
Records: 0 Duplicates: 0 Warnings: 0

结果显示执行修改存储引擎操作成功，使用 SHOW CREATE TABLE 语句查看表结构，结果如下：

mysql> show CREATE TABLE employees\G;
*************************** 1. row ***************************
       Table: employees
Create Table: CREATE TABLE 'employees' (

```
'employeeNumber' int(11) NOT NULL AUTO_INCREMENT,
'lastName' varchar(50) NOT NULL,
'firstName' varchar(50) NOT NULL,
'officeCode' int(10) NOT NULL,
'mobile' varchar(25) DEFAULT NULL,
'jobTitle' varchar(50) NOT NULL,
'employee_birth' datetime DEFAULT NULL,
'sex' char(1) NOT NULL,
'favoriate_activity' varchar(100) DEFAULT NULL,
PRIMARY KEY ('employeeNumber'),
KEY 'office_fk' ('officeCode')
) ENGINE=MyISAM DEFAULT CHARSET=utf8
1 row in set (0.00 sec)
```

可以看到，倒数第二行中 ENGINE 后面的参数已经修改为 MyISAM，修改成功。

12 将表 employees 名称修改为 employees_info。修改数据表名，需要用到 ALTER TABLE 语句，输入语句如下：

```
mysql>ALTER TABLE employees RENAME employees_info;
Query OK, 0 rows affected (0.00 sec)
```

结果显示执行语句成功，使用 SHOW TABLES 语句查看执行结果：

```
mysql> show tables;
+----------------------+
| Tables_in_company    |
+----------------------+
| employees_info       |
+----------------------+
1 rows in set (0.00 sec)
```

可以看到数据库中已经没有名称为 employees 的数据表。

15.6 高手私房菜

技巧 1：表的操作需要注意什么？

表的删除操作将把表的定义和表中的数据一起删除，并且 MySQL 在执行删除操作时，不会有任何的提示确认信息，因此执行删除操作时，应当慎重，在删除表前，最好对表中的数据进行备份，这样当操作失误时，可以对数据进行恢复，以免造成无法挽回的后果。

同样地，在使用 ALTER TABLE 进行表的基本修改操作时，在执行操作过程之前，也应该确保对数据进行完整的备份，因为数据库的改变是无法撤销的。如果添加了一个不需要的字段，可以将其删除；如果删除了一个需要的列，该列下面的所有数据将会丢失。

技巧 2：每一个表中都要有一个主键吗？

并不是每一个表中都需要主键，一般地，如果多个表之间进行连接操作，需要用到主键。因此并不需要为每个表建立主键，而且有些情况最好不使用主键。

技巧 3：并不是每个表都可以任意选择存储引擎。

外键约束不能跨引擎使用。MySQL 支持多种存储引擎，每一个表都可以指定一个不同的存储引擎。但是要注意：外键约束是用来保证数据的参照完整性，如果表之间需要关联外键，却指定了不同的存储引擎，则这些表之间是不能创建外键约束的。所以说，存储引擎的选择也不完全是随意的。

技巧 4：带 AUTO_INCREMENT 约束的字段值是从 1 开始的吗？

默认地，在 MySQL 中 AUTO_INCREMENT 的初始值是 1，每新增一条记录，字段值自动加 1。设置自增属性的时候，还可以指定第一条插入记录的自增字段的值，这样新插入的记录的自增字段值从初始值开始递增，如在 tb_emp8 中插入第一条记录时，同时指定 id 值为 5，则以后插入的记录的 id 值就会从 6 开始往上增加。添加唯一性的主键约束时，往往需要设置字段自动增加属性。

第 16 章 数据的基本操作

数据库管理系统的一个最重要的功能就是提供数据的各种操作，包括插入数据、更新数据、删除数据和查询数据等。其中数据查询不是简单返回数据库中存储的数据，而是应该根据需要对数据进行筛选，以及数据将以什么样的格式显示。MySQL 提供了功能强大、灵活的语句来实现这些操作。本章将介绍数据的这些基本操作方法和技巧。

16.1 插入数据

在使用数据库之前，数据库中必须要有数据，MySQL 中使用 INSERT 语句向数据表中插入新的数据记录。可以插入的方式有：插入完整的记录，插入记录的一部分，插入多条记录，以及插入另一个查询的结果。下面将介绍这些内容。

16.1.1 为表的所有字段插入数据

使用基本的 INSERT 语句插入数据要求指定表的名称和插入到新记录中的值。基本语法格式为：

```
INSERT INTO table_name (column_list) VALUES (value_list);
```

table_name 指定要插入数据的表名，column_list 指定要插入数据的那些列，value_list 指定每个列对应插入的数据。注意，使用该语句时字段列和数据值的数量必须相同。

本章将使用样例表 person，创建语句如下：

```
CREATE TABLE person
(
    id      INT UNSIGNED NOT NULL AUTO_INCREMENT,
    name    CHAR(40) NOT NULL DEFAULT '',
    age     INT NOT NULL DEFAULT 0,
    info    CHAR(50) NULL,
    PRIMARY KEY (id)
);
```

向表中所有字段插入值的方法有两种：一种是指定所有字段名，另一种是完全不指定字段名。

【例 16.1】在表 person 中，插入一条新记录，id 值为 1，name 值为 Green，age 值为 21，info 值为 lawyer，SQL 语句如下：

执行插入操作之前，使用 SELECT 语句查看表中的数据：

```
mysql> SELECT * FROM person;
Empty set (0.00 sec)
```

结果显示当前表为空，没有数据，接下来执行插入操作：

```
mysql> INSERT INTO person (id ,name, age , info)
    -> VALUES (1,'Green', 21, 'Lawyer');
Query OK, 1 row affected (0.00 sec)
```

语句执行完毕，查看执行结果：

```
mysql> SELECT * FROM person;
+----+--------+-----+------------+
| id | name   | age | info       |
+----+--------+-----+------------+
|  1 | Green  |  21 | Lawyer     |
+----+--------+-----+------------+
```

可以看到插入记录成功。在插入数据时，指定了表 person 的所有字段，因此将为每一个字段插入新的值。

INSERT 语句后面的列名称顺序可以不是表 person 定义时的顺序。即插入数据时，不需要按照表定义的顺序插入，只要保证值的顺序与列字段的顺序相同就可以，如下面的例子。

【例 16.2】在表 person 中，插入一条新记录，id 值为 2，name 值为 Suse，age 值为 22，info 值为 dancer，SQL 语句如下：

```
mysql> INSERT INTO person (age ,name, id , info)
    -> VALUES (22, 'Suse', 2, 'dancer');
```

语句执行完毕，查看执行结果：

```
mysql> SELECT * FROM person;
+----+--------+-----+------------+
| id | name   | age | info       |
+----+--------+-----+------------+
|  1 | Green  |  21 | Lawyer     |
|  2 | Suse   |  22 | dancer     |
+----+--------+-----+------------+
```

由结果可以看到，INSERT 语句成功插入了一条记录。

使用 INSERT 插入数据时，允许列名称列表 column_list 为空，此时，值列表中需要为表的每一个字段指定值，并且值的顺序必须和数据表中字段定义时的顺序相同。

【例 16.3】在表 person 中，插入一条新记录，SQL 语句如下：

```
mysql> INSERT INTO person
    -> VALUES (3,'Mary', 24, 'Musician');
Query OK, 1 row affected (0.00 sec)
```

语句执行完毕，查看执行结果：

```
mysql> SELECT * FROM person;
+----+--------+-----+------------+
| id | name   | age | info       |
+----+--------+-----+------------+
|  1 | Green  |  21 | Lawyer     |
|  2 | Suse   |  22 | dancer     |
|  3 | Mary   |  24 | Musician   |
+----+--------+-----+------------+
```

可以看到插入记录成功。数据库中增加了一条 id 为 3 的记录，其他字段值为指定的插入值。本例的 INSERT 语句中没有指定插入列表，只有一个值列表。在这种情况下，值列表为每一个字段列指定插入值，并且这些值的顺序必须和表 person 中字段定义的顺序相同。

提 示　虽然使用 INSERT 插入数据时可以忽略插入数据的列名称，但是如果不包含列名称，那么 VALUES 关键字后面的值不仅要求必须完整而且顺序必须和表定义时列的顺序相同。如果表的结构被修改，则对列进行增加、删除或者位置改变操作，将使得用这种方式插入数据时的顺序也必须同时改变。如果指定列名称，则不会受到表结构改变的影响。

16.1.2　为表的指定字段插入数据

为表的指定字段插入数据，就是在 INSERT 语句中只向部分字段中插入值，而其他字段的值为表定义时的默认值。

【例 16.4】在表 person 中，插入一条新记录，name 值为 Willam，age 值为 20，info 值为 sports man，SQL 语句如下：

```
mysql> INSERT INTO person (name, age,info)
    -> VALUES('Willam', 20, 'sports man');
Query OK, 1 row affected (0.00 sec)
```

提示信息表示插入一条记录成功。使用 SELECT 查询表中的记录，查询结果如下：

```
mysql> SELECT * FROM person;
+----+--------+-----+------------+
| id | name   | age | info       |
+----+--------+-----+------------+
|  1 | Green  |  21 | Lawyer     |
```

```
|  2 | Suse   | 22 | dancer     |
|  3 | Mary   | 24 | Musician   |
|  4 | Willam | 20 | sports man |
+----+--------+----+------------+
```

可以看到插入记录成功。如这里的 id 字段，查询结果显示，该字段自动添加了一个整数值 4。在这里 id 字段为表的主键，不能为空，系统会自动为该字段插入自增的序列值。在插入记录时，如果某些字段没有指定插入值，MySQL 将插入该字段定义时的默认值。下面例子说明在没有指定列字段时，插入默认值。

【例 16.5】在表 person 中，插入一条新记录，name 值为 Laura，age 值为 25，SQL 语句如下：

```
mysql> INSERT INTO person (name, age ) VALUES ('Laura', 25);
Query OK, 1 row affected (0.00 sec)
```

语句执行完毕，查看执行结果：

```
mysql> SELECT * FROM person;
+----+--------+-----+------------+
| id | name   | age | info       |
+----+--------+-----+------------+
|  1 | Green  |  21 | Lawyer     |
|  2 | Suse   |  22 | dancer     |
|  3 | Mary   |  24 | Musician   |
|  4 | Willam |  20 | sports man |
|  5 | Laura  |  25 | NULL       |
+----+--------+-----+------------+
```

可以看到，在本例插入语句中，没有指定 info 字段值，查询结果显示，info 字段在定义时指定默认值为 NULL，因此系统自动为该字段插入空值。

提示: 要保证每个插入值的类型必须和对应列的数据类型匹配，如果类型不同，将无法插入，并且 MySQL 会产生错误。

16.1.3 同时插入多条记录

INSERT 语句可以同时向数据表中插入多条记录，插入时指定多个值列表，每个值列表之间用逗号分隔开，基本语法格式如下：

```
INSERT INTO table_name (column_list)
VALUES (value_list1), (value_list2),...,(value_listn);
```

"value_list1，value_list2，…value_listn；"分别表示第 n 个插入记录的字段的值列表。

【例 16.6】 在表 person 中，在 name、age 和 info 字段指定插入值，同时插入 3 条新记录，SQL 语句如下：

```
INSERT INTO person(name, age, info)
VALUES ('Evans',27, 'secretary'),
       ('Dale',22, 'cook'),
       ('Edison',28, 'singer');
```

语句执行结果如下：

```
mysql> INSERT INTO person(name, age, info)
    -> VALUES ('Evans',27, 'secretary'),
    -> ('Dale',22, 'cook'),
    -> ('Edison',28, 'singer');
Query OK, 3 rows affected (0.00 sec)
Records: 3  Duplicates: 0  Warnings: 0
```

语句执行完毕，查看执行结果：

```
mysql>   SELECT * FROM person;
+----+--------+-----+------------+
| id | name   | age | info       |
+----+--------+-----+------------+
|  1 | Green  |  21 | Lawyer     |
|  2 | Suse   |  22 | dancer     |
|  3 | Mary   |  24 | Musician   |
|  4 | Willam |  20 | sports man |
|  5 | Laura  |  25 | NULL       |
|  6 | Evans  |  27 | secretary  |
|  7 | Dale   |  22 | cook       |
|  8 | Edison |  28 | singer     |
+----+--------+-----+------------+
```

由结果可以看到，INSERT 语句执行后，表 person 中添加了 3 条记录，其 name 和 age 字段分别为指定的值，id 字段为 MySQL 添加的默认的自增值。

使用 INSERT 同时插入多条记录时，MySQL 会返回一些在执行单行插入时没有的额外信息，这些包含数值的字符串的意思分别如下。

- Records：表明插入的记录条数。
- Duplicates：表明插入时被忽略的记录，原因可能是这些记录包含了重复的主键值。
- Warnings：表明有问题的数据值，例如发生数据类型转换。

【例 16.7】 在表 person 中，不指定插入列表，同时插入两条新记录，SQL 语句如下：

```
INSERT INTO person
VALUES (9,'Harry',21, 'magician'),
       (NULL,'Harriet',19, 'pianist');
```

语句执行结果如下：

```
mysql> INSERT INTO person
    -> VALUES (9,'Harry',21, 'magician'),
    -> (NULL,'Harriet',19, 'pianist');
Query OK, 2 rows affected (0.01 sec)
Records: 2   Duplicates: 0   Warnings: 0
```

语句执行完毕，查看执行结果：

```
mysql> SELECT * FROM person;
+----+---------+-----+------------+
| id | name    | age | info       |
+----+---------+-----+------------+
|  1 | Green   |  21 | Lawyer     |
|  2 | Suse    |  22 | dancer     |
|  3 | Mary    |  24 | Musician   |
|  4 | Willam  |  20 | sports man |
|  5 | Laura   |  25 | NULL       |
|  6 | Evans   |  27 | secretary  |
|  7 | Dale    |  22 | cook       |
|  8 | Edison  |  28 | singer     |
|  9 | Harry   |  21 | magician   |
| 10 | Harriet |  19 | pianist    |
+----+---------+-----+------------+
```

由结果可以看到，INSERT 语句执行后，表 person 中添加了两条记录，与前面介绍单个 INSERT 语法不同，person 表名后面没有指定插入字段列表，因此 VALUES 关键字后面的多个值列表都要为每一条记录的每一个字段列指定插入值，并且这些值的顺序必须和表 person 中字段定义的顺序相同，带有 AUTO_INCREMENT 属性的 id 字段插入 NULL 值，系统会自动为该字段插入唯一的自增编号。

提示 一个同时插入多行记录的 INSERT 语句可以等同于多个单行插入的 INSERT 语句，但是同时插入多行的 INSERT 语句在处理过程中效率更高。所以在插入多条记录时，最好选择使用单条 INSERT 语句的方式插入。

16.2 更新数据

表中有数据之后，接下来可以对数据进行更新操作，MySQL 中使用 UPDATE 语句更新表中的记录，可以更新特定的行或者同时更新所有的行。基本语法结构如下：

```
UPDATE table_name
SET column_name1 = value1,column_name2=value2,…,column_namen=valuen
WHERE (condition);
```

"column_name1,column_name2,…,column_namen"为指定更新的字段的名称；"value1, value2,…valuen"为相对应的指定字段的更新值；condition 指定更新的记录需要满足的条件。更新多个列时，每个"列-值"对之间用逗号隔开，最后一列之后不需要逗号。

【例 16.8】 在表 person 中，更新 id 值为 10 的记录，将 age 字段值改为 15，将 name 字段值改为 LiMing，SQL 语句如下：

```
UPDATE person SET age = 15, name= 'LiMing' WHERE id = 10;
```

更新操作执行前可以使用 SELECT 语句查看当前的数据：

```
mysql> SELECT * FROM person WHERE id=10;
+----+--------+-----+---------+
| id | name   | age | info    |
+----+--------+-----+---------+
| 10 | Harry  |  20 | student |
+----+--------+-----+---------+
```

由结果可以看到更新之前，id 等于 10 的记录的 name 字段值为 harry，age 字段值为 20，下面使用 UPDATE 语句更新数据，语句执行结果如下：

```
mysql> UPDATE person SET age = 15, name='LiMing' WHERE id = 10;
Query OK, 1 row affected (0.00 sec)
Rows matched: 1    Changed: 1    Warnings: 0
```

语句执行完毕，查看执行结果：

```
mysql> SELECT * FROM person WHERE id=10;
+----+--------+-----+---------+
| id | name   | age | info    |
+----+--------+-----+---------+
| 10 | LiMing |  15 | student |
+----+--------+-----+---------+
```

由结果可以看到，id 等于 10 的记录中的 name 和 age 字段的值已经成功被修改为指定值。

数据的基本操作 第16章

 保证 UPDATE 以 WHERE 子句结束，通过 WHERE 子句指定被更新的记录所需要满足的条件，如果忽略 WHERE 子句，MySQL 将更新表中所有的行。

【例 16.9】在表 person 中，更新 age 值为 19 到 22 的记录，将 info 字段值都改为 student，SQL 语句如下：

UPDATE person SET info= 'student' WHERE id BETWEEN 19 AND 22;

更新操作执行前可以使用 SELECT 语句查看当前的数据：

```
mysql> SELECT * FROM person WHERE age BETWEEN 19 AND 22;
+----+---------+-----+------------+
| id | name    | age | info       |
+----+---------+-----+------------+
|  1 | Willam  |  20 | sports man |
|  3 | Green   |  21 | Lawyer     |
|  4 | Suse    |  22 | dancer     |
|  6 | Dale    |  22 | cook       |
|  8 | Harry   |  21 | magician   |
|  9 | Harriet |  19 | pianist    |
+----+---------+-----+------------+
```

可以看到，这些 age 字段值在 19 到 22 之间的记录的 info 字段值各不相同。下面使用 UPDATE 语句更新数据，语句执行结果如下：

```
mysql> UPDATE person SET info='student' WHERE age BETWEEN 19 AND 22;
Query OK, 6 rows affected (0.00 sec)
Rows matched: 6  Changed: 6  Warnings: 0
```

语句执行完毕，查看执行结果：

```
mysql> SELECT * FROM person WHERE age BETWEEN 19 AND 22;
+----+---------+-----+---------+
| id | name    | age | info    |
+----+---------+-----+---------+
|  1 | Willam  |  20 | student |
|  3 | Green   |  21 | student |
|  4 | Suse    |  22 | student |
|  6 | Dale    |  22 | student |
|  8 | Harry   |  21 | student |
|  9 | Harriet |  19 | student |
+----+---------+-----+---------+
```

由结果可以看到，UPDATE 执行后，成功地将表中符合条件的记录的 info 字段值都改为 student。

16.3 删除数据

从数据表中删除数据使用 DELETE 语句，DELETE 语句允许 WHERE 子句指定删除条件。DELETE 语句基本语法格式如下：

DELETE FROM table_name [WHERE <condition>];

table_name 指定要执行删除操作的表；"[WHERE <condition>]"为可选参数，指定删除条件，如果没有 WHERE 子句，DELETE 语句将删除表中的所有记录。

【例 16.10】在表 person 中，删除 id 等于 10 的记录，SQL 语句如下：
执行删除操作前使用 SELECT 语句查看当前 id=10 的记录：

```
mysql> SELECT * FROM person WHERE id=10;
+----+--------+-----+---------+
| id | name   | age | info    |
+----+--------+-----+---------+
| 10 | LiMing |  15 | student |
+----+--------+-----+---------+
```

可以看到，现在表中有 id=10 的记录，下面使用 DELETE 语句删除记录，语句执行结果如下：

```
mysql> DELETE FROM person WHERE id = 10;
Query OK, 1 row affected (0.02 sec)
```

语句执行完毕，查看执行结果：

```
mysql> SELECT * FROM person WHERE id=10;
Empty set (0.00 sec)
```

查询结果为空，说明删除操作成功。

【例 16.11】在 person 表中，使用 DELETE 语句同时删除多条记录，在前面 UPDATE 语句中将 age 字段值在 19 到 22 之间的记录的 info 字段值修改为 student，在这里删除这些记录，SQL 语句如下：

DELETE FROM person WHERE age BETWEEN 19 AND 22;

执行删除操作前使用 SELECT 语句查看当前的数据：

```
mysql> SELECT * FROM person WHERE age BETWEEN 19 AND 22;
+----+--------+-----+---------+
| id | name   | age | info    |
```

```
+----+---------+-----+---------+
|  1 | Willam  |  20 | student |
|  3 | Green   |  21 | student |
|  4 | Suse    |  22 | student |
|  6 | Dale    |  22 | student |
|  8 | Harry   |  21 | student |
|  9 | Harriet |  19 | student |
+----+---------+-----+---------+
```

可以看到，这些 age 字段值在 19 到 22 之间的记录存在表中。下面使用 DELETE 删除这些记录：

```
mysql> DELETE FROM person WHERE age BETWEEN 19 AND 22;
Query OK, 6 rows affected (0.00 sec)
```

语句执行完毕，查看执行结果：

```
mysql> SELECT * FROM person WHERE age BETWEEN 19 AND 22;
Empty set (0.00 sec)
```

查询结果为空，删除多条记录成功。

【例 16.12】删除 person 表中所有记录，SQL 语句如下：

```
DELETE FROM person;
```

执行删除操作前使用 SELECT 语句查看当前的数据：

```
mysql> SELECT * FROM person;
+----+---------+-----+-----------+
| id | name    | age | info      |
+----+---------+-----+-----------+
|  2 | Laura   |  25 | NULL      |
|  5 | Evans   |  27 | secretary |
|  7 | Edison  |  28 | singer    |
| 11 | Beckham |  31 | police    |
+----+---------+-----+-----------+
```

结果显示 person 表中还有 4 条记录，执行 DELETE 语句删除这 4 条记录：

```
mysql> DELETE FROM person;
Query OK, 4 rows affected (0.00 sec)
```

语句执行完毕，查看执行结果：

```
mysql> SELECT * FROM person;
Empty set (0.00 sec)
```

查询结果为空,删除表中所有记录成功,现在 person 表中已经没有任何数据记录。

如果想删除表中的所有记录,还可以使用 TRUNCATE TABLE 语句,TRUNCATE 将直接删除原来的表并重新创建一个表,其语法结构为 TRUNCATE TABLE table_name。TRUNCATE 直接删除表而不是删除记录,因此执行速度比 DELETE 快。

16.4 查询数据

MySQL 从数据表中查询数据的基本语句为 SELECT 语句。SELECT 语句的基本格式是:

```
SELECT
        {*|<字段列表>}
        [
            FROM <表 1>,<表 2>...
            [WHERE <表达式>]
            [GROUP BY <group by definition>]
            [HAVING <expression> [{<operator> <expression>}...]]
            [ORDER BY <order by definition>]
            [LIMIT [<offset>,] <row count>]
        ]
SELECT [字段 1,字段 2,...,字段 n]
FROM [表或视图]
WHERE [查询条件];
```

- {*|<字段列表>}:包含星号通配符和选字段列表。"*"表示查询所有的字段;"字段列表"表示查询指定的字段,字段列表至少包含一个子段名称,如果要查询多个字段,多个字段之间用逗号隔开,最后一个字段后不要加逗号。
- FROM <表 1>,<表 2>...:表 1 和表 2 表示查询数据的来源,可以是单个或者多个。
- WHERE 子句:可选项,如果选择该项,[查询条件]将限定查询行必须满足的查询条件。
- GROUP BY <字段>:该子句告诉 MySQL 如何显示查询出来的数据,并按照指定的字段分组。
- [ORDER BY <字段 >]:该子句告诉 MySQL 按什么样的顺序显示查询出来的数据。可以进行的排序有:升序(ASC)、降序(DESC)。
- [LIMIT [<offset>,] <row count>]:该子句告诉 MySQL 每次显示查询出来的数据条数。
- SELECT 的可选参数比较多。读者可能无法一下子完全理解,不要紧,接下来从最简单的开始,一步一步深入学习之后,就会对各个参数的作用有清晰的认识。

下面创建数据表 fruits,该表中包含了本章中需要用到的数据。
首先定义数据表。

```
CREATE TABLE fruits
(
    f_id    char(10)        NOT NULL,
    s_id    INT             NOT NULL,
    f_name  char(255)       NOT NULL,
    f_price decimal(8,2)    NOT NULL,
    PRIMARY KEY(f_id)
);
```

为了演示如何使用 SELECT 语句,需要插入数据。请读者插入如下数据:

```
mysql> INSERT INTO fruits (f_id, s_id, f_name, f_price)
    -> VALUES('a1', 101,'apple',5.2),
    -> ('b1',101,'blackberry', 10.2),
    -> ('bs1',102,'orange', 11.2),
    -> ('bs2',105,'melon',8.2),
    -> ('t1',102,'banana', 10.3),
    -> ('t2',102,'grape', 5.3),
    -> ('o2',103,'coconut', 9.2),
    -> ('c0',101,'cherry', 3.2),
    -> ('a2',103, 'apricot',2.2),
    -> ('l2',104,'lemon', 6.4),
    -> ('b2',104,'berry', 7.6),
    -> ('m1',106,'mango', 15.6),
    -> ('m2',105,'xbabay', 2.6),
    -> ('t4',107,'xbababa', 3.6),
    -> ('m3',105,'xxtt', 11.6),
    -> ('b5',107,'xxxx', 3.6);
```

使用 SELECT 语句查询 f_id 和 f_name 字段的数据。

```
mysql> SELECT f_id, f_name FROM fruits;
+------+------------+
| f_id | f_name     |
+------+------------+
| a1   | apple      |
| a2   | apricot    |
| b1   | blackberry |
| b2   | berry      |
| b5   | xxxx       |
| bs1  | orange     |
| bs2  | melon      |
| c0   | cherry     |
| l2   | lemon      |
```

```
| m1    | mango    |
| m2    | xbabay   |
| m3    | xxtt     |
| o2    | coconut  |
| t1    | banana   |
| t2    | grape    |
| t4    | xbababa  |
+------+-----------+
16 rows in set (0.00 sec)
```

该语句的执行过程是，SELECT 语句决定了要查询的列值，在这里查询 f_id 和 f_name 两个字段的值，FROM 子句指定了数据的来源，这里指定数据表 fruits，因此返回结果为 fruits 表中 f_id 和 f_name 这两个字段下所有的数据。其显示顺序为添加到表中的顺序。

16.4.1 查询所有字段

1. 在 SELECT 语句中使用星号"*"通配符查询所有字段

SELECT 查询记录最简单的形式是从一个表中检索所有记录，实现的方法是使用星号（*）通配符指定查找所有的列的名称。语法格式如下：

SELECT * FROM 表名;

【例 16.13】从 fruits 表中检索所有字段的数据，SQL 语句如下：

```
mysql> SELECT * FROM fruits;
+------+------+------------+---------+
| f_id | s_id | f_name     | f_price |
+------+------+------------+---------+
| a1   | 101  | apple      |    5.20 |
| a2   | 103  | apricot    |    2.20 |
| b1   | 101  | blackberry |   10.20 |
| b2   | 104  | berry      |    7.60 |
| b5   | 107  | xxxx       |    3.60 |
| bs1  | 102  | orange     |   11.20 |
| bs2  | 105  | melon      |    8.20 |
| c0   | 101  | cherry     |    3.20 |
| l2   | 104  | lemon      |    6.40 |
| m1   | 106  | mango      |   15.60 |
| m2   | 105  | xbabay     |    2.60 |
| m3   | 105  | xxtt       |   11.60 |
| o2   | 103  | coconut    |    9.20 |
| t1   | 102  | banana     |   10.30 |
| t2   | 102  | grape      |    5.30 |
```

| t4 | 107 | xbababa | 3.60 |
+------+------+----------+--------+

可以看到，使用星号通配符时，将返回所有列，列按照定义表的时候的顺序显示。

2．在 SELECT 语句中指定所有字段

另外一种查询所有字段值的方法，根据前面 SELECT 语句格式，SELECT 关键字后面字段名为将要查找的数据。如果忘记了字段名称，可以使用 DESC 命令查看表的结构。有时候，可能表中的字段比较多，不一定能记得所有字段的名称，因此该方法有时候很不方便，不建议使用。例如查询 fruits 表中的所有数据，SQL 语句也可以书写如下：

SELECT f_id, s_id ,f_name, f_price FROM fruits;

查询结果与例 16.14 相同。

一般情况下，除非需要使用表中所有的字段数据，最好不要使用通配符"*"，使用通配符虽然可以节省输入查询语句的时间，但是获取不需要的列数据会降低查询的效率和所使用的应用程序的效率。通配符的优势是，当不知道所需要的列的名称时，可以获取它们。

16.4.2　查询指定字段

1．查询单个字段

查询表中的某一个字段，语法格式为：

SELECT 列名 FROM 表名;

【例 16.14】查询当前表中 f_name 列所有水果名称，SQL 语句如下：

SELECT f_name FROM fruits;

该语句使用 SELECT 声明从 fruits 表中获取名称为 f_name 字段下的所有水果名称，指定字段的名称紧跟在 SELECT 关键字之后，查询结果如下：

```
mysql> SELECT f_name FROM fruits;
+------------+
| f_name     |
+------------+
| apple      |
| apricot    |
| blackberry |
| berry      |
| xxxx       |
```

```
| orange     |
| melon      |
| cherry     |
| lemon      |
| mango      |
| xbabay     |
| xxtt       |
| coconut    |
| banana     |
| grape      |
| xbababa    |
+------------+
```

输出结果显示了 fruits 表中 f_name 字段下的所有数据。

2. 查询多个字段

使用 SELECT 语句，可以获取多个字段下的数据，只需要在关键字 SELECT 后面指定要查找的字段的名称，不同字段名称之间用逗号（,）分隔开，最后一个字段后面不需要加逗号，语法格式如下：

SELECT 字段名 1,字段名 2,…,字段名 n FROM 表名;

【例 16.15】从 fruits 表中获取 f_name 和 f_price 两列，SQL 语句如下：

SELECT f_name, f_price FROM fruits;

该语句使用 SELECT 声明从 fruits 表中获取名称为 f_name 和 f_price 两个字段下的所有水果名称和价格，两个字段之间用逗号分隔开，查询结果如下：

```
mysql> SELECT f_name, f_price FROM fruits;
+------------+---------+
| f_name     | f_price |
+------------+---------+
| apple      |    5.20 |
| apricot    |    2.20 |
| blackberry |   10.20 |
| berry      |    7.60 |
| xxxx       |    3.60 |
| orange     |   11.20 |
| melon      |    8.20 |
| cherry     |    3.20 |
| lemon      |    6.40 |
| mango      |   15.60 |
| xbabay     |    2.60 |
```

```
| xxtt     |  11.60 |
| coconut  |   9.20 |
| banana   |  10.30 |
| grape    |   5.30 |
| xbababa  |   3.60 |
+----------+--------+
```

输出结果显示了 fruits 表中 f_name 和 f_price 两个字段下的所有数据。

> MySQL 中的 SQL 语句是不区分大小写的，因此 SELECT 和 select 作用是相同的，但是，许多开发人员习惯将关键字使用大写，而数据列和表名使用小写，读者也应该养成一个良好的编程习惯，这样写出来的代码便于阅读和维护。

16.4.3 查询指定记录

数据库中包含大量的数据，根据特殊要求，可能只需查询表中的指定数据，即对数据进行过滤。在 SELECT 语句中通过 WHERE 子句，对数据进行过滤，语法格式为：

```
SELECT 字段名 1,字段名 2,…,字段名 n
FROM 表名
WHERE 查询条件
```

在 WHERE 子句中，MySQL 提供了一系列的条件判断符，如表 16-1 所示。

表 16-1　WHERE 条件判断符

操作符	说明
=	相等
<>，!=	不相等
<	小于
<=	小于或者等于
>	大于
>=	大于或者等于
BETWEEN	位于两值之间

【例 16.16】查询价格为 10.2 元的水果的名称，SQL 语句如下：

```
SELECT f_name, f_price
FROM fruits
WHERE f_price = 10.2;
```

该语句使用 SELECT 声明从 fruits 表中获取价格等于 10.2 的水果的数据，从查询结果可以看到价格是 10.2 元的水果的名称 blackberry，其他的均不满足查询条件，查询结果如下：

```
mysql> SELECT f_name, f_price
    -> FROM fruits
    -> WHERE f_price = 10.2;
+------------+---------+
| f_name     | f_price |
+------------+---------+
| blackberry |   10.20 |
+------------+---------+
```

本例采用了简单的相等过滤，查询一个指定列 f_price 具有值 10.20。

相等还可以用来比较字符串。

【例 16.17】查找名称为 apple 的水果的价格，SQL 语句如下：

```
SELECT f_name, f_price
FROM fruits
WHERE f_name = 'apple';
```

该语句使用 SELECT 声明从 fruits 表中获取名称为 apple 的水果的价格，从查询结果可以看到只有名称为 apple 行被返回，其他的均不满足查询条件。

```
mysql> SELECT f_name, f_price
    -> FROM fruits
    -> WHERE f_name = 'apple';
+--------+---------+
| f_name | f_price |
+--------+---------+
| apple  |    5.20 |
+--------+---------+
```

【例 16.18】查询价格小于 10.00 元的水果的名称，SQL 语句如下：

```
SELECT f_name, f_price
FROM fruits
WHERE f_price < 10.00;
```

该语句使用 SELECT 声明从 fruits 表中获取价格低于 10.00 元的水果名称，即 f_price 小于 10.00 的水果信息被返回，查询结果如下：

```
mysql> SELECT f_name, f_price
    -> FROM fruits
    -> WHERE f_price < 10.00;
+---------+---------+
| f_name  | f_price |
+---------+---------+
| apple   |    5.20 |
```

```
| apricot  |    2.20 |
| berry    |    7.60 |
| xxxx     |    3.60 |
| melon    |    8.20 |
| cherry   |    3.20 |
| lemon    |    6.40 |
| xbabay   |    2.60 |
| coconut  |    9.20 |
| grape    |    5.30 |
| xbababa  |    3.60 |
+----------+---------+
```

可以看到查询结果中所有记录的 f_price 字段的值均小于 10.00 元。而大于 10.00 元的记录没有被返回。

16.4.4 带 IN 关键字的查询

IN 操作符用来查询满足指定条件范围内的记录。使用 IN 操作符时，将所有检索条件用括号括起来，检索条件用逗号分隔开，只要满足条件范围内的一个值即为匹配项。

【例 16.19】查询 s_id 为 101 和 102 的记录，SQL 语句如下：

```
SELECT s_id,f_name, f_price
FROM fruits
WHERE s_id IN (101,102)
ORDER BY f_name;
```

查询结果如下：

```
+------+------------+---------+
| s_id | f_name     | f_price |
+------+------------+---------+
|  101 | apple      |    5.20 |
|  102 | banana     |   10.30 |
|  101 | blackberry |   10.20 |
|  101 | cherry     |    3.20 |
|  102 | grape      |    5.30 |
|  102 | orange     |   11.20 |
+------+------------+---------+
```

相反地，可以是用关键字 NOT 来检索不在条件范围内的记录。

【例 16.20】查询所有 s_id 不等于 101 也不等于 102 的记录，SQL 语句如下：

```
SELECT s_id,f_name, f_price
FROM fruits
WHERE s_id NOT IN (101,102)
```

ORDER BY f_name;

查询结果如下：

```
+------+---------+---------+
| s_id | f_name  | f_price |
+------+---------+---------+
| 103  | apricot |    2.20 |
| 104  | berry   |    7.60 |
| 103  | coconut |    9.20 |
| 104  | lemon   |    6.40 |
| 106  | mango   |   15.60 |
| 105  | melon   |    8.20 |
| 107  | xbababa |    3.60 |
| 105  | xbabay  |    2.60 |
| 105  | xxtt    |   11.60 |
| 107  | xxxx    |    3.60 |
+------+---------+---------+
```

可以看到，该语句在 IN 关键字前面加上了 NOT 关键字，这使得查询的结果与前面一个的结果正好相反，前面检索了 s_id 等于 101 和 102 的记录，而这里所要求的查询的记录中的 s_id 字段值不等于这两个值中的任一个。

16.4.5　带 BETWEEN AND 的范围查询

BETWEEN AND 用来查询某个范围内的值，该操作符需要两个参数，即范围的开始值和结束值，如果记录的字段值满足指定的范围查询条件，则这些记录被返回。

【例 16.21】查询价格在 2.00 元到 10.5 元之间水果名称和价格，SQL 语句如下：

SELECT f_name, f_price FROM fruits WHERE f_price BETWEEN 2.00 AND 10.20;

查询结果如下：

```
mysql> SELECT f_name, f_price
    -> FROM fruits
    -> WHERE f_price BETWEEN 2.00 AND 10.20;
+------------+---------+
| f_name     | f_price |
+------------+---------+
| apple      |    5.20 |
| apricot    |    2.20 |
| blackberry |   10.20 |
| berry      |    7.60 |
| xxxx       |    3.60 |
| melon      |    8.20 |
```

```
| cherry   |  3.20 |
| lemon    |  6.40 |
| xbabay   |  2.60 |
| coconut  |  9.20 |
| grape    |  5.30 |
| xbababa  |  3.60 |
+----------+-------+
```

可以看到，返回结果包含了价格从 2.00 元到 10.20 元之间的字段值，并且端点值 10.20 也包括在返回结果中，即 BETWEEN 匹配范围中所有值，包括开始值和结束值。

BETWEEN AND 操作符前可以加关键字 NOT，表示指定范围之外的值，如果字段值不满足指定的范围内的值，则这些记录被返回。

【例 16.22】查询价格在 2.00 元到 10.5 元之外的水果名称和价格，SQL 语句如下：

```
SELECT f_name, f_price
FROM fruits
WHERE f_price NOT BETWEEN 2.00 AND 10.20;
```

查询结果如下：

```
+--------+---------+
| f_name | f_price |
+--------+---------+
| orange |  11.20  |
| mango  |  15.60  |
| xxtt   |  11.60  |
| banana |  10.30  |
+--------+---------+
```

由结果可以看到，返回的记录只有 f_price 字段大于 10.20 的，f_price 字段小于 2.00 的记录也满足查询条件，因此如果表中有 f_price 字段小于 2.00 的记录，也应当作为查询结果。

16.4.6 带 LIKE 的字符匹配查询

在前面的检索操作中，讲述了如何查询多个字段的记录，如何进行比较查询或者查询一个条件范围内的记录，如果要查找所有的包含字符"ge"的水果名称，该如何查找呢？简单的比较操作在这里已经行不通了，在这里，需要使用通配符进行匹配查找，通过创建查找模式对表中的数据进行比较。执行这个任务的关键字是 LIKE。

通配符是一种在 SQL 的 WHERE 条件子句中拥有特殊意思的字符，SQL 语句中支持多种通配符，可以和 LIKE 一起使用的通配符有 '%' 和 '_'。

1. 百分号通配符 '%'，匹配任意长度的字符，甚至包括零字符

【例 16.23】查找所有以 'b' 字母开头的水果，SQL 语句如下：

```sql
SELECT f_id, f_name
FROM fruits
WHERE f_name LIKE 'b%';
```

查询结果如下：

```
+------+------------+
| f_id | f_name     |
+------+------------+
| b1   | blackberry |
| b2   | berry      |
| t1   | banana     |
+------+------------+
```

该语句查询的结果返回所有以'b'开头的水果的 id 和 name，'%'告诉 MySQL，返回所有 f_name 字段以字母'g'开头的记录，不管'g'后面有多少个字符。

在搜索匹配时通配符'%'可以放在不同位置。

【例 16.24】 在 fruits 表中，查询 f_name 中包含字母'g'的记录，SQL 语句如下：

```sql
SELECT f_id, f_name
FROM fruits
WHERE f_name LIKE '%g%';
```

查询结果如下：

```
+------+--------+
| f_id | f_name |
+------+--------+
| bs1  | orange |
| m1   | mango  |
| t2   | grape  |
+------+--------+
```

该语句查询包含字符串中包含字母'g'的水果名称，只要名字中有字符'g'，而前面或后面不管有多少个字符，都满足查询的条件。

【例 16.25】 查询以'b'开头，并以'y'结尾的水果的名称，SQL 语句如下：

```sql
SELECT f_name
FROM fruits
WHERE f_name LIKE 'b%y';
```

查询结果如下：

```
+------------+
| f_name     |
```

```
+-----------+
| blackberry|
| berry     |
+-----------+
```

通过以上查询结果，可以看到，'%'用于匹配在指定的位置的任意数目的字符。

2．下划线通配符'_'，一次只能匹配任意一个字符

另一个非常有用的通配符是下划线通配符'_'，该通配符的用法和'%'相同，区别是'%'匹配多个字符，而'_'只匹配任意单个字符，如果要匹配多个字符，则需要使用相同个数的'_'。

【例16.26】在 fruits 表中，查询以字母'y'结尾，且'y'前面只有4个字母的记录，SQL 语句如下：

```
SELECT f_id, f_name FROM fruits WHERE f_name LIKE '____y';
```

查询结果如下：

```
+------+--------+
| f_id | f_name |
+------+--------+
| b2   | berry  |
+------+--------+
```

从结果可以看到，以'y'结尾且前面只有4个字母的记录只有一条。其他记录的 f_name 字段也有以'y'结尾的，但其总的字符串长度不为5，因此不在返回结果中。

16.4.7　查询空值

创建数据表的时候，设计者可以指定某列中是否可以包含空值（NULL），空值不同于0，也不同于空字符串，空值一般表示数据未知、不适用或将在以后添加数据。在 SELECT 语句中使用 IS NULL 子句，可以查询某字段内容为空记录。

【例16.27】查询 customers 表中 c_email 为空的记录的 c_id、c_name 和 c_email 字段值，SQL 语句如下：

```
SELECT c_id, c_name,c_email FROM customers WHERE c_email IS NULL;
```

查询结果如下：

```
mysql> SELECT c_id, c_name,c_email FROM customers WHERE c_email IS NULL;
+-------+----------+---------+
| c_id  | c_name   | c_email |
+-------+----------+---------+
| 10003 | Netbhood | NULL    |
+-------+----------+---------+
```

可以看到，显示 customers 表中字段 c_email 的值为 NULL 的记录，满足查询条件。

与 IS NULL 相反的是 NOT IS NULL，该关键字查找字段不为空的记录。

【例 16.28】查询 customers 表中 c_email 不为空的记录的 c_id、c_name 和 c_email 字段值，SQL 语句如下：

```
SELECT c_id, c_name,c_email FROM customers WHERE c_email IS NOT NULL;
```

查询结果如下：

```
mysql> SELECT c_id, c_name,c_email FROM customers WHERE c_email IS NOT NULL;
+-------+---------+------------------+
| c_id  | c_name  | c_email          |
+-------+---------+------------------+
| 10001 | RedHook | LMing@163.com    |
| 10002 | Stars   | Jerry@hotmail.com|
| 10004 | JOTO    | sam@hotmail.com  |
+-------+---------+------------------+
```

可以看到，查询出来的记录的 c_email 字段都不为空值。

16.4.8 带 AND 的多条件查询

使用 SELECT 查询时，可以增加查询的限制条件，这样可以使查询的结果更加精确。MySQL 在 WHERE 子句中使用 AND 操作符限定只有满足所有查询条件的记录才会被返回。可以使用 AND 连接两个甚至多个查询条件，多个条件表达式之间用 AND 分开。

【例 16.29】在 fruits 表中查询 s_id = 101，并且 f_price 大于 5 的记录价格和名称，SQL 语句如下：

```
SELECT s_id, f_price, f_name FROM fruits WHERE s_id = '101' AND f_price >=5;
```

查询结果如下：

```
mysql> SELECT s_id, f_price, f_name
    -> FROM fruits
    -> WHERE s_id = '101' AND f_price >= 5;
+------+---------+-----------+
| s_id | f_price | f_name    |
+------+---------+-----------+
| 101  |    5.20 | apple     |
| 101  |   10.20 | blackberry|
+------+---------+-----------+
```

前面的语句检索了 s_id=101 的水果供应商所有价格大于等于 5 元的水果名称和价格。WHERE 子句中的条件分为两部分，AND 关键字指示 MySQL 返回所有同时满足两个条件的行。即使是 s_id=101 的水果供应商提供的水果，价格<5 或者 s_id 不等于'101'的水果供应商的

水果不管其价格为多少，均不是要查询的结果。

 提示 上述例子的 WHERE 子句中只包含了一个 AND 语句，把两个过滤条件组合在一起。实际上可以添加多个 AND 过滤条件，增加条件的同时增加一个 AND 关键字。

【例 16.30】在 fruits 表中查询 s_id = 101 或者 102，并且 f_price 大于 5，f_name='apple' 的记录的价格和名称，SQL 语句如下：

```
SELECT f_id, f_price, f_name FROM fruits
WHERE s_id IN('101', '102') AND f_price >= 5 AND f_name = 'apple';
```

查询结果如下：

```
mysql> SELECT f_id, f_price, f_name FROM fruits
    -> WHERE s_id IN('101','102') AND f_price >= 5 AND f_name = 'apple';
+------+---------+--------+
| s_id | f_price | f_name |
+------+---------+--------+
| 101  |    5.20 | apple  |
+------+---------+--------+
```

可以看到返回符合查询条件的记录只有一条。

16.4.9 带 OR 的多条件查询

与 AND 相反，在 WHERE 声明中使用 OR 操作符，表示只需要满足其中一个条件的记录即可返回。OR 也可以连接两个甚至多个查询条件，多个条件表达式之间用 OR 分开。

【例 16.31】查询 s_id=101 或者 s_id=102 的水果供应商的 f_price 和 f_name，SQL 语句如下：

```
SELECT s_id,f_name, f_price FROM fruits WHERE s_id = 101 OR s_id = 102;
```

查询结果如下：

```
mysql> SELECT s_id,f_name, f_price
    -> FROM fruits
    -> WHERE s_id = 101 OR s_id = 102;
+------+------------+---------+
| s_id | f_name     | f_price |
+------+------------+---------+
| 101  | apple      |    5.20 |
| 101  | blackberry |   10.20 |
| 102  | orange     |   11.20 |
| 101  | cherry     |    3.20 |
```

```
|  102 | banana      |   10.30  |
|  102 | grape       |    5.30  |
+------+-------------+----------+
```

结果显示查询了 s_id=101 和 s_id=102 的供应商提供的水果名称和价格，OR 操作符告诉 MySQL，检索的时候只需要满足其中的一个条件，不需要全部都满足，如果这里使用 AND 的话，将检索不到符合条件的数据。

在这里，也可以使用 IN 操作符实现与 OR 相同的功能，下面的例子可进行说明。

【例 16.32】查询 s_id=101 或者 s_id=102 的水果供应商的 f_name 和 f_price，SQL 语句如下：

```
SELECT s_id,f_name, f_price FROM fruits WHERE s_id IN(101,102);
```

查询结果如下：

```
mysql> SELECT s_id,f_name, f_price
    -> FROM fruits
    -> WHERE s_id IN(101,102);
+------+-------------+----------+
| s_id | f_name      | f_price  |
+------+-------------+----------+
|  101 | apple       |    5.20  |
|  101 | blackberry  |   10.20  |
|  102 | orange      |   11.20  |
|  101 | cherry      |    3.20  |
|  102 | banana      |   10.30  |
|  102 | grape       |    5.30  |
+------+-------------+----------+
```

在这里可以看到，OR 操作符和 IN 操作符使用后的结果是一样的，它们可以实现相同的功能。但是使用 IN 操作符使得检索语句更加简洁明了，并且 IN 执行的速度要快于 OR，更重要的是，使用 IN 操作符后，可以执行更加复杂的嵌套查询（后面章节将会讲述）。

提 示

OR 可以和 AND 一起使用，但是在使用时要注意两者的优先级，由于 AND 的优先级高于 OR，因此先对 AND 两边的操作数进行操作，再与 OR 中的操作数结合。

16.4.10 查询结果不重复

从前面的例子可以看到，SELECT 查询返回所有匹配的行。例如查询 fruits 表中所有的 s_id，其结果为：

```
+------+
```

```
| s_id |
+------+
| 101 |
| 103 |
| 101 |
| 104 |
| 107 |
| 102 |
| 105 |
| 101 |
| 104 |
| 106 |
| 105 |
| 105 |
| 103 |
| 102 |
| 102 |
| 107 |
+------+
```

可以看到查询结果返回了 16 条记录，其中有一些重复的 s_id 值，有时，出于对数据分析的要求，需要消除重复的记录值，如何使查询结果没有重复呢？在 SELECT 语句中可以使用 DISTINCT 关键字指示 MySQL 消除重复的记录值。语法格式为：

SELECT DISTINCT 字段名 FROM 表名;

【例 16.33】查询 fruits 表中 s_id 字段的值，并返回 s_id 字段值不得重复，SQL 语句如下：

SELECT DISTINCT s_id FROM fruits;

查询结果如下：

```
mysql> SELECT DISTINCT s_id FROM fruits;
+------+
| s_id |
+------+
| 101 |
| 103 |
| 104 |
| 107 |
| 102 |
| 105 |
| 106 |
+------+
```

可以看到这次查询结果只返回了 7 条记录的 s_id 值,而不再有重复的值,SELECT DISTINCE s_id 告诉 MySQL 只返回不同的 s_id 值。

16.4.11 对查询结果排序

从前面的查询结果,读者会发现有些字段的值是没有任何顺序的,MySQL 中可以通过 SELECT 使用 ORDER BY 子句对查询的结果进行排序。

1. 单列排序

例如,查询 f_name 字段,查询结果如下:

```
mysql> SELECT f_name FROM fruits;
+------------+
| f_name     |
+------------+
| apple      |
| apricot    |
| blackberry |
| berry      |
| xxxx       |
| orange     |
| melon      |
| cherry     |
| lemon      |
| mango      |
| xbabay     |
| xxtt       |
| coconut    |
| banana     |
| grape      |
| xbababa    |
+------------+
```

可以看到,查询的数据并没有以一种特定的顺序显示,如果没有对它们进行排序,将根据它们插入到数据表中的顺序来显示。

下面使用 ORDER BY 子句对指定的列数据进行排序。

【例 16.34】查询 fruits 表的 f_name 字段值,并对其进行排序,SQL 语句如下:

```
mysql> SELECT f_name FROM fruits ORDER BY f_name;
+------------+
| f_name     |
+------------+
| apple      |
```

```
| apricot     |
| banana      |
| berry       |
| blackberry  |
| cherry      |
| coconut     |
| grape       |
| lemon       |
| mango       |
| melon       |
| orange      |
| xbababa     |
| xbabay      |
| xxtt        |
| xxxx        |
+-------------+
```

该语句查询的结果和前面的语句相同，不同的是，通过指定 ORDER BY 子句，MySQL 对查询的 f_name 列的数据按字母表的顺序进行了升序排序。

2．多列排序

有时，需要根据多列值进行排序。例如，如果要显示一个学生列表，可能会有多个学生的姓氏是相同的，因此还需要根据学生的名进行排序。对多列数据进行排序，只要将需要排序的列之间用逗号隔开。

【例 16.35】查询 fruits 表中的 f_name 和 f_price 字段，先按 f_name 排序，再按 f_price 排序，SQL 语句如下：

```
SELECT f_name, f_price FROM fruits ORDER BY f_name, f_price;
```

查询结果如下：

```
mysql> SELECT f_name, f_price FROM fruits ORDER BY f_name, f_price;
+-------------+---------+
| f_name      | f_price |
+-------------+---------+
| apple       |    5.20 |
| apricot     |    2.20 |
| banana      |   10.30 |
| berry       |    7.60 |
| blackberry  |   10.20 |
| cherry      |    3.20 |
| coconut     |    9.20 |
| grape       |    5.30 |
```

```
| lemon      |    6.40 |
| mango      |   15.60 |
| melon      |    8.20 |
| orange     |   11.20 |
| xbababa    |    3.60 |
| xbabay     |    2.60 |
| xxtt       |   11.60 |
| xxxx       |    3.60 |
+------------+---------+
```

提 示 在对多列进行排序的时候，首先排序的第一列必须有相同的列值，才会对第二列进行排序，如果第一列数据中所有值都是唯一的，将不再对第二列进行排序。

3. 指定排序方向

默认情况下，查询数据按字母升序进行排序（从 A 到 Z），但数据的排序并不仅限于此，还可以使用 ORDER BY 对查询结果进行降序排序（从 Z 到 A），这通过关键字 DESC 实现，下面的例子表明了如何降序排列。

【例 16.36】查询 fruits 表中的 f_name 和 f_price 字段，对结果按 f_price 降序方式排序，SQL 语句如下：

SELECT f_name, f_price FROM fruits ORDER BY f_price DESC;

查询结果如下：

```
mysql> SELECT f_name,  f_price FROM fruits ORDER BY f_price DESC;
+------------+---------+
| f_name     | f_price |
+------------+---------+
| mango      |   15.60 |
| xxtt       |   11.60 |
| orange     |   11.20 |
| banana     |   10.30 |
| blackberry |   10.20 |
| coconut    |    9.20 |
| melon      |    8.20 |
| berry      |    7.60 |
| lemon      |    6.40 |
| grape      |    5.30 |
| apple      |    5.20 |
| xxxx       |    3.60 |
| xbababa    |    3.60 |
```

```
| cherry     |    3.20 |
| xbabay     |    2.60 |
| apricot    |    2.20 |
+------------+---------+
```

  与 DESC 相反的是 ASC（升序排序），将字段列中的数据按字母表顺序升序排序，实际上在排序的时候 ASC 是作为默认的排序方式，所以加不加都可以。

也可以对多列进行不同的顺序排序。

【例 16.37】查询 fruits 表，先按 f_price 降序排序，再按 f_name 字段升序排序，SQL 语句如下：

SELECT f_price, f_name FROM fruits ORDER BY f_price DESC, f_name;

查询结果如下：

```
mysql> SELECT f_price, f_name FROM fruits ORDER BY f_price DESC, f_name;
+---------+------------+
| f_price | f_name     |
+---------+------------+
|   15.60 | mango      |
|   11.60 | xxtt       |
|   11.20 | orange     |
|   10.30 | banana     |
|   10.20 | blackberry |
|    9.20 | coconut    |
|    8.20 | melon      |
|    7.60 | berry      |
|    6.40 | lemon      |
|    5.30 | grape      |
|    5.20 | apple      |
|    3.60 | xbababa    |
|    3.60 | xxxx       |
|    3.20 | cherry     |
|    2.60 | xbabay     |
|    2.20 | apricot    |
+---------+------------+
```

DESC 排序方式只应用到直接位于其前面的字段上，由结果可以看到。

> DESC 关键字只对其前面的列降序排列,在这里只对 f_price 排序,而并没有对 f_name 进行排序,因此,f_price 按降序排序,而 f_name 列仍按升序排序。如果要对多列都进行降序排序,必须要在每一列的列名后面加 DESC 关键字。

16.5 实战演练 1——记录的插入、更新和删除

本章重点介绍了数据表中数据的插入、更新和删除操作。MySQL 中可以灵活地对数据进行插入与更新,MySQL 中对数据的操作没有任何提示,因此在更新和删除数据时,要谨慎小心,查询条件一定要准确,避免造成数据的丢失。本章的综合案例包含了对数据表中数据的基本操作,包括记录的插入、更新和删除。

创建表,对数据表进行插入、更新和删除操作,掌握表数据的基本操作。

案例操作过程如下,涉及的表如表 16-2 和表 16-3 所示。

表 16-2 books 表结构

字段名	字段说明	数据类型	主键	外键	非空	唯一	自增
b_id	书编号	INT	是	否	是	是	是
b_name	书名	VARCHAR(40)	否	否	是	否	否
authors	作者	VARCHAR(200)	否	否	是	否	否
price	价格	INT(11)	否	否	是	否	否
pubdate	出版日期	YEAR	否	否	是	否	否
note	说明	VARCHAR(255)	否	否	是	否	否
num	库存	INT	否	否	是	否	否

表 16-3 books 表中的记录

b_id	b_name	authors	price	pubdate	discount	note	num
1	Tale of AAA	Dickes	23	1995	0.85	novel	11
2	EmmaT	Jane lura	35	1993	0.70	joke	22
3	Story of Jane	Jane Tim	40	2001	0.80	novel	0
4	Lovey Day	George Byron	20	2005	0.85	novel	30
5	Old Land	Honore Blade	30	2010	0.60	law	0
6	The Battle	Upton Sara	30	1999	0.65	medicine	40
7	Rose Hood	Richard Haggard	28	2008	0.90	cartoon	28

01 创建数据表 books,并按表 16-2 结构定义各个字段。

```
CREATE TABLE books
(
    id          INT NOT NULL AUTO_INCREMENT PRIMARY KEY,
```

```
    name       VARCHAR(40) NOT NULL,
    authors    VARCHAR(200) NOT NULL,
    price      INT(11) NOT NULL,
    pubdate    YEAR NOT NULL,
    note       VARCHAR(255) NULL,
    num        INT NOT NULL DEFAULT 0
);
```

02 将表 16-3 中的记录插入 books 表中，分别使用不同的方法插入记录，执行过程如下。

表创建好之后，使用 SELECT 语句查看表中的数据，结果如下：

```
mysql> SELECT * FROM books;
Empty set (0.00 sec)
```

可以看到，当前表中为空，没有任何数据，下面向表中插入记录。

（1）指定所有字段名称插入记录，SQL 语句如下：

```
mysql> INSERT INTO books
    -> (id, name, authors, price, pubdate,note,num)
    -> VALUES(1, 'Tale of AAA', 'Dickes', 23, '1995', 'novel',11);
Query OK, 1 row affected (0.02 sec)
```

语句执行成功，插入了一条记录。

（2）不指定字段名称插入记录，SQL 语句如下：

```
mysql> INSERT INTO books
    -> VALUES (2,'EmmaT','Jane lura',35,'1993', 'joke',22);
Query OK, 1 row affected (0.01 sec)
```

语句执行成功，插入了一条记录。

使用 SELECT 语句查看当前表中的数据：

```
mysql> SELECT * FROM books;
+----+-------------+-----------+-------+---------+-------+-----+
| id | name        | authors   | price | pubdate | note  | num |
+----+-------------+-----------+-------+---------+-------+-----+
|  1 | Tale of AAA | Dickes    |    23 |    1995 | novel |  11 |
|  2 | EmmaT       | Jane lura |    35 |    1993 | joke  |  22 |
+----+-------------+-----------+-------+---------+-------+-----+
2 rows in set (0.00 sec)
```

可以看到，两条语句分别成功插入了两条记录。

（3）同时插入多条记录。

使用 INSERT 语句将剩下的多条记录插入表中，SQL 语句如下：

```
mysql> INSERT INTO books
    -> VALUES(3, 'Story of Jane', 'Jane Tim', 40, '2001', 'novel', 0),
    -> (4, 'Lovey Day', 'George Byron', 20, '2005', 'novel', 30),
    -> (5, 'Old Land', 'Honore Blade', 30, '2010', 'law',0),
    -> (6,'The Battle','Upton Sara',33,'1999', 'medicine',40),
    -> (7,'Rose Hood','Richard Kale',28,'2008', 'cartoon',28);
Query OK, 5 rows affected (0.00 sec)
Records: 5  Duplicates: 0  Warnings: 0
```

由结果可以看到，语句执行成功，总共插入了 5 条记录，使用 SELECT 语句查看表中所有的记录：

```
mysql> SELECT * FROM books;
+----+---------------+--------------+-------+---------+----------+-----+
| id | name          | authors      | price | pubdate | note     | num |
+----+---------------+--------------+-------+---------+----------+-----+
|  1 | Tale of AAA   | Dickes       |  23   | 1995    | novel    | 11  |
|  2 | EmmaT         | Jane lura    |  35   | 1993    | joke     | 22  |
|  3 | Story of Jane | Jane Tim     |  40   | 2001    | novel    |  0  |
|  4 | Lovey Day     | George Byron |  20   | 2005    | novel    | 30  |
|  5 | Old Land      | Honore Blade |  30   | 2010    | law      |  0  |
|  6 | The Battle    | Upton Sara   |  33   | 1999    | medicine | 40  |
|  7 | Rose Hood     | Richard Kale |  28   | 2008    | cartoon  | 28  |
+----+---------------+--------------+-------+---------+----------+-----+
7 rows in set (0.00 sec)
```

由结果可以看到，所有记录成功插入表中。

03 将小说类型(novel)的书的价格都增加 5。

执行该操作的 SQL 语句为：

UPDATE books SET price = price + 5 WHERE note = 'novel';

执行前先使用 SELECT 语句查看当前记录：

```
mysql> SELECT id, name, price, note FROM books WHERE note = 'novel';
+----+---------------+-------+-------+
| id | name          | price | note  |
+----+---------------+-------+-------+
|  1 | Tale of AAA   |  23   | novel |
|  3 | Story of Jane |  40   | novel |
|  4 | Lovey Day     |  20   | novel |
+----+---------------+-------+-------+
3 rows in set (0.00 sec)
```

使用 UPDATE 语句执行更新操作:

mysql> UPDATE books SET price = price + 5 WHERE note = 'novel';
Query OK, 3 rows affected (0.00 sec)
Rows matched: 3   Changed: 3   Warnings: 0

由结果可以看到，该语句对 3 条记录进行了更新，使用 SELECT 语句查看更新结果:

mysql> SELECT id, name, price, note FROM books WHERE note = 'novel';

id	name	price	note
1	Tale of AAA	28	novel
3	Story of Jane	45	novel
4	Lovey Day	25	novel

对比可知，price 的值都在原来的价格上增加了 5。

04 将名称为 EmmaT 的书的价格改为 40，并将说明改为 drama。

修改语句为:

UPDATE books SET price=40,note= 'drama' WHERE name= 'EmmaT';

执行修改前，使用 SELECT 语句查看当前记录:

mysql> SELECT name, price, note FROM books WHERE name='EmmaT';

name	price	note
EmmaT	35	joke

1 row in set (0.00 sec)

下面执行修改操作:

mysql> UPDATE books SET price=40,note='drama' WHERE name='EmmaT';
Query OK, 1 row affected (0.00 sec)
Rows matched: 1   Changed: 1   Warnings: 0

结果显示修改了一条记录，使用 SELECT 查看执行结果:

mysql> SELECT name, price, note FROM books WHERE name='EmmaT';

name	price	note

```
| EmmaT    |  40   | drama |
+--------+-------+-------+
1 row in set (0.00 sec)
```

可以看到，price 和 note 字段的值已经改变，修改操作成功。

05 删除库存为 0 的记录。

删除库存为 0 的语句为：

DELETE FROM books WHERE num=0;

删除之前使用 SELECT 语句查看当前记录：

```
mysql> SELECT * FROM books WHERE num=0;
+----+---------------+---------------+-------+---------+-------+-----+
| id | name          | authors       | price | pubdate | note  | num |
+----+---------------+---------------+-------+---------+-------+-----+
|  3 | Story of Jane | Jane Tim      |   45  |  2001   | novel |  0  |
|  5 | Old Land      | Honore Blade  |   30  |  2010   | law   |  0  |
+----+---------------+---------------+-------+---------+-------+-----+
2 rows in set (0.00 sec)
```

可以看到，当前有两条记录的 num 值为 0，下面使用 DELETE 语句删除这两条记录，SQL 语句如下：

mysql> DELETE FROM books WHERE num=0;
Query OK, 2 rows affected (0.00 sec)

语句执行成功，查看操作结果：

mysql> SELECT * FROM books WHERE num=0;
Empty set (0.00 sec)

可以看到，查询结果为空，表中已经没有库存量为 0 的记录。

16.6 实战演练 2——数据表综合查询案例

此案例根据不同的条件对表进行查询操作，涉及的表如表 16-4~表 16-7 所示。

表 16-4 employee 表结构

字段名	字段说明	数据类型	主键	外键	非空	唯一	自增
e_no	员工编号	INT	是	否	是	是	否
e_name	员工姓名	VARCHAR(100)	否	否	是	否	否
e_gender	员工性别	CHAR(2)	否	否	是	否	否

（续表）

字段名	字段说明	数据类型	主键	外键	非空	唯一	自增
dept_no	部门编号	INT	否	否	是	否	否
e_job	职位	VARCHAR(100)	否	否	是	否	否
e_salary	薪水	SMALLINT	否	否	是	否	否
hireDate	入职日期	DATE	否	否	是	否	否

表 16-5 dept 表结构

字段名	字段说明	数据类型	主键	外键	非空	唯一	自增
d_no	部门编号	INT	是	是	是	是	是
d_name	部门名称	VARCHAR(50)	否	否	是	否	否
d_location	部门地址	VARCHAR(100)	否	否	否	否	否

表 16-6 employee 表中的记录

e_no	e_name	e_gender	dept_no	e_job	e_salary	hireDate
1001	SMITH	m	20	CLERK	800	2005-11-12
1002	ALLEN	f	30	SALESMAN	1600	2003-05-12
1003	WARD	f	30	SALESMAN	1250	2003-05-12
1004	JONES	m	20	MANAGER	2975	1998-05-18
1005	MARTIN	m	30	SALESMAN	1250	2001-06-12
1006	BLAKE	f	30	MANAGER	2850	1997-02-15
1007	CLARK	m	10	MANAGER	2450	2002-09-12
1008	SCOTT	m	20	ANALYST	3000	2003-05-12
1009	KING	f	10	PRESIDENT	5000	1995-01-01
1010	TURNER	f	30	SALESMAN	1500	1997-10-12
1011	ADAMS	m	20	CLERK	1100	1999-10-05
1012	JAMES	f	30	CLERK	950	2008-06-15

表 16-7 dept 表中的记录

d_no	d_name	d_location
10	ACCOUNTING	ShangHai
20	RESEARCH	BeiJing
30	SALES	ShenZhen
40	OPERATIONS	FuJian

案例操作过程如下。

01 创建数据表 employee 和 dept。

CREATE TABLE dept

```
(
    d_no            INT NOT NULL PRIMARY KEY AUTO_INCREMENT,
    d_name          VARCHAR(50),
    d_location      VARCHAR(100)
);
```

由于 employee 表中的 dept_no 依赖于父表 dept 的主键 d_no,因此需要先创建 dept 表,然后创建 employee 表。

```
CREATE TABLE employee
(
    e_no            INT NOT NULL PRIMARY KEY,
    e_name          VARCHAR(100) NOT NULL,
    e_gender        CHAR(2) NOT NULL,
    dept_no         INT NOT NULL,
    e_job           VARCHAR(100) NOT NULL,
    e_salary        SMALLINT NOT NULL,
    hireDate        DATE,
    CONSTRAINT dno_fk FOREIGN KEY(dept_no)
    REFERENCES dept(d_no)
);
```

02 将指定记录分别插入两个表中。

向 dept 表中插入数据,SQL 语句如下:

```
INSERT INTO dept
VALUES (10, 'ACCOUNTING', 'ShangHai'),
       (20, 'RESEARCH ', 'BeiJing '),
       (30, 'SALES ', 'ShenZhen '),
       (40, 'OPERATIONS ', 'FuJian ');
```

向 employee 表中插入数据,SQL 语句如下:

```
INSERT INTO employee
VALUES (1001, 'SMITH', 'm',20, 'CLERK',800,'2005-11-12'),
       (1002, 'ALLEN', 'f',30, 'SALESMAN', 1600,'2003-05-12'),
       (1003, 'WARD', 'f',30, 'SALESMAN', 1250,'2003-05-12'),
       (1004, 'JONES', 'm',20, 'MANAGER', 2975,'1998-05-18'),
       (1005, 'MARTIN', 'm',30, 'SALESMAN', 1250,'2001-06-12'),
       (1006, 'BLAKE', 'f',30, 'MANAGER', 2850,'1997-02-15'),
       (1007, 'CLARK', 'm',10, 'MANAGER', 2450,'2002-09-12'),
       (1008, 'SCOTT', 'm',20, 'ANALYST', 3000,'2003-05-12'),
       (1009, 'KING', 'f',10, 'PRESIDENT', 5000,'1995-01-01'),
       (1010, 'TURNER', 'f',30, 'SALESMAN', 1500,'1997-10-12'),
```

```
    (1011, 'ADAMS', 'm',20, 'CLERK', 1100,'1999-10-05'),
    (1012, 'JAMES', 'm',30, 'CLERK', 950,'2008-06-15');
```

03 在 employee 表中，查询所有记录的 e_no、e_name 和 e_salary 字段值。

```
SELECT e_no, e_name, e_salary FROM employee;
```

执行结果如下：

```
mysql> SELECT e_no, e_name, e_salary FROM employee;
+------+--------+----------+
| e_no | e_name | e_salary |
+------+--------+----------+
| 1001 | SMITH  |      800 |
| 1002 | ALLEN  |     1600 |
| 1003 | WARD   |     1250 |
| 1004 | JONES  |     2975 |
| 1005 | MARTIN |     1250 |
| 1006 | BLAKE  |     2850 |
| 1007 | CLARK  |     2450 |
| 1008 | SCOTT  |     3000 |
| 1009 | KING   |     5000 |
| 1010 | TURNER |     1500 |
| 1011 | ADAMS  |     1100 |
| 1012 | JAMES  |      950 |
+------+--------+----------+
12 rows in set (0.00 sec)
```

04 在 employee 表中，查询 dept_no 等于 10 和 20 的所有记录。

```
SELECT * FROM employee WHERE dept_no IN (10, 20);
```

执行结果如下：

```
mysql> SELECT * FROM employee WHERE dept_no IN (10, 20);
+------+--------+----------+---------+-----------+----------+------------+
| e_no | e_name | e_gender | dept_no | e_job     | e_salary | hireDate   |
+------+--------+----------+---------+-----------+----------+------------+
| 1001 | SMITH  | m        |      20 | CLERK     |      800 | 2005-11-12 |
| 1004 | JONES  | m        |      20 | MANAGER   |     2975 | 1998-05-18 |
| 1007 | CLARK  | m        |      10 | MANAGER   |     2450 | 2002-09-12 |
| 1008 | SCOTT  | m        |      20 | ANALYST   |     3000 | 2003-05-12 |
| 1009 | KING   | f        |      10 | PRESIDENT |     5000 | 1995-01-01 |
| 1011 | ADAMS  | m        |      20 | CLERK     |     1100 | 1999-10-05 |
```

```
+------+--------+----------+---------+----------+----------+------------+
```
6 rows in set (0.00 sec)

05 在 employee 表中，查询工资范围在 800 到 2500 之间的员工信息。

SELECT * FROM employee WHERE e_salary BETWEEN 800 AND 2500;

执行结果如下：

```
mysql>   SELECT * FROM employee WHERE e_salary BETWEEN 800 AND 2500;
+------+--------+----------+---------+----------+----------+------------+
| e_no | e_name | e_gender | dept_no | e_job    | e_salary | hireDate   |
+------+--------+----------+---------+----------+----------+------------+
| 1001 | SMITH  | m        |      20 | CLERK    |      800 | 2005-11-12 |
| 1002 | ALLEN  | f        |      30 | SALESMAN |     1600 | 2003-05-12 |
| 1003 | WARD   | f        |      30 | SALESMAN |     1250 | 2003-05-12 |
| 1005 | MARTIN | m        |      30 | SALESMAN |     1250 | 2001-06-12 |
| 1007 | CLARK  | m        |      10 | MANAGER  |     2450 | 2002-09-12 |
| 1010 | TURNER | f        |      30 | SALESMAN|      1500 | 1997-10-12 |
| 1011 | ADAMS  | m        |      20 | CLERK    |     1100 | 1999-10-05 |
| 1012 | JAMES  | m        |      30 | CLERK    |      950 | 2008-06-15 |
+------+--------+----------+---------+----------+----------+------------+
8 rows in set (0.00 sec)
```

06 在 employee 表中，查询部门编号为 20 的部门中的员工信息。

SELECT * FROM employee WHERE dept_no = 20;

执行结果如下：

```
mysql> SELECT * FROM employee WHERE dept_no = 20;
+------+--------+----------+---------+---------+----------+------------+
| e_no | e_name | e_gender | dept_no | e_job   | e_salary | hireDate   |
+------+--------+----------+---------+---------+----------+------------+
| 1001 | SMITH  | m        |      20 | CLERK   |      800 | 2005-11-12 |
| 1004 | JONES  | m        |      20 | MANAGER |     2975 | 1998-05-18 |
| 1008 | SCOTT  | m        |      20 | ANALYST |     3000 | 2003-05-12 |
| 1011 | ADAMS  | m        |      20 | CLERK   |     1100 | 1999-10-05 |
+------+--------+----------+---------+---------+----------+------------+
4 rows in set (0.00 sec)
```

07 在 employee 表中，查询每个部门最高工资的员工信息。

SELECT dept_no, MAX(e_salary) FROM employee GROUP BY dept_no;

执行结果如下：

```
mysql> SELECT dept_no, MAX(e_salary) FROM employee GROUP BY dept_no;
+---------+---------------+
| dept_no | MAX(e_salary) |
+---------+---------------+
|      10 |          5000 |
|      20 |          3000 |
|      30 |          2850 |
+---------+---------------+
3 rows in set (0.00 sec)
```

08 查询员工 BLAKE 所在部门和部门所在地。

```
SELECT d_no, d_location   FROM dept WHERE d_no=
    (SELECT dept_no FROM employee WHERE e_name='BLAKE');
```

执行结果如下：

```
mysql> SELECT e_name,d_no, d_location
    ->   FROM dept WHERE d_no=
    ->              (SELECT dept_no FROM employee WHERE e_name='BLAKE');
+------+------------+
| d_no | d_location |
+------+------------+
|   30 | ShenZhen   |
+------+------------+
1 row in set (0.00 sec)
```

09 使用连接查询，查询所有员工的部门和部门信息。

```
SELECT e_no, e_name, dept_no, d_name,d_location
FROM employee, dept WHERE dept.d_no=employee.dept_no;
```

执行结果如下：

```
mysql> SELECT e_no, e_name, dept_no, d_name,d_location
    -> FROM employee, dept WHERE dept.d_no=employee.dept_no;
+------+--------+---------+----------+------------+
| e_no | e_name | dept_no | d_name   | d_location |
+------+--------+---------+----------+------------+
| 1001 | SMITH  |      20 | RESEARCH | BeiJing    |
| 1002 | ALLEN  |      30 | SALES    | ShenZhen   |
| 1003 | WARD   |      30 | SALES    | ShenZhen   |
| 1004 | JONES  |      20 | RESEARCH | BeiJing    |
| 1005 | MARTIN |      30 | SALES    | ShenZhen   |
| 1006 | BLAKE  |      30 | SALES    | ShenZhen   |
```

```
| 1007 | CLARK  |    10 | ACCOUNTING | ShangHai  |
| 1008 | SCOTT  |    20 | RESEARCH   | BeiJing   |
| 1009 | KING   |    10 | ACCOUNTING | ShangHai  |
| 1010 | TURNER |    30 | SALES      | ShenZhen  |
| 1011 | ADAMS  |    20 | RESEARCH   | BeiJing   |
| 1012 | JAMES  |    30 | SALES      | ShenZhen  |
+------+--------+-------+------------+-----------+
12 rows in set (0.00 sec)
```

10 在 employee 表中，计算每个部门各有多少名员工。

SELECT dept_no, COUNT(*) FROM employee GROUP BY dept_no;

执行结果如下：

```
mysql> SELECT dept_no, COUNT(*) FROM employee GROUP BY dept_no;
+---------+----------+
| dept_no | COUNT(*) |
+---------+----------+
|      10 |        2 |
|      20 |        4 |
|      30 |        6 |
+---------+----------+
3 rows in set (0.00 sec)
```

11 在 employee 表中，计算不同类型职工的总工资数。

SELECT e_job, SUM(e_salary) FROM employee GROUP BY e_job;

执行结果如下：

```
mysql> SELECT e_job, SUM(e_salary) FROM employee GROUP BY e_job;
+-----------+---------------+
| e_job     | SUM(e_salary) |
+-----------+---------------+
| ANALYST   |          3000 |
| CLERK     |          2850 |
| MANAGER   |          8275 |
| PRESIDENT |          5000 |
| SALESMAN  |          5600 |
+-----------+---------------+
5 rows in set (0.00 sec)
```

12 在 employee 表中，计算不同部门的平均工资。

SELECT dept_no, AVG(e_salary) FROM employee GROUP BY dept_no;

执行结果如下：

```
mysql> SELECT dept_no, AVG(e_salary) FROM employee GROUP BY dept_no;
+---------+---------------+
| dept_no | AVG(e_salary) |
+---------+---------------+
|      10 |     3725.0000 |
|      20 |     1968.7500 |
|      30 |     1566.6667 |
+---------+---------------+
3 rows in set (0.00 sec)
```

13 在 employee 表中，查询工资低于 1500 的员工信息。

SELECT * FROM employee WHERE e_salary < 1500;

执行过程如下：

```
mysql> SELECT * FROM employee WHERE e_salary < 1500;
+------+--------+----------+---------+----------+----------+------------+
| e_no | e_name | e_gender | dept_no | e_job    | e_salary | hireDate   |
+------+--------+----------+---------+----------+----------+------------+
| 1001 | SMITH  | m        |      20 | CLERK    |      800 | 2005-11-12 |
| 1003 | WARD   | f        |      30 | SALESMAN |     1250 | 2003-05-12 |
| 1005 | MARTIN | m        |      30 | SALESMAN |     1250 | 2001-06-12 |
| 1011 | ADAMS  | m        |      20 | CLERK    |     1100 | 1999-10-05 |
| 1012 | JAMES  | m        |      30 | CLERK    |      950 | 2008-06-15 |
+------+--------+----------+---------+----------+----------+------------+
5 rows in set (0.00 sec)
```

14 在 employee 表中，将查询记录先按部门编号由高到低排列，再按员工工资由高到低排列。

SELECT e_name,dept_no, e_salary
FROM employee ORDER BY dept_no DESC, e_salary DESC;

执行过程如下：

```
mysql> SELECT e_name,dept_no, e_salary
    -> FROM employee ORDER BY dept_no DESC, e_salary DESC;
+--------+---------+----------+
| e_name | dept_no | e_salary |
+--------+---------+----------+
| BLAKE  |      30 |     2850 |
| ALLEN  |      30 |     1600 |
```

```
| TURNER |      30 |    1500 |
| WARD   |      30 |    1250 |
| MARTIN |      30 |    1250 |
| JAMES  |      30 |     950 |
| SCOTT  |      20 |    3000 |
| JONES  |      20 |    2975 |
| ADAMS  |      20 |    1100 |
| SMITH  |      20 |     800 |
| KING   |      10 |    5000 |
| CLARK  |      10 |    2450 |
+--------+---------+---------+
12 rows in set (0.00 sec)
```

15 在 employee 表中，查询员工姓名以字母 A 或 S 开头的员工的信息。

SELECT * FROM employee WHERE e_name REGEXP '^[as]';

执行过程如下：

```
mysql> SELECT * FROM employee WHERE e_name REGEXP '^[as]';
+------+--------+----------+---------+----------+----------+-----------+
| e_no | e_name | e_gender | dept_no | e_job    | e_salary | hireDate  |
+------+--------+----------+---------+----------+----------+-----------+
| 1001 | SMITH  | m        |      20 | CLERK    |      800 | 2005-11-12|
| 1002 | ALLEN  | f        |      30 | SALESMAN |     1600 | 2003-05-12|
| 1008 | SCOTT  | m        |      20 | ANALYST  |     3000 | 2003-05-12|
| 1011 | ADAMS  | m        |      20 | CLERK    |     1100 | 1999-10-05|
+------+--------+----------+---------+----------+----------+-----------+
4 rows in set (0.00 sec)
```

16 在 employee 表中，查询到目前为止，工龄大于等于 10 年的员工信息。

SELECT * FROM employee where YEAR(CURDATE()) -YEAR(hireDate) >= 10;

执行过程如下：

```
mysql> SELECT * FROM employee where YEAR(CURDATE()) -YEAR(hireDate) >= 10;
+------+--------+----------+---------+-----------+----------+-----------+
| e_no | e_name | e_gender | dept_no | e_job     | e_salary | hireDate  |
+------+--------+----------+---------+-----------+----------+-----------+
| 1004 | JONES  | m        |      20 | MANAGER   |     2975 | 1998-05-18|
| 1005 | MARTIN | m        |      30 | SALESMAN  |     1250 | 2001-06-12|
| 1006 | BLAKE  | f        |      30 | MANAGER   |     2850 | 1997-02-15|
| 1009 | KING   | f        |      10 | PRESIDENT |     5000 | 1995-01-01|
| 1010 | TURNER | f        |      30 | SALESMAN  |     1500 | 1997-10-12|
```

| 1011 | ADAMS | m | | 20 | CLERK | | 1100 | 1999-10-05 |
+------+---------+---+------+----+----------+------+------+------------+

6 rows in set (0.01 sec)

16.7　高手私房菜

技巧 1：插入记录时可以不指定字段名称吗？

不管使用哪种 INSERT 语法，都必须给出 VALUES 的正确数目。如果提供字段名，则不必给每个字段提供一个值；如果不提供字段名，则必须为每个字段提供一个值，否则将产生一条错误消息。如果要在 INSERT 操作中省略某些字段，这些字段需要满足一定条件：该列定义为允许空值；或者表定义时给出默认值，如果不给出值，将使用默认值。

技巧 2：更新或者删除表时必须指定 WHERE 子句吗？

在前面章节中可以看到，所有的 UPDATE 和 DELETE 语句全都在 WHERE 子句指定了条件。如果省略 WHERE 子句，则 UPDATE 或 DELETE 将被应用到表中所有的行。因此，除非确实打算更新或者删除所有记录，否则绝对要注意使用不带 WHERE 子句的 UPDATE 或 DELETE 语句。建议在对表进行更新和删除操作之前，使用 SELECT 语句确认需要删除的记录，以免造成无法挽回的结果。

技巧 3：什么时候使用引号？

在查询的时候，会看到在 WHERE 子句中使用条件，有的值加上了单引号，而有的值未加。单引号用来限定字符串，如果将值与字符串类型列进行比较，则需要限定引号，用来与数值进行比较的值不需要用引号。

技巧 4：为什么使用通配符格式正确，却没有查找出符合条件的记录？

MySQL 中存储字符串数据时，可能会不小心把两端带有空格的字符串保存到记录中，而在查看表中记录时，MySQL 不能明确地显示空格，数据库操作者不能直观地确定字符串两端是否有空格，例如，使用 LIKE '%e' 匹配以字母 e 结尾的水果的名称，如果字母 e 后面多了一个空格。则 LIKE 语句不能将该记录查找出来。解决的方法是使用 TRIM 函数，将字符串两端的空格删除之后再进行匹配。

第 17 章 数据库的备份和还原

尽管采取了一些管理措施可以保证数据库的安全,但是不确定的意外情况总是有可能造成数据的损失,例如意外的停电、管理员不小心的操作失误。保证数据安全的最重要的一个措施是确保对数据进行定期备份。如果数据库中的数据丢失或者出现错误,可以使用备份的数据进行还原,这样就尽可能降低了意外的损失。MySQL 提供了多种方法对数据进行备份和还原。本章将介绍数据备份、数据还原、数据迁移和数据导入导出的相关知识。

17.1 数据备份

数据备份是数据库管理员非常重要的工作。系统意外崩溃或者硬件的损坏都可能导致数据的丢失,因此 MySQL 管理员应该定期地备份数据库,使得在意外情况发生时,尽可能地减少损失。本节将介绍数据备份的三种方法。

17.1.1 使用 mysqldump 命令备份

mysqldump 是 MySQL 提供的一个非常有用的数据库备份工具。执行 mysqldump 命令时,可以将数据库备份成一个文本文件,该文件中实际上包含了多个 CREATE 和 INSERT 语句,使用这些语句可以重新创建表和插入数据。

mysqldump 备份数据库语句的基本语法格式如下:

```
mysqldump –u user –h host –ppassword dbname[tbname, [tbname...]]> filename.sql
```

user 表示用户名称;host 表示登录用户的主机名称;password 为登录密码;dbname 为需要备份的数据库名称;tbname 为 dbname 数据库中需要备份的数据表,可以指定多个需要备份的表;右箭头符号'>'告诉 mysqldump 将备份数据表的定义和数据写入到备份文件;filename.sql 为备份文件的名称。

1. 使用 mysqldump 备份单个数据库中的所有表

【例 17.1】使用 mysqldump 命令备份数据库中的所有表,执行过程如下。

为了更好地理解 mysqldump 工具如何工作,本章给出一个完整的数据库例子。首先登录 MySQL,按下面的数据库结构创建 booksDB 数据库和各个表,并插入数据记录。数据库和表定义如下:

```
CREATE DATABASE booksDB;
user booksDB;
```

```sql
CREATE TABLE books
(
    bk_id    INT NOT NULL PRIMARY KEY,
    bk_title VARCHAR(50) NOT NULL,
    copyright YEAR NOT NULL
);
INSERT INTO books
VALUES (11078, 'Learning MySQL', 2010),
       (11033, 'Study Html', 2011),
       (11035, 'How to use php', 2003),
       (11072, 'Teach youself javascript', 2005),
       (11028, 'Learing C++', 2005),
       (11069, 'MySQL professional', 2009),
       (11026, 'Guide to MySQL 5.5', 2008),
       (11041, 'Inside VC++', 2011);

CREATE TABLE authors
(
    auth_id     INT NOT NULL PRIMARY KEY,
    auth_name   VARCHAR(20),
    auth_gender CHAR(1)
);
INSERT INTO authors
VALUES (1001, 'WriterX' ,'f'),
       (1002, 'WriterA' ,'f'),
       (1003, 'WriterB' ,'m'),
       (1004, 'WriterC' ,'f'),
       (1011, 'WriterD' ,'f'),
       (1012, 'WriterE' ,'m'),
       (1013, 'WriterF' ,'m'),
       (1014, 'WriterG' ,'f'),
       (1015, 'WriterH' ,'f');

CREATE TABLE authorbook
(
    auth_id INT NOT NULL,
    bk_id   INT NOT NULL,
    PRIMARY KEY (auth_id, bk_id),
    FOREIGN KEY (auth_id) REFERENCES authors (auth_id),
    FOREIGN KEY (bk_id) REFERENCES books (bk_id)
);
```

INSERT INTO authorbook
VALUES (1001, 11033), (1002, 11035), (1003, 11072), (1004, 11028),
　　　　(1011, 11078), (1012, 11026), (1012, 11041), (1014, 11069);

完成数据插入后打开操作系统命令行输入窗口，输入备份命令如下：

C:\ >mysqldump -u root -p booksdb > C:/backup/booksdb_20110101.sql
Enter password: **

输入密码之后，MySQL便对数据库进行了备份。注意，这里我们将备份后的文件存储在C盘backup文件夹中，在执行mysqldump备份语句之前，要确保C:\backup文件夹已经创建存在，否则，执行上面的备份语句会出错。备份完成之后，在C:\backup文件夹下面查看刚才备份过的文件，使用文本查看器打开文件可以看到其部分文件内容大致如下：

```
-- MySQL dump 10.13   Distrib 5.5.13, for Win32 (x86)
--
-- Host: localhost    Database: booksdb
-- ------------------------------------------------------
-- Server version  5.5.13

/*!40101 SET @OLD_CHARACTER_SET_CLIENT=@@CHARACTER_SET_CLIENT */;
/*!40101 SET @OLD_CHARACTER_SET_RESULTS=@@CHARACTER_SET_RESULTS */;
/*!40101 SET @OLD_COLLATION_CONNECTION=@@COLLATION_CONNECTION */;
/*!40101 SET NAMES utf8 */;
/*!40103 SET @OLD_TIME_ZONE=@@TIME_ZONE */;
/*!40103 SET TIME_ZONE='+00:00' */;
/*!40014 SET @OLD_UNIQUE_CHECKS=@@UNIQUE_CHECKS, UNIQUE_CHECKS=0 */;
/*!40014 SET @OLD_FOREIGN_KEY_CHECKS=@@FOREIGN_KEY_CHECKS, FOREIGN_KEY_CHECKS=0 */;
/*!40101 SET @OLD_SQL_MODE=@@SQL_MODE, SQL_MODE='NO_AUTO_VALUE_ON_ZERO' */;
/*!40111 SET @OLD_SQL_NOTES=@@SQL_NOTES, SQL_NOTES=0 */;

--
-- Table structure for table 'authorbook'
--

DROP TABLE IF EXISTS 'authorbook';
/*!40101 SET @saved_cs_client     = @@character_set_client */;
/*!40101 SET character_set_client = utf8 */;
CREATE TABLE 'authorbook' (
  'auth_id' int(11) NOT NULL,
```

```
  'bk_id' int(11) NOT NULL,
  PRIMARY KEY ('auth_id','bk_id'),
  KEY 'bk_id' ('bk_id'),
  CONSTRAINT 'authorbook_ibfk_1' FOREIGN KEY ('auth_id')
  REFERENCES 'authors' ('auth_id'),
  CONSTRAINT 'authorbook_ibfk_2' FOREIGN KEY ('bk_id')
  REFERENCES 'books' ('bk_id')
) ENGINE=InnoDB DEFAULT CHARSET=utf8;
/*!40101 SET character_set_client = @saved_cs_client */;

--
-- Dumping data for table 'authorbook'
--

LOCK TABLES 'authorbook' WRITE;
/*!40000 ALTER TABLE 'authorbook' DISABLE KEYS */;
INSERT INTO 'authorbook' VALUES (1012,11026),(1004,11028),(1001,11033),(1002,11035),(1012,11041),(1014,11069),(1003,11072),(1011,11078);
/*!40000 ALTER TABLE 'authorbook' ENABLE KEYS */;
UNLOCK TABLES;
…
…省略部分内容
…
/*!40103 SET TIME_ZONE=@OLD_TIME_ZONE */;

/*!40101 SET SQL_MODE=@OLD_SQL_MODE */;
/*!40014 SET FOREIGN_KEY_CHECKS=@OLD_FOREIGN_KEY_CHECKS */;
/*!40014 SET UNIQUE_CHECKS=@OLD_UNIQUE_CHECKS */;
/*!40101 SET CHARACTER_SET_CLIENT=@OLD_CHARACTER_SET_CLIENT */;
/*!40101 SET CHARACTER_SET_RESULTS=@OLD_CHARACTER_SET_RESULTS */;
/*!40101 SET COLLATION_CONNECTION=@OLD_COLLATION_CONNECTION */;
/*!40111 SET SQL_NOTES=@OLD_SQL_NOTES */;
-- Dump completed on 2011-08-18 10:44:08
```

可以看到，备份文件包含了一些信息，文件开头首先表明了备份文件使用的 mysqldump 工具的版本号，然后是备份账户和主机信息，以及备份的数据库的名称，最后是 MySQL 服务器的版本号，在这里为 5.5.13。

备份文件接下来的部分是一些 SET 语句，这些语句将一些系统变量值赋给用户定义变量，以确保被恢复的数据库的系统变量和原来备份时的变量相同，例如：

```
/*!40101 SET @OLD_CHARACTER_SET_CLIENT=@@CHARACTER_SET_CLIENT */;
```

该 SET 语句将当前系统变量 CHARACTER_SET_CLIENT 的值赋给用户定义变量

@OLD_CHARACTER_SET_CLIENT。其他变量与此类似。

备份文件的最后几行 MySQL 使用 SET 语句恢复服务器系统变量原来的值，例如：

```
/*!40101 SET CHARACTER_SET_CLIENT=@OLD_CHARACTER_SET_CLIENT */;
```

该语句将用户定义的变量@OLD_CHARACTER_SET_CLIENT 中保存的值赋给实际的系统变量 CHARACTER_SET_CLIENT。

在备份文件中，以"--"字符开头的都是 SQL 语言的注释。以"/*!40101"开头，"*/"结尾的语句都是与 MySQL 有关的注释。其中 40101 代表 MySQL 数据库版本号，表示为 MySQL 4.1.1。在还原数据时，如果 MySQL 版本号比 4.1.1 高，则/*!40101"和"*/"之间的语句将被当作 SQL 命令执行。如果比 4.1.1 低，则/*!40101"和"*/"之间的语句被当作注释。

2．使用 mysqldump 备份数据库中的某个表

在前面 mysqldump 语法中介绍，mysqldump 还可以备份数据库中的某个表，其语法格式为：

```
mysqldump   -u user -h host -p dbname   [tbname, [tbname...]] > filename.sql
```

tbname 表示数据库中的表名，多个表名之间用空格隔开。

备份表与备份数据库中所有表的语句不同的地方在于要在数据库名称 dbname 之后要指定需要备份的表名称。

【例 17.2】备份 booksDB 数据库中的 books 表，输入语句如下：

```
mysqldump -u root -p booksDB books > C:/backup/books_20110101.sql
```

该语句创建名称为 books_20110101.sql 的备份文件，文件中包含了前面介绍的 SET 语句等内容，不同的是，该文件只包含 books 表的 CREATE 和 INSERT 语句。

3．使用 mysqldump 备份多个数据库

如果要使用 mysqldump 备份多个数据库，需要使用--databases 参数。备份多个数据库的语句格式如下：

```
mysqldump   -u user -h host -p --databases   [dbname [dbname...]] > filename.sql
```

使用--databases 参数之后，必须指定至少一个数据库的名称，多个数据库名称之间用空格隔开。

【例 17.3】使用 mysqldump 备份 booksDB 和 test 数据库，输入语句如下：

```
mysqldump -u root -p --databases   booksDB test> C:\backup\books_testDB_20110101.sql
```

该语句创建名称为 books_testDB_20110101.sql 的备份文件，文件中包含了创建两个数据库 booksDB 和 test 所必需的所有语句。

另外，使用--all-databases 参数可以备份系统中所有的数据库，语句如下：

```
mysqldump    -u user -h host -p --all-databases > filename.sql
```

使用--all-databases 参数时，不需要指定数据库名称。

【例 17.4】使用 mysqldump 备份服务器中的所有数据库，输入语句如下：

```
mysqldump    -u root -p --all-databases > C:/backup/alldbinMySQL.sql
```

该语句创建名称为 alldbinMySQL.sql 的备份文件，文件中包含了对系统中所有数据库的备份信息。

提示：如果在服务器上进行备份，并且表均为 MyISAM 表，应考虑使用 mysqlhotcopy，可以更快地进行备份和恢复。

mysqldump 还有一些其他选项可以用来控制备份过程，例如--opt 选项，该选项将打开--quick 、--add-locks、--extended-insert 等多个选项。使用--opt 选项可以提供最快速的数据库转储。

mysqldump 其他常用选项如下：

- --add-drop—database：在每个 CREATE DATABASE 语句前添加 DROP DATABASE 语句。
- --add-drop-tables: 在每个 CREATE TABLE 语句前添加 DROP TABLE 语句。
- --add-locking：用 LOCK TABLES 和 UNLOCK TABLES 语句引用每个表转储。重载转储文件时插入得更快。
- --all--database，-A: 转储所有数据库中的所有表。与使用---database 选项相同，在命令行中命名所有数据库。
- ---comments[=0|1]: 如果设置为 0，禁止转储文件中的其他信息，例如程序版本、服务器版本和主机。--skip—comments 与---comments=0 的结果相同。 默认值为 1，即包括额外信息。
- --compact：产生少量输出。该选项禁用注释并启用 --skip-add-drop-tables、--no-set-names、--skip-disable-keys 和--skip-add-locking 选项。
- --compatible=name: 产生与其他数据库系统或旧的 MySQL 服务器更兼容的输出。值可以为 ansi、mysql323、mysql40、postgresql、oracle、mssql、db2、maxdb、no_key_options、no_tables_options 或者 no_field_options。
- --complete-insert，-c: 使用包括列名的完整的 INSERT 语句。
- ---debug[=debug_options]，-# [debug_options]：写调试日志。
- --delete，-D: 导入文本文件前清空表。
- --default-character-set=charset: 使用 charsetas 默认字符集。如果没有指定，mysqldump 使用 utf8。
- --delete-master-logs: 在主复制服务器上，完成转储操作后删除二进制日志。该选项自动启用-master-data。

- --extended-insert，-e：使用包括几个 VALUES 列表的多行 INSERT 语法。这样使转储文件更小，重载文件时可以加速插入。
- --flush-logs，-F：开始转储前刷新 MySQL 服务器日志文件。该选项要求 RELOAD 权限。
- --force，-f：在表转储过程中，即使出现 SQL 错误也继续。
- --lock-all-tables，-x：所有数据库中的所有表加锁。在整体转储过程中通过全局读锁定来实现。该选项自动关闭--single-transaction 和--lock-tables。
- --lock-tables，-l：开始转储前锁定所有表。用 READ LOCAL 锁定表以允许并行插入 MyISAM 表。对于事务表，例如 InnoDB 和 BDB，--single-transaction 是一个更好的选项，因为它不根本需要锁定表。
- --no-create-db，-n：该选项禁用 CREATE DATABASE /*!32312 IF NOT EXISTS*/ db_name 语句，如果给出---database 或--all--database 选项，则包含到输出中。
- --no-create-info，-t：不写重新创建每个转储表的 CREATE TABLE 语句。
- --no-data，-d：不写表的任何行信息，只转储表的结构。
- --opt：该选项是速记，等同于指定--add-drop-tables--add-locking，--create-option，--disable-keys--extended-insert，--lock-tables –quick 和--set-charset。它可以给出很快的转储操作并产生一个可以很快装入 MySQL 服务器的转储文件。该选项默认开启，但可以用--skip-opt 禁用。要想只禁用确信用-opt 启用的选项，使用--skip 形式，例如--skip-add-drop-tables 或--skip-quick。
- --password[=password]，-p[password]：连接服务器时使用的密码。如果使用短选项形式(-p)，选项和密码之间不能有空格。如果在命令行中--password 或-p 选项后面没有密码值，则提示输入一个密码。
- --port=port_num，-P port_num：用于连接的 TCP/IP 端口号。
- --protocol={TCP | SOCKET | PIPE | MEMORY}：使用的连接协议。
- --replace，-r --replace 和--ignore 选项：控制复制唯一键值已有记录的输入记录的处理。如果指定--replace，新行替换有相同的唯一键值的已有行。如果指定--ignore，复制已有的唯一键值的输入行被跳过。如果不指定这两个选项，当发现一个复制键值时会出现一个错误，并且忽视文本文件的剩余部分。
- --silent，-s：沉默模式。只有出现错误时才输出。
- --socket=path，-S path：当连接 localhost 时使用的套接字文件(为默认主机)。
- --user=user_name，-u user_name：当连接服务器时 MySQL 使用的用户名。
- --verbose，-v：冗长模式。打印出程序操作的详细信息。
- --version，-V：显示版本信息并退出。
- --xml，-X：产生 XML 输出。

mysqldump 提供许多的选项，包括用于调试和压缩的。在这里只是列举最有用的。运行帮助命令 mysqldump --help，可以获得特定版本的完整选项列表。

如果运行 mysqldump 没有--quick 或--opt 选项，mysqldump 在转储结果前将整个结果集装入内存，因为转储大数据库可能会出现问题。该选项默认启用，但可以用--skip-opt 禁用。如果使用最新版本的 mysqldump 程序备份数据，并用于还原到比较旧版本的 MySQL 服务器中，请不要使用--opt 或-e 选项。

17.1.2 直接复制整个数据库目录

因为 MySQL 表保存为文件方式，所以可以直接复制 MySQL 数据库的存储目录及文件进行备份。MySQL 的数据库目录位置不一定相同，在 Windows 平台下，MySQL 5.5 存放数据库的目录通常默认为 "C:\Documents and Settings\All Users\Application Data\MySQL\MySQL Server 5.5\data" 或者其他用户自定义目录；在 Linux 平台下，数据库目录位置通常为 /var/lib/mysql/，不同 Linux 版本下目录会有所不同，读者应在自己使用的平台下查找该目录。

这是一种简单、快速、有效的备份方式。要想保持备份的一致性，备份前需要对相关表执行 LOCK TABLES 操作，然后对表执行 FLUSH TABLES。这样当复制数据库目录中的文件时，允许其他客户继续查询表。开始备份前需要 FLUSH TABLES 语句来确保将所有激活的索引页写入硬盘。当然，也可以停止 MySQL 服务再进行备份操作。

这种方法虽然简单，但并不是最好的方法。因为这种方法对 InnoDB 存储引擎的表不适用。使用这种方法备份的数据最好还原到相同版本的服务器中，不同的版本可能不兼容。

在 MySQL 版本号中，第一个数字表示主版本号，主版本号相同的 MySQL 数据库文件格式相同。

17.1.3 使用 mysqlhotcopy 工具快速备份

mysqlhotcopy 是一个 Perl 脚本，最初由 Tim Bunce 编写并提供。它使用 LOCK TABLES、FLUSH TABLES 和 cp 或 scp 来快速备份数据库。它是备份数据库或单个表的最快的途径，但它只能运行在数据库目录所在的机器上，并且只可以备份 MyISAM 类型的表。mysqlhotcopy 在 UNIX 系统中运行。

mysqlhotcopy 命令语法格式如下：

```
mysqlhotcopy db_name_1, ... db_name_n   /path/to/new_directory
```

da_name1,…,da_name_n 分别为需要备份的数据库的名称；/path/to/new_directory 指定备份文件目录。

【例 17.5】使用 mysqlhotcopy 备份 test 数据库到/usr/backup 目录下，输入语句如下：

```
mysqlhotcopy   -u root –p test /usr/backup
```

要想执行 mysqlhotcopy，必须可以访问备份的表文件，具有那些表的 SELECT 权限、RELOAD 权限（以便能够执行 FLUSH TABLES）和 LOCK TABLES 权限。

提示 mysqlhotcopy 只是将表所在的目录拷贝到另一个位置，只能用于备份 MyISAM 和 ARCHIVE 表。备份 InnoDB 类型的数据表时会出现错误信息。由于其复制本地格式的文件，故也不能移植到其他硬件或操作系统下。

17.2 数据还原

当数据丢失或意外破坏时，可以通过还原已经备份的数据尽量减少数据丢失和破坏造成的损失。本节将介绍数据还原的方法。

17.2.1 使用 mysql 命令还原

对于已经备份的包含 CREATE、INSERT 语句的文本文件，可以使用 mysql 命令导入到数据库中。本小节将介绍使用 mysql 命令导入 sql 文件方法。

备份的 sql 文件中包含 CREATE、INSERT 语句（有时也会有 DROP 语句）。mysql 命令可以直接执行文件中的这些语句，语法如下：

```
mysql -u user -p [dbname] < filename.sql
```

user 是执行 backup.sql 中语句的用户名；-p 表示输入用户密码；dbname 是数据库名。如果 filename.sql 文件为 mysqldump 工具创建的包含创建数据库语句的文件，执行的时候不需要指定数据库名。

【例 17.6】使用 mysql 命令将 C:\backup\booksdb_20110101.sql 文件中的备份导入到数据库中，输入语句如下：

```
mysql -u root -p booksDB < C:/backup/booksdb_20110101.sql
```

执行该语句前，必须先在 MySQL 服务器中创建 booksDB 数据库，如果不存在恢复过程将会出错。命令执行成功之后 booksdb_20110101.sql 文件中的语句就会在指定的数据库中恢复以前的表。

如果已经登录 MySQL 服务器，还可以使用 source 命令导入 sql 文件。source 语句语法如下：

```
source filename
```

【例 17.7】使用 root 用户登录到服务器，然后使用 source 导入本地的备份文件 booksdb_20110101.sql，输入语句如下：

```
--选择要恢复到的数据库
mysql> use booksdb;
```

Database changed

--使用 source 命令导入备份文件
mysql> source C:/backup/booksdb_20110101.sql

命令执行后，会列出备份文件 booksdb_20110101.sql 中每一条语句的执行结果。source 命令执行成功后，booksdb_20110101.sql 中的语句会全部导入到现有数据库中。

执行 source 命令前，必须使用 use 语句选择数据库。不然，恢复过程中会出现"ERROR 1046 (3D000): No database selected"的错误。

17.2.2 直接复制到数据库目录

如果数据库通过复制数据库文件备份，可以直接复制备份的文件到 MySQL 数据目录下实现还原。通过这种方式还原时，必须保证备份数据的数据库和待还原的数据库服务器的主版本号相同。而且这种方式只对 MyISAM 引擎的表有效。对于 InnoDB 引擎的表不可用。

执行还原以前关闭 MySQL 服务，将备份的文件或目录覆盖 MySQL 的 data 目录，启动 mysql 服务。对于 Linux/UNIX 操作系统来说，复制完文件需要将文件的用户和组更改为 MySQL 运行的用户和组，通常用户是 mysql，组也是 mysql。

17.2.3 mysqlhotcopy 快速恢复

mysqlhotcopy 备份后的文件也可以用来恢复数据库，在 MySQL 服务器停止运行时，将备份的数据库文件拷贝到 MySQL 存放数据的位置（MySQL 的 data 文件夹），重新启动 MySQL 服务即可。如果以根用户执行该操作，必须指定数据库文件的所有者，输入语句如下：

chown -R mysql.mysql /var/lib/mysql/dbname

【例 17.8】从 mysqlhotcopy 拷贝的备份恢复数据库，输入语句如下：

cp –R /usr/backup/test usr/local/mysql/data

执行完该语句，重启服务器，MySQL 将恢复到备份状态。

如果需要恢复的数据库已经存在，则需要使用 DROP 语句删除已经存在的数据库之后，恢复才能成功。另外，MySQL 不同版本之间必须兼容，恢复之后的数据才可以使用。

17.3 数据库迁移

数据库迁移就是把数据从一个系统移动到另一个系统上。数据迁移有以下原因：
（1）需要安装新的数据库服务器。
（2）MySQL 版本更新。
（3）数据库管理系统的变更（如从 Microsoft SQL Server 迁移到 MySQL）。
本节将讲解数据库迁移的方法。

17.3.1 相同版本的 MySQL 数据库之间的迁移

相同版本的 MySQL 数据库之间的迁移就是在主版本号相同的 MySQL 数据库之间进行数据库的移动。迁移过程其实就是在源数据库备份和目标数据库还原过程的组合。

在讲解数据库备份还原时，已经知道最简单的方式是通过复制数据库文件目录，但是此种方法只适用于 MyISAM 引擎的表。而对于 InnoDB 表，不能用直接拷贝文件的方式备份数据库，因此最常用和最安全的方式是使用 mysqldump 命令导出数据，然后在目标数据库服务器使用 mysql 命令导入。

【例 17.9】将 www.abc.com 主机上的 MySQL 数据库全部迁移到 www.bcd.com 主机上。
在 www.abc.com 主机上执行的命令如下：

```
mysqldump –h www.bac.com –uroot –ppassword    dbname |
mysql –hwww.bcd.com –uroot –ppassword
```

mysqldump 导入的数据直接通过管道符"｜"传给 mysql 命令导入到主机 www.bcd.com 数据库中，dbname 为需要迁移的数据库名称，如果要迁移全部的数据库，可使用参数 --all-databases。

17.3.2 不同版本的 MySQL 数据库之间的迁移

因为数据库升级等，需要将较旧版本 MySQL 数据库中的数据迁移到的较新版本的数据库中。MySQL 服务器升级时，需要先停止服务，然后卸载旧版本，并安装新版的 MySQL。这种更新方法很简单，如果想保留旧版本中用户访问控制信息，则需要备份 MySQL 中的 mysql 数据库，在新版本 MySQL 安装完成之后，重新读入 mysql 备份文件中的信息。

旧版本与新版本的 MySQL 可能使用不同的默认字符集,例如 MySQL 4.x 中大多使用 latin1 作为默认字符集，而 MySQL 5.x 的默认字符集为 utf8。如果数据库中有中文数据的，迁移过程中需要对默认字符集进行修改，不然可能会无法正常显示结果。

新版本会对旧版本有一定兼容性。从旧版本的 MySQL 向新版本的 MySQL 迁移时，对于 MyISAM 引擎的表，可以直接复制数据库文件，也可以使用 mysqlhotcopy 工具和 mysqldump 工具。对于 InnoDB 引擎的表，一般只能使用 mysqldump 将数据导出。然后使用 mysql 命令导入到目标服务器上。从新版本向旧版本 MySQL 迁移数据时要特别小心，最好使用 mysqldump 命令导出，然后导入目标数据库中。

17.3.3 不同类型的数据库之间的迁移

不同类型的数据库之间的迁移，是指把 MySQL 的数据库转移到其他类型的数据库，例如从 MySQL 迁移到 Oracle，从 Oracle 迁移到 MySQL，从 MySQL 迁移到 SQL Server 等。

迁移之前，需要了解不同数据库的架构，比较它们之间的差异。不同数据库中表示定义相同类型的数据的关键字可能会不同。例如，MySQL 中日期字段分为 DATE 和 TIME 两种，而 Oracle 日期字段只有 DATE。另外数据库厂商并没有完全按照 SQL 标准来设计数据库系统，导致不同的数据库系统的 SQL 语句有差别。例如，MySQL 几乎完全支持标准 SQL 语言，而 Microsoft SQL Server 使用的是 T-SQL 语言，T-SQL 中有些非标准的 SQL 语句，因此在迁移时必须对这些语句进行语句映射处理。

数据库迁移可以使用一些工具，例如 Windows 系统下，可以使用 MyODBC 实现 MySQL 和 SQL Server 之间的迁移。MySQL 官方提供的工具 MySQL Migration Toolkit 也可以在不同数据库间进行数据迁移。

17.4 表的导出和导入

有时会需要将 MySQL 数据库中的数据导出到外部存储文件中，MySQL 数据库中的数据可以导出成 sql 文本文件、xml 文件或者 html 文件。同样这些导出文件也可以导入到 MySQL 数据库中。本节将介绍数据导出导入的常用方法。

17.4.1 用 SELECT...INTO OUTFILE 导出文本文件

MySQL 数据库导出数据时，允许使用包含导出定义的 SELECT 语句进行数据的导出操作。该文件被创建到服务器主机上，因此必须拥有文件写入权限（FILE 权限），才能使用此语法。"SELECT...INTO OUTFILE 'filename'" 形式的 SELECT 语句可以把被选择的行写入一个文件中，filename 不能是一个已经存在的文件。SELECT...INTO OUTFILE 语句基本格式如下：

```
SELECT columnlist  FROM table WHERE condition   INTO OUTFILE 'filename'   [OPTIONS]

--OPTIONS 选项
    FIELDS   TERMINATED BY '-value'
    FIELDS   [OPTIONALLY] ENCLOSED BY 'value'
    FIELDS   ESCAPED BY 'value'
    LINES    STARTING BY 'value'
    LINES    TERMINATED BY 'value'
```

可以看到 SELECT columnlist FROM table WHERE condition 为一个查询语句，查询结果返回满足指定条件的一条或多条记录；INTO OUTFILE 语句的作用就是把前面 SELECT 语句查询出来的结果导出到名称为"filename"的外部文件中。[OPTIONS]为可选参数选项，OPTIONS 部分的语法包括 FIELDS 和 LINES 子句，其可能的取值有以下几种。

- FIELDS TERMINATED BY 'value'：设置字段之间的分隔字符，可以为单个或多个字符，默认情况下为制表符 '\t'。
- FIELDS [OPTIONALLY] ENCLOSED BY 'value'：设置字段的包围字符，只能为单个字符，如果使用了 OPTIONALLY 则只有 CHAR 和 VERCHAR 等字符数据字段被包括。
- FIELDS ESCAPED BY 'value'：控制如何写入或读取特殊字符，只能为单个字符，即设置转义字符，默认值为 '\'。
- LINES STARTING BY 'value'：设置每行数据开头的字符，可以为单个或多个字符，默认情况下不使用任何字符。
- LINES TERMINATED BY 'value'：设置每行数据结尾的字符，可以为单个或多个字符，默认值为 '\n'。

FIELDS 和 LINES 两个子句都是自选的，但是如果两个都被指定了，FIELDS 必须位于 LINES 的前面。

SELECT...INTO OUTFILE 语句可以非常快速地把一个表转储到服务器上。如果想要在服务器主机之外的部分客户主机上创建结果文件，不能使用 SELECT...INTO OUTFILE。在这种情况下，应该在客户主机上使用如 mysql –e "SELECT ..." > file_name 的命令，来生成文件。

SELECT...INTO OUTFILE 是 LOAD DATA INFILE 的补语；用于语句的 OPTIONS 部分的语法包括部分 FIELDS 和 LINES 子句，这些子句与 LOAD DATA INFILE 语句同时使用。

【例 17.10】使用 SELECT...INTO OUTFILE 将 test_db 数据库的 person 表中的记录导出到文本文件，输入命令如下：

```
mysql> SELECT *  FROM test_db.person INTO OUTFILE "C:/person0.txt";
```

由于指定了 INTO OUTFILE 子句，SELECT 将查询出来的字段的值保存到 C:\person0.txt 文件中，打开文件内容如下：

```
1    Green     21    Lawyer
2    Suse  22  dancer
3    Mary 24   Musician
4    Willam    20    sports man
5    Laura25   \N
6    Evans     27    secretary
7    Dale  22  cook
8    Edison    28    singer
9    Harry21   magician
10   Harriet   19    pianist
```

可以看到默认情况下，MySQL 使用制表符 '\t' 分隔不同的字段，字段没有被其他字符括起来。另外，在 Windows 平台下，使用记事本打开该文件，读者可能发现，显示格式与这里并不相同,这是因为 Windows 系统下回车换行符为 '\r\n',而 MySQL 中默认换行符为 '\n',因此会在 person.txt 中可能看到类似黑色方块的字符,所有的记录也会在同一行显示。

另外,注意到第 5 行中有一个字段值为 '\N',这表示该字段的值为 NULL。默认情况下,如果遇到 NULL 值,将会返回 '\N'(代表空值)。反斜线 '\' 表示转义字符,如果使用 ESCAPED BY 选项,则 N 前面为指定的转义字符。

【例 17.11】使用 SELECT...INTO OUTFILE 将 test_db 数据库中的 person 表中的记录导出到文本文件,使用 FIELDS 选项和 LINES 选项,要求字段之间使用逗号间隔,所有字段值用双引号括起来,转义字符定义为单引号 '\'',执行的命令如下:

```
SELECT * FROM test_db.person INTO OUTFILE "C:/person1.txt"
FIELDS
    TERMINATED BY ','
    ENCLOSED BY '\"'
    ESCAPED BY '\''
LINES
    TERMINATED BY '\r\n';
```

该语句将把 person 表中所有记录导入到 C 盘目录下的 person1.txt 文件中。

FIELDS TERMINATED BY ','表示字段之间用逗号分隔;ENCLOSED BY '\"'表示每个字段用双引号括起来;ESCAPED BY '\''表示将系统默认的转义字符替换为单引号;LINES TERMINATED BY '\r\n'表示每行以回车换行符结尾,保证每一条记录占一行。

执行成功后,在 C 盘目录下生成一个 person1.txt 文件,打开文件内容如下:

```
"1","Green","21","Lawyer"
"2","Suse","22","dancer"
"3","Mary","24","Musician"
"4","Willam","20","sports man"
"5","Laura","25",'N
"6","Evans","27","secretary"
"7","Dale","22","cook"
"8","Edison","28","singer"
"9","Harry","21","magician"
"10","Harriet","19","pianist"
```

可以看到,所有的字段值都被双引号包括;第 5 条记录中空值的表示形式为 ''N',即使用单引号替换了反斜线转义字符。

【例 17.12】使用 SELECT...INTO OUTFILE 将 test_db 数据库中的 person 表中的记录导出到文本文件,使用 LINES 选项,要求每行记录以字符串 "> " 开始,以 "<end>" 字符串结尾,执行的命令如下:

```
SELECT * FROM test_db.person INTO OUTFILE "C:/person2.txt"
LINES
    STARTING BY '>'
    TERMINATED BY '<end>';
```

执行成功后，在 C 盘目录下生成一个 person2.txt 文件，打开文件内容如下：

> 1   Green   21   Lawyer <end>> 2   Suse 22   dancer <end>> 3 Mary 24   Musician   <end>> 4   Willam   20   sports man <end>> 5   Laura25   \N <end>> 6   Evans   27   secretary   <end>> 7   Dale 22   cook <end>> 8   Edison   28   singer <end>> 9 Harry21   magician <end>> 10   Harriet   19   pianist <end>

可以看到，虽然将所有的字段值导出到文本文件中，但是所有的记录没有分行区分，出现这种情况是因为 TERMINATED BY 选项替换了系统默认的 '\n' 换行符，如果希望换行显示，则需要修改导出语句，输入下面语句：

```
SELECT * FROM test_db.person INTO OUTFILE "C:/person2.txt"
LINES
    STARTING BY '>'
    TERMINATED BY '<end>\r\n';
```

执行完语句之后，换行显示每条记录，结果如下：

> 1   Green   21   Lawyer <end>
> 2   Suse 22   dancer <end>
> 3   Mary 24   Musician <end>
> 4   Willam   20   sports man <end>
> 5   Laura25   \N <end>
> 6   Evans   27   secretary <end>
> 7   Dale 22   cook <end>
> 8   Edison   28   singer <end>
> 9   Harry21   magician <end>
> 10   Harriet   19   pianist <end>

17.4.2 用 mysqldump 命令导出文本文件

除了使用 SELECT… INTO OUTFILE 语句导出文本文之外，还可以使用 mysqldump。本章开始介绍了使用 mysqldump 备份数据库，该工具不仅可以将数据导出为包含 CREATE、INSERT 的 sql 文件，也可以导出为纯文本文件。

mysqldump 创建一个包含创建表的 CREATE TABLE 语句的 tablename.sql 文件，和一个包含其数据的 tablename.txt 文件。mysqldump 导出文本文件的基本语法格式如下：

```
mysqldump -T path-u root -p dbname [tables] [OPTIONS]
--options 选项
--fields-terminated-by=value
--fields-enclosed-by=value
--fields-optionally-enclosed-by=value
--fields-escaped-by=value
--lines-terminated-by=value
```

只有指定了-T 参数才可以导出纯文本文件；path 表示导出数据的目录；tables 为指定要导出的表名称，如果不指定，将导出数据库 dbname 中所有的表；[options]为可选参数选项，这些选项需要结合-T 选项使用，其常见的取值有以下几种。

- --fields-terminated-by=value 设置字段之间的分隔字符，可以为单个或多个字符，默认情况下为制表符 '\t'。
- --fields-enclosed-by=value 设置字段的包围字符。
- --fields-optionally-enclosed-by=value 设置字段的包围字符，只能为单个字符，只能包括 CHAR 和 VERCHAR 等字符数据字段。
- --fields-escaped-by=value 控制如何写入或读取特殊字符，只能为单个字符，即设置转义字符，默认值为反斜线 '\'。
- --lines-terminated-by=value 设置每行数据结尾的字符，可以为单个或多个字符，默认值为 '\n'。

提示

与 SELECT...INTO OUTFILE 语句中的 options 各个参数设置不同，这里 options 各个选项等号后面的 value 值不要用引号括起来。

【例 17.13】使用 mysqldump 将 test_db 数据库中的 person 表中的记录导出到文本文件，执行的命令如下：

```
mysqldump -T C:/ test_db person -u root –p
```

语句执行成功，系统 C 盘目录下面将会有两个文件，分别为 person.sql 和 person.txt。person.sql 包含创建 person 表的 CREATE 语句，其内容如下：

```
/*!40103 SET TIME_ZONE='+00:00' */;
/*!40101 SET @OLD_SQL_MODE=@@SQL_MODE, SQL_MODE='' */;
/*!40111 SET @OLD_SQL_NOTES=@@SQL_NOTES, SQL_NOTES=0 */;


--
-- Table structure for table 'person'
--
```

```
DROP TABLE IF EXISTS 'person';
/*!40101 SET @saved_cs_client     = @@character_set_client */;
/*!40101 SET character_set_client = utf8 */;
CREATE TABLE 'person' (
  'id' int(10) unsigned NOT NULL AUTO_INCREMENT,
  'name' char(40) NOT NULL DEFAULT '',
  'age' int(11) NOT NULL DEFAULT '0',
  'info' char(50) DEFAULT NULL,
  PRIMARY KEY ('id')
) ENGINE=InnoDB AUTO_INCREMENT=11 DEFAULT CHARSET=utf8;
/*!40101 SET character_set_client = @saved_cs_client */;


/*!40103 SET TIME_ZONE=@OLD_TIME_ZONE */;

/*!40101 SET SQL_MODE=@OLD_SQL_MODE */;
/*!40101 SET CHARACTER_SET_CLIENT=@OLD_CHARACTER_SET_CLIENT */;
/*!40101 SET CHARACTER_SET_RESULTS=@OLD_CHARACTER_SET_RESULTS */;
/*!40101 SET COLLATION_CONNECTION=@OLD_COLLATION_CONNECTION */;
/*!40111 SET SQL_NOTES=@OLD_SQL_NOTES */;


-- Dump completed on 2011-08-19 15:02:16
```

备份文件中的信息如 17.1.1 节介绍。

person.txt 包含数据包中的数据，其内容如下：

```
1     Green    21    Lawyer
2     Suse  22   dancer
3     Mary 24    Musician
4     Willam   20    sports man
5     Laura 25   \N
6     Evans    27    secretary
7     Dale  22   cook
8     Edison   28    singer
9     Harry 21   magician
10    Harriet  19    pianist
```

【例 17.14】使用 mysqldump 命令将 test_db 数据库中的 person 表中的记录导出到文本文件，使用 FIELDS 选项，要求字段之间使用逗号间隔，所有字符类型字段值用双引号括起来，转义字符定义为问号 '?'，每行记录以回车换行符 "\r\n" 结尾，执行的命令如下：

```
C:\>mysqldump -T C:\backup test_db person -u root -p --fields-terminated-by=, --fields-optionally- enclosed-by=
\" --fields-escaped-by=? --lines-terminated-by=\r\n
```

上面语句要在一行中输入，语句执行成功，系统 C:\backup 目录下面将会有两个文件，分别为 person.sql 和 person.txt。person.sql 包含创建 person 表的 CREATE 语句，其内容与前面例子中的相同，person.txt 文件内容与上一个例子中不同，显示如下：

```
1,"Green",21,"Lawyer"
2,"Suse",22,"dancer"
3,"Mary",24,"Musician"
4,"Willam",20,"sports man"
5,"Laura",25,?N
6,"Evans",27,"secretary"
7,"Dale",22,"cook"
8,"Edison",28,"singer"
9,"Harry",21,"magician"
10,"Harriet",19,"pianist"
```

可以看到，只有字符类型的值被双引号括了起来，而数值性的值没有；第 5 行记录中的 NULL 值表示为"?N"，使用问号'?'替代了系统默认的反斜线转义字符'\'。

17.4.3 用 mysql 命令导出文本文件

mysql 是一个功能丰富的工具命令。使用 mysql 还可以在命令行模式下执行 SQL 指令，将查询结果导入到文本文件中。相比 mysqldump，mysql 工具导出的结果可读性更强。

如果 MySQL 服务器是单独的机器，用户是在客户端进行操作，用户要把数据结果导入到客户端，可以使用 mysql -e 语句。

使用 mysql 命令导出数据文本文件语句的基本格式如下：

```
mysql -u root -p --execute="SELECT 语句" dbname > filename.txt
```

该命令使用--execute 选项，表示执行该选项后面的语句并退出，后面的语句必须用双引号括起来，dbname 为要导出的数据库名称；导出的文件中不同列之间使用制表符分隔，第一行包含了各个字段的名称。

【例 17.15】使用 mysql 语句导出 test_db 数据库中 person 表中的记录到文本文件，输入语句如下：

```
mysql -u root -p --execute="SELECT * FROM person;" test_db > C:\person3.txt
```

语句执行完毕之后，系统 C 盘目录下将会有名称为 person3.txt 的文本文件，其内容如下：

```
id    name  age   info
1     Green 21    Lawyer
```

```
2    Suse  22    dancer
3    Mary  24    Musician
4    Willam  20    sports man
5    Laura 25    NULL
6    Evans   27    secretary
7    Dale  22    cook
8    Edison  28    singer
9    Harry 21    magician
10   Harriet     19    pianist
```

可以看到，person3.txt 文件中包含了每个字段的名称和各条记录，该显示格式与 MySQL 命令行下 SELECT 查询结果显示相同。

使用 mysql 命令还可以指定查询结果的显示格式，如果某行记录字段很多，可能一行不能完全显示，可以使用 --vartical 参数，将每条记录分为多行显示。

【例 17.16】使用 mysql 命令导出 test_db 数据库中 person 表中的记录到文本文件，使用 --vertical 参数显示结果，输入语句如下：

```
mysql -u root -p --vertical --execute="SELECT * FROM person;" test_db > C:\person4.txt
```

语句执行之后，C:\person4.txt 文件中的内容如下：

```
*************************** 1. row ***************************
   id: 1
 name: Green
  age: 21
 info: Lawyer
*************************** 2. row ***************************
   id: 2
 name: Suse
  age: 22
 info: dancer
*************************** 3. row ***************************
   id: 3
 name: Mary
  age: 24
 info: Musician
*************************** 4. row ***************************
   id: 4
 name: Willam
  age: 20
 info: sports man
*************************** 5. row ***************************
```

```
    id: 5
  name: Laura
   age: 25
  info: NULL
*************************** 6. row ***************************
    id: 6
  name: Evans
   age: 27
  info: secretary
*************************** 7. row ***************************
    id: 7
  name: Dale
   age: 22
  info: cook
*************************** 8. row ***************************
    id: 8
  name: Edison
   age: 28
  info: singer
*************************** 9. row ***************************
    id: 9
  name: Harry
   age: 21
  info: magician
*************************** 10. row ***************************
    id: 10
  name: Harriet
   age: 19
  info: pianist
```

可以看到，SELECT 的查询结果导出到文本文件之后，显示格式发生了变化，如果 person 表中记录内容很长，这样显示将会更加容易阅读。

mysql 可以将查询结果导出到 HTML 文件中，使用--html 选项即可。

【例 17.17】使用 mysql 命令导出 test_db 数据库中 person 表中的记录到 HTML 文件，输入语句如下：

```
mysql -u root -p --html --execute="SELECT * FROM person;" test_db > C:\person5.html
```

语句执行成功，将在 C 盘创建文件 person5.html，该文件在浏览器中显示如下：
如果要将表数据导出到 XML 文件中，可使用--xml 选项。

图 17.1 使用 MySQL 导出数据到 HTML 文件

【例 17.18】使用 mysql 命令导出 test_DB 数据库中 person 表中的记录到 XML 文件，输入语句如下：

```
mysql -u root -p --xml --execute="SELECT * FROM person;" test_db > C:\person6.xml
```

语句执行成功，将在 C 盘创建文件 person6.xml，该文件在浏览器中显示如图 17.2 所示。

图 17.2 使用 MySQL 导出数据到 XML 文件

17.4.4 用 LOAD DATA INFILE 方式导入文本文件

MySQL 允许将数据导出到外部文件，也可以将外部文件导入数据库。MySQL 提供了一些导入数据的工具，这些工具有 LOAD DATA 语句、source 命令和 mysql 命令。LOAD DATA INFILE 语句用于高速地从一个文本文件中读取行，并装入一个表中。本节将介绍 LOAD DATA

语句的用法。

LOAD DATA 语句的基本格式如下：

```
LOAD DATA    INFILE 'filename.txt' INTO TABLE tablename [OPTIONS] [IGNORE number LINES]

-- OPTIONS 选项
    FIELDS    TERMINATED BY 'value'
    FIELDS    [OPTIONALLY] ENCLOSED BY 'value'
    FIELDS    ESCAPED BY 'value'
    LINES    STARTING BY 'value'
    LINES    TERMINATED BY 'value'
```

可以看到 LOAD DATA 语句中，关键字 INFILE 后面的 filename 文件为导入数据的来源；tablename 表示待导入的数据表名称；[OPTIONS]为可选参数选项。OPTIONS 部分的语法包括 FIELDS 和 LINES 子句，其可能的取值有以下几种。

- FIELDS   TERMINATED BY 'value'：设置字段之间的分隔字符，可以为单个或多个字符，默认情况下为制表符 '\t'。
- FIELDS   [OPTIONALLY] ENCLOSED BY 'value'：设置字段的包围字符，只能为单个字符，如果使用了 OPTIONALLY 则只有 CHAR 和 VERCHAR 等字符数据字段被包括。
- FIELDS   ESCAPED BY 'value'：控制如何写入或读取特殊字符，只能为单个字符，即设置转义字符，默认值为 '\'。
- LINES   STARTING BY 'value'：设置每行数据开头的字符，可以为单个或多个字符，默认情况下不使用任何字符。
- LINES   TERMINATED BY 'value'：设置每行数据结尾的字符，可以为单个或多个字符，默认值为 '\n'。

IGNORE number LINES 选项表示忽略文件开始处的行数，number 表示忽略的行数。执行 LOAD DATA 语句需要 FILE 权限。

【例 17.19】使用 LOAD DATA 命令将 C:\person0.txt 文件中的数据导入到 test_db 数据库中的 person 表，输入语句如下：

```
LOAD DATA    INFILE 'C:/person0.txt' INTO TABLE test_db.person;
```

还原之前，将 person 表中的数据全部删除。登录 MySQL，使用 DELETE 语句，语句如下：

```
mysql> USE test_db;
Database changed;
mysql> DELETE FROM person;
Query OK, 10 rows affected (0.00 sec)
```

从 person0.txt 文件中还原数据，语句如下：

```
mysql> LOAD DATA    INFILE 'C:/person0.txt' INTO TABLE test_db.person;
Query OK, 10 rows affected (0.00 sec)
Records: 10  Deleted: 0   Skipped: 0   Warnings: 0

mysql> SELECT * FROM person;
+----+---------+-----+-------------+
| id | name    | age | info        |
+----+---------+-----+-------------+
|  1 | Green   |  21 | Lawyer      |
|  2 | Suse    |  22 | dancer      |
|  3 | Mary    |  24 | Musician    |
|  4 | Willam  |  20 | sports man  |
|  5 | Laura   |  25 | NULL        |
|  6 | Evans   |  27 | secretary   |
|  7 | Dale    |  22 | cook        |
|  8 | Edison  |  28 | singer      |
|  9 | Harry   |  21 | magician    |
| 10 | Harriet |  19 | pianist     |
+----+---------+-----+-------------+
10 rows in set (0.00 sec)
```

可以看到，语句执行成功之后，原来的数据重新恢复到了 person 表中。

【例 17.20】使用 LOAD DATA 命令将 C:\person1.txt 文件中的数据导入到 test_db 数据库中的 person 表，使用 FIELDS 选项和 LINES 选项，要求字段之间使用逗号','间隔，所有字段值用双引号括起来，转义字符定义为单引号'\''，输入语句如下：

```
LOAD DATA    INFILE 'C:/person1.txt' INTO TABLE test_db.person
FIELDS
        TERMINATED BY ','
        ENCLOSED BY '\"'
        ESCAPED BY '\''
LINES
        TERMINATED BY '\r\n';
```

还原之前，将 person 表中的数据全部删除，使用 DELETE 语句，执行过程如下：

```
mysql> DELETE FROM person;
Query OK, 10 rows affected (0.00 sec)
```

从 person1.txt 文件中还原数据，执行过程如下：

```
mysql> LOAD DATA    INFILE 'C:/person1.txt' INTO TABLE test_db.person
    -> FIELDS
    -> TERMINATED BY ','
```

```
        -> ENCLOSED BY '\"'
        -> ESCAPED BY '\"'
        -> LINES
        -> TERMINATED BY '\r\n';
Query OK, 10 rows affected (0.00 sec)
Records: 10   Deleted: 0   Skipped: 0   Warnings: 0
```

语句执行成功，使用 SELECT 语句查看 person 表中的记录，结果与前一个例子相同。

17.4.5 用 mysqlimport 命令导入文本文件

mysqlimport 可以导入文本文件，使用 mysqlimport 不需要登录 MySQL 客户端。mysqlimport 命令提供许多与 LOAD DATA INFILE 语句相同的功能，大多数选项直接对应 LOAD DATA INFILE 子句。使用 mysqlimport 语句需要指定所需的选项、导入的数据库名称以及导入的数据文件的路径和名称。mysqlimport 命令的基本语法格式如下：

```
mysqlimport –u root –p dbname filename.txt [OPTIONS]

--OPTIONS 选项
--fields-terminated-by= 'value'
--fields-enclosed-by= 'value'
--fields-optionally-enclosed-by= 'value'
--fields-escaped-by= 'value'
--lines-terminated-by= 'value'
--ignore-lines=n
```

dbname 为导入的表所在的数据库名称。注意，mysqlimport 命令不指定导入数据库的表名称，数据表的名称由导入文件名称确定，即文件名作为表名，导入数据之前该表必须存在。[OPTIONS]为可选参数选项，其常见的取值有以下几种。

- --fields-terminated-by= 'value'：设置字段之间的分隔字符，可以为单个或多个字符，默认情况下为制表符 '\t'。
- --fields-enclosed-by= 'value'：设置字段的包围字符。
- --fields-optionally-enclosed-by= 'value'：设置字段的包围字符，只能为单个字符，只能包括 CHAR 和 VERCHAR 等字符数据字段。
- --fields-escaped-by= 'value'：控制如何写入或读取特殊字符，只能为单个字符，即设置转义字符，默认值为反斜线 '\'。
- --lines-terminated-by= 'value'：设置每行数据结尾的字符，可以为单个或多个字符，默认值为 '\n'。
- --ignore-lines=n ：忽视数据文件的前 n 行。

【例 17.21】使用 mysqlimport 命令将 C:\backup 目录下的 person.txt 文件内容导入到 test_db 数据库中，字段之间使用逗号 ','间隔，字符类型字段值用双引号括起来，转义字符定义为

问号'?',每行记录以回车换行符"\r\n"结尾,执行的命令如下:

```
C:\>mysqlimport -u root -p test_db C:/backup/person.txt --fields-terminated-by=, --fields-optionally-enclosed-by=\" --fields-escaped-by=? --lines-terminated-by=\r\n
```

上面语句要在一行中输入,语句执行成功,将把 person.txt 中的数据导入到数据库。

除了前面介绍的几个选项之外,mysqlimport 还支持许多选项,常见的选项有以下几个。

- --columns=column_list, -c column_list: 采用用逗号分隔的列名作为其值。列名的顺序指示如何匹配数据文件列和表列。
- --compress, -C: 压缩在客户端和服务器之间发送的所有信息(如果二者均支持压缩)。
- -d, --delete: 导入文本文件前清空表。
- --force, -f: 忽视错误。例如,如果某个文本文件的表不存在,继续处理其他文件。不使用--force,如果表不存在则 mysqlimport 退出。
- --host=host_name,-h host_name: 将数据导入给定主机上的 MySQL 服务器。默认主机是 localhost。
- --ignore,-i: 参见--replace 选项的描述。
- --ignore-lines=n: 忽视数据文件的前 n 行。
- --local, -L: 从本地客户端读入输入文件。
- --lock-tables, -l: 处理文本文件前锁定所有表以便写入。这样可以确保所有表在服务器上保持同步。
- --password[=password], -p[password]: 连接服务器时使用的密码。如果使用短选项形式(-p),选项和密码之间不能有空格。如果在命令行中--password 或-p 选项后面没有密码值,则提示输入一个密码。
- --port=port_num,-P port_num: 用于连接的 TCP/IP 端口号。
- --protocol={TCP | SOCKET | PIPE | MEMORY}: 使用的连接协议。
- --replace,-r --replace 和--ignore: 控制复制唯一键值已有记录的输入记录的处理。如果指定--replace,新行替换有相同的唯一键值的已有行。如果指定--ignore,复制已有的唯一键值的输入行被跳过。如果不指定这两个选项,当发现一个复制键值时会出现一个错误,并且忽视文本文件的剩余部分。
- --silent,-s: 沉默模式。只有出现错误时才输出信息。
- --user=user_name, -u user_name: 连接服务器时 MySQL 使用的用户名。
- --verbose,-v: 冗长模式。打印出程序操作的详细信息。
- --version,-V: 显示版本信息并退出。

17.5 实战演练——数据的备份与恢复

备份有助于保护数据库,通过备份可以完整保存 MySQL 中各个数据库的特定状态。通过还原,可以在系统出现故障导致数据丢失或者不合理操作对数据库造成灾难时,恢复数据库中的数据。作为 MySQL 的管理人员，应该定期备份所有活动的数据库。因此无论怎样强调数据库的备份工作都不过分。本章综合案例将向读者提供数据库备份与还原的方法与过程。

01 使用 mysqldump 命令将 suppliers 表备份到文件 C:\bktestdir\suppliers_bk.sql。

首先创建系统目录，在系统 C 盘下面新建文件夹 bktestdir，然后打开命令行窗口，输入语句如下：

```
C:\ >mysqldump -u root -p test_db suppliers > C:\bktestdir\suppliers_bk.sql
Enter password: **
```

语句执行完毕，打开目录 C:\bktestdir，可以看到已经创建好的备份文件 suppliers_bk.sql，内容如下：

```
-- MySQL dump 10.13    Distrib 5.5.13, for Win32 (x86)
--
-- Host: localhost      Database: test_db
-- ------------------------------------------------------
-- Server version 5.5.13

/*!40101 SET @OLD_CHARACTER_SET_CLIENT=@@CHARACTER_SET_CLIENT */;
/*!40101 SET @OLD_CHARACTER_SET_RESULTS=@@CHARACTER_SET_RESULTS */;
/*!40101 SET @OLD_COLLATION_CONNECTION=@@COLLATION_CONNECTION */;
/*!40101 SET NAMES utf8 */;
/*!40103 SET @OLD_TIME_ZONE=@@TIME_ZONE */;
/*!40103 SET TIME_ZONE='+00:00' */;
/*!40014 SET @OLD_UNIQUE_CHECKS=@@UNIQUE_CHECKS, UNIQUE_CHECKS=0 */;
/*!40014 SET @OLD_FOREIGN_KEY_CHECKS=@@FOREIGN_KEY_CHECKS, FOREIGN_KEY_CHECKS=0 */;
/*!40101 SET @OLD_SQL_MODE=@@SQL_MODE, SQL_MODE='NO_AUTO_VALUE_ON_ZERO'*/;
/*!40111 SET @OLD_SQL_NOTES=@@SQL_NOTES, SQL_NOTES=0 */;


--
-- Table structure for table 'suppliers'
--

DROP TABLE IF EXISTS 'suppliers';
/*!40101 SET @saved_cs_client     = @@character_set_client */;
/*!40101 SET character_set_client = utf8 */;
CREATE TABLE 'suppliers' (
  's_id' int(11) NOT NULL AUTO_INCREMENT,
  's_name' char(50) NOT NULL,
  's_city' char(50) DEFAULT NULL,
```

```
  's_zip' char(10) DEFAULT NULL,
  's_call' char(50) NOT NULL,
  PRIMARY KEY ('s_id')
) ENGINE=InnoDB AUTO_INCREMENT=108 DEFAULT CHARSET=utf8;
/*!40101 SET character_set_client = @saved_cs_client */;


--
-- Dumping data for table 'suppliers'
--

LOCK TABLES 'suppliers' WRITE;
/*!40000 ALTER TABLE 'suppliers' DISABLE KEYS */;
INSERT INTO 'suppliers' VALUES (101,'FastFruit Inc.','Tianjin','463400','48075'),(102,'LT Supplies','Chongqing','100023','44333'),(103,'ACME','Shanghai','100024','90046'),(104,'FNK Inc.','Zhongshan','212021','11111'),(105,
'Good Set','Taiyuang','230009','22222'),(106,'Just Eat Ours','Beijing','010','45678'),(107,'DK Inc.','Qingdao','230009','33332');
/*!40000 ALTER TABLE 'suppliers' ENABLE KEYS */;
UNLOCK TABLES;
/*!40103 SET TIME_ZONE=@OLD_TIME_ZONE */;

/*!40101 SET SQL_MODE=@OLD_SQL_MODE */;
/*!40014 SET FOREIGN_KEY_CHECKS=@OLD_FOREIGN_KEY_CHECKS */;
/*!40014 SET UNIQUE_CHECKS=@OLD_UNIQUE_CHECKS */;
/*!40101 SET CHARACTER_SET_CLIENT=@OLD_CHARACTER_SET_CLIENT */;
/*!40101 SET CHARACTER_SET_RESULTS=@OLD_CHARACTER_SET_RESULTS */;
/*!40101 SET COLLATION_CONNECTION=@OLD_COLLATION_CONNECTION */;
/*!40111 SET SQL_NOTES=@OLD_SQL_NOTES */;

-- Dump completed on 2011-08-20 15:07:44
```

02 使用 mysql 命令将备份文件 suppliers_bk.sql 中的数据还原 suppliers 表。

为了验证还原之后数据的正确性，删除 suppliers 表中的所有记录，登录 MySQL，输入语句：

```
mysql> USE test_db;
Database changed
mysql> DELETE FROM suppliers;
Query OK, 7 rows affected (0.00 sec)
```

此时，suppliers 表中不再有任何数据记录，在 MySQL 命令行输入还原语句如下：

```
mysql> source C:/bktestdir/suppliers_bk.sql;
```

语句执行过程中会出现多行提示信息,执行成功之后使用 SELECT 语句查询 suppliers 表的内容如下:

```
mysql> SELECT * FROM suppliers;
+------+----------------+-----------+--------+--------+
| s_id | s_name         | s_city    | s_zip  | s_call |
+------+----------------+-----------+--------+--------+
|  101 | FastFruit Inc. | Tianjin   | 463400 | 48075  |
|  102 | LT Supplies    | Chongqing | 100023 | 44333  |
|  103 | ACME           | Shanghai  | 100024 | 90046  |
|  104 | FNK Inc.       | Zhongshan | 212021 | 11111  |
|  105 | Good Set       | Taiyuang  | 230009 | 22222  |
|  106 | Just Eat Ours  | Beijing   | 010    | 45678  |
|  107 | DK Inc.        | Qingdao   | 230009 | 33332  |
+------+----------------+-----------+--------+--------+
7 rows in set (0.00 sec)
```

由查询结果可以看到,还原操作成功。

03 使用 SELECT… INTO OUTFILE 语句导出 suppliers 表中的记录,导出文件位于目录 C:\bktestdir 下,名称为 suppliers_out.txt。

执行过程如下:

```
mysql> SELECT * FROM test_db.suppliers INTO OUTFILE "C:/bktestdir/suppliers_out.txt"
    -> FIELDS
    -> TERMINATED BY ','
    -> ENCLOSED BY '\"'
    -> LINES
    -> STARTING BY '<'
    -> TERMINATED BY '>\r\n';
Query OK, 7 rows affected (0.00 sec)
```

TERMINATED BY ','指定不同字段之间使用逗号分隔开;ENCLOSED BY '\"'指定字段值使用双引号包括;STARTING BY '<'指定每行记录以左箭头符号开始;TERMINATED BY '>\r\n';指定每行记录以右箭头符号和回车换行符结束。语句执行完毕,打开目录 C:\bktestdir,可以看到已经创建好的导出文件 suppliers_out.txt,内容如下:

```
<"101","FastFruit Inc.","Tianjin","463400","48075">
<"102","LT Supplies","Chongqing","100023","44333">
<"103","ACME","Shanghai","100024","90046">
<"104","FNK Inc.","Zhongshan","212021","11111">
```

<"105","Good Set","Taiyuang","230009","22222">
<"106","Just Eat Ours","Beijing","010","45678">
<"107","DK Inc.","Qingdao","230009","33332">

04 使用 LOAD DATA INFILE 语句导入 suppliers_out.txt 数据到 suppliers 表。

首先使用 DELETE 语句删除 suppliers 表中的所有记录，然后输入导入语句：

```
mysql> LOAD DATA INFILE 'C:/bktestdir/suppliers_out.txt' INTO TABLE test_db.suppliers
    -> FIELDS
    -> TERMINATED BY ','
    -> ENCLOSED BY '\"'
    -> LINES
    -> STARTING BY '<'
    -> TERMINATED BY '>\r\n';
Query OK, 7 rows affected (0.00 sec)
Records: 7   Deleted: 0   Skipped: 0   Warnings: 0
```

语句执行之后，suppliers_out.txt 文件中的数据将导入 suppliers 表中，由于导出 TXT 文件时指定了一些特殊字符，因此还原语句中也要指定这些字符，已确保还原后数据的完整性和正确性。

05 使用 musqldump 命令将 suppliers 表中的记录导出到文件 C:\bktestdir\suppliers_html. html。

导出表数据到 HTML 文件，使用 mysql 命令时需要指定 --html 选项，在 Windows 命令行窗口输入导出语句如下：

```
mysql -u root -p --html --execute="SELECT * FROM suppliers;" test_db > C:/bktestdir/suppliers_html.html
```

语句执行完毕，打开目录 C:\bktestdir，可以看到已经创建好的导出文件 suppliers_html.html，读者可以使用浏览器打开将该文件，在浏览器中显示格式和内容如图 17-3 所示。

s_id	s_name	s_city	s_zip	s_call
101	FastFruit Inc.	Tianjin	463400	48075
102	LT Supplies	Chongqing	100023	44333
103	ACME	Shanghai	100024	90046
104	FNK Inc.	Zhongshan	212021	11111
105	Good Set	Taiyuang	230009	22222
106	Just Eat Ours	Beijing	010	45678
107	DK Inc.	Qingdao	230009	33332

图 17-3　浏览器中显示导出文件的内容

17.6 高手私房菜

技巧 1：mysqldump 备份的文件只能在 MySQL 中使用吗？

mysqldump 备份的文本文件实际是数据库的一个副本，使用该文件不仅可以在 MySQL 中恢复数据库，而且通过对该文件的简单修改，可以使用该文件在 SQL Server 或者 Sybase 等其他数据库中恢复数据库。这在某种程度上实现了数据库之间的迁移。

技巧 2：如何选择备份工具？

直接拷贝数据文件是最为直接、快速的备份方法，但缺点是基本上不能实现增量备份。备份时必须确保没有使用这些表。如果在拷贝一个表的同时服务器正在修改它，则拷贝无效。备份文件时，最好关闭服务器，然后重新启动服务器。为了保证数据的一致性，需要在备份文件前，执行以下 SQL 语句：

```
FLUSH TABLES WITH READ LOCK;
```

也就是把内存中的数据都刷新到磁盘中，同时锁定数据表，以保证拷贝过程中不会有新的数据写入。这种方法备份出来的数据恢复也很简单，直接拷贝回原来的数据库目录下即可。

mysqlhotcopy 是一个 PERL 程序，它使用 LOCK TABLES、FLUSH TABLES 和 cp 或 scp 来快速备份数据库。它是备份数据库或单个表的最快的途径，但它只能运行在数据库文件所在的机器上，并且 mysqlhotcopy 只能用于备份 MyISAM 表。mysqlhotcopy 适合于小型数据库的备份，数据量不大，可以使用 mysqlhotcopy 程序每天进行一次完全备份。

mysqldump 将数据表导成 SQL 脚本文件，在不同的 MySQL 版本之间升级时相对比较合适，这也是最常用的备份方法。mysqldump 比直接拷贝要慢些。

技巧 3：使用 mysqldump 备份整个数据库成功，把表和数据库都删除了，但使用备份文件却不能恢复数据库？

出现这种情况，是因为备份的时候没有指定--databases 参数。默认情况下，如果只指定数据库名称，mysqldump 备份的是数据库中所有的表，而不包括数据库创建语句。例如：

```
mysqldump -u root -p booksdb > c:/backup/booksdb_20110101.sql
```

该语句只备份了 booksdb 数据库下所有的表，读者打开该文件，可以看到，文件中不包含创建 booksdb 数据库的 CREATE DATABASE 语句，因此如果把 booksdb 也删除了，使用该 sql 文件不能还原以前的表，还原时会出现 ERROR 1046 (3D000): No database selected 的错误信息。必须在 MySQL 命令行下创建 booksdb 数据库，并使用 use 语句选择 booksdb 之后才可以还原。而下面的语句，数据库删除之后，可以正常还原备份时的状态。

```
mysqldump -u root -p --databases   booksDB > C:\backup\books_DB_20110101.sql
```

该语句不仅备份了所有数据库下的表结构，而且包括了创建数据库的语句。

第 18 章　PHP 操作 MySQL 数据库

MySQL 是高效率的开源的网络数据库系统。PHP 和 MySQL 的结合是目前 Web 开发中的黄金组合。

18.1　PHP 访问 MySQL 数据库的一般步骤

通过 Web 访问数据库的工作过程，一般分为以下几个步骤。

（1）用户使用浏览器对某个页面发出 HTTP 请求。
（2）服务器端接收到请求，并发送给 PHP 程序进行处理。
（3）PHP 解析代码。在代码中有连接 MySQL 数据库的命令和请求特定数据库的某些特定数据的 sql 命令。根据这些代码，PHP 打开一个和 MySQL 的连接，并且发送 sql 命令到 MySQL 数据库。
（4）MySQL 接收到 sql 语句之后，加以执行。执行完毕后返回执行结果到 PHP 程序。
（5）PHP 执行代码，并根据 MySQL 返回的请求结果数据，生成特定格式的 HTML 文件，且传递给浏览器。HTML 经过浏览器渲染，就是用户请求的展示结果。

18.2　连接数据库前的准备工作

默认情况下，从 PHP5 开始，PHP 不再自动开启对 MySQL 的支持，而是放到扩展函数库中。所以用户需要在扩展函数库中开启 MySQL 函数库。

首先打开 php.ini，找到"；extensions=php_mysql.dll"，去掉将该语句前的分号"；"，如图 18-1 所示，保存 php.ini 文件，重新启动 IIS 或 APACHE 即可。

配置文件设置完成后，可以通过 phpinfo()函数来检查是否配置成功，如果显示出的 PHP 的环境配置信息中有 MySQL 的项目，表示已经开启了对 MySQL 数据库的支持，如图 18-2 所示。

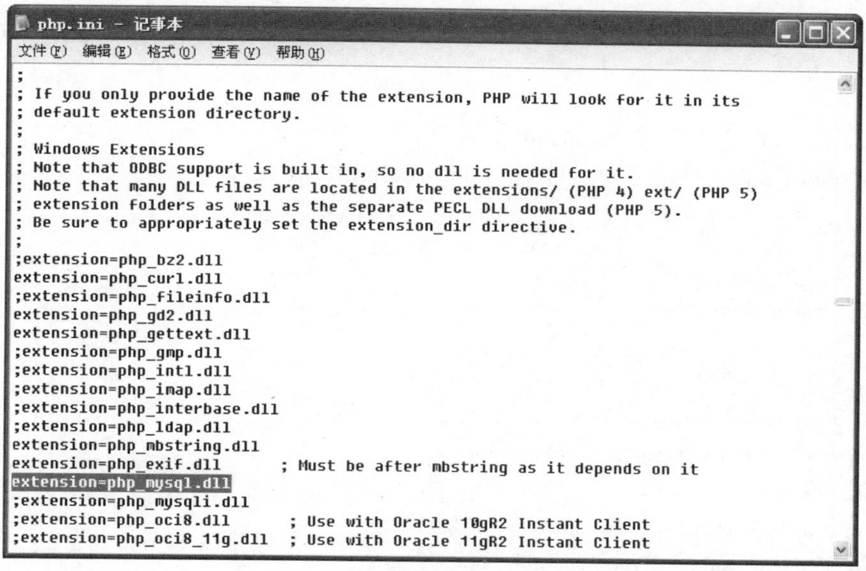

图 18-1 修改 php.ini 文件

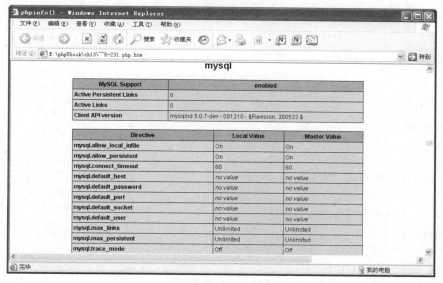

图 18-2 PHP 的环境配置页面

18.3 PHP 操作 MySQL 数据库的函数

下面介绍 PHP 操作 MySQL 数据库所使用的各个函数的含义和使用方法。

18.3.1 通过 mysqli 类库访问 MySQL 数据库

PHP 操作 MySQL 数据库是通过 PHP 的 mysqli 类库完成的。这个类是 PHP 专门针对 MySQL 数据库的扩展接口。

下面以通过 Web 向 user 数据库请求数据为例，介绍使用 PHP 函数处理 MySQL 数据库数据。

01 在网址主目录下创建 phpmysql 文件夹。

02 在 phpmysql 文件夹下建立文件 htmlform.html，输入代码如下。

```html
<html>
<head>
    <title>Finding User</title>
</head>
<body>
    <h2>Finding users from mysql database.</h2>
    <form action="formhandler.php" method="post">
        Fill user name:
        <input name="username" type="text" size="20"/> <br />
        <input name="submit" type="submit" value="Find"/>
    </form>
</body>
</html>
```

03 在 phpmysql 文件夹下建立文件 formhandler.php，输入代码如下。

```php
<html>
<head>
    <title>User found</title>
</head>
<body>
    <h2>User found from mysql database.</h2>
<?php
    $username = $_POST['username'];
    if(!$username){
        echo "Error: There is no data passed.";
        exit;
    }

    if(!get_magic_quotes_gpc()){
        $username = addslashes($username);
    }

        @ $db = mysqli_connect('localhost','root','753951','adatabase');

        if(mysqli_connect_errno()){
            echo "Error: Could not connect to mysql database.";
            exit;
```

```
        }

        $q = "SELECT * FROM user WHERE name = '".$username."'";

        $result = mysqli_query($db,$q);
        $rownum = mysqli_num_rows($result);

        for($i=0; $i<$rownum; $i++){
            $row = mysqli_fetch_assoc($result);
            echo "Id:".$row['id']."<br />";
            echo "Name:".$row['name']."<br />";
            echo "Age:".$row['age']."<br />";
            echo "Gender:".$row['gender']."<br />";
            echo "Info:".$row['info']."<br />";
        }
        mysqli_free_result($result);

        mysqli_close($db);

    ?>
    </body>
</html>
```

04 运行 htmlform.html，结果如图 18-3 所示。

图 18-3　htmlform.html 页面

05 在文本框中输入用户名"lilili"，单击"Find"按钮，页面跳转至 formhandler.php，并且返回请求结果，如图 18-4 所示。

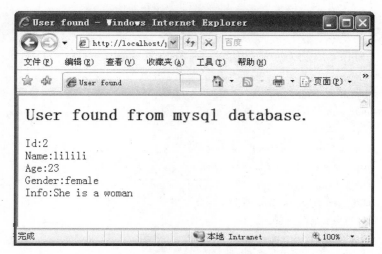

图 18-4　formhandler.php 页面

在下面的小节中，将详细分析此案例中所用函数的含义和使用方法。

18.3.2　使用 mysqli_connect()函数连接 MySQL 服务器

PHP 使用 mysqli_connect()函数连接到 MySQL 数据库的。

mysqli_connect()函数的格式如下：

```
mysqli_connect('MySQL 服务器地址','用户名','用户密码','要连接的数据库名')
```

例如：

```
$db=mysqli_connect('localhost','root','753951','adatabase');
```

该语句就是通过此函数连接到 MySQL 数据库并且把此连接生成的对象传递给名为$db 的变量，也就是对象$db。其中"MySQL 服务器地址"为'localhost'，"用户名"为'root'，"用户密码"为本环境 root 设定密码'753951'，"要连接的数据库名"为'adatabase'。

默认情况下，MySQL 服务的端口号为 3360，如果采用默认的端口号，可以不用指定；如果采用了其他的端口号，如采用 1066 端口，则需要特别指定，例如 127.0.0.1:1066，表示 MySQL 服务于本地机器的 1066 端口。

提　示

其中 localhost 换成本地地址或者 127.0.0.1，都能实现同样的效果。

18.3.3　使用 mysqli_select_db()函数选择数据库文件

连接到数据库以后，就需要选择数据库，只有选择了数据库，才能对数据表进行相关的操作。这里需要使用函数 mysqli_select_db()来选择。它的格式为：

mysqli_select_db(数据库服务器连接对象，目标数据库名)

在 18.3.1 节实例中的$db = mysqli_connect('localhost','root','753951','adatabase');语句已经通过传递参数值'adatabase'确定了需要操作的数据库。如果不传递此参数，mysqli_connect()函数只提供"MYSQL 服务器地址"，"用户名"和"用户密码"一样可以连接到 MySQL 数据库服务器并且以相应的用户登录。如上例的语句变为$db = mysqli_connect('localhost','root','753951');也是成立的。

但是，在这样的情况下，就必须继续选择具体的数据库来进行操作。

如果把上例中的 formhandler.php 文件中的下面的语句：

@ $db = mysqli_connect('localhost','root','753951','adatabase');

修改为以下两个语句替代：

@ $db = mysqli_connect('localhost','root','753951');
mysqli_select_db($db,'adatabase');

程序运行效果将完全一样。

在新的语句中 mysqli_select_db($db,'adatabase');语句确定了"数据库服务器连接对象"为$db，"目标数据库名"为'adatabase'。

18.3.4 使用 mysqli_query()函数执行 SQL 语句

使用 mysqli_query()函数执行 SQL 语句，需要向此函数中传递两个参数，一个是 MySQL 数据库服务器连接对象，一个是以字符串表示的 SQL 语句。mysqli_query()函数的格式如下：

mysqli_query(数据库服务器连接对象,SQL 语句)

在 18.3.1 节的实例中 mysqli_query($db,$q);语句就表明了"数据库服务器连接对象"为$db，"SQL 语句"为$q，而$q 用$q = "SELECT * FROM user WHERE name = '".$username."'";语句赋值。

更重要的是 mysqli_query()函数执行 SQL 语句之后会把结果返回。上例中就是返回结果并且赋值给$result 变量。

18.3.5 使用 mysqli_fetch_assoc ()函数从数组结果集中获取信息

使用 mysqli_fetch_assoc()函数从数组结果集中获取信息，只要确定 sql 请求返回的对象就可以了。

所以$row = mysqli_fetch_assoc($result);语句直接从$result 结果中取得一行，并且以关联数组的形式返回给$row。

由于获得的是关联数组，所以在读取数组元素的时候是要通过字段名称确定数组元素的。上例中 echo "Id:".$row['id']."
";语句就是通过"id"字段名确定数组元素的。

18.3.6 使用 mysqli_fetch_object()函数从结果中获取一行作为对象

使用 mysqli_fetch_object()函数从结果中获取一行作为对象,同样是确定 SQL 请求返回的对象就可以了。

把 18.3.1 节中实例中的程序:

```php
for($i=0; $i<$rownum; $i++){
    $row = mysqli_fetch_assoc($result);
    echo "Id:".$row['id']."<br />";
    echo "Name:".$row['name']."<br />";
    echo "Age:".$row['age']."<br />";
    echo "Gender:".$row['gender']."<br />";
    echo "Info:".$row['info']."<br />";
}
```

修改如下:

```php
for($i=0; $i<$rownum; $i++){
    $row = mysqli_fetch_object($result);
    echo "Id:".$row->id."<br />";
    echo "Name:".$row->name."<br />";
    echo "Age:".$row->age."<br />";
    echo "Gender:".$row->gender."<br />";
    echo "Info:".$row->info."<br />";
}
```

之后,程序的整体运行结果相同。不同的是,修改之后的程序采用了对象和对象属性的表示方法。但是最后输出的数据结果是相同的。

18.3.7 使用 mysqli_num_rows()函数获取查询结果集中的记录数

使用 mysqli_num_rows()函数获取查询结果包含的数据记录的条数,只需要给出返回的数据对象就可以了。

例如 18.3.1 节实例中,$rownum = mysqli_num_rows($result);语句查询了$result 的记录的条数,并且赋值给$rownum 变量。然后程序利用这个条数的数值,实现了一个 for 循环,遍历所有记录。

18.3.8 使用 mysqli_free_result()函数释放资源

释放资源的函数为 mysqli_free_result(),函数的格式为:

```
mysqli_free_result(SQL 请求所返回的数据库对象)
```

在一切操作都基本完成以后,18.3.1 节实例中程序通过 mysqli_free_result($result);语句释放了 SQL 请求所返回的对象$result 所占用的资源。

18.3.9 使用 mysqli_close()函数关闭连接

在连接数据库时，可以使用 mysqli_connect()函数。与之相对应，在完成了一次对服务器的使用的情况下，需要关闭此连接，以免对 MySQL 服务器中数据的误操作和对资源的释放。一个服务器的连接也是一个对象型的数据类型。

mysqli_connect()函数的格式为：

mysqli_connect(需要关闭的数据库连接对象)

在 18.3.1 节中实例的程序 mysqli_close($db);语句关闭了 "需要关闭的数据库连接对象" 为 $db 对象。

18.4 实战演练 1——使用 INSERT 语句动态添加用户信息

在上一节的实例中，程序通过 form 查询了特定用户名的用户信息。下面将使用其他 SQL 语句实现 PHP 的数据请求。

下例通过使用 adatabase 的 user 数据库表格，添加新的用户信息，具体操作步骤如下。

01 在 phpmysql 文件夹下建立文件 insertform.html，并且输入代码如下。

```html
<html>
<head>
    <title>Adding User</title>
</head>
<body>
    <h2>Adding users to mysql database.</h2>
    <form action="formhandler.php" method="post">
      Select gender:
        <select name="gender">
            <option value="male">man</option>
            <option value="female">woman</option>
        </select><br />
      Fill user name:
        <input name="username" type="text" size="20"/> <br />
      Fill user age:
        <input name="age" type="text" size="3"/> <br />
      Fill user info:
        <input name="info" type="text" size="60"/> <br />
        <input name="submit" type="submit" value="Add"/>
    </form>
</body>
</html>
```

02 在 phpmysql 文件夹下建立文件 insertformhandler.php，并且输入代码如下。

```
<html>
<head>
    <title>User adding</title>
</head>
<body>
    <h2>adding new user.</h2>
<?php
    $username = $_POST['username'];
    $gender = $_POST['gender'];
    $age = $_POST['age'];
    $info = $_POST['info'];
    if(!$username and !$gender and !$age and !$info){
        echo "Error: There is no data passed.";
        exit;
    }
    if(!$username or !$gender or !$age or !$info){
        echo "Error: Some data did not be passed.";
        exit;
    }
    if(!get_magic_quotes_gpc()){
        $username = addslashes($username);
        $gender = addslashes($gender);
        $age = addslashes($age);
        $info = addslashes($info);
    }
        @ $db = mysqli_connect('localhost','root','753951');
        mysqli_select_db($db,'adatabase');
        if(mysqli_connect_errno()){
         echo "Error: Could not connect to mysql database.";
         exit;
        }
        $q = "INSERT INTO user( name, age, gender, info) VALUES ('$username',$age,'$gender','$info')";
        if( !mysqli_query($db,$q)){
            echo "no new user has been added to database.";
        }else{
            echo "New user has been added to database.";
        };
        mysqli_close($db);
?>
```

```
</body>
</html>
```

03 运行 insertform.html，运行结果如图 18-5 所示。

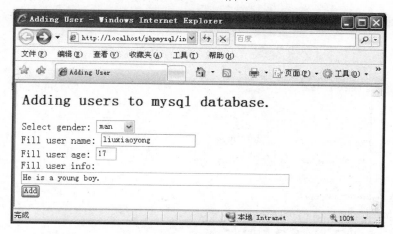

图 18-5　insertform.html

04 单击"Add"按钮，页面跳转至 insertformhandler.php，并且返回信息结构如图 18-6 所示。

图 18-6　insertformhandler.php 页面

这时数据库 user 表格中，就被添加了一个新的元素。

【案例讲解】

（1）insertform.html 文件中，建立了 user 表格中除"id"外每个字段的文本框。

（2）insertformhandler.php 文件中，建立 MySQL 连接，生成连接对象等操作都与上例中的程序相同。只是改变了 SQL 请求语句的内容为$q = "INSERT INTO user(name, age, gender, info) VALUES ('$username',$age,'$gender', '$info')";。

（3）其中 name、gender、info 字段为字符串型，所以'$username'、'$gender'、'$info'三个变量要以字符串形式加入。

18.5 实战演练 2——使用 select 语句查询数据信息

本案例讲述如何使用 select 语句查询数据信息，具体操作步骤如下。

01 在 phpmysql 文件夹下建立文件 selectform.html，并且输入代码如下。

```
<html>
<head>
   <title>Finding User</title>
</head>
<body>
   <h2>Finding users from mysql database.</h2>
   <form action="selectformhandler.php" method="post">
     Select gender:
     <select name="gender">
       <option value="male">man</option>
       <option value="female">woman</option>
     </select><br />
     <input name="submit" type="submit" value="Find"/>
   </form>
</body>
</html>
```

02 在 phpmysql 文件夹下建立文件 selectformhandler.php，并且输入代码如下。

```
<html>
<head>
   <title>User found</title>
</head>
<body>
   <h2>User found from mysql database.</h2>
<?php
    $gender = $_POST['gender'];
    if(!$gender){
        echo "Error: There is no data passed.";
        exit;
    }
    if(!get_magic_quotes_gpc()){
        $gender = addslashes($gender);
    }
        @ $db = mysqli_connect('localhost','root','753951');
        mysqli_select_db($db,'adatabase');
        if(mysqli_connect_errno()){
```

```
            echo "Error: Could not connect to mysql database.";
            exit;
        }
        $q = "SELECT * FROM user WHERE gender = '".$gender."'";
        $result = mysqli_query($db,$q);
        $rownum = mysqli_num_rows($result);
        for($i=0; $i<$rownum; $i++){
            $row = mysqli_fetch_assoc($result);
            echo "Id:".$row['id']."<br />";
            echo "Name:".$row['name']."<br />";
            echo "Age:".$row['age']."<br />";
            echo "Gender:".$row['gender']."<br />";
            echo "Info:".$row['info']."<br />";
        }
        mysqli_free_result($result);
        mysqli_close($db);
?>
</body>
</html>
```

03 运行 selectform.html, 结果如图 18-7 所示。

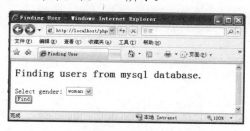

图 18-7 selectform.html

04 单击 "Find" 按钮, 页面跳转至 selectformhandler.php, 并且返回信息如图 18-8 所示。

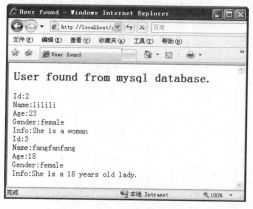

图 18-8 selectformhandler.php

这样程序就给出了所有 gender 为 female 的用户信息。

18.6 高手私房菜

技巧 1：修改 php.ini 文件后仍然不能调用 MySQL 数据库，怎么办？

有时候修改 php.ini 文件不能保证一定可以加载 MySQL 函数库。此时如果使用 phpinfo() 函数不能显示 MySQL 的信息，说明配置失败了。重新按照 18.2 节的内容检查配置是否正确，如果正确，则把 PHP 安装目录下的 libmysql.dll 库文件直接复制，然后拷贝到系统的 system32 目录下，然后重新启动 IIS 或 APACHE，最好再次使用 phpinfo()进行验证，即可看到 MySQL 信息，表示此时已经配置成功。

技巧 2：尽量省略 MySQL 语句中的分号。

在 MySQL 语句中，每一行的命令都是用分号（；）作为结束，但是，当一行 MySQL 被插入 PHP 代码中时，最好把后面的分号去掉。这主要是因为 PHP 也是以分号作为一行的结束标志，额外的分号有时会让 PHP 的语法分析器搞不明白，所以还是去掉的好。在这种情况下，虽然省略了分号，但是 PHP 在执行 MySQL 命令时会自动加上的。

另外还有一个不要加分号的情况。当用户想把字段竖着排列显示下来，而不是像通常的那样横着排列时，可以用 G 来结束一行 SQL 语句，这时就用不上分号了。例如：

SELECT * FROM paper WHERE USER_ID =1G

第 19 章　PHP+MySQL 开发论坛实战

本章将以论坛网站的开发为例进行讲解。论坛网站的开发具有网站开发的代表性。通过本章的学习，读者可以掌握 PHP+MySQL 开发网站的常用知识和技巧。

19.1　网站的需求和功能模块分析

在开发网站之前，首先要分析网站的需求和网站的功能模板。

19.1.1　需求分析

论坛网站的需求分析如下。
（1）论坛的游客可以注册、登录网站和浏览主题。
（2）论坛的普通注册用户拥有浏览、发表主题、回复主题、修改自己的个人资料、查询主题、修改自己发布或回复的帖子等功能。
（3）版主对版块的管理功能，包括对帖子的主要操作为查询主题、置顶、加精、移动、编辑和删除；对用户的操作为禁止发言和删除 id；对版块的操作主要包括发布版块和广告。
（4）系统管理员对版块的操作为建立、修改和删除版块；对用户的操作为禁止发言和删除 id；对帖子的主要操作为查询主题、置顶、加精、移动、编辑和删除；对论坛的操作为开放或关闭会员注册功能。

19.1.2　网站功能模块分析

网站功能模块主要如下。
（1）会员注册模块：新会员注册，提供会员信息，检验会员信息的有效性，并将会员信息持久化。
（2）会员登录模块：提供用户凭证，验证用户信息，基于角色授权。
（3）会员管理模块：管理员由系统初始化分配一个，管理员可以对会员信息进行部分更改，主要包括角色调整、版主调整、删除会员等。
（4）论坛版块管理模块：管理员可以添加、删除、调整、置顶、隐藏论坛版块。
（5）帖子管理模块：管理员可以对所有帖子进行转移、置顶、删除等操作，版主可以对本版块帖子进行置顶、删除等操作。
（6）帖子发表模块：用户可以在其权限允许的版块内发表帖子。
（7）帖子回复模块：用户可以对其权限允许的主题发表回复。
（8）帖子浏览模块：用户可以浏览所有可见的帖子。

（9）帖子检索模块：注册用户可以提供标题关键字检索所有可见的主题帖，并可以查看自己发表或回复的帖子。

19.2 数据库分析

分析完网站的功能后，开始分析数据库的逻辑结构并建立数据表。

19.2.1 分析数据库

本论坛的数据库名称为"bbs_data"，共有 5 个数据表，各个数据表之间的逻辑关系如图 19-1 所示。

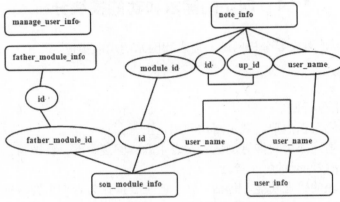

图 19-1 数据表的逻辑关系图

19.2.2 创建数据表

分析数据库的结构后，即可创建数据表，各个数据表如表 19-1 所示。

表 19-1 manage_user_info（管理用户信息数据表）

编号	字段名	类型	字段意义	备注
1	id	int		
2	user_name	char(16)	管理用户登录名	
3	user_pw	char(16)		

表 19-2 user_info（用户信息数据表）

编号	字段名	类型	字段意义	备注
1	id	int		
2	user_name	char(16)	管理用户登录名	
3	user_pw	char(16)		
4	time1	datetime	注册时间	
5	time2	datetime	最后登录时间	

表 19-3 father_module_info（父版块信息数据表）

编号	字段名	类型	字段意义	备注
1	id	int		1
2	module_name	char(66)	版块名称	2
3	show_order	int	显示序号	3

表 19-4 son_module_info（子版块信息数据表）

编号	字段名	类型	字段意义	备注
1	id	int		
2	father_module_id	int	隶属的大版块的 id	同 father_module_info 中 id
3	module_name	char(66)	子版块名称	
4	module_cont	text	子版块简介	
5	user_name	char(16)	发帖用户名	同 user_info 中的 user_name

表 19-5 note_info（发帖信息数据表）

编号	字段名	类型	字段意义	备注
1	id	int		
2	module_id	int	隶属的子版块的 id	同 son_module_info 中 id
3	up_id	int	回复帖子的 id	同本表中的 id
4	title	char(88)	帖子标题	
5	cont	text	帖子内容	
6	time	datetime	发帖时间	
7	user_name	char(16)	发帖用户名	同 user_info 中的 user_name
8	times	int	浏览次数	

19.3　论坛的代码实现

下面来分析论坛的代码是如何实现的。

19.3.1　数据库连接相关文件

文件 mysql.inc 位于附书源代码中，主要用于自编连接数据库、服务器以及执行 SQL 语句的函数库，具体代码如下。

```
<?php
class mysql{
    //连接服务器、数据库以及执行 SQL 语句的类库
    public $database;
    public $server_username;
    public $server_userpassword;
```

```php
        function mysql()
        {   //构造函数初始化所要连接的数据库
            $this->server_username="root";
            $this->server_userpassword="";
        }//end mysql()
        function link($database)
        {   //连接服务器和数据库
            //设置所有连接的数据库
            if ($database==""){
                $this->database="bbs_data";
            }else{
                $this->database=$database;
            }
            //连接服务器和数据库
            if(@$id=mysql_connect('localhost',$this->server_username,$this->server_userpassword)){
                if(!mysql_select_db($this->database,$id)){
                    echo "数据库连接错误！！！";
                    exit;
                }
            }else{
                echo "服务器正在维护中，请稍后重试！！！";
                exit;
            }
        }//end link($database)
        function excu($query)
        {   //执行 SQL 语句
            if($result=mysql_query($query)){
                return $result;
            }else{
                echo "sql 语句执行错误！！！请重试!!!";
                exit;
            }
        } //end  excu($query)
} //end class mysql
?>
```

文件 myfunction.inc 位于附书源代码中，主要用于自编函数库，具体代码如下。

```php
<?php
class myfunction{
/////////////////字符转换：向数据库中插入或更新时用/////////////////////////
    function str_to($str)
    {
```

```php
$str=str_replace(" "," ",$str);    //把空格替换 html 的字符串空格
$str=str_replace("<","&lt;",$str);      //把 html 的输出标志正常输出
$str=str_replace(">","&gt;",$str);      //把 html 的输出标志正常输出
$str=nl2br($str);                       //把回车替换成 html 中的 br
return $str;
    }
//////////////////由子版块的 id 返回该子版块的主题数//////////////////////
    function son_module_idtonote_num($son_module_id){
        $aa=new mysql;
        $aa->link("");
        $query="select * from note_info where module_id='".$son_module_id."' and up_id='0'";
        $rst=$aa->excu($query);
        return mysql_num_rows($rst);
    }
//////////////////////////////////////////////////////////
//////////////////由子版块的 id 返回该子版块的帖子数//////////////////////
    function son_module_idtonote_num2($son_module_id){
    //由子版块的 id 返回该子版块的主题数
        $aa=new mysql;
        $aa->link("");
        $query="select * from note_info where module_id='".$son_module_id."' and up_id='0'";
        $rst=$aa->excu($query);
        $num=mysql_num_rows($rst);
        while ($note=mysql_fetch_array($rst,MYSQL_ASSOC)){
            $query="select * from note_info where up_id='".$note['id']."' and module_id='0'";
            $rst=$aa->excu($query);
            $num+=mysql_num_rows($rst);
            }
        return $num;
    }
//////////////////由子版块的 id 输出该子版块的最新帖子//////////////////////
    function son_module_idtolast_note($son_module_id){
    //由子版块的 id 输出该子版块的最新帖子
        $aa=new mysql;
        $aa->link("");
        $query="select * from note_info where module_id='".$son_module_id."' order by time desc limit 0,1";
        $rst=$aa->excu($query);
        $note=mysql_fetch_array($rst,MYSQL_ASSOC);
            $query2="select * from note_info where id='".$note['up_id']."'";
            $rst2=$aa->excu($query);
            $note2=mysql_fetch_array($rst2,MYSQL_ASSOC);
```

```php
            echo $note2['title'];
            echo "<br>";
            echo $note['time']."  ".$note['user_name'];
    }
/////////////////////由子版块的id输出该子版块的版主//////////////////////
    function son_module_idtouser_name($son_module_id){
    //由子版块的id输出该子版块的版主
        $aa=new mysql;
        $aa->link("");
        $query="select * from son_module_info where id='".$son_module_id."'";
        $rst=$aa->excu($query);
        $module=mysql_fetch_array($rst,MYSQL_ASSOC);
        if ($module['user_name']==""){
            return "版主暂缺";
        }else{
            return $module['user_name'];
        }
    }
////////////////////输出所有版块的下拉列表（子版块有参数）//////////////////////
    function son_module_list($son_module_id){
    //输出所有版块的下拉列表（子版块有参数）
        $aa=new mysql;
        $aa->link("");
        $query="select * from father_module_info order by id";
        $rst=$aa->excu($query);
        echo "<select name=module_id>";
        while($father_module=mysql_fetch_array($rst,MYSQL_ASSOC)){
            echo "<option value=>".$father_module['module_name']."</option>";
            $query="select * from son_module_info where father_module_id='".$father_module['id']."' order by id ";
            $rst2=$aa->excu($query);
            while($son_module=mysql_fetch_array($rst2,MYSQL_ASSOC)){
                echo"<option value=".$son_module['id'].">  ".$son_module['module_name']."</option>";
            }
        }
        echo "</select>";
    }
////////////////////////输出父版块的下拉列表/////////////////////////////
    function father_module_list($father_module_id){
    //输出父版块的下拉列表
        $aa=new mysql;
```

```php
            $aa->link("");
            echo "<select name=father_module_id>";
            if ($father_module_id==""){
                echo "<option selected>请选择...</option>";
            }else{
                $query="select * from father_module_info where id='$father_module_id'";
                $rst=$aa->excu($query);
                $father_module=mysql_fetch_array($rst,MYSQL_ASSOC);
                echo"<option value=".$father_module['id'].">".$father_module['module_name']."</option>";
            }
            $query="select * from father_module_info order by show_order";
            $rst=$aa->excu($query);
            while($father_module=mysql_fetch_array($rst,MYSQL_ASSOC)){
                echo "<option value=".$father_module['id'].">".$father_module['module_name']."</option>";
            }
            echo "</select>";
        }
//////////////////////由帖子的 id 返回该帖子被浏览的次数//////////////////////
        function note_idtotimes($note_id){
            $aa=new mysql;
            $aa->link("");
            $query="select * from note_info where id='".$note_id."'";
            $rst=$aa->excu($query);
            $note=mysql_fetch_array($rst,MYSQL_ASSOC);
            return $note['times'];
        }
//////////////////////由帖子的 id 返回该帖子的标题//////////////////////
        function note_idtotitle($note_id){
            $aa=new mysql;
            $aa->link("");
            $query="select * from note_info where id='$note_id'";
            $rst=$aa->excu($query);
            $note=mysql_fetch_array($rst,MYSQL_ASSOC);
            return $note['title'];
        }
//////////////////////由帖子的 id 返回帖子的回复数//////////////////////
        function note_idtonote_num($note_id){
            $aa=new mysql;
            $aa->link("");
            $query="select * from note_info where up_id='".$note_id."'";
            $rst=$aa->excu($query);
```

```php
            $num=mysql_num_rows($rst);
            return $num+1;
        }
//////////////////////由帖子的id输出帖子的最后回复时间//////////////////////
        function note_idtolast_time($note_id){
            $aa=new mysql;
            $aa->link("");
            $query="select * from note_info where up_id='$note_id' order by time desc limit 0,1";
            $rst=$aa->excu($query);
            $note=mysql_fetch_array($rst,MYSQL_ASSOC);
            echo $note['time'];
        }
//////////////////////由帖子的id输出帖子的最后回复人//////////////////////
        function note_idtolast_user_name($note_id){
            $aa=new mysql;
            $aa->link("");
            $query="select * from note_info where up_id='$note_id' order by time desc limit 0,1";
            $rst=$aa->excu($query);
            $note=mysql_fetch_array($rst,MYSQL_ASSOC);
            echo $note['user_name'];
        }
//////////////////////由子版块的id返回其父版块的名称//////////////////////
        function son_module_idtofather_name($son_module_id){
            $aa=new mysql;
            $aa->link("");
            $query="select * from son_module_info where id='$son_module_id'";
            $rst=$aa->excu($query);
            $module=mysql_fetch_array($rst,MYSQL_ASSOC);
            $query2="select * from father_module_info where id='$module[father_module_id]'";
            $rst2=$aa->excu($query2);
            $module2=mysql_fetch_array($rst2,MYSQL_ASSOC);
            return $module2['module_name'];
        }
//////////////////////由子版块的id返回本版块的名称//////////////////////
        function son_module_idtomodule_name($son_module_id){
            $aa=new mysql;
            $aa->link("");
            $query="select * from son_module_info where id='".$son_module_id."'";
            $rst=$aa->excu($query);
            $module=mysql_fetch_array($rst,MYSQL_ASSOC);
            return $module['module_name'];
        }
```

```php
//////////////////所有帖子的总数//////////////////////
    function note_total_num(){
        $aa=new mysql;
        $aa->link("");
        $query="select * from note_info";
        $rst=$aa->excu($query);
        return mysql_num_rows($rst);
    }
//////////////////所有会员的总数//////////////////////
    function user_total_num(){
        $aa=new mysql;
        $aa->link("");
        $query="select * from user_info";
        $rst=$aa->excu($query);
        return mysql_num_rows($rst);
    }
//////////////////所有会员的总数//////////////////////
    function last_username(){
        $aa=new mysql;
        $aa->link("");
        $query="select * from user_info order by id desc limit 0,1";
        $rst=$aa->excu($query);
        $user=mysql_fetch_array($rst,MYSQL_ASSOC);
        return $user['user_name'];
    }
////////////分页函数/////////////////
    function page($query,$page_id,$add,$num_per_page){
    //    include "mysql.inc";
    ////////使用方法为:
    ////////    $myf=new myfunction;
    ////////    $query="";
    ////////    $myf->page($query,$page_id,$add,$num_per_page);
    ////////    $bb=$aa->excu($query);
        $bb=new mysql;
        global $query;          //声明全局变量
        $bb->link("");
        $page_id=@$_GET['page_id'];     //接收 page_id
        if ($page_id==""){
            $page_id=1;
        }
        $rst=$bb->excu($query);
        $num=mysql_num_rows($rst);
```

```php
    if ($num==0){
        echo "没有查到相关记录或没有相关回复！<br>";
        }
    $page_num=ceil($num/$num_per_page);
    for ($i=1;$i<=$page_num;$i++){
        echo " [<a href=?".$add."page_id=".$i.">".$i."</a>]";
        }
    $page_up=$page_id-1;
    $page_down=$page_id+1;
    if ($page_id==1){
        echo "<a href=?".$add."page_id=".$page_down.">下一页</a>  第".$page_id."页,共".$page_num."页";
        }
    else if ($page_id>=$page_num-1){
         echo "<a href=?".$add."page_id=".$page_up.">上一页</a>  第".$page_id."页,共".$page_num."页";
        }
    else{
        echo "<a href=?".$add."page_id=".$page_up.">上一页</a>  <a href=?".$add."page_id=".$page_down.">下一页</a>  第".$page_id."页,共".$page_num."页";
        }
    $page_jump=$num_per_page*($page_id-1);
    $query=$query." limit $page_jump,$num_per_page";
    }
}//end myfunction
?>
```

19.3.2 论坛主页面

论坛主页面的相关文件如下。

文件 head.php 位于随书光盘的 ch19\inc\下，为论坛的头文件，代码如下。

```php
<?php
@session_start();
?>
<style type="text/css">
<!--
@font-face {
  font-family: 'Hanyihei';
  src: url("inc/hanyihei.ttf") format("truetype");
  font-style: normal; }
@font-face {
```

```
        font-family: 'Minijanxixingkai';
        src: url("inc/minijanxixingkai.ttf") format("truetype");
        font-style: normal; }
.STYLE1 {
    font-family: 'Hanyihei';
    font-size: 36px;
        color:#024f6c;
}
.STYLE2 {
        font-family: 'Hanyihei';
}
-->
</style>
<table width="98%" border="0" align="center" cellpadding="0" cellspacing="1">
  <tr>
    <td height="60" bgcolor="f0b604"><span class="STYLE1">  迅捷 BBS 系统</span></td>
  </tr>
  <tr>
    <td height="2"></td>
  </tr>
</table>
```

文件 foot.php 位于附书源代码中,为论坛的版权文件,具体代码如下。

```
<table width="98%" border="0" align="center" cellpadding="0" cellspacing="0">
  <tr>
    <td height="10"></td>
  </tr>
  <tr>
    <td height="10" bgcolor="#5F8AC5"></td>
  </tr>
  <tr>
    <td height="40" align="center" valign="middle" bgcolor="#f0b604">建议使用浏览器 IE 6.0 以上  分辨率 1024*768 以上<br>
        版权所有:<a href="http://www.quickbbs.net" target="_blank">迅捷 BBS</a> </td>
  </tr>
</table>
```

文件 total_info.php 位于附书源代码中,为论坛的总信息文件,具体代码如下。

```
<?php
//@session_start();
//用户登录并注册 SESSION
if(isset($_POST['tijiao'])){
```

```php
        $tijiao=$_POST['tijiao'];
    }
    if(@$tijiao=="提交"){
            $user_name=@$_POST['user_name'];
            $user_pw=@$_POST['user_pw'];
            $check_query="select * from user_info where user_name='".$user_name."'";
            $check_rst=$aa->excu($check_query);
            $user=mysql_fetch_array($check_rst);
                if ($user_pw==$user['user_pw']){
                $_SESSION['user_name']=$user['user_name'];
                $today=date("Y-m-d H:i:s");
                $query="update user_info set time2='".$today."' where user_name='".$_SESSION['user_name']."'";
                $aa->excu($query);
                }
    }
    if(@$tijiao=="安全退出"){
    $_SESSION['user_name']="";
    }
    ?>
    <table width="98%" border="0" align="center" cellpadding="0" cellspacing="1">
       <tr><form id="form1" name="form1" method="post" action="#">
         <td width="80%" height="25" align="left" valign="middle" bgcolor="5F8AC5"> 
         <?php
         if(@$_SESSION['user_name']!=""){
         echo "<font color=ffffff>欢迎您:".$_SESSION['user_name']."</font>";
         echo "         
    <input type='submit' name='tijiao' value='安全退出'>";
            }else{
            ?>
                用户名:
                <input type="text" name="user_name" size="8" />
                密码:<input type="text" name="user_pw" size="8" />
                <input type="submit" name="tijiao" value="提交" />
                    <a href="register.php"><font color="#FFFFFF">我要注册</font></a>
            <?php
            }
            ?>
         </td>
          </form>
         <td width="20%" align="right" valign="middle" bgcolor="5F8AC5">
         <?php
```

```
            $today=date("Y-m-d H:i:s");
            echo $today;
        ?>
        </td>
    </tr>
    <tr>
        <td height="25" colspan="2" align="right" valign="middle">帖子总数：<?php
echo $bb->note_total_num();?>  会员总数：<?php
echo $bb->user_total_num();?>  欢迎新会员：
<?php echo $bb->last_username();?>  </td>
    </tr>
    <tr>
        <td height="13" colspan="2" align="right" valign="middle"> </td>
    </tr>
</table>
```

文件 index.php 位于附书源代码中，是用户访问的主页，具体代码如下。

```
<html>
<head>
    <meta http-equiv="Content-Type" content="text/html; charset=utf-8" />
<title>===迅捷 BBS 系统===</title>
<link href="inc/style.css" rel="stylesheet" type="text/css" />
</head>
<body>
<?php
@session_start();
include "inc/mysql.inc";
include "inc/myfunction.inc";
include "inc/head.php";
$aa=new mysql;
$bb=new myfunction;
$aa->link("");
include "inc/total_info.php";
?>
<table class='indextemp' width="98%" border="0" align="center" cellpadding="0" cellspacing="1" bgcolor="#FFFFFF">
    <tr>
        <td width="50%" height="25" align="center" valign="middle" bgcolor="5F8AC5">
<span class="STYLE2">讨论区</span></td>
        <td width="10%" align="center" valign="middle" bgcolor="5F8AC5"><span class="STYLE2">
主 题</span></td>
        <td width="10%" align="center" valign="middle" bgcolor="5F8AC5"><span class="STYLE2">
```

帖 子</span></td>
          <td width="20%" align="center" valign="middle" bgcolor="5F8AC5"><span class="STYLE2">最新帖子</span></td>
          <td width="10%" align="center" valign="middle" bgcolor="5F8AC5"><span class="STYLE2">版 主</span></td>
        </tr>
        <tr>
          <td colspan="5">
          <?php
          $query="select * from father_module_info order by id";
          $result=$aa->excu($query);
          while($father_module=mysql_fetch_array($result)){
          ?>
          <table width="100%" border="0" cellspacing="0" cellpadding="0">
            <tr>
              <td height="25" colspan="6" bgcolor="98B2CC">   <img src="pic_sys/li-1.gif" width="16" height="15">   <?php echo $father_module['module_name']?></td>
            </tr>
            <?php
             $query2="select * from son_module_info where father_module_id='".$father_module['id']."' order by id";
              $result2=$aa->excu($query2);
              while($son_module=mysql_fetch_array($result2)){
              ?>
            <tr>
              <td width="5%" height="40" align="center" valign="middle"><img src="pic_sys/li-2.gif" width="32" height="32"></td>
              <td width="45%" align="left" valign="middle">
                <?php
                echo "<b><a href=module_list.php?module_id=".$son_module['id'].">
<font color=0000ff>".$son_module["module_name"]."</font></a></b>
";
                echo $son_module["module_cont"];
                ?>   </td>
              <td width="10%" align="center" valign="middle"><?php echo $bb->son_module_idtonote_num($son_module["id"]);?></td>
              <td width="10%" align="center" valign="middle"><?php echo $bb->son_module_idtonote_num2($son_module["id"]);?></td>
              <td width="20%" align="left" valign="middle"><?php echo $bb->son_module_idtolast_note($son_module["id"]);?></td>
              <td width="10%" align="center" valign="middle"><?php echo $bb->son_module_idtouser_name($son_module["id"]);?></td>

```
            </tr>
              <?php }?>
        </table>
          <?php }    ?>
          </td>
      </tr>
  </table>
  <?php
  include "inc/foot.php";
  ?>
  </body>
  </html>
```

主页运行后效果如图 19-2 所示。

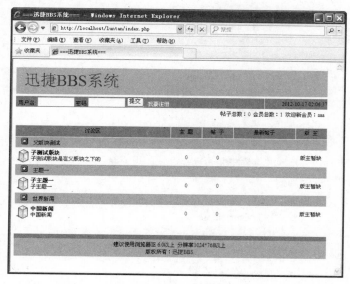

图 19-2　论坛主页面

19.3.3　新用户注册页面

文件 register.php 位于附书源代码中，是新用户注册页面，具体代码如下。

```
<html>
<head>
<meta http-equiv="Content-Type" content="text/html; charset=utf-8" />
<title>===迅捷 BBS 系统===</title>
<link href="inc/style.css" rel="stylesheet" type="text/css" />
</head>
<body>
<?php
```

```php
include "inc/mysql.inc";
include "inc/myfunction.inc";
include "inc/head.php";
$aa=new mysql;
$bb=new myfunction;
$aa->link("");
include "inc/total_info.php";
?>
<table width="98%" border="0" align="center" cellpadding="0" cellspacing="0">
  <tr>
    <td width="73%" height="30"><a href="./">迅捷ＢＢＳ系统</a>>>>新用户注册</td>
    <td width="27%" align="right" valign="middle"><a href="new_note.php"></a></td>
  </tr>
</table>
<table width="98%" border="0" align="center" cellpadding="0" cellspacing="1" bgcolor="#FFFFFF">
  <tr>
    <td height="25" align="center" valign="middle" bgcolor="5F8AC5">发 布 新 帖</td>
  </tr>
  <tr>
    <td height="25" align="center" valign="middle">
    <?php
    //接收提交表单内容检验数据库中是否已经存在此用户名,不存在写入数据库
    $tijiao=@$_POST['tijiao'];
    if ($tijiao=="提交"){
         $user_name=@$_POST['user_name'];
         $query="select * from user_info where user_name='$user_name'";
         $rst=$aa->excu($query);
         if (mysql_num_rows($rst)!=0){
              echo "===您注册的用户名已经存在，请选择其他的用户名重新注册！===";
         }else{
              $user_pw1=$_POST['user_pw1'];
              $user_pw2=$_POST['user_pw2'];
              if ($user_pw1!=$user_pw2){
                   echo "===您两次输入的密码不匹配，请重新输入！===";
              }else{
                   $today=date("Y-m-d H:i:s");
                   $query="insert into user_info (user_name,user_pw,time1) values('$user_name','$user_pw1','$today')";
                   if ($aa->excu($query)){
                        echo "===恭喜您，注册成功！请<a href=../>返回主页</a>登录===";
```

```php
                    $register_tag=1;
                }
            }
        }
    }
    //显示注册表单
    if (@$register_tag!=1){
    ?>
    <form name="form1" method="post" action="#">
    <table width="500" border="0" cellpadding="0" cellspacing="2">
      <tr>
        <td width="122" height="26" align="right" valign="middle" bgcolor="#CCCCCC">用户名:</td>
        <td width="372" height="26" align="left" valign="middle" bgcolor="#CCCCCC"><input type="text" name="user_name"></td>
      </tr>
      <tr>
        <td height="26" align="right" valign="middle" bgcolor="#CCCCCC">密码:</td>
        <td height="26" align="left" valign="middle" bgcolor="#CCCCCC"><input type="text" name="user_pw1"></td>
      </tr>
      <tr>
        <td height="26" align="right" valign="middle" bgcolor="#CCCCCC">重复密码:</td>
        <td height="26" align="left" valign="middle" bgcolor="#CCCCCC"><input type="text" name="user_pw2"></td>
      </tr>
      <tr>
        <td height="26" colspan="2" align="center" valign="middle" bgcolor="#CCCCCC"><input type="submit" name="tijiao" value="提 交">    <input type="reset" name="Submit2" value="重 置"></td>
      </tr>
    </table>
    </form>
    <?php
    }
    ?>
    </td>
  </tr>
  <tr>
    <td height="1" bgcolor="#CCCCCC"></td>
  </tr>
```

```
</table>
<?php
include "inc/foot.php";
?>
</body>
</html>
```

注册页面的运行效果如图 19-3 所示。输入用户名和密码后，单击【提交】按钮即可注册新用户。

图 19-3 新用户注册页面

注册完成后，即可在主页输入用户名和密码，单击【提交】按钮，登录论坛系统。登录后效果如图 19-4 所示。单击【安全退出】按钮，即可退出登录操作。

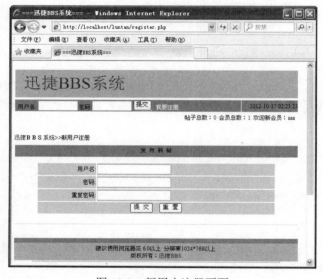

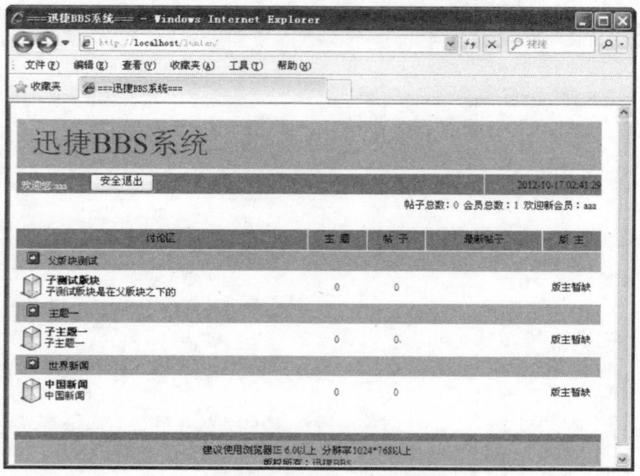

图 19-4 用户成功登录页面

19.3.4 论坛帖子的相关页面

下面介绍论坛帖子的相关页面。

文件 new_note.php 位于随书光盘的 ch19\下,是用于发布新帖的页面,具体代码如下。

```
<html>
<head>
<meta http-equiv="Content-Type" content="text/html; charset=utf-8" />
<title>===迅捷 BBS 系统===</title>
<link href="inc/style.css" rel="stylesheet" type="text/css" />
</head>
<body>
<?php
//@session_start();
include "inc/mysql.inc";
include "inc/myfunction.inc";
include "inc/head.php";
$aa=new mysql;
$bb=new myfunction;
$aa->link("");
include "inc/total_info.php";
?>
<table width="98%" border="0" align="center" cellpadding="0" cellspacing="0">
  <tr>
    <td width="73%" height="30"><a href="./">迅捷ＢＢＳ系统</a>>>发新帖子</td>
    <td width="27%" align="right" valign="middle"><a href="new_note.php">
<img src="pic_sys/post.gif" width="82" height="20"></a></td>
  </tr>
</table>
<table width="98%" border="0" align="center" cellpadding="0" cellspacing="1" bgcolor="#FFFFFF">
  <tr>
    <td height="25" align="center" valign="middle" bgcolor="5F8AC5">发 布 新 帖</td>
  </tr>
  <tr>
    <td height="25" align="center" valign="middle">
    <?php
         if (@$_SESSION['user_name']==""){
    echo "===请先登录！==";
    }else{
    //接收提交表单内容写入数据库
    $tijiao=@$_POST['tijiao'];
    if ($tijiao=="提交"){
         $module_id=@$_POST['module_id'];
```

```php
                    $title=@$_POST['title'];
                    $cont=@$_POST['cont'];
                    $cont=$bb->str_to($cont);
                    $today=date("Y-m-d H:i:s");
                    if ($module_id!="" and $title!="" and $cont!=""){
                        $query="insert into note_info (module_id,title,cont,time,user_name) values('$module_id','$title','$cont','$today','".$_SESSION['user_name']."')";
                        if ($aa->excu($query)){
                            echo "===新帖发布成功，请继续！===";
                        }
                    }else{
                        echo "===请选择子模块，而且标题和内容均不能为空！===";
                    }
                }
                ?>
                <form name="form1" method="post" action="new_note.php">
                <table width="500" border="0" cellpadding="0" cellspacing="2">
                  <tr>
                    <td width="122" height="26" align="right" valign="middle" bgcolor="#CCCCCC">隶属版块:</td>
                    <td width="372" height="26" align="left" valign="middle" bgcolor="#CCCCCC">
                      <?php
                      $bb->son_module_list("");
                      ?>
                      </td>
                  </tr>
                  <tr>
                    <td height="26" align="right" valign="middle" bgcolor="#CCCCCC">标题:</td>
                    <td height="26" align="left" valign="middle" bgcolor="#CCCCCC">
<input type="text" name="title"></td>
                  </tr>
                  <tr>
                    <td height="26" align="right" valign="middle" bgcolor="#CCCCCC">内容:</td>
                    <td height="26" align="left" valign="middle" bgcolor="#CCCCCC">
<textarea name="cont" cols="50" rows="8"></textarea></td>
                  </tr>
                  <tr>
                    <td height="26" align="right" valign="middle" bgcolor="#CCCCCC">发帖人:</td>
                        <td height="26" align="left" valign="middle" bgcolor="#CCCCCC"> 
<?php echo $_SESSION['user_name'];?></td>
                  </tr>
                  <tr>
```

```
            <td height="26" align="right" valign="middle" bgcolor="#CCCCCC">时间:</td>
            <td height="26" align="left" valign="middle" bgcolor="#CCCCCC">系统将自动记录！</td>
         </tr>
         <tr>
            <td height="26" colspan="2" align="center" valign="middle" bgcolor="#CCCCCC">
<input type="submit" name="tijiao" value="提　交">    
<input type="reset" name="submit2" value="重　置"></td>
         </tr>
      </table>
    </form>
    <?php
    }
    ?>
    </td>
  </tr>
  <tr>
    <td height="1" bgcolor="#CCCCCC"></td>
  </tr>
</table>
<?php
include "inc/foot.php";
?>
</body>
</html>
```

发布新帖的页面效果如图 19-5 所示。

图 19-5　发新帖页面

文件 note_show.php 位于随书光盘的 ch19\下，是显示帖子和相关回复的页面，具体代码如下。

```php
<html>
<head>
<meta http-equiv="Content-Type" content="text/html; charset=gb2312" />
<title>===迅捷 BBS 系统===</title>
<link href="inc/style.css" rel="stylesheet" type="text/css" />
</head>
<body>
<?php
include "inc/mysql.inc";
include "inc/myfunction.inc";
include "inc/head.php";
$aa=new mysql;
$bb=new myfunction;
$aa->link("");
include "inc/total_info.php";
$module_id=$_GET[module_id];
$note_id=$_GET[note_id];
?>
<table width="98%" border="0" align="center" cellpadding="0" cellspacing="0">
  <tr>
    <td width="73%" height="30"><a href="./">迅捷 B B S 系统</a>>>
    <?php
    echo "<a href=module_list.php?module_id=".$module_id.">";
    echo $bb->son_module_idtofather_name($module_id);
    echo "</a>>>";
    echo $bb->son_module_idtomodule_name($module_id);
    //删除回复
    $del_id=$_GET[del_id];
    if ($del_id!=""){
        if ($bb->son_module_idtouser_name($module_id)==$_SESSION[user_name]){
            $del_query="delete from note_info where id='$del_id'";
            $aa->excu($del_query);
            echo "<br>===删除回复成功！===";
            }
        }
    //添加回复
    $tijiao=$_POST[tijiao];
    if ($tijiao=="提  交"){
        $title=$_POST[title];
```

```php
            $cont=$_POST[cont];
            $cont=$bb->str_to($cont);
            $today=date("Y-m-d H:i:s");
            if ($_SESSION[user_name]==""){
                $user_name="游客";
            }else{
                $user_name=$_SESSION[user_name];
            }
            $query="insert into note_info(up_id,title,cont,time,user_name)
 values('$note_id','$title','$cont','$today','$user_name')";
            $aa->excu($query);
    }
    ?></td>
    <td width="16%" align="right" valign="middle"><a href="#huifu">
<img src="pic_sys/reply.gif" width="82" height="20"></a></td>
    <td width="11%" align="right" valign="middle"><a href="new_note.php">
<img src="pic_sys/post.gif" width="82" height="20"></a></td>
  </tr>
</table>
<?php
$query="select * from note_info where up_id='$note_id' order by time";
$add="module_id=".$module_id."&note_id=".$note_id."&";
?>
<table width="98%" border="0" align="center" cellpadding="0" cellspacing="0">
  <tr>
    <td height="30" align="left" valign="middle"><?php $bb->page($query,$page_id,$add,20)?>
</td>
  </tr>
</table>
<?php
$query2="select * from note_info where id='$note_id'";
$result2=$aa->excu($query2);
$note2=mysql_fetch_array($result2);
?>
<table width="98%" border="0" align="center" cellpadding="0" cellspacing="1" bgcolor="#FFFFFF">
  <tr>
    <td width="71%" height="25" align="left" valign="middle" bgcolor="5F8AC5">标题：
<?php
echo $note2[title]?></td>
    <td width="29%" align="center" valign="middle" bgcolor="5F8AC5">发帖时间：
<?php echo $note2[time]?></td>
  </tr>
```

```
    <tr>
       <td height="1" colspan="2" bgcolor="#CCCCCC"></td>
    </tr>
</table>
<table width="98%" border="0" align="center" cellpadding="0" cellspacing="0">
    <tr>
       <td width="16%" height="15" align="center" valign="top"><img src="pic_sys/head2.jpg" width="85" height="90"><br><?php echo $note2[user_name]?></td>
       <td align="left" valign="middle"><?php echo $note2[cont]?></td>
    </tr>
    <tr>
       <td height="8" colspan="2" align="center" valign="top" bgcolor="#5F8AC5"></td>
    </tr>
</table>
<?php
$rst=$aa->excu($query);
if (mysql_num_rows($rst)!=0){
?>
<table width="98%" border="0" align="center" cellpadding="0" cellspacing="0">
    <?php
    while ($note=mysql_fetch_array($rst)){
    ?>
    <tr>
       <td width="16%" height="120" rowspan="3" align="center" valign="top">
         <?php
         if ($note[user_name]=="游客"){
         ?>
         <img src="pic_sys/head1.png" width="100" height="100">
         <br>
         游客
         <?php
         }else{
         ?>
         <img src="pic_sys/head2.jpg" width="85" height="90"><br>
         <?php
         echo $note[user_name];
         }
         ?>
       </td>
       <td width="54%" height="26" align="left" valign="middle"><?php echo $note[title]?></td>
       <td width="18%" height="26" align="center" valign="middle"><?php echo $note[time]?></td>
       <td width="12%" height="26" align="center" valign="middle">
```

```php
    <?php
        if ($bb->son_module_idtouser_name($module_id)==$_SESSION[user_name] || $_SESSION[manage_tag]==1){
            echo "<a href=?module_id=".$module_id."&note_id=".$note_id."&page_id=".$page_id."&del_id=".$note[id].">删除回复</a>";
        }
    ?>    </td>
  </tr>
  <tr>
    <td height="1" colspan="3" align="left" valign="top" bgcolor="#CCCCCC"></td>
  </tr>
    <tr>
    <td height="70" colspan="3" align="left" valign="top"><?php echo $note[cont]?></td>
  </tr>
  <tr>
    <td height="2" colspan="4" align="center" valign="top" bgcolor="#CCCCCC"></td>
  </tr>
  <?php }?>
</table>
<?php
    }
?>
<table width="98%" border="0" align="center" cellpadding="0" cellspacing="0">
  <tr>
    <td height="30" align="right" valign="bottom"><?php
    $query="select * from note_info where up_id='$note_id' order by time desc";
    $bb->page($query,$page_id,$add,20);
    ?></td>
  </tr>
</table>
<form name="form1" method="post" action="#">
<table width="500" border="0" align="center" cellpadding="0" cellspacing="2">
  <tr>
    <td height="26" colspan="2" align="center" valign="middle" bgcolor="#CCCCCC"><a name="huifu">回 复 此 帖</a></td>
  </tr>
  <tr>
    <td width="122" height="26" align="right" valign="middle" bgcolor="#CCCCCC">标题:</td>
    <td width="372" height="26" align="left" valign="middle" bgcolor="#CCCCCC">

    <?php
```

```html
            $reply_title="回复:".$bb->note_idtotitle($note_id);
            echo $reply_title;
    ?>
        <input type="hidden" name="title" value="<?php echo $reply_title?>">
        </td>
    </tr>
    <tr>
        <td height="26" align="right" valign="middle" bgcolor="#CCCCCC">内容:</td>
        <td height="26" align="left" valign="middle" bgcolor="#CCCCCC">
<textarea name="cont" cols="50" rows="8"></textarea></td>
    </tr>
    <tr>
        <td height="26" align="right" valign="middle" bgcolor="#CCCCCC">发贴人:</td>
        <td height="26" align="left" valign="middle" bgcolor="#CCCCCC"> 
        <?php
            if ($_SESSION[user_name]==""){
                echo "游客";
            }else{
                echo $_SESSION[user_name];
            }
        ?></td>
    </tr>
    <tr>
        <td height="26" align="right" valign="middle" bgcolor="#CCCCCC">时间:</td>
        <td height="26" align="left" valign="middle" bgcolor="#CCCCCC">系统将自动记录！</td>
    </tr>
    <tr>
        <td height="26" colspan="2" align="center" valign="middle" bgcolor="#CCCCCC">
<input type="submit" name="tijiao" value="提 交">
            
        <input type="reset" name="Submit2" value="重 置"></td>
    </tr>
</table>
</form>
<?php
include "inc/foot.php";
?>
</body>
</html>
```

回复帖子页面效果如图 19-6 所示。

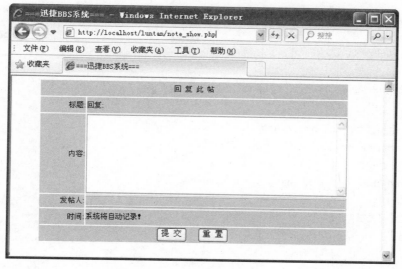

图 19-6 回复帖子页面

文件 module_list.php 位于随书光盘的 ch19\下,是显示子模块下帖子列表的页面,具体代码如下。

```
<html>
<head>
<meta http-equiv="Content-Type" content="text/html; charset=utf-8" />
<title>===迅捷 BBS 系统===</title>
<link href="inc/style.css" rel="stylesheet" type="text/css" />
</head>
<body>
<?php
@session_start();
include "inc/mysql.inc";
include "inc/myfunction.inc";
include "inc/head.php";
$aa=new mysql;
$bb=new myfunction;
$aa->link("");
include "inc/total_info.php";
$module_id=@$_GET['module_id'];
$del_id=@$_GET['del_id'];
if ($bb->son_module_idtouser_name($module_id)==@$_SESSION['user_name']){
    $query="delete from note_info where id='".$del_id."'";
    $aa->excu($query);
    }
$query="select * from note_info where module_id='".$module_id."' order by time desc";
```

```
$add="module_id=".$module_id."&";
?>
<table width="98%" border="0" align="center" cellpadding="0" cellspacing="0">
  <tr>
    <td width="73%" height="30"><a href="./">迅捷ＢＢＳ系统</a>>>
    <?php
    echo "<a href=module_list.php?module_id=".$module_id.">";
    echo $bb->son_module_idtofather_name($module_id);
    echo "</a>>>";
    echo $bb->son_module_idtomodule_name($module_id);
    ?></td>
    <td width="27%" align="right" valign="middle"><a href="new_note.php">
<img src="pic_sys/post.gif" width="82" height="20"></a></td>
  </tr>
</table>
<table width="98%" border="0" align="center" cellpadding="0" cellspacing="0">
  <tr>
    <td height="30" align="left" valign="middle"><?php $bb->page($query,@$page_id,$add,20)?></td>
  </tr>
</table>
<table width="98%" border="0" align="center" cellpadding="0" cellspacing="1" bgcolor="#FFFFFF">
  <tr>
    <td width="3%" height="25" align="center" valign="middle" bgcolor="5F8AC5"> </td>
    <td width="5%" align="center" valign="middle" bgcolor="5F8AC5">人气</td>
    <td width="50%" align="center" valign="middle" bgcolor="5F8AC5">标    题</td>
    <td width="9%" align="center" valign="middle" bgcolor="5F8AC5">发起人</td>
    <td width="5%" align="center" valign="middle" bgcolor="5F8AC5">帖子数</td>
    <td width="16%" align="center" valign="middle" bgcolor="5F8AC5">最后发表时间</td>
    <td width="12%" align="center" valign="middle" bgcolor="5F8AC5">最后发表人</td>
  </tr>
  <?php
    $result=$aa->excu($query);
    while($note=mysql_fetch_array($result)){
  ?>
  <tr>
    <td height="25" align="center" valign="middle"><img src="pic_sys/li-3.gif" width="14" height="11"></td>
    <td height="25" align="center" valign="middle"><?php echo $bb->note_idtotimes($note['id']);?></td>
    <td height="25" align="left" valign="middle"><?php
    echo "<a href=note_show.php?module_id=".$module_id."&note_id=".$note['id'].">".$note['title']."</a>";
    if ($bb->son_module_idtouser_name($module_id)==$_SESSION['user_name'])
|| $_SESSION['manage_tag']==1){
```

```php
            echo "  
<a href=module_list.php?module_id=".$module_id."&page_id=".$page_id."&del_id=".$note['id'].">
删除此帖</a>";
            }
         ?></td>
         <td height="25" align="center" valign="middle"><?php echo $note['user_name'];?></td>
         <td height="25" align="center" valign="middle">
<?php echo $bb->note_idtonote_num($note['id']);?></td>
         <td height="25" align="center" valign="middle">
<?php echo $bb->note_idtolast_time($note['id']);?></td>
         <td height="25" align="center" valign="middle">
<?php echo $bb->note_idtolast_user_name($note['id']);?></td>
      </tr>
      <tr>
         <td height="1" colspan="7" bgcolor="#CCCCCC"></td>
      </tr>
      <?php
      }
      ?>
</table>
<table width="98%" border="0" align="center" cellpadding="0" cellspacing="0">
   <tr>
      <td height="30" align="right" valign="bottom">
      <?php
      $query="select * from note_info where module_id='".$module_id."' order by time desc";
      $bb->page($query,@$page_id,$add,20)
      ?></td>
   </tr>
</table>
<?php
include "inc/foot.php";
?>
</body>
</html>
```

显示帖子的页面效果如图 19-7 所示。

图 19-7 显示帖子列表页面

19.3.5 后台管理系统的相关页面

下面介绍后台管理系统的相关页面。

文件 login.php 位于随书光盘的 ch19\manage\ 下,是管理用户的登录页面,具体代码如下。

```php
<?php
    include "../inc/mysql.inc";
    include "../inc/myfunction.inc";
    $aa=new mysql;
    $bb=new myfunction;
    $aa->link("");
    $_SESSION['manage_name']="";
    $_SESSION['manage_tag']="";
?>
<head>
<style>
<!--
td          { font-size: 10pt }
-->
</style>
<title>:::管理员登录==迅捷 BBS 系统:::</title>
</head>
<body   onLoad="tijiao.username.value='';tijiao.username.focus();">

<p align="center">   </p>
<br>
```

```html
    </font></p>
<div align="center">
  <center>

  <form method=POST name="tijiao" action="auth.php">
  <table border="1" cellpadding="0" cellspacing="0" bordercolor="#111111" width="240"
   height="126" bordercolorlight="#FFFFFF" bordercolordark="#FFFFFF" style="border-collapse: collapse">
    <tr>
      <td width="238" colspan="2" height="25" bgcolor="#A8A3AD">
      <p align="center"><b><font color="#FFFFFF">迅捷 BBS 后台管理系统</font></b></td>
    </tr>
    <tr>
      <td width="64" height="26" bgcolor="#E3E1E6">
      <p align="center">账  号：</td>
      <td height="26" bgcolor="#E3E1E6" width="173">
      <input type="text" name="username" size="20" style="color: #A8A3AD; border-style: solid;
   border-width: 1; padding-left: 4; padding-right: 4; padding-top: 1; padding-bottom: 1"></td>
    </tr>
    <tr>
      <td width="64" height="26" bgcolor="#E3E1E6">
      <p align="center">口  令：</td>
      <td height="26" bgcolor="#E3E1E6" width="173">
      <input type="password" name="password" size="20" style="color: #A8A3AD; border-style: solid;
   border-width: 1; padding-left: 4; padding-right: 4; padding-top: 1; padding-bottom: 1"></td>
    </tr>
    <tr>
      <td width="238" height="29" bgcolor="#E3E1E6" colspan="2">
      <p align="center"><input type="submit" value="登 陆" name="login">    
      <input type="reset" value="取 消" name="cancel"></td>
    </tr>
    <tr>
      <td width="238" colspan="2" height="20" bgcolor="#A8A3AD">  </td>
    </tr>
  </table>
  </form>
  </center>
</div>
</body>
```

管理用户的登录页面效果如图 19-8 所示。

图 19-8　管理用户的登录页面

文件 session.inc 位于随书光盘的 ch19\manage\下，是检验 Session 是否存在的页面，具体代码如下。

```php
<?php
@session_start();
//if ($_SESSION['manage_name']=="" and $_SESSION['manage_tag']!=1){
//    header("location:./login.php");
//  }
?>
```

文件 index_top.php 位于随书光盘的 ch19\manage\下，是后台管理主页面的上部页面，具体代码如下。

```
<HTML>
<HEAD><TITLE>顶部管理导航菜单</TITLE>
<META http-equiv=Content-Type content="text/html; charset=gb2312">
<STYLE type=text/css>A:link {
    COLOR: #ffffff; TEXT-DECORATION: none
}
A:hover {
    COLOR: #ffffff
}
A:visited {
    COLOR: #f0f0f0; TEXT-DECORATION: none
}
.spa {
    FONT-SIZE: 9pt; FILTER: Glow(Color=#0F42A6, Strength=2) dropshadow(Color=#0F42A6, OffX=2, OffY=1,); COLOR: #8aade9; FONT-FAMILY: '宋体'
}
IMG {
    FILTER: Alpha(opacity:100); chroma: #FFFFFF)
```

```
}
</STYLE>
<SCRIPT language=JavaScript type=text/JavaScript>
function preloadImg(src) {
  var img=new Image();
  img.src=src
}
preloadImg('image/admin_top_open.gif');

var displayBar=true;
function switchBar(obj) {
  if (displayBar) {
    parent.frame.cols='0,*';
    displayBar=false;
    obj.src='image/admin_top_open.gif';
    obj.title='打开左边管理导航菜单';
  } else {
    parent.frame.cols='200,*';
    displayBar=true;
    obj.src='image/admin_top_close.gif';
    obj.title='关闭左边管理导航菜单';
  }
}
</SCRIPT>
<META content="MSHTML 6.00.2900.2963" name=GENERATOR></HEAD>
<BODY leftMargin=0 background=image/admin_top_bg.gif
topMargin=0>
<TABLE cellSpacing=0 cellPadding=0 width="100%" border=0>
  <TBODY>
  <TR vAlign=center>
    <TD width=60><IMG title=关闭左边管理导航菜单 style="CURSOR: hand"
      onclick=switchBar(this)
src="image/admin_top_close.gif"></TD>
    <TD width=92><A href="login.php" target="_parent" ><IMG
      src="image/top_an_1.gif" border=0></A></TD>
    <TD width=92><A href="#"></A></TD>
    <TD width=104><A href="#"></A></TD>
    <TD width=92><A href="#"></A></TD>
    <TD width=92><A href="#"></A></TD>
    <TD class=spa align=right>ET PHP SOUND CODE DEVELOP  
  </TD>
  </TR>
```

```
    </TBODY>
  </TABLE>
</BODY>
</HTML>
```

文件 index_left.php 位于随书光盘的 ch19\manage\下,是后台管理主页面的左侧页面,具体代码如下。

```
<?php
include "session.inc";
?>
<HTML>
<HEAD><TITLE>管理导航菜单</TITLE>
<META http-equiv=Content-Type content="text/html; charset=gb2312">
<SCRIPT src="menu.js"></SCRIPT>
<LINK href="left.css" type=text/css rel=stylesheet>
</HEAD>
<BODY leftMargin=0 topMargin=0 marginwidth="0" marginheight="0">
<TABLE cellSpacing=0 cellPadding=0 width=180 align=center border=0>
  <TBODY>
  <TR>
    <TD vAlign=top height=44><IMG src="image/title.gif"></TD></TR></TBODY></TABLE>
<TABLE cellSpacing=0 cellPadding=0 width=180 align=center>
  <TBODY>
  <TR>
    <TD class=menu_title id=menuTitle0
    onmouseover="this.className='menu_title2';"
    onmouseout="this.className='menu_title';"
    background=image/title_bg_quit.gif
      height=26>  <A href="Admin_Main.php"   target="_top"><B><SPAN class=glow>
管理首页</SPAN></B></A><SPAN class=glow>|
      </SPAN><A href="login.php" target="_top"><B><SPAN class=glow>退出
</SPAN></B></A> </TD></TR>
  <TR>
    <TD id=submenu0 background=image/title_bg_admin.gif height=97>
      <DIV style="WIDTH: 180px">
      <TABLE cellSpacing=0 cellPadding=0 width=130 align=center>
        <TBODY>
        <TR>
          <TD height=16>您的用户名: <?php echo @$_SESSION['manage_name'];?></TD></TR>
        <TR>
          <TD height=16>您的身份: <?php echo @$_SESSION['manage_name'];?></TD></TR>
          <TR>
```

```html
            <TD height=16>IP: <?php echo $_SERVER["REMOTE_ADDR"];?></TD>
          </TR>
        <TR>
            <TD height=16> </TD>
          </TR>
        </TBODY></TABLE></DIV>
      <DIV style="WIDTH: 167px">
      <TABLE cellSpacing=0 cellPadding=0 width=130 align=center>
        <TBODY>
        <TR>
            <TD height=20></TD></TR></TBODY></TABLE></DIV></TD></TR></TBODY></TABLE>
<TABLE cellSpacing=0 cellPadding=0 width=167 align=center>
  <TBODY>
  <TR>
    <TD class=menu_title id=menuTitle1
    onmouseover="this.className='menu_title2'" style="CURSOR: hand"
    onclick="new Element.toggle('submenu1')"
    onmouseout="this.className='menu_title'"
    background=image/Admin_left_1.gif height=28 ;><SPAN class=glow>论坛版块管理</SPAN></TD>
  </TR>
  <TR>
    <TD id=submenu1 style="DISPLAY: none" align=right>
      <DIV class=sec_menu style="WIDTH: 165px">
      <TABLE cellSpacing=0 cellPadding=0 width=132 align=center>
        <TBODY>
        <TR>
            <TD height=20><A href="father_module_add.php" target=main>父版块添加</A></TD>
          </TR>
        <TR>
            <TD height=20><A href="father_module_list.php" target=main>父版块管理</A></TD>
          </TR>
        <TR>
            <TD height=20><A href="son_module_add.php" target=main>子版块添加</A></TD>
          </TR>
        <TR>
            <TD height=20><A href="son_module_list.php" target=main>子版块管理</A></TD>
          </TR>
        </TABLE>
      </DIV>
      <DIV style="WIDTH: 158px">
      <TABLE cellSpacing=0 cellPadding=0 width=130 align=center>
        <TBODY>
```

```html
        <TR>
            <TD height=4></TD></TR></TBODY></TABLE></DIV></TD></TR></TBODY></TABLE>
<TABLE cellSpacing=0 cellPadding=0 width=167 align=center>
  <TBODY>
  <TR>
    <TD class=menu_title id=menuTitle2
    onmouseover="this.className='menu_title2'" style="CURSOR: hand"
    onclick="new Element.toggle('submenu2')"
    onmouseout="this.className='menu_title'"
    background=image/Admin_left_11.gif height=28 ;><SPAN class=glow>论坛用户管理</SPAN></TD>
  </TR>
  <TR>
    <TD id=submenu2 style="DISPLAY: none" align=right>
      <DIV class=sec_menu style="WIDTH: 165px">
        <TABLE cellSpacing=0 cellPadding=0 width=132 align=center>
          <TBODY>
          <TR>
            <TD height=20><A href="user_list.php" target=main>所有用户</A></TD>
          </TR>
          <TR>
            <TD height=20><A href="user_js.php" target=main>用户检索</A></TD>
          </TR>
</TBODY></TABLE>
      </DIV>
      <DIV style="WIDTH: 158px">
        <TABLE cellSpacing=0 cellPadding=0 width=130 align=center>
          <TBODY>
          <TR>
            <TD height=4></TD></TR></TBODY></TABLE></DIV></TD></TR></TBODY></TABLE>
<TABLE cellSpacing=0 cellPadding=0 width=167 align=center>
  <TBODY>
  <TR>
    <TD class=menu_title id=menuTitle3
    onmouseover="this.className='menu_title2'" style="CURSOR: hand"
    onclick="new Element.toggle('submenu3')"
    onmouseout="this.className='menu_title'"
    background=image/Admin_left_3.gif height=28 ;><SPAN class=glow>安全管理</SPAN></TD>
  </TR>
  <TR>
    <TD id=submenu3 style="DISPLAY: none" align=right>
      <DIV class=sec_menu style="WIDTH: 165px">
        <TABLE cellSpacing=0 cellPadding=0 width=132 align=center
```

```
        <TBODY>
          <TR>
            <TD height=20><A href="user_pw_change.php" target=main>密码更改</A></TD>
          </TR>
          <TR>
            <TD height=20><A href="../" target=_blank>帖子管理</A></TD>
          </TR>
      </TBODY></TABLE>
        </DIV>
        <DIV style="WIDTH: 158px">
        <TABLE cellSpacing=0 cellPadding=0 width=130 align=center>
          <TBODY>
          <TR>
            <TD height=4></TD></TR></TBODY></TABLE></DIV></TD></TR></TBODY></TABLE>
<TABLE cellSpacing=0 cellPadding=0 width=167 align=center>
  <TBODY>
  <TR>
    <TD class=menu_title id=menuTitle208
    onmouseover="this.className='menu_title2';"
    onmouseout="this.className='menu_title';"
    background=image/Admin_left_04.gif
      height=28><SPAN>系统信息</SPAN> </TD></TR>
  <TR>
    <TD align=right>
      <DIV class=sec_menu style="WIDTH: 165px">
      <TABLE cellSpacing=0 cellPadding=0 width=130 align=center>
        <TBODY>
        <TR>
          <TD height=20><br> 版 本 号 :verson 1.0<BR> 版 权 所 有 ：  <A href="http://www.quickbbs.net/" target=_blank>迅捷 BBS</A>
            <BR>设计制作： <A href="http://www.etpt.net/" target=_blank>迅捷 BBS</A>
            <BR>技术支持： <A href="http://bbs.etpt.net/" target=_blank>迅捷 BBS</A>
            <BR><BR></TD></TR></TBODY></TABLE></DIV></TD></TR>
</TBODY></TABLE>
</BODY>
</HTML>
```

文件 index_right.php 位于附书源代码中，是后台管理主页面的右侧页面，具体代码如下。

```
<?php
include "fun_head.php";
head("管理首页");
?>
```

```html
            <TABLE cellSpacing=0 cellPadding=0 width="100%" border=0>
              <TBODY>
              <TR>
                <TD width=20 rowSpan=2> </TD>
                <TD class=topbg align=middle width=100>论坛版块管理</TD>
                <TD width=300> </TD>
                <TD width=40 rowSpan=2> </TD>
                <TD class=topbg align=middle width=100>论坛用户管理</TD>
                <TD width=300> </TD>
                <TD width=21 rowSpan=2> </TD></TR>
              <TR class=topbg2>
                <TD colSpan=2 height=1></TD>
                <TD colSpan=2></TD></TR></TBODY></TABLE>
            <TABLE cellSpacing=0 cellPadding=0 width="100%" border=0>
              <TBODY>
              <TR>
                <TD width=20> </TD>
                <TD width=400><br>
本管理模块共分四个子模块:父模块添加、父模块管理、子模块添加、子模块管理。
其中父模块添加和子模块添加可以实现本论坛的父模块和子模块的添加;
父模块的管理和子模块的管理可以实现本论坛父模块和子模块的删除、编辑等功能。<BR>
                </TD>
                <TD width=40> </TD>
                <TD
                  width=400><br>
本管理模块共分两个子模块:所有用户和用户检索。
其中所有用户按用户注册的先后顺序分页依次列出。
用户检索是由管理员输入要查询的论坛注册用户的用户名,系统通过数据库查询出该用户的
相关信息,并列出,而且管理员也可以在查询注册用户后直接删除该用户。<br>
                  <br></TD>
                <TD width=21> </TD></TR></TBODY></TABLE>
            <TABLE height=10 cellSpacing=0 cellPadding=0 width="100%" border=0>
              <TBODY>
              <TR>
                <TD></TD></TR></TBODY></TABLE>
            <TABLE cellSpacing=0 cellPadding=0 width="100%" border=0>
              <TBODY>
              <TR>
                <TD width=20 rowSpan=2> </TD>
                <TD class=topbg align=middle width=100>安全管理</TD>
                <TD width=300> </TD>
                <TD width=40 rowSpan=2> </TD>
```

```
        <TD class=topbg align=middle width=100>系统信息</TD>
        <TD width=300> </TD>
        <TD width=21 rowSpan=2> </TD></TR>
    <TR class=topbg2>
        <TD colSpan=2 height=1></TD>
        <TD colSpan=2></TD></TR></TBODY></TABLE>
<TABLE cellSpacing=0 cellPadding=0 width="100%" border=0>
    <TBODY>
    <TR>
        <TD width=20> </TD>
        <TD
          width=400><br>
本管理模块共分两个子模块:密码更改和帖子管理。
其中密码更改提供了管理员更改密码的功能,但必须输入原密码和两次新密码;
帖子管理是直接进入论坛的主界面,但与普通注册用户所不同的是,
在论坛的每个发帖和回复后面都多了一个删除按钮,可以通过此按钮删除相关帖子或回复。</TD>
        <TD width=40> </TD>
        <TD
          width=400 valign="top"><br />
            本模块提供了本论坛的版本号、版权所有、设计制作以及技术支持等信息。</TD>
        <TD width=21> </TD></TR></TBODY></TABLE>
<TABLE height=70 cellSpacing=0 cellPadding=0 width="100%" border=0>
    <TBODY>
    <TR>
<TD></TD></TR></TBODY></TABLE>
<TABLE height=10 cellSpacing=0 cellPadding=0 width="100%" border=0>
    <TBODY>
    <TR>
        <TD></TD></TR></TBODY></TABLE>
<BR>
        <?php
        include "bottom.php";
        ?>
```

文件 bootom.php 位于附书源代码中,是后台管理主页面的版权页面,具体代码如下。

```
<TABLE class=border cellSpacing=1 cellPadding=2 width="100%" align=center
border=0>
    <TBODY>
    <TR align=middle>
        <TD class=topbg height=25><SPAN class=Glow>Copyright 2012 &copy;
<a href="http://www.quickbbs.net" target="_blank"><font color="#FFFFFF">迅捷 BBS</font></a>
            All Rights Reserved.</SPAN> </TD></TR>
```

```
</TBODY>
</TABLE>
```

文件 index.php 位于附书源代码中,是后台管理的主页面,具体代码如下。

```
<?php
include "session.inc";
?>
<HTML>
<HEAD>
<TITLE>===迅捷 BBS 系统-后台管理===</TITLE>
<META http-equiv=Content-Type content="text/html; charset=gb2312">
</HEAD>
<FRAMESET id=frame border=false frameSpacing=0 rows=* frameBorder=0 cols=200,* scrolling="yes">
    <FRAME name=left marginWidth=0 marginHeight=0 src="index_left.php" scrolling=yes>
    <FRAMESET border=false frameSpacing=0 rows=53,* frameBorder=0 cols=* scrolling="yes">
        <FRAME name=top src="index_top.php" scrolling=no>
        <FRAME name=main src="index_right.php">
    </FRAMESET>
</FRAMESET>
```

文件 fun_head.php 位于附书源代码中,是后台管理右侧页面中的头文件,具体代码如下。

```
<?php
 function head($str){
?>
<LINK href="Admin_Style.css" rel=stylesheet>
<STYLE type=text/css>
.STYLE4 {
    COLOR: #000000
}
</STYLE>
<BODY leftMargin=0 topMargin=0 marginheight="0" marginwidth="0">
<TABLE cellSpacing=0 cellPadding=0 width="100%" border=0>
  <TBODY>
  <TR>
    <TD width=392 rowSpan=2><img height=126
      src="image/adminmain01.gif" width=392></TD>
    <TD vAlign=top background=image/adminmain0line2.gif
    height=114>
      <TABLE cellSpacing=0 cellPadding=0 width="100%" border=0>
        <TBODY>
        <TR>
          <TD height=20></TD></TR>
```

```
            <TR>
                <TD><SPAN class=STYLE4>频道管理中心</SPAN></TD></TR>
            <TR>
                <TD height=8><IMG height=1
                    src="image/adminmain0line.gif" width=283></TD></TR>
            <TR>
                <TD><IMG src="image/img_u.gif"
                    align=absMiddle>欢迎进入管理<FONT
color=#ff0000></FONT></TD></TR>
            <TR>
                <TD><IMG src="image/img_u.gif" align=absMiddle>
                    <?php
                    echo "当前位置：<b><font color=#ffffff>".$str."</font></b>";
                    ?></TD>
            </TR>
            </TBODY></TABLE></TD></TR>
    <TR>
        <TD vAlign=bottom background=image/adminmain03.gif
        height=9><IMG height=12 src="image/adminmain02.gif"
            width=23></TD></TR></TBODY></TABLE>
        <?php
            }
?>
```

文件 father_module_add.php 位于附书源代码中，是父模块添加页面，具体代码如下。

```
<?php
include "session.inc";
include "fun_head.php";
head("父版块添加");
include "../inc/mysql.inc";
include "../inc/myfunction.inc";
$aa=new mysql;
$bb=new myfunction;
$aa->link("");
$add_tag=@$_GET['add_tag'];
if ($add_tag==1){
$show_order=$_POST['show_order'];
$module_name=$_POST['module_name'];
    if ($show_order=="" or $module_name==""){
    echo "===对不起，您添加父版块不成功：
<font color=red>显示序号和父版块名称全不能为空</font>！===";
    }else{
```

```
        $query="insert into father_module_info(module_name,show_order) values('$module_name','$show_order')";
        $aa->excu($query);
        echo "===恭喜您，添加父版块成功！===";
        }
}
?>
<table width="100%" height="389" border="0" cellpadding="0" cellspacing="0" bgcolor="f0f0f0">
  <tbody>
    <tr>
      <td width="20"> </td>
      <td valign="top"><br />
        <form action="?add_tag=1" method="post" name="form1" id="form1">
          <table width="408" height="87" border="0" align="center" cellpadding="0" cellspacing="1" bordercolor="#FFFFFF" bgcolor="449ae8">
            <tr bgcolor="#dccccc">
              <td width="94" height="25" bgcolor="e0eef5"><div align="right">显示序号:</div></td>
              <td width="306" bgcolor="e0eef5"><input type="text" size="6" name="show_order" />
                请填写一整数，如：1。</td>
            </tr>
            <tr bgcolor="#dddddd">
              <td height="25" bgcolor="#FFFFFF"><div align="right">父版块名称:</div></td>
              <td bgcolor="#FFFFFF"><input type="text" size="20" name="module_name" /></td>
            </tr>
            <tr bgcolor="#dddddd">
              <td height="33" colspan="2" bgcolor="e0eef5"><div align="center">
                <input name="submit" type="submit" value="提交" />
                      
                <input name="reset" type="reset" value="重置" />
              </div></td>
            </tr>
          </table>
        </form>
        <br />
      <br /></td>
      <td width="20"> </td>
    </tr>
  </tbody>
</table>
<?php
    include "bottom.php";
?>
```

文件father_module_bj.php位于附书源代码中,是父模块编辑页面。具体代码如下。

```
<?php
include "session.inc";
include "fun_head.php";
head("父版块管理==>>编辑");
include "../inc/mysql.inc";
include "../inc/myfunction.inc";
$aa=new mysql;
$bb=new myfunction;
$aa->link("");
$module_id=$_GET['module_id'];
$update_tag=@$_GET['update_tag'];
if ($update_tag==1){
$show_order=$_POST['show_order'];
$module_name=$_POST['module_name'];
    if ($show_order=="" or $module_name==""){
    echo "===对不起,您编辑父版块不成功:<font color=red>
显示序号和父版块名称全不能为空</font>! ===";
    }else{
    $query="update father_module_info set module_name='$module_name',show_order='$show_order' where id='$module_id'";
    $aa->excu($query);
    echo "===恭喜您,编辑父版块成功! ===";
    }
}
$query="select * from father_module_info where id='$module_id'";
$rst=$aa->excu($query);
$module=mysql_fetch_array($rst,MYSQL_ASSOC);
?>
<table width="100%" height="389" border="0" cellpadding="0" cellspacing="0" bgcolor="f0f0f0">
  <tbody>
    <tr>
      <td width="20"> </td>
      <td valign="top"><br />
        <form action="?update_tag=1&module_id=<?php echo $module_id?>" method="post" name="form1" id="form1">
          <table width="408" height="87" border="0" align="center" cellpadding="0" cellspacing="1" bordercolor="#FFFFFF" bgcolor="449ae8">
            <tr bgcolor="#dccccc">
              <td width="94" height="25" bgcolor="e0eef5"><div align="right">显示序号:</div></td>
              <td width="306" bgcolor="e0eef5"><input type="text" size="6"
```

```html
              name="show_order" value="<?php echo $module['show_order']?>" />
                    请填写一整数,如:1
                  。</td>
               </tr>
               <tr bgcolor="#dddddd">
                  <td height="25" bgcolor="#FFFFFF"><div align="right">父版块名称:</div></td>
                  <td bgcolor="#FFFFFF"><input type="text" size="20" name="module_name"
value="<?php echo $module['module_name']?>" /></td>
               </tr>
               <tr bgcolor="#dddddd">
                  <td height="33" colspan="2" bgcolor="e0eef5"><div align="center">
                     <input name="submit" type="submit" value="提交" />
                           
                     <input name="reset" type="reset" value="重置" />
                  </div></td>
               </tr>
            </table>
         </form>
         <br />
      <br /></td>
      <td width="20"> </td>
   </tr>
  </tbody>
</table>
<?php
     include "bottom.php";
?>
```

文件father_module_list.php位于附书源代码中,是父模块添加显示页面,具体代码如下。

```php
<?php
include "session.inc";
include "fun_head.php";
head("父版块管理");
include "../inc/mysql.inc";
include "../inc/myfunction.inc";
$aa=new mysql;
$bb=new myfunction;
$aa->link("");
//////////删除父版块//////////////////////////////
$del_tag=@$_GET['del_tag'];
if ($del_tag==1){
     $module_id=$_GET['module_id'];
```

```php
                $query="delete from father_module_info where id='$module_id'";
                $aa->excu($query);
                echo "==恭喜您，删除父版块信息成功！==<br>";
        }
        //////////按显示顺序查询父版块信息表//////////////////////
                $query="select * from father_module_info order by show_order";
                $rst=$aa->excu($query);
?>
        <table width="100%" height="390" border="0" cellpadding="0" cellspacing="0" bgcolor="f0f0f0">
          <tbody>
            <tr>
              <td width="20"> </td>
              <td valign="top"><br /><table width="80%" border="0" align="center" cellpadding="0" cellspacing="1" bgcolor="449ae8">
                  <tr bgcolor="#cccccc">
                    <td width="92" height="23" bgcolor="e0eef5"><div align="center">编号</div></td>
                    <td width="193" bgcolor="e0eef5"><div align="center">显示序号</div></td>
                    <td width="368" bgcolor="e0eef5"><div align="center">父版块名称</div></td>
                    <td colspan="2" bgcolor="e0eef5"><div align="center">操作</div></td>
                  </tr>
<?php
        $m=0;
        while($module=mysql_fetch_array($rst,MYSQL_ASSOC)){
        $m++;
?>
                  <tr>
                    <td height="19" bgcolor="#FFFFFF"><div align="center"><?php echo $m;?></div></td>
                    <td bgcolor="#FFFFFF"><div align="center"><?php echo $module['show_order']?></div></td>
                    <td bgcolor="#FFFFFF"><div align="center"><?php echo $module['module_name']?></div></td>
                    <td width="134" align="center" bgcolor="#FFFFFF"><a href="father_module_bj.php?module_id=<?php echo $module['id'];?>">编辑</a></td>
                    <td width="142" align="center" bgcolor="#FFFFFF"><a href="?del_tag=1&module_id=<?php echo $module['id']?>">删除</a></td>
                  </tr>
                  <?php }?>
                </table>
              </td>
              <td width="20"> </td>
            </tr>
          </tbody>
        </table>
```

```php
<?php
    include "bottom.php";
?>
```

文件 son_module_add.php 位于附书源代码中，是子模块添加页面，具体代码如下。

```php
<?php
include "session.inc";
include "fun_head.php";
head("子版块添加");
include "../inc/mysql.inc";
include "../inc/myfunction.inc";
$aa=new mysql;
$bb=new myfunction;
$aa->link("");
$add_tag=@$_GET['add_tag'];
if ($add_tag==1){
$father_module_id=$_POST['father_module_id'];
$module_name=$_POST['module_name'];
$module_cont=$_POST['module_cont'];
$user_name=$_POST['user_name'];
    if ($father_module_id=="" or $module_name=="" or $module_cont==""){
    echo "===对不起，您添加子版块不成功：<font color=red>隶属的父版块、子版块的名称和简介全不能为空</font>！===";
    }else{
    $query="insert into son_module_info(father_module_id,module_name,module_cont,user_name)
values('$father_module_id','$module_name','$module_cont','$user_name')";
    $aa->excu($query);
    echo "===恭喜您，添加子版块成功！===";
    }
}
?>
<table width="100%" height="389" border="0" cellpadding="0" cellspacing="0" bgcolor="f0f0f0">
  <tbody>
    <tr>
      <td width="20"> </td>
      <td valign="top"><br />
        <form action="?add_tag=1" method="post" name="form1" id="form1">
          <table width="408" height="139" border="0" align="center" cellpadding="0" cellspacing="1" bordercolor="#FFFFFF" bgcolor="449ae8">
            <tr bgcolor="#dcccccc">
              <td width="94" height="25" bgcolor="e0eef5"><div align="right">
```

```
        隶属的父版块:</div></td>
                    <td width="306" bgcolor="e0eef5"><?php $bb->father_module_list("");?></td>
                </tr>
                <tr bgcolor="#dddddd">
                    <td height="25" bgcolor="#FFFFFF"><div align="right">子版块名称:</div></td>
                    <td bgcolor="#FFFFFF"><input type="text" size="20" name="module_name" /></td>
                </tr>
                <tr bgcolor="#dddddd">
                    <td height="25" align="right" valign="middle" bgcolor="#FFFFFF">简介:</td>
                    <td bgcolor="#FFFFFF"><textarea name="module_cont"
 cols="42" rows="3"></textarea></td>
                </tr>
                <tr bgcolor="#dddddd">
                    <td height="25" align="right" valign="middle" bgcolor="#FFFFFF">版主用户名:</td>
                    <td bgcolor="#FFFFFF"><input type="text" size="20" name="user_name" />
                        可不填。</td>
                </tr>
                <tr bgcolor="#dddddd">
                    <td height="33" colspan="2" bgcolor="e0eef5"><div align="center">
                        <input name="submit" type="submit" value="提交" />
                              
                        <input name="reset" type="reset" value="重置" />
                    </div></td>
                </tr>
            </table>
        </form>
        <br />
        <br /></td>
    <td width="20"> </td>
    </tr>
  </tbody>
</table>
<?php
    include "bottom.php";
?>
```

文件 sonr_module_bj.php 位于附书源代码中,是子模块编辑页面,具体代码如下。

```
<?php
include "session.inc";
include "fun_head.php";
head("子版块管理>>编辑");
include "../inc/mysql.inc";
```

```php
include "../inc/myfunction.inc";
$aa=new mysql;
$bb=new myfunction;
$aa->link("");
$module_id=$_GET['module_id'];
$update_tag=@$_GET['update_tag'];
if ($update_tag==1){
$father_module_id=$_POST['father_module_id'];
$module_name=$_POST['module_name'];
$module_cont=$_POST['module_cont'];
$user_name=$_POST['user_name'];
    if ($father_module_id=="" or $module_name=="" or $module_cont==""){
        echo "===对不起，您编辑子版块不成功：<font color=red>隶属的父版块、子版块的名称和简介全不能为空</font>！===";
    }else{
        $query="update son_module_info set father_module_id='$father_module_id',module_name='$module_name',module_cont='$module_cont',user_name='$user_name' where id='$module_id'";
        $aa->excu($query);
        echo "===恭喜您，编辑子版块成功！===";
    }
}
$query="select * from son_module_info where id='$module_id'";
$rst=$aa->excu($query);
$module=mysql_fetch_array($rst,MYSQL_ASSOC);
?>
<table width="100%" height="389" border="0" cellpadding="0" cellspacing="0" bgcolor="f0f0f0">
  <tbody>
    <tr>
      <td width="20"> </td>
      <td valign="top"><br />
        <form action="?update_tag=1&module_id=<?php echo $module_id?>" method="post" name="form1" id="form1">
          <table width="408" height="139" border="0" align="center" cellpadding="0" cellspacing="1" bordercolor="#FFFFFF" bgcolor="449ae8">
            <tr bgcolor="#dcccccc">
              <td width="94" height="25" bgcolor="e0eef5"><div align="right">隶属的父版块:</div></td>
              <td width="306" bgcolor="e0eef5"><?php $bb->father_module_list($module['father_module_id']);?></td>
            </tr>
```

```html
            <tr bgcolor="#dddddd">
                <td height="25" bgcolor="#FFFFFF"><div align="right">子版块名称:</div></td>
                <td bgcolor="#FFFFFF"><input type="text" size="20" name="module_name" value="<?php echo $module['module_name']?>" /></td>
            </tr>
            <tr bgcolor="#dddddd">
                <td height="25" align="right" valign="middle" bgcolor="#FFFFFF">简介:</td>
                <td bgcolor="#FFFFFF"><textarea name="module_cont" cols="42" rows="3"><?php echo $module['module_cont']?></textarea></td>
            </tr>
            <tr bgcolor="#dddddd">
                <td height="25" align="right" valign="middle" bgcolor="#FFFFFF">版主用户名:</td>
                <td bgcolor="#FFFFFF"><input type="text" size="20" name="user_name" value="<?php echo $module['user_name']?>" />
                    可不填。</td>
            </tr>
            <tr bgcolor="#dddddd">
                <td height="33" colspan="2" bgcolor="e0eef5"><div align="center">
                    <input name="submit" type="submit" value="提交" />
                          
                    <input name="reset" type="reset" value="重置" />
                </div></td>
            </tr>
          </table>
        </form>
        <br />
        <br /></td>
        <td width="20"> </td>
    </tr>
  </tbody>
</table>
<?php
    include "bottom.php";
?>
```

文件 son_module_list.php 位于附书源代码中,是子模块显示页面,具体代码如下。

```
<?php
include "session.inc";
include "fun_head.php";
head("子版块管理");
include "../inc/mysql.inc";
include "../inc/myfunction.inc";
```

```php
    $aa=new mysql;
    $bb=new myfunction;
    $aa->link("");
    //////////删除子版块////////////////////////////
    $del_tag=@$_GET['del_tag'];
    if($del_tag==1){
        $module_id=$_GET['module_id'];
        $query="delete from son_module_info where id='$module_id'";
        $aa->excu($query);
        echo "==恭喜您，删除子版块信息成功！==<br>";
    }
    /////////////////按显示顺序查询父版块信息表////////////
    $query="select * from father_module_info order by show_order";
    $rst=$aa->excu($query);
?>
<table width="100%" height="390" border="0" cellpadding="0" cellspacing="0" bgcolor="f0f0f0">
  <tbody>
    <tr>
      <td width="20"> </td>
      <td valign="top"><br /><table width="80%" border="0" align="center" cellpadding="0" cellspacing="1" bgcolor="449ae8">
          <tr bgcolor="#cccccc">
            <td width="74" height="23" bgcolor="e0eef5"><div align="center">显示序号</div></td>
            <td width="84" bgcolor="e0eef5"><div align="center">父版块名称</div></td>
            <td width="410" bgcolor="e0eef5"><div align="center">子版块名称</div></td>
            <td colspan="2" bgcolor="e0eef5"><div align="center">操作</div></td>
          </tr>
          <?php
          while($father_module=mysql_fetch_array($rst,MYSQL_ASSOC)){
          ?>
          <tr>
            <td height="19" bgcolor="#FFFFFF"><div align="center">
<?php echo $father_module['show_order']?></div></td>
            <td colspan="4" align="left" valign="middle" bgcolor="#CCCCCC">
<?php echo $father_module['module_name']?></td>
          </tr>
          <?php
          ////////从子版块信息表中按id顺序查询隶属该父版块的子版块的信息/////////////
          $query="select * from son_module_info where father_module_id='".$father_module['id']."' order by id";
          $rst2=$aa->excu($query);
          $m=0;
```

```php
            while($son_module=mysql_fetch_array($rst2,MYSQL_ASSOC)){
                $m++;
            ?>
        <tr>
                <td height="19" bgcolor="#FFFFFF"> </td>
                <td align="center" valign="middle" bgcolor="#FFFFFF"><?php echo $m?></td>
                <td bgcolor="#FFFFFF"><?php echo $son_module['module_name']?></td>
                <td width="80" align="center" bgcolor="#FFFFFF"><a href="son_module_bj.php?module_id=<?php echo $son_module['id'];?>">编辑</a></td>
                <td width="80" align="center" bgcolor="#FFFFFF"><a href="?del_tag=1&module_id=<?php echo $son_module['id']?>">删除</a></td>
            <?php }?>
            </tr>
        <?php }?>
        </table>

        </td>
        <td width="20"> </td>
    </tr>
  </tbody>
</table>
<?php
    include "bottom.php";
?>
```

文件 user_list.php 位于附书源代码中,是显示所有用户的页面,具体代码如下。

```php
<?php
include "session.inc";
include "fun_head.php";
head("所有用户");
include "../inc/mysql.inc";
include "../inc/myfunction.inc";
$aa=new mysql;
$bb=new myfunction;
$aa->link("");
///////////删除注册用户//////////////////////////////
$del_tag=@$_GET[del_tag];
if ($del_tag==1){
    $user_id=@$_GET[user_id];
    $query="delete from user_info where id='$user_id'";
    $aa->excu($query);
```

```php
        echo "==恭喜您,删除注册用户信息成功!==<br>";
    }
    ///////////从用户信息表中查询所有用户///////////////
        $query="select * from user_info order by id desc";
?>
<table width="100%" height="390" border="0" cellpadding="0" cellspacing="0" bgcolor="f0f0f0">
  <tbody>
    <tr>
      <td width="20"> </td>
      <td valign="top"><br />
        <table width="80%" border="0" align="center" cellpadding="0" cellspacing="0">
          <tr>
            <td height="30" align="left" valign="middle"><?php $bb->page($query,@$page_id,@$add,20)?></td>
          </tr>
        </table>
        <table width="80%" border="0" align="center" cellpadding="0" cellspacing="1" bgcolor="449ae8">
          <tr bgcolor="#cccccc">
            <td width="46" height="23" bgcolor="e0eef5"><div align="center">序号</div></td>
            <td width="213" bgcolor="e0eef5"><div align="center">用户名</div></td>
            <td width="201" bgcolor="e0eef5"><div align="center">注册时间</div></td>
            <td width="188" bgcolor="e0eef5"><div align="center">最后登录时间</div></td>
            <td width="80" bgcolor="e0eef5"><div align="center">操作</div></td>
          </tr>
<?php
    $rst=$aa->excu($query);
    $m=0;
    while($user=mysql_fetch_array($rst,MYSQL_ASSOC)){
    $m++;
?>
          <tr>
            <td height="19" bgcolor="#FFFFFF"><div align="center"><?php echo @$m;?></div></td>
            <td bgcolor="#FFFFFF"><div align="center"><?php echo $user['user_name']?></div></td>
            <td bgcolor="#FFFFFF"><div align="center"><?php echo $user['time1']?></div></td>
            <td align="center" bgcolor="#FFFFFF"><?php echo $user['time2']?></td>
            <td align="center" bgcolor="#FFFFFF"><a href="?del_tag=1&user_id=<?php echo $user['id']?>">删除</a></td>
          </tr>
        <?php }?>
        </table>
        <table width="80%" border="0" align="center" cellpadding="0" cellspacing="0">
          <tr>
```

```
                <td height="30" align="right" valign="middle">
                    <?php
                    $query="select * from user_info order by id desc";
                    $bb->page($query,@$page_id,@$add,20);
                    ?></td>
                </tr>
            </table></td>
        <td width="20"> </td>
      </tr>
    </tbody>
</table>
<?php
    include "bottom.php";
?>
```

文件 user_js.php 位于附书源代码中,是用户的检索页面,具体代码如下。

```
<?php
include "session.inc";
include "fun_head.php";
head("用户检索");
include "../inc/mysql.inc";
include "../inc/myfunction.inc";
$aa=new mysql;
$bb=new myfunction;
$aa->link("");
//////////删除用户///////////////////////////////
$del_tag=@$_GET[del_tag];
if ($del_tag==1){
    $del_id=@$_GET[del_id];
    $query="delete from user_info where id='".$del_id."'";
    $aa->excu($query);
    echo "==恭喜您,删除用户信息成功,请继续!==<br>";
}
/////////////////////////////////////////////////
    $user_name=@$_POST[user_name];
?>
<table width="100%" height="390" border="0" cellpadding="0" cellspacing="0" bgcolor="f0f0f0">
  <tbody>
    <tr>
        <td width="20"> </td>
        <td valign="top"><br />
            <table width="70%" border="0" align="center" cellpadding="0" cellspacing="1" bgcolor="449ae8">
```

```html
                    <tr bgcolor="#cccccc">
                        <form id="form1" name="form1" method="post" action="?">
                            <td height="23" bgcolor="e0eef5"><div align="center">
                                <input type="text" name="user_name" size="16" value="
<?php echo $user_name?>" />    
                                <input type="submit" name="Submit" value="提交" />
                            </div></td>
                        </form>
                    </tr>
                    <tr>
                        <td height="19" align="center" bgcolor="#FFFFFF">
                        <?php
                        if ($user_name==""){
                            echo "请输入您要检索的用户名，点提交查询！";
                        }else{
                            $query="select * from user_info where user_name='$user_name'";
                            $rst=$aa->excu($query);
                            if (mysql_num_rows($rst)==0){
                                echo "很抱歉，系统没有检索到您要查找的用户！";
                            }else{
                                $user=mysql_fetch_array($rst,MYSQL_ASSOC);
                        ?>
                        <table width="100%" border="0" cellspacing="2" cellpadding="0">
                         <tr>
                            <td width="29%" height="20" align="right" bgcolor="#dddddd">用户名:</td>
                            <td width="71%" align="left" bgcolor="#dddddd"><?php echo $user['user_name']?></td>
                         </tr>
                         <tr>
                            <td height="20" align="right" bgcolor="#dddddd">登录口令:</td>
                            <td align="left" bgcolor="#dddddd"><?php echo $user['user_pw']?></td>
                         </tr>
                         <tr>
                            <td height="20" align="right" bgcolor="#dddddd">注册时间:</td>
                            <td align="left" bgcolor="#dddddd"><?php echo $user['time1']?></td>
                         </tr>
                         <tr>
                            <td height="20" align="right" bgcolor="#dddddd">最后登录时间:</td>
                            <td align="left" bgcolor="#dddddd"><?php echo $user['time2']?></td>
                         </tr>
                         <tr>
                            <td height="20" colspan="2" align="center" bgcolor="#dddddd"><a href=?del_tag=1&del_id=<?php echo $user['id']?>>
```

```
            删除此用户</a></td>
                </tr>
            </table>
                <?php
                    }
                }
                ?>
                </td>
            </tr>
        </table>
        </td>
        <td width="20"> </td>
    </tr>
    </tbody>
</table>
    <?php
        include "bottom.php";
    ?>
```

文件 user_pw_change.php 位于附书源代码中，是管理员密码修改页面，具体代码如下。

```
<?php
include "session.inc";
include "fun_head.php";
head("密码更改");
include "../inc/mysql.inc";
include "../inc/myfunction.inc";
$aa=new mysql;
$bb=new myfunction;
$aa->link("");
//////////更改密码/////////////////////////////
$tijiao=$_POST[tijiao];
if ($tijiao=="提 交"){
    $pw_old=$_POST[pw_old];
    $pw_new1=$_POST[pw_new1];
    $pw_new2=$_POST[pw_new2];
    if ($pw_new1!=$pw_new2){
        echo "===您两次输入的新密码不一致,请重新输入!===";
    }else{
        $query="select * from manage_user_info where user_name='$_SESSION[manage_name]' and user_pw='$pw_old'";
        $rst=$aa->excu($query);
```

```
                if (mysql_num_rows($rst)==0){
                        echo "===您输入的旧密码不正确,请重新输入!===";
                }else{
                        $query="update manage_user_info set user_pw='$pw_new1' where user_name='$_SESSION[manage_name]'";
                        $aa->excu($query);
                        echo "===恭喜您,您的登录密码修改成功!===";
                }
        }
}
?>
<table width="100%" height="390" border="0" cellpadding="0" cellspacing="0" bgcolor="f0f0f0">
  <tbody>
    <tr>
      <td width="20"> </td>
      <td valign="top"><br />
        <form id="form1" name="form1" method="post" action="#">
        <table width="60%" border="0" align="center" cellpadding="0" cellspacing="1" bgcolor="449ae8">
        <tr bgcolor="#cccccc">
          <td width="27%" height="23" align="right" bgcolor="e0eef5">用户名:</td>
          <td width="73%" align="left" bgcolor="e0eef5">
<?php echo $_SESSION[manage_name]?></td>
        </tr>
        <tr>
        <td height="19" align="right" bgcolor="#FFFFFF">原口令:</td>
        <td align="left" bgcolor="#FFFFFF"><input type="text" name="pw_old" size="16" /></td>
        </tr>
        <tr>
          <td height="19" align="right" bgcolor="#FFFFFF">新密码:</td>
          <td align="left" bgcolor="#FFFFFF"><input type="text" name="pw_new1" size="16" /></td>
        </tr>
        <tr>
          <td height="19" align="right" bgcolor="#FFFFFF">再次新密码:</td>
          <td align="left" bgcolor="#FFFFFF"><input type="text" name="pw_new2" size="16" /></td>
        </tr>
        <tr>
          <td height="19" colspan="2" align="center" bgcolor="#FFFFFF">
<input type="submit" name="tijiao" value="提 交" />
               
            <input type="reset" name="Submit2" value="重 置" /></td>
        </tr>
        </table>
```

```
            </form>
        </td>
        <td width="20"> </td>
    </tr>
    </tbody>
</table>
<?php
    include "bottom.php";
?>
```

成功登录到网站后台管理系统的效果如图 19-9 所示。

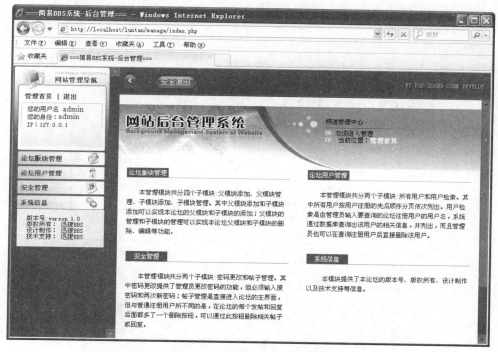

图 19-9　后台管理系统主页面

选择页面左侧的【论坛版块管理】选项，即可在展开的列表中查看版块管理操作，如图 19-10 所示。

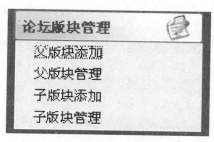

图 19-10　【论坛版块管理】列表

选择【父版块添加】选项，即可在右侧的窗口中输入显示序号和父版块名称，然后单击【提交】按钮，如图 19-11 所示。

图 19-11　添加父版块

添加成功后，即可显示成功提示信息，如图 19-12 所示。

图 19-12　添加父版块成功提示信息

刷新论坛的主页面，即可看到新添加的父版块，如图 19-13 所示。

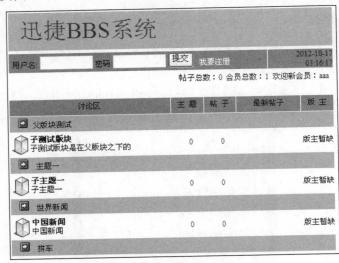

图 19-13　查看父版块

在后台管理主页面的【论坛版块管理】列表中,选择【父版块管理】选项,即可进入父版块管理页面中,如图19-14所示。用户可以编辑和删除存在的父版块。

图19-14　编辑父版块

在后台管理主页面的【论坛版块管理】列表中,选择【子版块添加】选项,即可进入子版块添加页面,如图19-15所示。用户输入相关信息后,单击【提交】按钮即可。

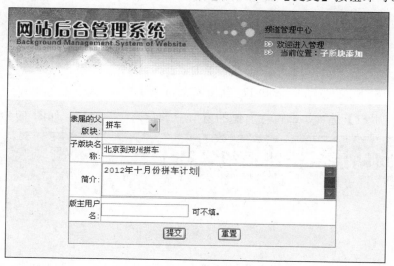

图19-15　添加子版块

刷新论坛的主页面,即可看到新添加的子版块,如图19-16所示。

单击页面左侧的【论坛用户管理】选项,即可在展开的列表中查看用户管理操作,如图19-17所示。

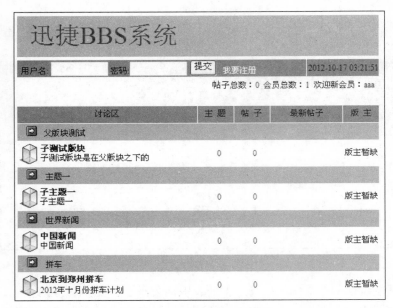

图 19-16　查看添加的子版块

图 19-17　【论坛用户管理】列表

选择【所有用户】选项，即可在右侧的窗口中查看论坛的用户，如图 19-18 所示。

图 19-18　【所有用户】页面

在后台管理主页面的【用户版块管理】列表中，选择【用户检索】选项，进入用户检索页面，输入用户名后，单击【提交】按钮，即可显示用户的具体信息，如图 19-19 所示。

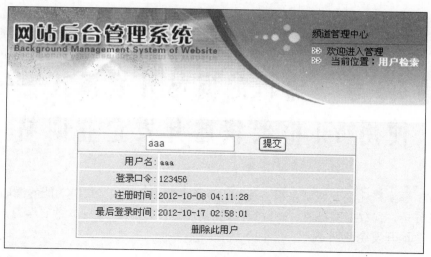

图 19-19 用户检索页面

在后台管理主页面中,选择页面左侧的【安全管理】选项,即可在展开的列表中管理密码和帖子操作,如图 19-20 所示。

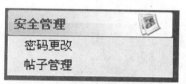

图 19-20 【安全管理】列表

选择【密码更改】选项,即可在右侧的页面中修改用户的密码,如图 19-21 所示。

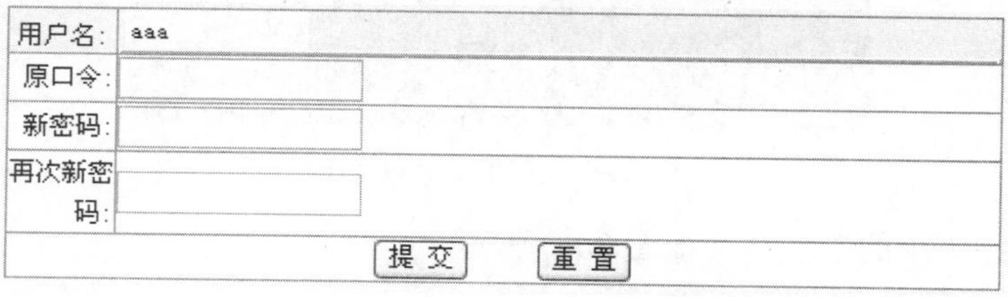

图 19-21 更改用户密码页面

第 20 章 流行的网站开发模式——使用 Yii 框架快速开发企业网站

使用 Yii 框架搭建企业网站是很方便的。下面将以具有一定 B2C 功能的酒店网站为例，介绍从需求分析，到数据库搭建，最后到代码实现的全部过程。通过本章的学习，读者将可以学习如何快速地开发企业网站。

20.1 网站的需求分析

这个具有一定 B2C 功能的酒店网站包括企业信息、产品与服务信息、客户信息、在线业务几个方面，如图 20-1 所示。

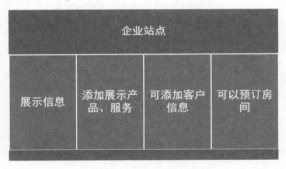

图 20-1 网站需求结构图

满足企业网站需求的功能结构如图 20-2 所示。

图 20-2 网站功能结构图

20.2 数据库分析

一个成功的网站系统由50%的业务+50%的软件组成,而50%的成功软件又由25%的数据库+25%的程序组成,所以数据库设计的好坏是一个关键。

MySQL Workbench 是 MySQL 的一个著名的建模工具。使用 Workbench 建立 MySQL 模型是很方便的。

message 系统需要的数据库表包含以下字段:id,title(标题),content(内容),createdtime(创建时间),updatedtime(更新时间)。

product 系统需要的数据库表包含以下字段:id,name(名称),shortdescription(简短介绍),description(介绍),type(类型),price(价格),unit(单位),imagelink(图片链接)。

order 系统需要的数据库表包含以下字段:id,product_id(产品id),customer_id(客户id),number(数量),days(天数),createdtime(创建时间),special(特殊要求)。

customer 系统需要的数据库表包含以下字段:id,name(名称),gender(性别),phone(电话),email,type(类型)。

在 Workbench 中的数据库视图如图 9-3 所示。

图 20-3 数据库视图

通过导出工具得到以下代码:

SET @OLD_UNIQUE_CHECKS=@@UNIQUE_CHECKS, UNIQUE_CHECKS=0;

```sql
SET @OLD_FOREIGN_KEY_CHECKS=@@FOREIGN_KEY_CHECKS, FOREIGN_KEY_CHECKS=0;
SET @OLD_SQL_MODE=@@SQL_MODE, SQL_MODE='TRADITIONAL';
-- -----------------------------------------------------
-- Table 'goodone'.'message'
-- -----------------------------------------------------
CREATE  TABLE IF NOT EXISTS 'goodone'.'message' (
  'id' INT(10) NOT NULL AUTO_INCREMENT ,
  'title' VARCHAR(45) NOT NULL ,
  'content' VARCHAR(650) NOT NULL ,
  'createdtime' VARCHAR(45) NULL ,
  'updatedtime' VARCHAR(45) NULL ,
  PRIMARY KEY ('id') )
ENGINE = MyISAM
DEFAULT CHARACTER SET = utf8
COLLATE = utf8_unicode_ci;
-- -----------------------------------------------------
-- Table 'goodone'.'product'
-- -----------------------------------------------------
CREATE  TABLE IF NOT EXISTS 'goodone'.'product' (
  'id' INT(10) NOT NULL AUTO_INCREMENT ,
  'name' VARCHAR(45) NULL ,
  'shortdescription' VARCHAR(45) NULL ,
  'description' TEXT NULL ,
  'type' VARCHAR(45) NULL ,
  'price' INT(10) NULL ,
  'unit' VARCHAR(45) NULL ,
  'imageslink' VARCHAR(45) NULL ,
  PRIMARY KEY ('id') )
ENGINE = MyISAM
DEFAULT CHARACTER SET = utf8
COLLATE = utf8_unicode_ci;
-- -----------------------------------------------------
-- Table 'goodone'.'order'
-- -----------------------------------------------------
CREATE  TABLE IF NOT EXISTS 'goodone'.'order' (
  'id' INT(10) NOT NULL AUTO_INCREMENT ,
  'product_id' INT(10) NULL ,
  'customer_id' INT(10) NULL ,
  'number' INT(10) NULL ,
  'days' INT(10) NULL ,
  'createdtime' VARCHAR(45) NULL ,
  'special' VARCHAR(45) NULL ,
```

```
    PRIMARY KEY ('id') )
ENGINE = MyISAM
DEFAULT CHARACTER SET = utf8
COLLATE = utf8_unicode_ci;


-- -----------------------------------------------------
-- Table 'goodone'.'customer'
-- -----------------------------------------------------
CREATE   TABLE IF NOT EXISTS 'goodone'.'customer' (
  'id' INT(10) NOT NULL ,
  'name' VARCHAR(45) NULL ,
  'gender' ENUM('male','female') NULL ,
  'phone' VARCHAR(45) NULL ,
  'email' VARCHAR(45) NULL ,
  'type' VARCHAR(45) NULL ,
  PRIMARY KEY ('id') )
ENGINE = MyISAM
DEFAULT CHARACTER SET = utf8
COLLATE = utf8_unicode_ci;
SET SQL_MODE=@OLD_SQL_MODE;
SET FOREIGN_KEY_CHECKS=@OLD_FOREIGN_KEY_CHECKS;
SET UNIQUE_CHECKS=@OLD_UNIQUE_CHECKS;
```

在 MySQL 中执行，便可以得到项目需要的数据库和表格，如图 20-4 所示。

图 20-4 在 MySQL 中创建的数据库和表格

20.3 企业网站的实现

Yii 框架使用命令行创建项目是非常快捷的。下面来讲述如何通过 Yii 框架快速实现企业网站。

20.3.1 使用 Yii 框架的沙箱模式建立项目

使用 Yii 框架的沙箱模式建立项目的方式非常简单。

01 下载框架文件并且把它放在 Web 根目录的项目文件夹下。然后使用命令行执行 yiic 命令来创建项目。本例中使用的命令行如下:

```
C:\wamp\www\goodone> ..\..\bin\php\php5.3.8\php framework\yiic.php webapp goodone
```

02 在 goodone 项目文件夹下，使用 wampserver 中 bin\php\php5.3.8\php 来执行 Yii 框架下 framework 中的 yiic.php 创建一个 webapp，其名称为 goodone。

这时 goodone 根目录的文件夹下的情况如图 20-5 所示。

名称	修改日期	类型	大小
demos	2012/9/10 10:44	文件夹	
framework	2012/9/10 10:44	文件夹	
goodone	2012/9/10 11:20	文件夹	
requirements	2012/9/10 10:44	文件夹	
CHANGELOG	2012/8/19 20:33	文件	115 KB
LICENSE	2012/8/19 20:33	文件	2 KB
README	2012/8/19 20:33	文件	2 KB
UPGRADE	2012/8/19 20:33	文件	16 KB

图 20-5 goodone 根目录的文件夹下的情况

而 goodone 文件夹下的情况如图 20-6 所示。

名称	修改日期	类型	大小
assets	2012/9/10 11:20	文件夹	
css	2012/9/10 11:20	文件夹	
images	2012/9/10 11:20	文件夹	
protected	2012/9/10 11:20	文件夹	
themes	2012/9/10 11:20	文件夹	
index.php	2012/9/10 11:20	PHP 文件	1 KB
index-test.php	2012/9/10 11:20	PHP 文件	1 KB

图 20-6 goodone 文件下的情况

至此项目框架创建完毕。

03 配置 apache 中的 virtualhost 来创建本地域名。在 wampserver 下的 httpd-vhosts.conf 写入以下代码。

```
<VirtualHost 127.0.0.1>
    ServerName goodone
```

DocumentRoot 'C:/wamp/www/goodone/goodone'
</VirtualHost>

然后在 Windows 的 host 文件中添加以下语句。

127.0.0.1   goodone

提示　在修改 host 文件时，要关闭本地杀毒软件的实时防护。

04 最后要重启 apache。 此时，在浏览器中输入 goodone，会出现以下页面，如图 20-7 所示。

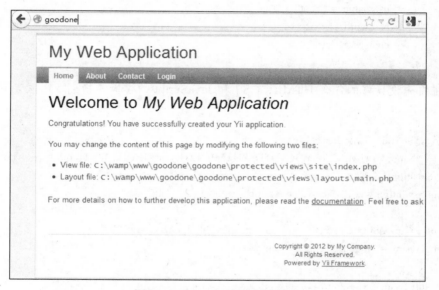

图 20-7　goodone 文件下的情况

至此，goodone 项目已经建立。

20.3.2　开始 goodone 项目编程

Yii 是一个优秀的框架，可以通过 ORM 方式很快地搭建网络应用，也可以通过 PDO 方式使用数据库查询语句来提高效率。并且同样使用其 MVC 的方式构建应用。为了使项目更贴近于 PHP 原初的编程样式，将采用 PDO 方式获得数据，使用 MVC 方式构建应用。

01 修改在 C:\wamp\www\goodone\goodone\protected\config 中的 main.php 文件来定义项目名称和连接 MySQL 数据库。

```
<?php
……
```

```
// CWebApplication properties can be configured here.
return array(
    'basePath'=>dirname(__FILE__).DIRECTORY_SEPARATOR.'..',
    'name'=>'Good one website',
    ……
```

02 修改 name 为 Good one website。

03 去除 MySQL 连接数组前面的 "//"，从而激活此语句。

```
'db'=>array(
            'connectionString' => 'mysql:host=localhost;dbname=goodone',
            'emulatePrepare' => true,
            'username' => 'root',
            'password' => 'xxxxxx',
            'charset' => 'utf8',
    ),
```

04 将原先设计好的包含 HTML、CSS 和 JavaScript 的模板替换到 Yii 框架下的 view 的部分中。

```
<?php /* @var $this Controller */ ?>
<!DOCTYPE html PUBLIC "-//W3C//DTD XHTML 1.0 Transitional//EN" "http://www.w3.org/TR/xhtml1/DTD/xhtml1-transitional.dtd">
<html xmlns="http://www.w3.org/2099/xhtml" xml:lang="en" lang="en">
<head>
    <meta http-equiv="Content-Type" content="text/html; charset=utf-8" />
    <meta name="language" content="en" />

    <!-- blueprint CSS framework -->
    <link rel="stylesheet" type="text/css" href="<?php echo Yii::app()->request->baseUrl; ?>/css/screen.css" media="screen, projection" />
    <link rel="stylesheet" type="text/css" href="<?php echo Yii::app()->request->baseUrl; ?>/css/print.css" media="print" />
    <!--[if lt IE 8]>
    <link rel="stylesheet" type="text/css" href="<?php echo Yii::app()->request->baseUrl; ?>/css/ie.css" media="screen, projection" />
    <![endif]-->

    <link rel="stylesheet" type="text/css" href="<?php echo Yii::app()->request->baseUrl; ?>/css/reset.css" />
    <link rel="stylesheet" type="text/css" href="<?php echo Yii::app()->request->baseUrl; ?>/css/layout.css" />
    <link rel="stylesheet" type="text/css" href="<?php echo Yii::app()->request->baseUrl; ?>/css/form.css"
```

```html
/>
        <!--[if lte IE 9]>
        <script type="text/javascript" src="js/html5.js"></script>
        <![endif]-->

    <title><?php echo CHtml::encode($this->pageTitle); ?></title>
</head>

<body>
    <!--header begin-->
    <header class="header">
        <section class="header-main">
            <div class="logo fn-left">
                <a href="#" title="logo"><img src="images/logo.png" width="370" height="116"></a>
            </div>
            <article class="welcome w01 fn-right">
                <p>你好<br/><span>欢迎您来到 </span>"好个酒店"</p>
            </article>
        </section>
    </header>
    <!--header end-->

    <!--nav begin-->
    <section class="nav">
        <nav class="fn-left">

            <a href="index.php?r=site/index" title="HOME" class="n01 curr">首页</a>
            <a href="index.php?r=site/page&view=about" title="ABOUT" class="n02">概况</a>
            <a href="index.php?r=site/page&view=equipement" title="EQUIPMENT" class="n03">设施</a>
            <a href="index.php?r=site/page&view=service" title="SERVICE" class="n04">服务</a>
            <a href="index.php?r=site/contact" title="CONTACT" class="n05">联系方式</a>
        </nav>
        <div class="search fn-right">
            <label>
                <input type="text" class="input"/>
            </label>
            <input name="" type="button" class="btn">
        </div>
    </section>
    <!--nav end-->
```

```html
<!--content begin-->
<section class="content">
    <?php echo $content; ?>
<!--content left-->
    </section>

<!--footer begin-->
<footer class="footer fn-clear">
    <div class="link fn-clear">
©  2012  Good + One, LLC    <a href="http://www.goodones.co" title="www.goodones.co">www.goodones.co</a>    <a href="mailto:info@goodones.co" title="info@goodones.co">info@goodones.co</a>
    </div>
</footer>
<!--footer end-->
</body>
</html>
```

05 修改后页面的预览效果如图 20-8 所示。

图 20-8　页面预览效果

06 对下面代码进行分析。

```html
<link rel="stylesheet" type="text/css" href="<?php echo Yii::app()->request->baseUrl; ?>/css/screen.css" media="screen, projection" />
    <link rel="stylesheet" type="text/css" href="<?php echo Yii::app()->request->baseUrl; ?>/css/print.css" media="print" />
```

```
<!--[if lt IE 8]>
<link rel="stylesheet" type="text/css" href="<?php echo Yii::app()->request->baseUrl; ?>/css/ie.css" media="screen, projection" />
<![endif]-->

<link rel="stylesheet" type="text/css" href="<?php echo Yii::app()->request->baseUrl; ?>/css/reset.css" />
<link rel="stylesheet" type="text/css" href="<?php echo Yii::app()->request->baseUrl; ?>/css/layout.css" />
<link rel="stylesheet" type="text/css" href="<?php echo Yii::app()->request->baseUrl; ?>/css/form.css" />

<!--[if lte IE 9]>
<script type="text/javascript" src="js/html5.js"></script>
<![endif]-->

<title><?php echo CHtml::encode($this->pageTitle); ?></title>
```

其中的 Yii::app()->request->baseUrl，使用了 yii 的基本参数。css/reset.css 和 css/layout.css 为相对应的 css。

07 Reset.css 中相应的文件存放在 goodone\font 的文件夹下。

```
@font-face {
  font-family: 'Hanyihei';
  src: url("../font/hanyihei.ttf") format("truetype");
  font-style: normal; }
@font-face {
  font-family: 'Minijanxixingkai';
  src: url("../font/minijanxixingkai.ttf") format("truetype");
  font-style: normal; }
```

08 分析下面的代码。

```
<a href="index.php?r=site/index" title="HOME" class="n01 curr">首页</a>
<a href="index.php?r=site/page&view=about" title="ABOUT" class="n02">关于我们</a>
<a href="index.php?r=site/page&view=equipement" title="EQUIPMENT" class="n03">设施</a>
<a href="index.php?r=site/page&view=service" title="SERVICE" class="n04">服务</a>
<a href="index.php?r=site/contact" title="CONTACT" class="n05">联系方式</a>
```

其中，index.php?r=site/index，index.php?r=site/page&view=about 等定义了菜单的链接内容。

20.3.3 构建 message 系统

通过 Gii 来实现 message 系统的 CRUD 的操作。

01 在 config 文件夹的 main.php 中设置如下代码。

```
'modules'=>array(
    // uncomment the following to enable the Gii tool
    'gii'=>array(
        'class'=>'system.gii.GiiModule',
        'password'=>'123456',
        // If removed, Gii defaults to localhost only. Edit carefully to taste.
        'ipFilters'=>array('127.0.0.1','::1'),
    ),
),
```

这样 Gii 便可以使用了。

02 在浏览器地址栏中输入 "http://goodone/index.php?r=gii"，再输入相应密码，便可以进入 gii 操作界面，生成 message 系统的 Model、Controller 和 Crud 操作。生成 Model 页面的效果如图 20-9 所示。

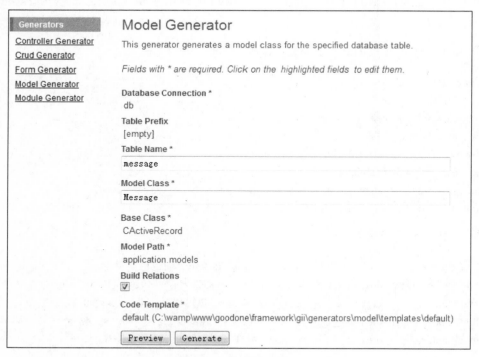

图 20-9　生成的 Model

03 生成的 Crud 页面的效果如图 20-10 所示。

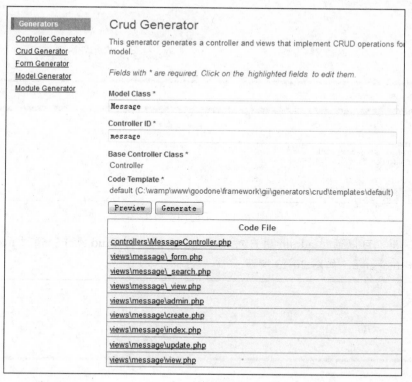

图 20-10　生成的 Crud

04 生成 Controller 页面的效果如图 20-11 所示。

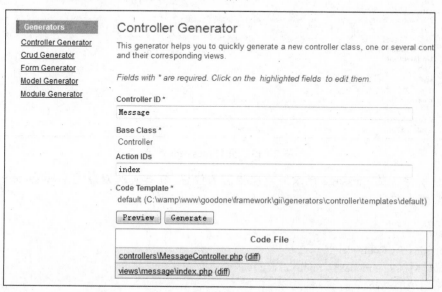

图 20-11　生成的 Controller

05 在浏览器中输入 http://goodone/index.php?r=message，得到的页面如图 20-12 所示。

图 20-12　页面预览效果

06 在这里，可以通过 admin 用户对 message 系统进行 Crud 操作。通过 manage message 连接可以操作 message，如图 20-13 所示。

图 20-13　页面 message 效果

07 将所添加的 message 记录显示在相应的位置。在首页所对应的 views\site\index.php 页面中修改代码如下：

```
    <?php
/* @var $this SiteController */
$message=Message::model()->findByPk(1);
$this->pageTitle=Yii::app()->name;


?>
<article class="content-left">
```

```
            <h1 class="w01"><?php echo $message->getAttribute('title');?></h1>
            <section class="about">
            <?php echo $message->getAttribute('content');?>
            </section>
......
```

其中，$message=Message::model()->findByPk(1); 得到数据库中的第一条记录。<?php echo $message->getAttribute('title');?> 得到此记录中 title 的内容。<?php echo $message->getAttribute('content');?> 得到此记录中 content 的内容。

08 修改代码后的显示效果如图 20-14 所示。

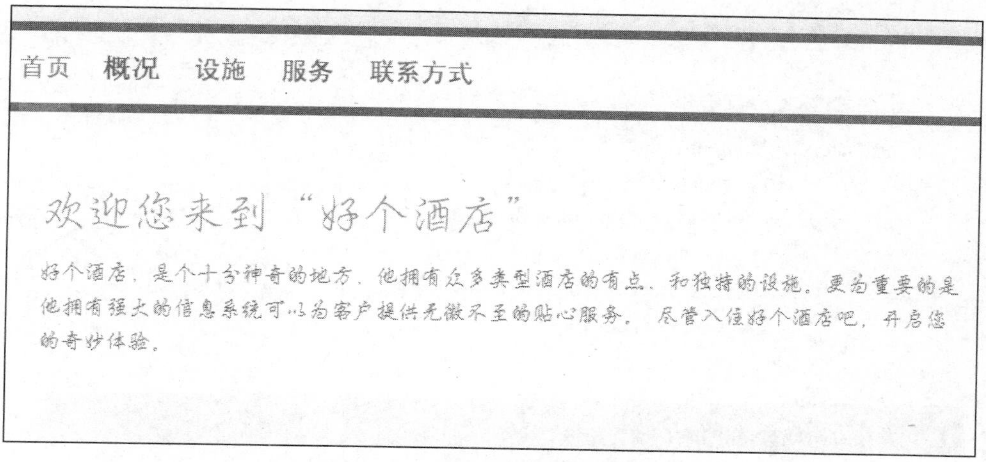

图 20-14 修改后的页面显示效果

09 相对应的"概况"页面也是通过这种方式把待定的 message 记录显示在对应的位置。在 views\site\pages\about.php 页面中，添加代码如下。

```
<?php
/* @var $this SiteController */
$message=Message::model()->findByPk(2);
$this->pageTitle=Yii::app()->name . ' - About';
$this->breadcrumbs=array(
    'About',
);
?>
<article class="content-left">
            <h1 class="w01"><?php echo $message->getAttribute('title');?></h1>
            <section class="about">
            <?php echo $message->getAttribute('content');?>
            </section>
        <aside class="general" id="wrap-QAList">
```

```html
            <h2 class="general-title">热门问题</h2>
            <ul>
                <li><p>QUESTION?</p><span>Answer.</span>
                <li><p>QUESTION?</p><span>Answer.</span>
                <li><p>QUESTION?</p><span>Answer.</span>
                <li><p>QUESTION?</p><span>Answer.</span>
                <li><p>QUESTION?</p><span>Answer.</span>
                <li><p>QUESTION?</p><span>Answer.</span>
                <li><p>QUESTION?</p><span>Answer.</span>
            </ul>
        </aside>
    </article>

    <!--content right-->
    <article class="content-right">
        <h2>保持 <span>联系</span></h2>
        <aside class="content-right-con connected">
            <p>xxxxxxxxxxxxxxx</p>
            <p>xxxxxxxxxxxxxxx<br>
                xxxxxxxxxxxxxx</p>
            <p>xxxxxxxxxxxxxxx</p>
        </aside>
        <h2>最新 <span>动态</span></h2>
        <aside class="content-right-con posts">
            <p><a href="#" title="title">xxxxxxxxxxxxxxx</a></p>
            <p><a href="#" title="title">xxxxxxxxxxxxxxx</a></p>
            <p><a href="#" title="title">xxxxxxxxxxxxxxx</a></p>
        </aside>
    </article>

    <p class="clb"></p>
```

其中，$message=Message::model()->findByPk(2); 得到数据库中的第二条记录。<?php echo $message->getAttribute('title');?> 得到此记录中 title 的内容。<?php echo $message->getAttribute('content');?> 得到此记录中 content 的内容。

10 修改代码后的显示效果结果如图 20-15 所示。

11 同理，在 views\site\pages 文件夹下，再创建 equipment.php 和 service.php 文件。添加代码如下。

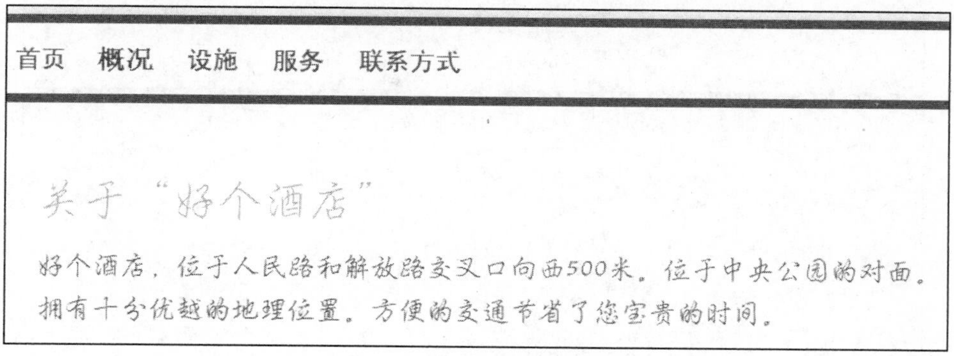

图 20-15 修改后的页面显示效果

在 equipment.php 中添加代码如下：

```php
<?php
/* @var $this SiteController */
$message=Message::model()->findByPk(3);
$this->pageTitle=Yii::app()->name . ' - About';
$this->breadcrumbs=array(
    'About',
);
?>
<article class="content-left">
        <h1 class="w03"><?php echo $message->getAttribute('title');?></h1>
        <section class="general">
        <?php echo $message->getAttribute('content');?>
        </section>
         <aside class="general" id="wrap-QAList">
            <h2 class="general-title">热门问题</h2>
            <ul>
                <li><p>QUESTION?</p><span>Answer.</span>
                ……
                <li><p>QUESTION?</p><span>Answer.</span>
            </ul>
          </aside>
    </article>

    <!--content right-->
    ……

    <p class="clb"></p>
```

12 修改代码后的现实效果如图 20-16 所示。

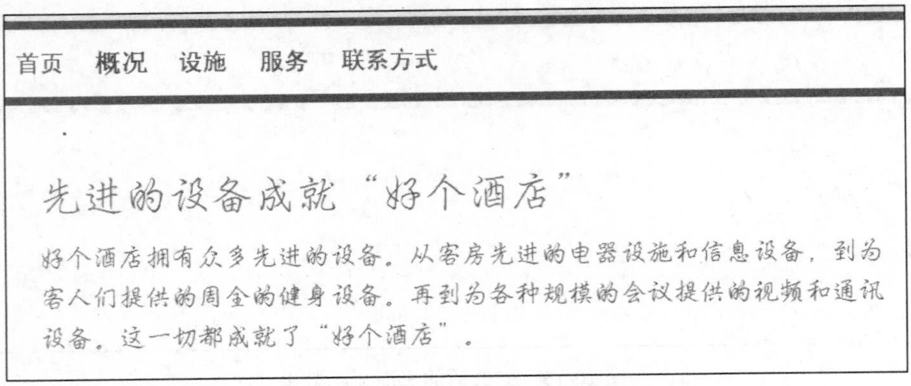

图 20-16 修改后的页面显示效果

13 在 service.php 中添加代码如下。

```php
<?php
/* @var $this SiteController */
$message=Message::model()->findByPk(4);
$this->pageTitle=Yii::app()->name . ' - About';
$this->breadcrumbs=array(
    'About',
);
?>
<article class="content-left">
            <h1 class="w04"><?php echo $message->getAttribute('title');?></h1>
            <section class="general">
            <?php echo $message->getAttribute('content');?>
            </section>
              <aside class="general" id="wrap-QAList">
                <h2 class="general-title">热门问题</h2>
                <ul>
                    <li><p>QUESTION?</p><span>Answer.</span>
                    ……
                    <li><p>QUESTION?</p><span>Answer.</span>
                </ul>
              </aside>
</article>

<!--content right-->
……

<p class="clb"></p>
```

14 修改代码后的现实效果如图 20-17 所示。

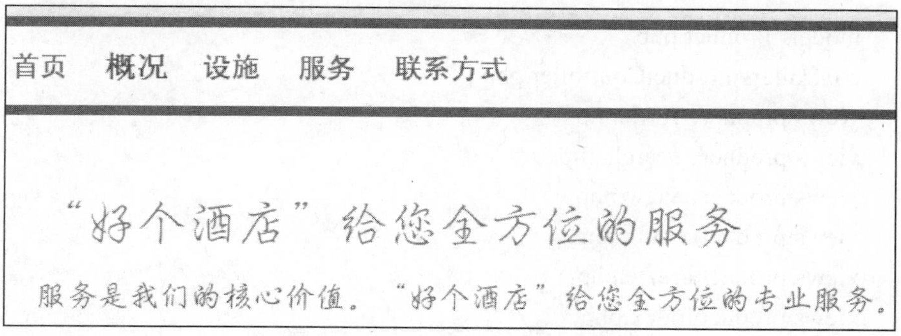

图 20-17 修改后的页面显示效果

15 这些记录都是通过 http://goodone/index.php?r=message 来到 message 系统的管理页面进行添加和管理的，如图 20-18 所示。

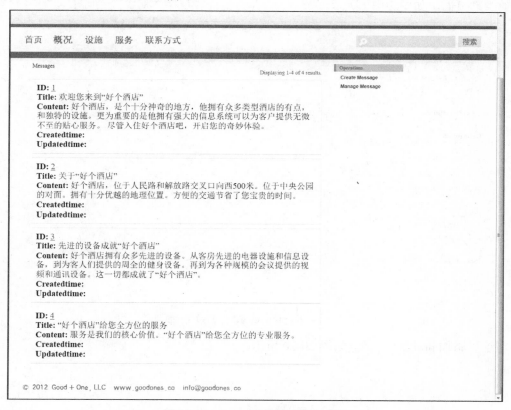

图 20-18 message 系统的管理页面

20.3.4 构建 product 系统

使用相同于 message 系统的方法构建 product 系统。通过 Gii 来实现 product 系统的 Crud 的操作。

生成以下文件：

models\Product.php
controllers\ProductController.php
views\product_form.php
views\product_search.php
views\product_view.php
views\product\admin.php
views\product\create.php
views\product\index.php
views\product\update.php
views\product\view.php

在浏览器中输入"http://goodone/index.php?r=product"并按【Enter】键确认，进入 product 系统的管理页面，如图 20-19 所示。

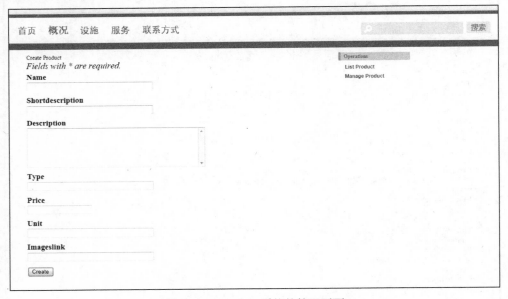

图 20-19　product 系统的管理页面

在这里添加 product 记录，如图 20-20 所示。

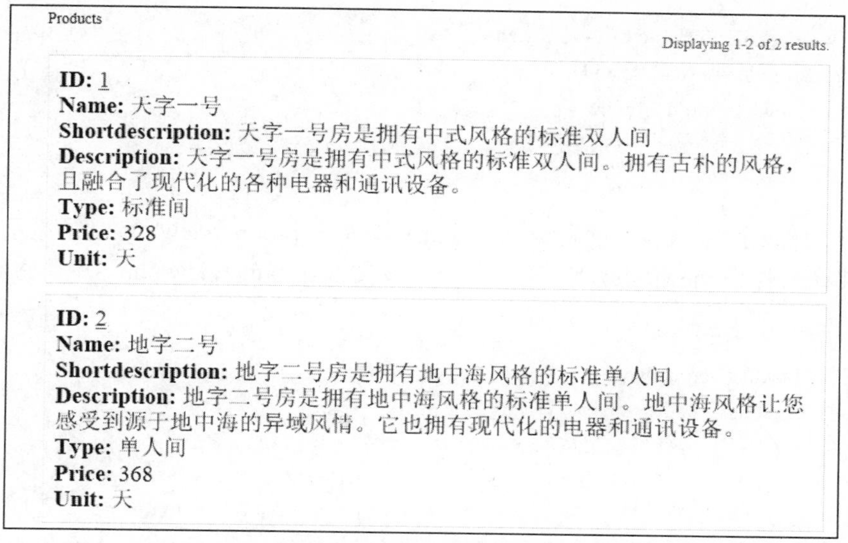

```
Products                                    Displaying 1-2 of 2 results.
ID: 1
Name: 天字一号
Shortdescription: 天字一号房是拥有中式风格的标准双人间
Description: 天字一号房是拥有中式风格的标准双人间。拥有古朴的风格，
且融合了现代化的各种电器和通讯设备。
Type: 标准间
Price: 328
Unit: 天

ID: 2
Name: 地字二号
Shortdescription: 地字二号房是拥有地中海风格的标准单人间
Description: 地字二号房是拥有地中海风格的标准单人间。地中海风格让您
感受到源于地中海的异域风情。它也拥有现代化的电器和通讯设备。
Type: 单人间
Price: 368
Unit: 天
```

图 20-20 添加 product 记录

在首页展示 product 项目。修改 site\index.php 文件的代码如下。

```php
<?php
/* @var $this SiteController */
$dataProvider=new CActiveDataProvider('Product');
$message=Message::model()->findByPk(1);
$this->pageTitle=Yii::app()->name;

?>
<article class="content-left">
        <h1 class="w01"><?php echo $message->getAttribute('title');?></h1>
        <section class="about">
        <?php echo $message->getAttribute('content');?>
        </section>
        <section >
            <?php
            $this->widget('zii.widgets.CListView', array(
                'dataProvider'=>$dataProvider,
                'itemView'=>'_productview',
            ));
            ?>
        </section>
……
```

其中，$dataProvider=new CActiveDataProvider('Product');获得 product 的记录。

```php
<?php
```

```
    $this->widget('zii.widgets.CListView', array(
        'dataProvider'=>$dataProvider,
        'itemView'=>'_productview',
    ));
?>
```

使用 Yii 的 list 控件来显示前台数据。'itemView'=>'_productview' 定义了显示单条数据的模板。所以要在文件夹 views\site 下，建立一个模板文件_productview.php，并且输入以下代码。

```
<?php
/* @var $this ProductController */
/* @var $data Product */
?>

<div class="view">

    <?php echo CHtml::link(CHtml::encode($data->name), 'index.php?r=product/view&id='.$data->id); ?>
    <br />

    <?php echo CHtml::encode($data->shortdescription); ?>
    <br />

    <?php echo CHtml::encode($data->type); ?>
    <br />

    <b><?php echo CHtml::encode($data->getAttributeLabel('price')); ?>:</b>
    <?php echo CHtml::encode($data->price); ?> / <?php echo CHtml::encode($data->unit); ?>
    <br />

    <?php /*
    <?php echo CHtml::encode($data->imageslink); ?>
    <br />

    */ ?>

</div>
```

其中，<?php echo CHtml::link(CHtml::encode($data->name), 'index.php? r=product/view&id = '.$data->id); ?> 给出了以标题为内容的链接。<?php echo CHtml::encode($data->shortdescription); ?> 给出了简介内容。$data->type，$data->price，$data->unit 分别给出了类型、价格和单位。但是它们都需要 Yii 的 CHtml::encode()函数来转义为 html 对象。

修改代码后的最终效果如图 20-21 所示。

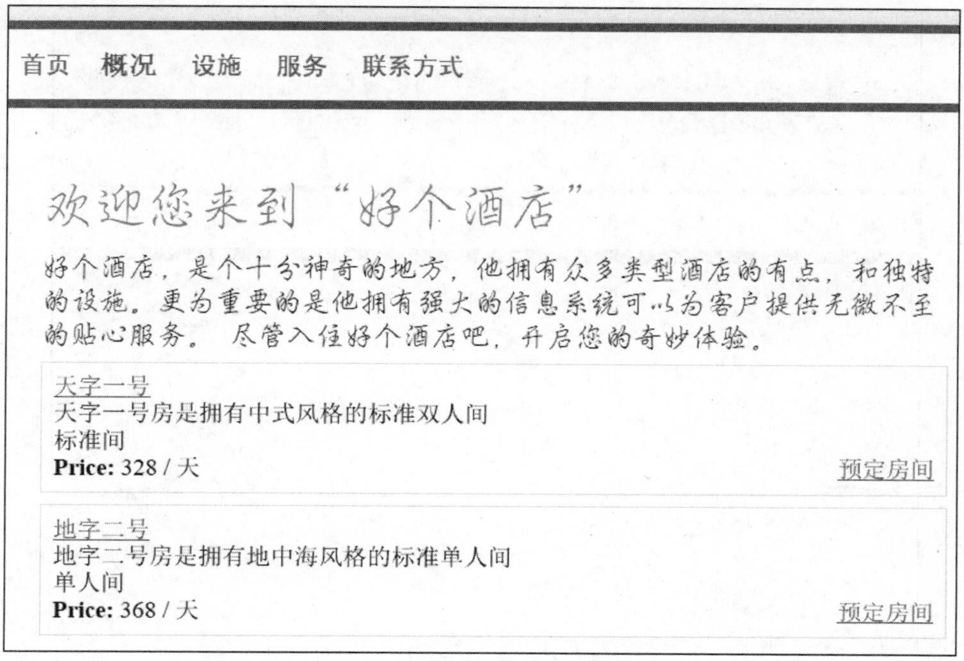

图 20-21 修改后的页面显示效果

20.3.5 构建 order 系统

使用相同于 message 系统的方法构建 order 系统。通过 Gii 来实现 order 系统的 Crud 的操作。

生成页面如下：

models\Order.php

controllers\OrderController.php

views\order_form.php

views\order_search.php

views\order_view.php

views\order\admin.php

views\order\create.php

views\order\index.php

views\order\update.php

views\order\view.php

在浏览器中输入"http://goodone/index.php?r=order"，按【Enter】键确认，进入 order 系统的管理页面。创建 order 记录的管理界面如图 20-22 所示。

但是，在实际的使用中，用户是不能这样下订单来预订房间的。所以就需要引入 form 来处理预订房间的功能。但是在下订单之前，客户一定要先填写个人信息，来确认身份。这就需要先构建 customer 系统。

图 20-22　order 系统的管理页面

20.3.6　构建 customer 系统和 order 系统建立订单

使用相同于 message 系统的方法构建 customer 系统。通过 Gii 来实现 customer 系统的 Crud 的操作。

生成页面如下：

models\Customer.php

controllers\CustomerController.php

views\customer_form.php

views\customer_search.php

views\customer_view.php

views\customer\admin.php

views\customer\create.php

views\customer\index.php

views\customer\update.php

views\customer\view.php

首先，按照用户的体验过程，需要在首页建立预订房间的链接。编辑 views\site_productview.php 文件，在其尾部添加代码如下：

```
<p id="link"><?php echo CHtml::link('预订房间', array('/customer/createbyuser','productID'=> $data->id)); ?></p>
```

并且在 css\layout.css 文件中添加如下代码：

```
p#link{
    float:right;
}
```

修改完代码后，刷新首页，效果如图 20-23 所示。

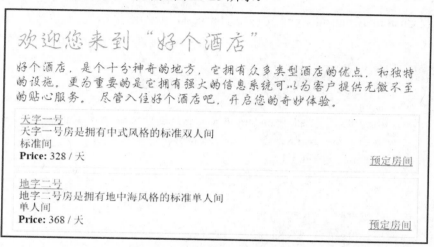

图 20-23　修改后的页面显示效果

单击"预订房间"超链接后，首先让客户填写基本信息。所以应该让客户来到用户创建页面。

首页中"预订房间"的代码<?php echo CHtml::link('预订房间',array('/customer/createbyuser', 'productID'=>$data->id)); ?> 中，定义了连接的目标和需要传递的参数。目标为 customer Controller 下的 create Action。传递的参数为 productID，其值来源于 $ data 对象中的 id 属性。

修改 controllers 文件夹下的 CustomerController.php 文件，添加 actionCreatebyuser()函数。

```
......
public function actionCreatebyuser()
{
    $model=new Customer;

    // Uncomment the following line if AJAX validation is needed
    // $this->performAjaxValidation($model);

    if(isset($_POST['Customer']))
    {
        $model->attributes=$_POST['Customer'];
        if($model->save())
            $this->redirect(array('order/create','customerID'=>$model->id,'productID'=>Yii::app()->request->getParam('productID')));
```

```
            }
            $this->render('createbyuser',array(
                'model'=>$model,
            ));
        } ......
```

并且修改 CustomerController.php 文件中的 accessRules()函数如下。

```
......
public function accessRules()
    {
        return array(
            array('allow',   // allow all users to perform 'index' , 'view' and 'createbyuser' actions
                'actions'=>array('index','view','createbyuser'),
                'users'=>array('*'),
            ),
            ......
            array('deny',   // deny all users
                'users'=>array('*'),
            ),
        );
    }
......
```

$this->redirect(array('order/create','customerID'=>$model->id,'productID'=>Yii::app()->request->getParam('productID'))); 定义了 customer createbyuser Action 执行完毕以后，form 重定向到新的目标和传递新的参数。$this->render('createbyuser',array('model'=> $model,)); 定义了此 action 所使用的模板文件为'createbyuser'，并传递 model 对象。

另外，accessRules()函数中定义了新的 action 函数 createbyuser()的访问权限。这里为所有用户可以访问。

在 views\customer 文件夹下添加 createbyuser.php 文件，添加代码如下：

```
<?php
/* @var $this CustomerController */
/* @var $model Customer */

$this->breadcrumbs=array(
    'Customers'=>array('index'),
    'Createbyuser',
);
?>
```

```
<h1>Create Customer</h1>

<?php echo $this->renderPartial('_form_create', array('model'=>$model)); ?>
```

在此文件夹下添加_form_create.php 文件，并且添加以下代码：

```php
<?php
/* @var $this CustomerController */
/* @var $model Customer */
/* @var $form CActiveForm */
?>

<div class="form">

<?php $form=$this->beginWidget('CActiveForm', array(
    'id'=>'customer-form',
    'enableAjaxValidation'=>false,
)); ?>

    <p class="note">Fields with <span class="required">*</span> are required.</p>

    <?php echo $form->errorSummary($model); ?>

    <div class="row">
        <?php echo $form->labelEx($model,'name'); ?>
        <?php echo $form->textField($model,'name',array('size'=>45,'maxlength'=>45)); ?>
        <?php echo $form->error($model,'name'); ?>
    </div>

    <div class="row">
        <?php echo $form->labelEx($model,'gender'); ?>
        <?php echo $form->textField($model,'gender',array('size'=>6,'maxlength'=>6)); ?>
        <?php echo $form->error($model,'gender'); ?>
    </div>

    <div class="row">
        <?php echo $form->labelEx($model,'phone'); ?>
        <?php echo $form->textField($model,'phone',array('size'=>45,'maxlength'=>45)); ?>
        <?php echo $form->error($model,'phone'); ?>
    </div>

    <div class="row">
```

```
                <?php echo $form->labelEx($model,'email'); ?>
                <?php echo $form->textField($model,'email',array('size'=>45,'maxlength'=>45)); ?>
                <?php echo $form->error($model,'email'); ?>
        </div>

                <?php echo $form->hiddenField($model,'type',array('size'=>45,'maxlength'=>45,'value'=>'normal')); ?>


        <div class="row buttons">
                <?php echo CHtml::submitButton($model->isNewRecord ? 'Create' : 'Save'); ?>
        </div>

<?php $this->endWidget(); ?>

</div><!-- form -->
```

其中，createbyuser.php 文件定义了索引和进一步要使用的局部模板 _form_create.php 文件。另外，_form_create.php 文件使用 Yii 的 CActiveForm 构建了一个表单。

单击首页"预订房间"链接，效果如图 20-24 所示。

图 20-24　修改后的页面显示效果

当用户完成基本信息录入之后，页面需要进入到订单信息录入的表单，并且需要传递用户的一些信息到订单信息录入的表单。

CustomerController.php 文件中的 actionCreatebyuser() 函数中 $this->redirect(array('order/create','customerID'=>$model->id,'productID'=>Yii::app()->request->getParam('productID'))); 定义了重定向的目标为 "order" Controller 中的 "create" Action。

所以用户要修改 controllers 文件夹下的 OrderController.php 文件中的 actionCreate() 函数，

具体代码修改如下：

```
public function actionCreate()
{
    $model=new Order;

    // Uncomment the following line if AJAX validation is needed
    // $this->performAjaxValidation($model);

    if(isset($_POST['Order']))
    {
        $model->attributes=$_POST['Order'];
        if($model->save())
            $this->redirect(array('view','id'=>$model->id));
    }

    $this->render('create',array(
        'model'=>$model,
            'cid'=>Yii::app()->request->getParam('customerID'),
            'pid'=>Yii::app()->request->getParam('productID'),
        ));
}
```

'cid'=>Yii::app()->request->getParam('customerID'),'pid'=>Yii::app()->request-> getParam('productID')，定义了要传递的参数。

由于一个房间订单的生成，离不开所对应的房间和所对应的客户，所以订单上需要的数据要有产品 ID 和客户 ID 的信息。而这些信息都需要传递给订单生成的表单，如图 20-25 所示。

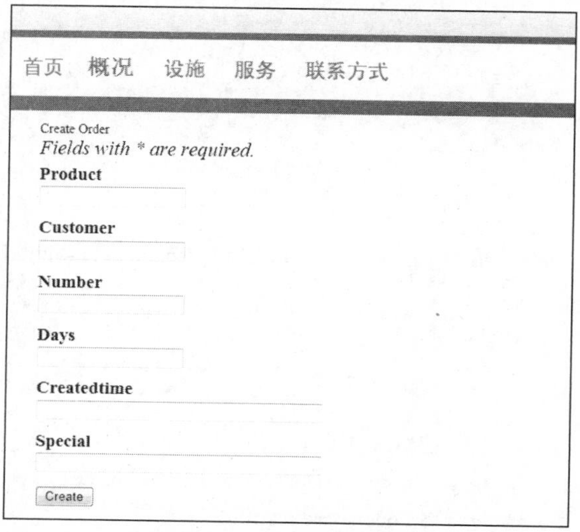

图 20-25　生成订单的信息

现在参数已经传递,而订单生成的表单如何获得相应的数据呢?这就需要修改 views\order 下的 create.php 文件和 _form.php 文件。

修改的 create.php 如下:

```php
<?php
/* @var $this OrderController */
/* @var $model Order */

$this->breadcrumbs=array(
    'Orders'=>array('index'),
    'Create',
);

?>

<h1>Create Order</h1>

<?php echo $this->renderPartial('_form', array('model'=>$model,'customerID'=>$cid,'productID'=>$pid)); ?>
```

修改的 _form.php 如下:

```php
<?php
/* @var $this OrderController */
/* @var $model Order */
/* @var $form CActiveForm */
?>

<div class="form">

<?php $form=$this->beginWidget('CActiveForm', array(
    'id'=>'order-form',
    'enableAjaxValidation'=>false,
)); ?>

    <p class="note">Fields with <span class="required">*</span> are required.</p>

    <?php echo $form->errorSummary($model); ?>

    <div class="row">
        <?php echo $form->labelEx($model,'product_id'); ?>
        <?php echo $form->textField($model,'product_id',array('value'=>$productID)); ?>
        <?php echo $form->error($model,'product_id'); ?>
    </div>
```

```
            <div class="row">
                <?php echo $form->labelEx($model,'customer_id'); ?>
                <?php echo $form->textField($model,'customer_id',array('value'=>$customerID)); ?>
                <?php echo $form->error($model,'customer_id'); ?>
            </div>

            ……
            <div class="row">
                <?php echo $form->labelEx($model,'createdtime'); ?>
<?php echo $form->textField($model,'createdtime',array('size'=>45,'maxlength'=>45,'value'=>time())); ?>
                <?php echo $form->error($model,'createdtime'); ?>
            </div>
    ……
<?php $this->endWidget(); ?>

</div><!-- form -->
```

<?php echo $form->textField($model,'product_id',array ('value'=>$productID)); ?> 和<?php echo $form->textField($model,'customer_id',array('value'=>$customerID)); ?> 将值赋予了相对应的表单元素。

<?php echo $form->textField($model,'createdtime',array('size'=>45,'maxlength'=>45, 'value'=>time())); ?> 使用当前时间戳为 createdtime 赋值。

通过"预订房间"的操作，进入如图 20-26 所示的页面。

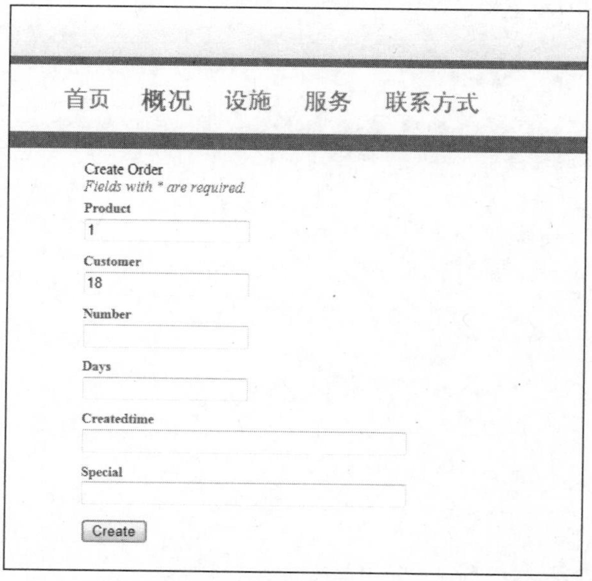

图 20-26　生成订单的元素页面

可以看到，已经被给予 product 和 customer 元素的值。然后填入其余元素的值，订单就可以生成了。生成后的订单如图 20-27 所示。

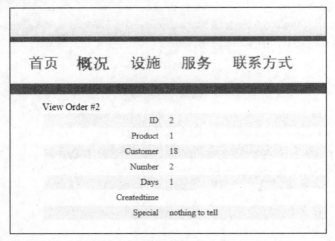

图 20-27　生成订单的效果

这样订单系统就构建完成。剩下的工作，就可以优化信息的友好性。比如，将产品 id 转换为相对应的产品名称；把用户 id 转换为相对应的用户名；或者可以引入下拉列表框这样的页面控件增加友好性等。读者可以根据实际的需求进行修改相关的代码即可。